普通高等学校"十三五"规划教材

大学物理实验

主　编　赵　黎　王　丰
副主编　郭　斌　李小强　田　勇

内容简介

本教材是根据教育部颁发的《理工科类大学物理实验课程教学基本要求》和《基础课实验教学示范中心建设标准》,结合当前物理实验教学改革的实际和最新要求编写而成的.全书分为5章,即测量误差与不确定度、物理实验的基本测量方法和常用物理量的测量、基础实验、近代与综合性实验、设计性与应用性实验.书中列出了38个实验项目,内容覆盖了力学、热学、声学、光学、电磁学和近代物理等分支学科领域.

本书可以作为高等理工院校各专业不同层次的物理实验教材或教学参考书,也可供其他相关教学、研究和技术人员参考.

图书在版编目(CIP)数据

大学物理实验 / 赵黎,王丰主编. —北京:北京大学出版社,2018.8
ISBN 978-7-301-29806-0

Ⅰ.①大⋯ Ⅱ.①赵⋯②王⋯ Ⅲ.①物理学—实验—高等学校—教材 Ⅳ.①O4-33

中国版本图书馆CIP数据核字(2018)第192434号

书 名	大学物理实验 DAXUE WULI SHIYAN
著作责任者	赵 黎 王 丰 主编
责任编辑	王剑飞
标准书号	ISBN 978-7-301-29806-0
出版发行	北京大学出版社
地 址	北京市海淀区成府路205号 100871
网 址	http://www.pup.cn
电子信箱	zpup@pup.cn
新浪微博	@北京大学出版社
电 话	邮购部 010-62752015 发行部 010-62750672 编辑部 010-62765014
印 刷 者	长沙超峰印刷有限公司
经 销 者	新华书店
	787毫米×1092毫米 16开本 20.5印张 511千字 2018年8月第1版 2018年8月第1次印刷
定 价	49.50元

未经许可,不得以任何方式复制或抄袭本书之部分或全部内容.
版权所有,侵权必究
举报电话:010-62752024 电子信箱:fd@pup.pku.edu.cn
图书如有印装质量问题,请与出版部联系,电话:010-62756370

前　言

大学物理实验是面向理工科各专业本科生的重要基础课之一,是理工科大学生进入大学后最早接受的对实验方法和实验技能的系统训练,它对人才培养有着不可替代的关键作用.该课程有利于培养学生观察事物,以及发现、分析和解决问题的能力,提升实验技能、科学思维和创新精神.

教材是教学工作中的要素之一,教材建设是课程建设的核心,是教学改革和教学创新的重大举措,高质量的教材是提高教学质量的基本要素.编写和使用合适教材的出发点:一是能够符合时代科技发展和知识更新;二是能够实现课程教学要求;三是能够提高教与学的效果和质量.

本教材是根据教育部颁发的《理工科类大学物理实验课程教学基本要求》和《基础课实验教学示范中心建设标准》,结合当前物理实验教学改革的实际和最新要求编写而成的.全书采用了基础实验、近代与综合性实验、设计性与应用性实验的架构.书中列出了38个实验项目,可根据不同教学对象和不同专业类别的教学需要,选排和选做其中部分实验项目.在内容安排上充分考虑到理工科有关专业特点及基础课教学的需要,其内容涉及面广、实用性强.有些实验是以验证大学物理的公式、理论为目的,有些实验又是以培养能力、开拓思路、提高综合素质为目的.书中的基础实验主要以学习和掌握实验的基本知识和技能为目标,通过实验教学使学生掌握常规仪器、仪表的调整和使用,学会对实验数据进行科学合理的处理及分析,掌握撰写实验报告的规范和技巧,形成基本的科学实验的素质.为反映最新科技成果,跟上时代步伐,瞄准新原理、新技术、新方法、新材料,突出创新思维、创新方法、创新能力的培养,教材特别注重增加近代的、综合性较强的以及具有较强创新理念的设计性和应用性实验内容,使学生在进行基础训练的同时,了解更多的现代测量新技术、新方法,为今后从事科研工作打下基础,同时也有利于开拓学生的眼界.

本书的出版是长年辛勤耕耘在实验教学第一线的、教学经验丰富的教师和实验技术人员共同劳动的成果.参加本教材编写的有:王丰、龙作友、田勇、代青、江德宝、李小强、杨耀辉、吴刚、何长英、余利华、冷春江、宋佩君、张焕德、陈长鹏、陈水波、陈志宏、赵黎、胡昌奎、高明向、郭斌、唐琳、黄勇、彭莉、李鹏、马争争、何小凤、里霖、范希智.制作和调试大学物理实验在线考试系统的有:胡锐、袁晓辉、赵子平等.苏文春、陈平提供了版式和装帧设计方案.在此一并表示衷心感谢.

由于编者水平和条件所限,书中难免有不妥或疏漏之处,敬请广大师生提出建议并指正.

编　者

2018年3月

目　　录

绪论 ··· 1

第1章　测量误差与不确定度 ··· 5
1.1　测量 ·· 5
1.2　误差 ·· 6
1.3　测量的不确定度 ··· 11
1.4　测量结果的有效数字 ·· 18
1.5　实验数据处理常用方法 ·· 21

第2章　物理实验的基本测量方法和常用物理量的测量 ································ 28
2.1　物理实验中的基本测量方法 ··· 28
2.2　常用物理量的测量 ··· 31

第3章　基础实验 ··· 39
3.1　测定刚体的转动惯量 ·· 39
3.2　用拉伸法测定金属丝的杨氏模量 ··· 56
3.3　热电效应 ·· 61
3.4　用牛顿环测定透镜的曲率半径 ··· 65
3.5　分光计的调节和应用 ·· 69
3.6　旋光现象及应用 ··· 76
3.7　模拟静电场 ··· 81
3.8　示波器的使用 ··· 87
3.9　用电位差计测量温差电动势 ··· 98
3.10　电子元件的伏安特性测定与补偿法测电阻 ·· 104
3.11　霍尔效应及其应用 ··· 113
3.12　用示波器测铁磁材料的磁滞回线 ·· 121

第4章　近代与综合性实验 ··· 126
4.1　声速测量 ·· 126
4.2　多普勒效应综合实验 ·· 131
4.3　菲涅耳双棱镜干涉实验 ·· 138
4.4　迈克耳孙干涉仪 ··· 142

  4.5 光速测量 ······ 148
  4.6 全息照相 ······ 157
  4.7 密立根油滴实验 ······ 161
  4.8 普朗克常数的测定 ······ 166
  4.9 弗兰克-赫兹实验 ······ 174
  4.10 核磁共振 ······ 180
  4.11 塞曼效应 ······ 188

第5章 设计性与应用性实验 ······ 196
  5.1 用谐振法测电感 ······ 196
  5.2 热敏电阻特性测量及应用 ······ 198
  5.3 电磁感应与磁悬浮 ······ 199
  5.4 巨磁阻效应及其应用 ······ 203
  5.5 超声定位和形貌成像 ······ 213
  5.6 液晶的电光效应及其应用 ······ 218
  5.7 混沌通信 ······ 227
  5.8 空气热机 ······ 238
  5.9 太阳能电池和燃料电池的特性测量 ······ 243
  5.10 电阻式传感器实验 ······ 254
  5.11 微波光学 ······ 260
  5.12 热辐射与红外扫描成像 ······ 273
  5.13 比热和导热系数的测定 ······ 280
  5.14 LED 综合特性实验 ······ 289
  5.15 用波尔振动仪研究振动 ······ 310

附录 ······ 318
  附录 A 中华人民共和国法定计量单位 ······ 318
  附录 B 基本物理常数 ······ 320

参考文献 ······ 322

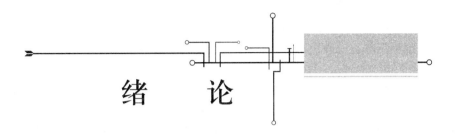

绪 论

一、物理实验的地位和作用

物理学是研究物质的运动规律、物质的结构及其相互作用的科学,是自然科学中最重要、最活跃的带头学科之一.物理学在科学技术的发展中有着独特的作用,历史上每次重大的技术革命都起源于物理学的发展.牛顿力学、热力学、分子物理学的发展,使人类进入了蒸汽机时代;电力的广泛应用和无线电通信的实现,是电、磁现象研究和电磁学理论的重大突破性发展的光辉成果;20世纪初,由于一些重要的实验发现,诞生了相对论和量子力学,奠定了近代物理学的基础,使20世纪成为物理学史上最富有创造性的年代.近代物理所揭示的新的概念和事实令人振奋,完全改变了世界的面貌,促进了原子能、计算机、激光的广泛应用.历史上这3次由物理学发展引导的技术革命,相继延展了人类感觉器官、效应器官、思维器官,使人类逐步从繁重的体力劳动和脑力劳动中解放出来.物理学的成就表明,物理学已成为一切自然科学的基础.物理学的基本原理隐藏于物质世界的方方面面,渗透在自然科学的所有学科,应用于工程技术的各个领域.物理学的发展哺育着近代高新技术的成长和发展,而高新技术的发展,又不断推动着实验物理研究的手段、方法和装备的发展,大大改变着人类对物质世界认识的深度和广度.

从本质上说,物理学是一门实验科学,物理实验是物理学和科学实验的重要部分.所有物理概念的确立、物理规律的发现、物理理论的建立都有赖于实验,并接受实验的检验.因此,物理学绝不能脱离物理实验结果的验证.实验是物理学的基础,实验是有目的地去尝试,是对自然的积极探索.在物理学史上,用实验澄清科学概念以及判断科学假设和预见真伪的事件不胜枚举.16世纪前,人们一直认为物体下落的速度与其重量成正比,伽利略经过多年的潜心研究,在巧妙设计实验的基础上建立了自由落体定律,从而推翻了统治欧洲长达两千年的这一错误观念;在电磁学的发展过程中,如果没有法拉第等实验科学家进行电磁学的实验研究,发现了电磁感应定律等一系列实验规律,麦克斯韦就不可能建立麦克斯韦方程组.在1864年确定了经典电磁理论后,麦克斯韦预言了电磁波的存在,但在当时并没有得到人们的普遍承认与重视.直到1888年,赫兹通过实验证实了电磁波的存在,麦克斯韦理论才被公认为科学的真理.

物理实验对现代物理学各个学科和应用技术的发展也起着决定性的作用.例如,1908年荷兰莱盾实验室将氦液化,发现在超低温条件下物质有超导性、抗磁性和超流性.近年来,超导体材料和超导体技术的研究得到了蓬勃发展,为无能耗储电、输电及制造高效能电气元件等创造了极其有利的条件.激光虽然源于爱因斯坦在1916年提出的受激辐射原理,但它主要是在实验中产生和发展起来的．目前，激光技术已广泛应用于测距、机加工、医疗手术和一些新式武器上．

实验—理论—实验，是一个经过科学史证明的科研准则，至今仍不失其重大意义．物理实验是现代科学理论持续发展的必要保证．任何物理理论都是相对正确的，每向前发展一步都必须经受新实验的考验．例如，李政道和杨振宁以 κ 介子衰变实验事实为根据，提出了弱相互作用过程中存在宇称不守恒的假设，他们建议用 β 衰变实验来验证自己提出的理论．这个实验由吴健雄等在1957年完成，在这个基础上才初步建立了弱相互作用的理论．

丁肇中教授在诺贝尔奖颁奖仪式上说："中国有句古话'劳心者治人，劳力者治于人'，这种落后的思想对发展中国家的青年有很大害处．由于这种思想的影响，很多学生都倾向于理论研究而避免实验工作，我希望由于我这次得奖能够唤起发展中国家学生们的兴趣，注意实验工作的重要性．"当代最为人们注目的诺贝尔奖的宗旨是奖给具有最重要发现或发明的人．因此，诺贝尔物理学奖标志着物理学中划时代的里程碑级的重大发现和发明．从1901年第一次授奖至今，以实验物理学方面的伟大发明或发现而获得诺贝尔物理学奖的物理学家占总获奖人数的三分之二以上，这足以说明实验研究在物理学中所处的重要地位．

科学技术的迅猛发展，要求高等工科院校培养的科技人才必须具备坚实的物理基础、出色的科学实验能力和勇于开拓的创新精神．物理理论和实验课程在培养学生这些基本素质和能力方面具有不可替代的重要作用．物理实验是物理基础教学的一个重要组成部分，同时又是学生进入大学后接受系统实验方法和实验技能训练的开端，是对学生进行科学实验基本训练的重要基础．这门课程内涵丰富，所覆盖的知识面和包含的信息量及对学生进行的基本训练内容是其他课程的实验环节所不能比拟的；它对培养学生深入观察现象，建立合理的物理模型，定量研究变化规律，分析、判断实验结果准确度的能力，激发学生的想象力、创造力，培养和提高学生独立开展科学研究工作的素质和能力具有重要的奠基作用．学好物理实验课程对于高等工科院校的学生是十分重要的．

二、物理实验课的任务

大学物理实验课是在中学物理实验的基础上，按照循序渐进的原则，让学生学习物理实验知识和方法，得到实验技能的训练，从而初步了解科学实验的主要过程与基本方法，为今后的学习和工作奠定良好的实验基础．大学物理实验课的具体任务如下．

1. 通过对实验现象的观察、分析和对物理量的测量，学习物理实验知识，加深对物理学原理的理解．

2. 培养和提高学生的科学实验能力，其中包括：

自学能力——能够自行阅读实验教材或资料，做好实验前的准备．

动手能力——能够借助教材或仪器说明书正确使用常用仪器并完成实验操作．

分析能力——能够运用物理学理论对实验现象进行初步分析判断．

表达能力——能够正确记录和处理实验数据，绘制曲线，说明实验结果，撰写合格的实验报告．

设计能力——能够完成简单的设计性实验．

3. 培养和提高学生的科学实验素养．要求学生具有理论联系实际和实事求是的科学作风，严肃认真的科学态度，主动研究的探索精神和遵守纪律、爱护公共财产的优良品德．

三、物理实验课的基本程序

物理实验教学过程一般包括预习、课堂操作和完成实验报告三个重要环节.

1. 预习

实验课前认真阅读实验教材或相关资料,明确实验的目的,掌握原理、测试方法及实验步骤,了解仪器性能,在实验报告纸上写出实验预习报告.预习报告主要包括以下栏目:

实验目的——简单明确地写出实验的目的、要求.

实验原理——扼要地叙述实验原理,写出主要公式,画上主要示意图、电路图或光路图.

实验内容——简要地写出实验内容和操作步骤.

另外,在自备的实验数据记录本上画好数据记录表格,有时数据表格需自拟,还要简要地书面回答预习思考题.

课前预习是能否独立顺利地进行实验的关键,应认真完成.

2. 课堂操作

学生进入实验室后应认真遵守实验室规则.先要对照仪器实物,认识并熟悉主要仪器及使用方法,然后井井有条地布置好仪器.在调试正常后,严格按实验步骤进行测试并采集数据.注意细心地观察实验现象,认真研究实验中的问题.如测试中仪器发生故障或发现异常现象,应及时请教老师,不可随意处理.要把重点放在实验能力的培养上,而不是仅仅测出几个数据,完成任务了事.

要严肃地对待测试数据,并将其忠实地记录在事先准备好的表格中,每个数据都应符合有效数字的要求.经老师检查不合格的数据,不得涂抹,应轻轻划上一道,在重新测定之后,另起一行记录.要将全部数据交老师检查并在记录纸上签字.离开实验室之前,应先切断电源,再整理好仪器,并将室内收拾整洁.课堂操作至此才全部结束.

3. 撰写报告

课后,在报告纸上,接着之前预习报告的内容继续完成以下栏目:

数据表格——设计合理的表格,将整理后的数据填入表格之中.

数据处理——按实验要求计算待测量的量值和不确定度.报告上的计算过程应包括公式→代入数据→结果三个步骤,其他中间计算过程不写在报告上.最后写出实验结果表达式.作图法处理数据时要符合作图规则,图线要规矩、美观.

小结或讨论——可以解答讨论思考题,也可以写上对实验现象的分析、对实验结果及主要误差因素的简要分析讨论、对实验关键问题的研究体会,以及实验的收获和建议等.

整篇实验报告应做到简明、工整、重点突出、作图规范、表格清晰.

四、实验室规则

为了优质地完成物理实验课的任务,取得良好的学习效果,学生应认真遵守实验室规则:

1. 上课时必须带来课前准备好的预习报告和数据记录表格,经教师检查后方可进行实验,否则不能随堂参加实验.

2. 遵守课堂纪律,保持安静的实验环境.

3. 使用电源时,须经教师检查线路并许可后,才能接通电源.

4. 爱护仪器,实验中按仪器说明书使用,违反使用说明造成仪器损坏的应照章赔偿.公用工具用完后立即放归原处.

5.完成实验后,数据需经教师审查、签字,然后将仪器整理还原,将桌面和凳子收拾整齐,方能离开实验室.

6.实验报告应在实验后3天内集体送交实验室.

7.只有全部完成教学计划规定的所有实验项目,才能参加实验课期末考核.

五、物理实验教学资源平台

《大学物理实验》在线测试平台

http://www.hnssl.com:8080/test_physics/login.asp

《大学物理实验》
精品资源共享课网站

《大学物理实验》
网络教学平台

武汉理工大学物理实验中心
微信公众号

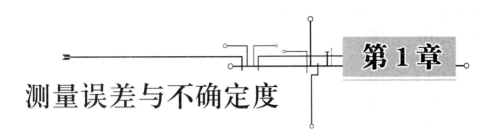

第1章 测量误差与不确定度

测量是人类认识和改造客观世界必不可少的重要手段,研究物理现象、了解物质特性、验证物理规律都要进行测量,测量是物理实验的基础.然而,任何测量过程都会出现不可避免的测量误差,它始终存在于一切科学实验和各种测量活动中.测量误差的分析,以及测量结果的合理表征,是测量必须关注的基本问题,它在科学实验和生产实践中占有极其重要的地位,是提高测量准确度,保证获取信息可靠性的重要手段.因此,了解和掌握误差理论及数据处理的初步知识,是物理实验课程乃至今后进行科学实验的基础.由于这部分包含的内容较多,其理论基础——概率论与数理统计又较复杂,本章仅限于简要介绍这方面的初步知识.

1.1 测 量

1.1.1 测量的定义

测量就是将被测物理量与选作计量标准的同类物理量进行比较并求出其倍数的过程,其中倍数值称为待测物理量的数值,而选作计量标准的物理量称为单位.通常,物理量的测量值由数值和单位两部分组成.一个完整的测量过程必须包含测量对象、测量单位、测量方法和测量准确度等四个要素.

1.1.2 测量的分类

根据测量结果获取的不同方式,测量可以分为直接测量和间接测量两类.

(1) 直接测量:可以从测量仪器(或量具)上直接读出被测量量值的测量称为直接测量.例如,用米尺测物体的长度、用天平称物体的质量、用电压表测电压、用秒表测时间等都属于直接测量.直接测量中的被测量称为直接测量量.

(2) 间接测量:许多被测量不能由测量仪器直接读数,需要先由直接测量获得相关数据,再利用已知的函数关系经过运算才能得到待测量的量值,这种测量方式就是间接测量.例如,测量矩形的面积,必须先用直接测量方法测出其长和宽,再利用面积公式计算出面积.间接测量中的被测量称为间接测量量,上例中的矩形面积就是间接测量量.

根据测量条件是否发生变化,测量可以分为等精度测量和不等精度测量两类.

(1) 等精度测量:在相同条件下对某一物理量进行的一系列测量称为等精度测量.例如,同一个人在同样的环境条件下在同一仪器上采用同样的测量方法对同一被测量进行多次测量,没有任何理由认为某个测量值比另一个测量值更为准确,即每次测量的可靠程度都相同,这些测量就是等精度测量.

(2) 不等精度测量:在不同条件下对某一物理量进行的一系列测量称为不等精度测量.例如,在不同的环境中,或由不同人员,或在不同的仪器上,或采用不同的方法等对同一物理量进行多次测量,其测量结果的可靠程度也不会相同,这些测量属于不等精度测量.

不等精度测量的数据处理比较复杂,一般情况下不会采用.在物理实验中,绝大多数实验都采用等精度测量,所以本教材以介绍等精度测量的数据处理为主.

1.2 误 差

1.2.1 误差的基本概念

1. 真值

真值是指一个特定的物理量在特定的条件下所具有的客观真实量值.显然,真值是一个理想的概念,一般是无法得到的.

由于"绝对真值"的不可知性,人们在长期的生产实践和科学研究中归纳出以下几种真值的替代值.

(1) 理论真值:理论设计值、公理值、理论公式计算值.

(2) 计量约定值:权威的计量组织和机构规定的各种基本常数值、基本单位标准值.

(3) 标准器件值:高一级的标准器件或仪表的示值可视为低一级器件或仪表的相对标准值.

(4) 算术平均值:指多次测量的平均结果.当测量次数趋于无穷时,修正过的被测量的算术平均值趋于真值.

2. 绝对误差与相对误差

对任一物理量进行测量,其测量值与真值之间总存在一定差异,这种差异称为测量误差,简称误差.误差按其表示形式可分为绝对误差和相对误差,其中

$$绝对误差 = 测量值 - 真值,$$

$$相对误差 = \frac{测量的绝对误差}{被测量的真值} \times 100\%.$$

绝对误差和相对误差均反映单次测量结果与物理量真值之间的差异,它们可用数学式子分别表示为

$$\delta_i = x_i - x_0, \tag{1-2-1}$$

$$E_i = \frac{\delta_i}{x_0} \times 100\%, \qquad (1-2-2)$$

其中 $x_i(i=1,2,\cdots,n)$ 表示对物理量 x 的第 i 次测量值，x_0 表示被测物理量的真值，δ_i 和 E_i 分别表示对物理量 x 第 i 次测量的绝对误差和相对误差.

1.2.2 误差的分类及处理

误差按其产生的原因和性质特点可分为系统误差和随机误差.

1. 系统误差

在相同的条件下多次测量同一物理量时，误差的绝对值和符号保持恒定；或者在条件改变时，误差按某一确定规律变化，这类误差称为系统误差，其特点是具有确定性. 系统误差的来源有以下几个方面：

（1）仪器误差是由于仪器本身的缺陷或没有按规定条件使用仪器而造成的. 如仪器的刻度不准，零点不准，仪器未调整好，以及外界环境（光线、温度、湿度、电磁场等）对测量仪器产生了影响而造成的误差.

（2）理论误差（又称方法误差）是由于测量所依据的理论公式本身的近似性，或实验条件不能达到理论公式所规定的要求，再或是实验方法本身不完善所带来的误差. 例如，伏安法测电阻时没有考虑电表内阻对实验结果的影响.

（3）个人误差是由于观测者个人感官和运动器官的反应或习惯不同而产生的误差，它因人而异，并与观测者当时的精神状态有关.

系统误差按其确定性的程度可分为已定系统误差和未定系统误差. 前者是误差的变化规律已确知的系统误差；后者则是误差的变化规律未确知的系统误差，但一般情况下可估计出它存在的大致范围，仪器误差就属于此类.

分析任何一种系统误差产生的原因，并设法加以校正，就能减小系统误差对实验的影响. 但完全发现和减少实际存在的系统误差是比较困难的. 在实际工作中，需要对整个实验所依据的原理、方法、测量步骤、使用的仪器仪表等可能引起系统误差的因素进行详尽分析，并通过校准仪器，改进实验装置，完善实验方法，或对测量结果进行理论上的修正来尽可能地减少系统误差. 显然，不论哪一种系统误差，根据其特点可知，不可能通过多次测量来减小或消除.

2. 随机误差

（1）定义

在相同条件下对同一物理量的多次测量过程中，误差的绝对值和符号以不可预知的方式变化，但总体来说又服从一定统计规律的误差，称为随机误差，又称偶然误差，其特点是具有随机性. 这种误差来源于实验中各种偶然因素微小而随机地波动，例如，测量过程中环境条件的微小变动，观察者在操作调整仪器设备和判断、估计读数上的微小变动，测量仪器指示数值的微小变动和被测对象自身的微小变动等. 显然，随机误差不能用修正或采取某种技术措施的办法来消除，但可通过多次测量使其减小，并能用统计的方法对其大小进行估算.

（2）随机误差的分布

在等精度测量中，当测量次数 $n \to \infty$ 时，随机误差 δ_i 变成连续型随机变量 $\delta = x$（测量值)$-x_0$(真值). 可以证明,大多数情况下的随机误差 δ 都服从正态分布,亦称高斯分布. 它满足的概率密度分布函数为

$$f(\delta) = \frac{1}{\sqrt{2\pi}\sigma}\exp\left[-\frac{1}{2}\left(\frac{\delta}{\sigma}\right)^2\right], \quad (1-2-3)$$

此时

$$x_0 = \lim_{n\to\infty}\frac{1}{n}\sum_{i=1}^{n}x_i, \quad (1-2-4)$$

即无限多次测量值的算术平均值就是真值.

正态分布曲线如图 1-2-1 所示.

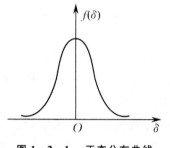

图 1-2-1 正态分布曲线

由图 1-2-1 可以看出,服从正态分布的随机误差具有如下特性:

① 单峰性:绝对值小的误差出现的概率比绝对值大的误差出现的概率大.

② 对称性:绝对值相等的正误差和负误差出现的概率相等.

③ 有界性:绝对值很大的误差出现的概率几乎为零,即误差的绝对值不会超过某一个界限.

按照概率论,误差出现在区间$(-\infty,+\infty)$内是必然的,即概率为100%,用数学公式表示为

$$P(-\infty,+\infty) = \int_{-\infty}^{+\infty} f(\delta)\mathrm{d}\delta = 1, \quad (1-2-5)$$

即概率密度分布曲线下的总面积等于1.

(3) 标准误差

(1-2-3)式中的 σ 为正态分布的特征量,称为正态分布的标准误差,亦称方均根误差,它在数值上等于概率密度分布曲线拐点处的横坐标值,其数学表达式为

$$\sigma = \lim_{n\to\infty}\sqrt{\frac{\sum_{i=1}^{n}(x_i-x_0)^2}{n}}. \quad (1-2-6)$$

由(1-2-3)式可知,$\delta=0$ 时,$f(0)=\frac{1}{\sqrt{2\pi}\sigma}$,因此,$\sigma$ 值越小,$f(0)$ 的值越大. 由于概率密度分布曲线下的总面积恒等于1,所以正态分布曲线的形状取决于 σ 值的大小,如图 1-2-2 所示.

σ 值小,分布曲线又高又陡,说明绝对值小的误差出现的机会多,测量值的重复性好,即随机误差的离散程度小;反之,σ 值大,分布曲线则低而平坦,说明测量值的重复性差,离散程度大. 由此可见,标准误差反映了测量值的离散程度. 标准误差 σ 与各测量值的误差 δ 有着完全不同的含义. δ 是实在的误差值,而 σ 并不是一个具体的误差值,它只反映在一定的条件下等精度测量列随机误差的概率分布情况,只具统计性质的意义,是一个统计特征值.

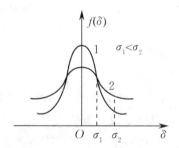

图 1-2-2 不同 σ 值所对应的正态分布曲线

还可以从另一个角度理解 σ 的物理意义. 由概率密度分布函数可知,测量值的随机误差出现在 δ 至 $\delta+d\delta$ 区域内的概率为 $f(\delta)d\delta$,而测量值的误差出现在 $(-\sigma,+\sigma)$ 区间的概率是

$$P(-\sigma,+\sigma) = \int_{-\sigma}^{+\sigma} f(\delta)d\delta = \int_{-\sigma}^{+\sigma} \frac{1}{\sqrt{2\pi}\sigma}\exp\left[-\frac{1}{2}\left(\frac{\delta}{\sigma}\right)^2\right]d\delta = 68.3\%. \quad (1-2-7)$$

换言之,(1-2-7)式表明,在所测得的全部数据中,将有 68.3% 的数据的随机误差落在区间 $(-\sigma,+\sigma)$ 内;或者说,其中任一数据 x 的随机误差 δ 落在区间 $(-\sigma,+\sigma)$ 的概率为 68.3%.当然,区间 $(x_0-\sigma,x_0+\sigma)$ 内包含真值的概率也为 68.3%,这就提供了一个用概率来表达测量误差的方法. 区间 $(x_0-\sigma,x_0+\sigma)$ 称为置信区间,在给定置信区间内包含真值的概率 (68.3%) 称为置信概率. 可见,标准误差具有统计性质.

扩大置信区间,同样可以计算,在相同条件下对同一物理量进行重复测量,其任意一次测量值的误差出现在 $(-2\sigma,+2\sigma)$ 和 $(-3\sigma,+3\sigma)$ 范围概率分别为

$$P(-2\sigma,+2\sigma) = \int_{-2\sigma}^{+2\sigma} f(\delta)d\delta = \int_{-2\sigma}^{+2\sigma} \frac{1}{\sqrt{2\pi}\sigma}\exp\left[-\frac{1}{2}\left(\frac{\delta}{\sigma}\right)^2\right]d\delta = 95.4\%, \quad (1-2-8)$$

$$P(-3\sigma,+3\sigma) = \int_{-3\sigma}^{+3\sigma} f(\delta)d\delta = \int_{-3\sigma}^{+3\sigma} \frac{1}{\sqrt{2\pi}\sigma}\exp\left[-\frac{1}{2}\left(\frac{\delta}{\sigma}\right)^2\right]d\delta = 99.7\%, \quad (1-2-9)$$

即在置信区间 $(x_0-2\sigma,x_0+2\sigma)$ 和 $(x_0-3\sigma,x_0+3\sigma)$ 内包含真值的概率(置信概率)分别为 95.4% 和 99.7%.

(1-2-9)式表明,绝对值大于 3σ 的误差出现的概率不超过 3‰,所以,$\pm 3\sigma$ 称为极限误差.

(4) 标准偏差

在实际测量中,测量次数 n 总是有限的,不可能是无限的,这时的算术平均值不是真值,因此标准误差只有理论上的价值,对标准误差 σ 的实际处理只能进行估算.

对于一组测量值 $x_i(i=1,2,\cdots,n)$,n 为有限值,其算术平均值 $\overline{x}$ 虽不是真值,但却是真值 x_0 的最佳近似值,实际中总是用算术平均值代替真实值. 为了与误差加以区别,将测量值 x_i 与平均值 $\overline{x}$ 的差值称为偏差,用 v_i 表示,即

$$v_i = x_i - \overline{x}. \quad (1-2-10)$$

利用数理统计理论,可以得到对偏差进行估计的公式为

$$S_x = \sqrt{\frac{1}{n-1}\sum_{i=1}^{n} v_i^2} = \sqrt{\frac{\sum_{i=1}^{n}(x_i-\overline{x})^2}{n-1}}. \quad (1-2-11)$$

(1-2-11)式称为贝塞尔公式,S_x 称为单次测量的标准偏差,或测量列的标准偏差. 如同值 $\overline{x}$ 是 x_0 的最佳估计值一样,S_x 是 σ 的最佳估计值.

(5) 算术平均值的标准偏差

标准偏差 S_x 表示的是取得 $\overline{x}$ 的一组数据的离散性,如果在完全相同的条件下再重复测量一组数据,由于随机误差的影响,不一定能得到完全相同的 $\overline{x}$,这说明算术平均值本身也具有离散性. 为了评定算术平均值的离散性,需引入算术平均值的标准偏差(亦称测量列的算术平均值的标准偏差)$S_{\overline{x}}$,误差理论给出的算术平均值的标准偏差公式为

$$S_{\overline{x}} = \frac{S_x}{\sqrt{n}} = \sqrt{\frac{1}{n(n-1)}\sum_{i=1}^{n}(x_i-\overline{x})^2}. \quad (1-2-12)$$

(6) t 分布

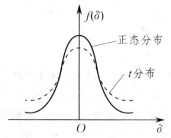

图 1-2-3 t 分布与正态分布的比较

根据误差理论,当测量次数很少时(例如,少于 10 次),随机误差分布将明显偏离正态分布,这时测量值的随机误差将遵从 t 分布,也称学生分布.较之正态分布,t 分布概率密度分布曲线变得平坦,如图 1-2-3 所示.当测量次数 $n \to \infty$ 时,t 分布过渡到正态分布.

在有限次测量的情况下,要保持同样的置信概率,显然要扩大置信区间,即在 S_x 和 $S_{\bar{x}}$ 的公式的基础上再乘以一个大于 1 的因子 t_P,t_P 与测量次数 n 有关,也与置信概率 P 有关.表 1-2-1 给出了 t_P 与测量次数 n、置信概率 P 的对应关系.

表 1-2-1 t_P 因子与测量次数 n、置信概率 P 的对应关系

测量次数 n	2	3	4	5	6	7	8	9	10	20	∞
$t_P(P=0.68)$	1.84	1.32	1.20	1.14	1.11	1.09	1.08	1.07	1.06	1.03	1.00
$t_P(P=0.95)$	12.71	4.30	3.18	2.78	2.57	2.45	2.36	2.31	2.26	2.09	1.96
$t_P(P=0.99)$	63.66	9.92	5.84	4.60	4.03	3.71	3.50	3.36	3.25	2.86	2.58

由表 1-2-1 可见,当置信概率 $P=0.68$ 时,t_P 因子随测量次数的增加而趋向于 1,当 $n > 6$ 以后,t_P 与 1 的偏离并不大,故在进行误差估算时,当 $n \geqslant 6$ 时,若置信概率取 68.3%,可以不加修正.

注意,上面在讨论系统误差和随机误差时是分别进行的,也就是在没有随机误差的情况下研究系统误差,以及在系统误差可以不考虑的情况下研究随机误差.实际上对任何一次实验,既存在着系统误差,又存在着随机误差,只有一种误差的实验是不存在的.当然,也存在一些实验因以系统误差为主(或以随机误差为主),而忽略另一种误差的存在.

1.2.3 测量的精密度、正确度、准确度

对测量结果作总体评定时,一般均应把系统误差和随机误差联系起来看.精密度、正确度和准确度均用于评定测量结果的好坏,但是这些概念的含义不同,使用时应加以区别.

(1) 精密度(precision) 表示测量数据密集的程度.它反映随机误差的大小,与系统误差无关.若各测量值之间的差异较小,即数据集中,离散程度小,亦即随机误差小,这意味着测量精密度较高;反之,若各次测量值彼此差异较大,精密度也就较低.

(2) 正确度(correctness) 表示测量值或实验结果接近真值的程度.它反映系统误差的大小,与随机误差无关.测量值越接近真值,系统误差越小,正确度越高;反之,系统误差越大,正确度越低.

(3) 准确度(accuracy) 又称精确度,是对测量结果中系统误差和随机误差的综合描述,反映了测量值既不偏离真值,又不离散的程度.对于实验和测量来说,精密度高正确度不一定高;而正确度高精密度也不一定高;只有精密度和正确度都高时,准确度才高,两者之一低或两者都低,准确度皆低.

现在以打靶结果为例来形象说明 3 个"度"之间的区别.图 1-2-4 中,(a)表示子弹着靶点

比较密集,但偏离靶心较远,说明随机误差小而系统误差大,即精密度高而正确度较差;(b)表示子弹着靶点比较分散,但没有明显的固定偏向,说明系统误差小而随机误差大,即正确度高而精密度较差;(c)表示子弹着靶点比较集中,且都接近靶心,说明随机误差和系统误差都小,即精密度和正确度都很高,亦即准确度高.

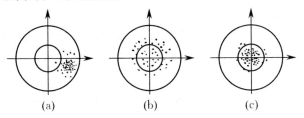

图 1-2-4 子弹着靶点分布图

1.3 测量的不确定度

由于测量误差是普遍存在且不可避免的,因而,对测量结果进行评价,提供测量结果的可靠程度的信息是十分必要的.无质量评价的测量结果是毫无意义的.过去人们习惯于用误差来评定测量质量,而误差是测量结果与被测量真值之差,可是,被测量真值在大多数情况下是未知的,这使得误差概念和误差分析在用于评定测量结果时显得既不完备,也难于操作,因而受到广泛质疑.因此,国际上越来越多的地区现已不用误差来评价测量质量,而是用另一个物理概念——不确定度来对测量结果进行质量评价.

1.3.1 不确定度的概念

实验不确定度,又称测量不确定度(uncertainty of measurement),简称不确定度,是与测量结果相关的一个用于合理地表征测量结果离散性的参数,其含义是,被测量值由于测量误差的存在而不能确定的程度,它是对被测量真值在某一范围内的一个评定.

"不能确定的程度"是通过"置信区间"和"置信概率"来表达的.如果不确定度为 u,根据其含义可知,误(偏)差将以一定的概率出现在区间 $(-u,+u)$ 之中,或者表示被测量 u 的真值以一定的概率落在置信区间 $(\bar{x}-u,\bar{x}+u)$ 之中.显然,在相同置信概率的条件下,不确定度越小,其测量结果的可靠程度越高,即测量质量和使用价值也越高;反之,不确定度愈大,其结果的可靠程度愈低,即测量质量和使用价值也愈低.由此可见,测量结果的可靠性在很大程度上取决于其不确定度的大小,用不确定度来评价测量结果的质量比误差评价更合适.因此,在给出测量结果时,必须附加不确定度的说明,只有这样才是完整和有意义的.

1.3.2 不确定度的分类

测量不确定度表示测量结果的可靠程度.按其数值的来源和评定方法,不确定度可分为 A,B 两类.

(1) A 类不确定度

用测量列的统计分析评定的不确定度,也称统计不确定度,用 $u_A(x)$ 表示.

(2) B 类不确定度

用非统计方法估计出的不确定度,又称非统计不确定度,用 $u_B(x)$ 表示.

A 类不确定度和 B 类不确定度均能用标准差进行评定,所以有时亦分别称为 A 类标准不确定度和 B 类标准不确定度.

将不确定度分为 A,B 两类评定方法的目的,仅仅在于说明计算不确定度的两种不同途径,并非它们在本质上有什么区别.它们都基于某种概率分布,都能够用标准差定量地表达.因此,不能将它们混淆为随机误差和系统误差,简单地将 A 类不确定度对应于随机误差导致的不确定度,把 B 类不确定度对应于系统误差导致的不确定度的做法是不妥的.

1.3.3 直接测量不确定度的评定

1. A 类不确定度的计算

对一直接测量量进行多次测量就存在 A 类不确定度. A 类不确定度可直接用测量列的算术平均值的标准偏差表示,即

$$u_A = S_{\bar{x}} = \frac{S_x}{\sqrt{n}} = \sqrt{\frac{1}{n(n-1)}\sum_{i=1}^{n}(x_i-\bar{x})^2}, \qquad (1-3-1)$$

式中 n 为测量次数,一般要求 $n \geqslant 6$.

2. B 类不确定度的估算

(1) 用近似标准差估算

B 类不确定度是用不同于统计方法的其他方法计算的.在物理实验中,一般采用等价标准差的方法.使用该方法时,首先要估计一个误差极限值 Δ,然后确定误差分布规律,利用关系式

$$\Delta = Cu_B \qquad (1-3-2)$$

就可算出近似标准差.式中 u_B 就是用近似标准差表示的 B 类不确定度,C 为置信系数,其值因误差分布规律不同而异:对于均匀分布,$C=\sqrt{3}$;对于三角分布,$C=\sqrt{6}$;对于正态分布,$C=3$;对于其他分布,可以查找有关书籍获得其值.

在物理实验中,若 B 类不确定度只包括实验仪器误差 $\Delta_{仪}$,并将其近似视为估计误差极限值 Δ,即 $\Delta = \Delta_{仪}$,且将误差分布视作均匀分布,则有

$$u_B = \frac{\Delta_{仪}}{\sqrt{3}}. \qquad (1-3-3)$$

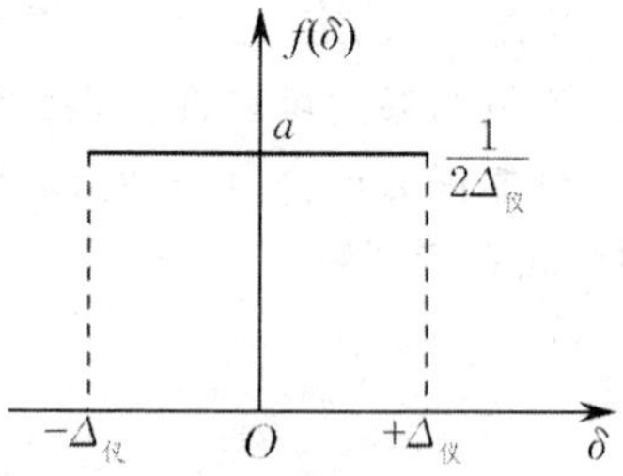

下面对 (1-3-3) 式的来历做一简要说明.

均匀分布如图 1-3-1 所示,误差的概率密度分布函数为

$$f(\delta) = \begin{cases} a, & \delta \leqslant |\Delta_{仪}|, \\ 0, & \delta > |\Delta_{仪}|. \end{cases} \qquad (1-3-4)$$

由概率密度分布函数的归一性 $\int_{-\infty}^{+\infty} f(\delta)\mathrm{d}\delta = 1$,有 $a = \frac{1}{2\Delta_{仪}}$.由此可得到等价标准差满足

图 1-3-1 均匀分布

$$u_B^2 = \int_{-\infty}^{+\infty} \delta^2 f(\delta) \mathrm{d}\delta = \int_{-\Delta_{仪}}^{+\Delta_{仪}} \delta^2 \frac{1}{2\Delta_{仪}} \mathrm{d}\delta = \frac{\Delta_{仪}^2}{3}, \quad (1-3-5)$$

等式两边开方后即为(1-3-3)式.

(2) 实验仪器误差 $\Delta_{仪}$

实验中所用仪器不可能是绝对准确的,它会给测量结果带来一定的误差,这种误差称为仪器误差.仪器误差的来源很多,与仪器的原理、结构和使用环境等有关.在物理实验中,仪器误差 $\Delta_{仪}$ 是指在正确使用仪器的条件下,仪器的示值和被测量真值之间可能产生的最大误差,亦称仪器的最大允许误差或仪器误差限.通常仪器出厂时要在检定书中或仪器上注明仪器误差,注明方式大体有如下两种情况:

① 在仪器上直接标出或用准确度表示仪器的仪器误差.如标出准确度为 0.05 mm 的游标卡尺,其仪器误差就是 0.05 mm. 此外,仪器误差通常可以在仪器量具说明书或技术标准中查到,表 1-3-1 列出了几种常用仪器技术指标及最大允许误差.

② 给出仪器的准确度级别,然后算出仪器误差. 如电测量仪表的最大允许误差与仪表的准确度级别有关. 电测量仪表的准确度级别分为 7 级: 0.1, 0.2, 0.5, 1.0, 1.5, 2.5, 5.0. 由仪表的准确度级别与所用量程可以推算出仪表的最大允许误差:

$$\Delta_{仪} = 量程 \times \frac{准确度级别}{100}. \quad (1-3-6)$$

电学仪表的准确度等级通常都刻写在度盘上,使用时应记下其准确度等级,以便计算 $\Delta_{仪}$.

表 1-3-1   常用仪器、量具的最大允许误差

仪器	量程	分度值	最大允许误差
钢直尺	150 mm	1 mm	± 0.10 mm
	500 mm	1 mm	± 0.15 mm
	1 000 mm	1 mm	± 0.20 mm
钢卷尺	1 m	1 mm	± 0.8 mm
	2 m	1 mm	± 1.2 mm
游标卡尺	125 mm	0.02 mm	± 0.02 mm
		0.05 mm	± 0.05 mm
螺旋测微计(千分尺)	0 ~ 25 mm	0.01 mm	± 0.004 mm
七级天平 (物理天平)	500 g	0.05 g	± 0.08 g(满量程)
			± 0.06 g($\frac{1}{2}$量程)
			± 0.04 g($\frac{1}{3}$量程)
普通温度计 (水银或有机溶剂)	0 ~ 100 ℃	1 ℃	± 1 ℃

如果未注明仪器误差或仪器误差不清楚,通常做这样的规定:对于能连续读数(能对最小分度下一位进行估计)的仪器,取最小分度的一半作为仪器误差,如米尺、螺旋测微计、读数显

微镜等;对于不能连续读数的仪器就以最小分度作为仪器误差,如游标类仪器、数字式仪表等.

应当说明,最大允许误差是指所制造的同型号同规格的所有仪器中可能产生的最大误差,并不表明每一台仪器的每个测量值都有如此大的误差.它既包括仪器在设计、加工、装配过程中乃至材料选择中的缺欠所造成的系统误差,也包括正常使用过程中测量环境和仪器性能随机涨落的影响.

(3) 根据实际情况估计误差极限值

由于误差来源不同,相应的 B 类不确定度可能就不止一个.例如,在拉伸法测杨氏模量实验中,用卷(米)尺测金属丝原长时,除卷尺的仪器误差 $u_{B1} = \dfrac{\Delta_仪}{\sqrt{3}}$ 外,还有测量时因卷尺不能准确地对准金属丝两端所产生的误差 $\Delta_估$,其相应的 B 类不确定度 $u_{B2} = \dfrac{\Delta_估}{\sqrt{3}}$,其中的 $\Delta_估$ 就是通过实际情况估计的.在该情形下,测量量的 B 类不确定度为 $u_B = \sqrt{u_{B1}^2 + u_{B2}^2}$.

3. 合成不确定度的评定

一个测量结果,一般情况下总是存在不同性质的 A 类不确定度和 B 类不确定度,总的不确定度应该由两个不确定度共同决定.由于两者是相互独立的,所以它们可以直接合成.在大学物理实验中采用方和根法则进行合成,合成后的总不确定度称为合成不确定度,用 u_C 表示,即

$$u_C = \sqrt{u_A^2 + u_B^2}. \tag{1-3-7}$$

例 1-3-1 用 50 分度游标卡尺(最大允许误差为 0.02 mm)测一圆环的宽度,其数据如下: $w = 15.272, 15.276, 15.268, 15.274, 15.270, 15.274, 15.268, 15.274, 15.272$(单位:cm),求合成不确定度 u_C.

解 在计算合成不确定度 u_C 前,要先分别计算 A 类和 B 类不确定度.

A 类不确定度由(1-3-1)式计算:

$$u_A = S_w = \sqrt{\frac{1}{n(n-1)} \sum_{i=1}^{n} (w_i - \overline{w})^2} = 0.0009 \text{ (cm)}.$$

B 类不确定度由(1-3-3)式计算:

$$u_B = \frac{\Delta_仪}{\sqrt{3}} = \frac{0.002 \text{ cm}}{\sqrt{3}} = 0.0012 \text{ cm}.$$

合成不确定度由(1-3-7)式计算:

$$u_C = \sqrt{u_A^2 + u_B^2} = \sqrt{(0.0009 \text{ cm})^2 + (0.0012 \text{ cm})^2} = 0.0015 \text{ cm}.$$

4. 单次测量不确定度的评估

单次测量不存在采用统计方法计算的 A 类不确定度.因此,单次测量的合成不确定度就等于 B 类不确定度.

1.3.4 间接测量不确定度的评定

间接测量往往是通过直接测得的量与被测量之间的函数关系计算出被测量.间接测量结果的不确定度,即函数的不确定度,是由所有相关的各自独立的直接测量量的不确定度共同决定的.由直接测量的不确定度计算间接测量量的不确定度称为不确定度的传递.

设间接测量量 y 与直接测量量 $x_1, x_2, \cdots, x_N$ 有函数关系

$$y = f(x_1, x_2, \cdots, x_N), \tag{1-3-8}$$

其中 $x_1, x_2, \cdots, x_N$ 相互独立. 对(1-3-8)式全微分后有

$$dy = \frac{\partial f}{\partial x_1} dx_1 + \frac{\partial f}{\partial x_2} dx_2 + \cdots + \frac{\partial f}{\partial x_N} dx_N = \sum_{i=1}^{N} \frac{\partial f}{\partial x_i} dx_i. \tag{1-3-9}$$

若对(1-3-8)式取对数后再进行全微分,则有

$$\frac{dy}{y} = \frac{\partial \ln f}{\partial x_1} dx_1 + \frac{\partial \ln f}{\partial x_2} dx_2 + \cdots + \frac{\partial \ln f}{\partial x_N} dx_N = \sum_{i=1}^{N} \frac{\partial \ln f}{\partial x_i} dx_i. \tag{1-3-10}$$

不确定度都是微小量,与微分式中的增量相当. 只要把微分式中的增量符号 $dy, dx_1, dx_2, \cdots, dx_N$ 换成不确定度的符号 $u(y), u(x_1), u(x_2), \cdots, u(x_N)$,再采用某种合成方式合成就可以得到不确定度的传递公式.

合成方式有多种,其中最合理、最能满足评定工作的合成方式是方和根合成. 如果各直接测量量的不确定度相互独立,那么用方和根合成的不确定度传递公式为

$$u(y) = \sqrt{\left[\frac{\partial f}{\partial x_1} u(x_1)\right]^2 + \left[\frac{\partial f}{\partial x_2} u(x_2)\right]^2 + \cdots + \left[\frac{\partial f}{\partial x_N} u(x_N)\right]^2} = \sqrt{\sum_{i=1}^{N} \left[\frac{\partial f}{\partial x_i} u(x_i)\right]^2},$$
$$\tag{1-3-11}$$

$$u_{\text{rel}}(y) = \frac{u(y)}{\bar{y}} = \sqrt{\left[\frac{\partial \ln f}{\partial x_1} u(x_1)\right]^2 + \left[\frac{\partial \ln f}{\partial x_2} u(x_2)\right]^2 + \cdots + \left[\frac{\partial \ln f}{\partial x_N} u(x_N)\right]^2}$$
$$= \sqrt{\sum_{i=1}^{N} \left[\frac{\partial \ln f}{\partial x_i} u(x_i)\right]^2}. \tag{1-3-12}$$

(1-3-11)式和(1-3-12)式分别称为间接测量的合成不确定度和合成相对不确定度. 直接测量量不确定度前面的系数称为各不确定度的传递系数,反映了各自对间接测量量不确定度的影响程度. 常见函数的不确定度传递公式见表 1-3-2.

对于和、差运算的函数关系,直接用(1-3-11)式求合成不确定度 $u(y)$ 较为方便;对于积、商的函数关系,先用(1-3-12)式求出 $u_{\text{rel}}(y)$,再求 $u(y)$ 较方便.

表 1-3-2 一些常用函数的不确定度传递公式

函数表达式	不确定度传递公式
$y = x_1 \pm x_2$	$u(y) = \sqrt{u^2(x_1) + u^2(x_2)}$
$y = x_1 \cdot x_2$	$u_{\text{rel}}(y) = \frac{u(y)}{\bar{y}} = \sqrt{\left[\frac{u(x_1)}{\bar{x}_1}\right]^2 + \left[\frac{u(x_2)}{\bar{x}_2}\right]^2}$
$y = \frac{x_1}{x_2}$	$u_{\text{rel}}(y) = \frac{u(y)}{\bar{y}} = \sqrt{\left[\frac{u(x_1)}{\bar{x}_1}\right]^2 + \left[\frac{u(x_2)}{\bar{x}_2}\right]^2}$
$y = \frac{x_1^k \cdot x_2^n}{x_3^m}$	$u_{\text{rel}}(y) = \frac{u(y)}{\bar{y}} = \sqrt{\left[k\frac{u(x_1)}{\bar{x}_1}\right]^2 + \left[n\frac{u(x_2)}{\bar{x}_2}\right]^2 + \left[m\frac{u(x_3)}{\bar{x}_3}\right]^2}$
$y = kx$	$u(y) = ku(x)$
$y = k\sqrt[n]{x}$	$u_{\text{rel}}(y) = \frac{u(y)}{\bar{y}} = \frac{1}{n}\frac{u(x)}{\bar{x}}$
$y = \sin x$	$u(y) = |\cos \bar{x}| u(x)$
$y = \ln x$	$u_{\text{rel}}(y) = \frac{u(y)}{\bar{y}} = \frac{u(x)}{\bar{x}}$

例 1-3-2 圆柱体的体积公式为 $V = \dfrac{1}{4}\pi d^2 h$. 设已经测得 $d = \bar{d} \pm u_C(d)$, $h = \bar{h} \pm u_C(h)$, 写出体积的合成相对不确定度表达式.

解 根据(1-3-12)式, 得体积的相对合成标准不确定度表达式:

$$u_{\text{rel}}(V) = \frac{u(V)}{\bar{V}} = \sqrt{\left[\frac{2u_C(d)}{\bar{d}}\right]^2 + \left[\frac{u_C(h)}{\bar{h}}\right]^2}.$$

1.3.5 扩展不确定度

将合成不确定度 $u(y)$ 乘以一个包含因子(也称为置信因子)k, 即得扩展不确定度

$$U(y) = ku(y). \tag{1-3-13}$$

误差服从正态分布的测量, 一般 k 取 1,2 或 3, 它们对应的置信概率分别为 0.683, 0.954 和 0.997. 在不确定度分析时一般都取 k 为 1, 便于分析和计算(因为所有不确定度分量都是在置信概率为 0.683 的前提下计算出来的). 最终测量结果的不确定度常取 k 为 3, 此时置信概率接近于1, 可满足大多数的工程和计量中对测量的高效性和可靠性的需要. 在物理实验中, 通常取 k 为 2, 对应的置信概率 0.954.

1.3.6 扩展不确定度的评定

一个完整的测量结果一般应包括两部分内容:一部分是被测量的最佳估计值, 一般由算术平均值给出; 另一部分就是有关测量不确定度的信息.

一般采用扩展不确定度报告测量结果, 其表达式为

$$y = \bar{y} \pm U(y) = \bar{y} \pm ku(y) \quad (k = 1,2 \text{ 或 } 3). \tag{1-3-14}$$

其物理意义是: 当 k 分别等于 1,2 或 3 时, 真值在 $y = \bar{y} - U(y) \sim y = \bar{y} + U(y)$ 范围内的概率分别是 0.683, 0.954 或 0.997.

例 1-3-3 用单摆测重力加速度的公式为 $g = \dfrac{4\pi^2 L}{T^2}$. 现用最小读数为 0.01 s 的电子秒表测量周期 T 5 次, 其周期的测量值为 2.001, 2.004, 1.997, 1.998, 2.000(单位: s); 用 II 级钢卷尺测摆长 L 一次, $L = 100.00$ cm. 试求重力加速度 g 及合成不确定度 $u(g)$, 并写出结果表达式(注: 每次周期值是通过测量 100 个周期获得, 每测 100 个周期要按两次表, 由于按表时超前或滞后造成的最大误差是 0.5 s; II 级钢卷尺测量长度 L(单位: m)的示值误差为 $\pm(0.3 + 0.2L)$ mm, 由于卷尺很难与摆的两端正好对齐, 在单次测量时引入的误差极限为 ± 2 mm).

解 (1) 计算直接测量量的最佳估计值

T 的最佳估计值:

$$\bar{T} = \frac{1}{5}\sum_{i=1}^{5} T_i = \frac{2.001 \text{ s} + 2.004 \text{ s} + 1.997 \text{ s} + 1.998 \text{ s} + 2.000 \text{ s}}{5} = 2.000 \text{ s}.$$

L 的估计值: L 是单次测量, 故 $L = 1.0000$ m.

(2) 计算 g 的最佳估计值

$$\bar{g} = \frac{4\pi^2 L}{\bar{T}^2} = \frac{4 \times 3.1416^2 \times 1.0000 \text{ m}}{(2.000 \text{ s})^2} = 9.8697 \text{ m/s}^2.$$

(3) 计算摆长 L 的测量不确定度

摆长只测了一次, 只考虑B类不确定度. 仪器的示值误差 $\Delta_{\text{仪}}(L) = (0.3 + 0.2 \times 1)$ mm =

0.5 mm，示值误差相应的不确定度为

$$u_{B1}(L) = \frac{\Delta_{仪}(L)}{\sqrt{3}} = \frac{0.5 \text{ mm}}{\sqrt{3}} = 0.29 \text{ mm}.$$

测量时卷尺不能对准 L 两端造成的仪器误差 $\Delta_{估}(L) = 2$ mm，相应的不确定度为

$$u_{B2}(L) = \frac{\Delta_{估}(L)}{\sqrt{3}} = \frac{2 \text{ mm}}{\sqrt{3}} = 1.2 \text{ mm}.$$

L 的合成不确定度为

$$u_C(L) = \sqrt{u_{B1}^2(L) + u_{B2}^2(L)} = \sqrt{(0.29 \text{ mm})^2 + (1.2 \text{ mm})^2} = 1.2 \text{ mm}.$$

L 的相对不确定度为

$$u_{\text{rel}}(L) = \frac{u_C(L)}{L} = \frac{1.2 \text{ mm}}{1\,000 \text{ mm}} = 0.12\%.$$

（4）计算周期 T 的测量不确定度

T 的 A 类不确定度为

$$u_A(T) = S(\overline{T}) = \sqrt{\frac{\sum_{i=1}^{5}(T_i - \overline{T})^2}{5 \times (5-1)}} = 0.001\,2 \text{ (s)}.$$

T 的 B 类不确定度有两个分量，一个与仪器误差 $\Delta_{仪}(T)$ 对应，一个与按表超前或滞后造成的误差 $\Delta_{估}(T)$ 对应，分别是

$$u_{B1}(T) = \frac{\left(\dfrac{\Delta_{仪}}{100}\right)}{\sqrt{3}} = \frac{\left(\dfrac{0.01 \text{ s}}{100}\right)}{\sqrt{3}} = 0.000\,058 \text{ s},$$

$$u_{B2}(T) = \frac{\left(\dfrac{\Delta_{估}}{100}\right)}{\sqrt{3}} = \frac{\left(\dfrac{0.5 \text{ s}}{100}\right)}{\sqrt{3}} = 0.002\,9 \text{ s}.$$

（注意：若仅是对时间进行测量，则 $u_{B1}(t) = \dfrac{\Delta_{仪}}{\sqrt{3}}$，$u_{B2}(t) = \dfrac{\Delta_{估}}{\sqrt{3}}$，但这里是对 100 个周期所对应的时间做测量，因而 $u_{B1}(T)$ 和 $u_{B2}(T)$ 两式中出现因子 100.）

由此，T 的 B 类不确定度为

$$u_B(T) = \sqrt{u_{B1}^2(T) + u_{B2}^2(T)}.$$

T 的合成不确定度为

$$u_C(T) = \sqrt{u_A^2(T) + u_B^2(T)} = \sqrt{u_A^2(T) + u_{B1}^2(T) + u_{B2}^2(T)}.$$

因 $u_{B1}(T) \ll u_{B2}(T)$，可略去 $u_{B1}(T)$，故 T 的合成不确定度为

$$u_C(T) = \sqrt{u_A^2(T) + u_{B2}^2(T)} = \sqrt{(0.001\,2 \text{ s})^2 + (0.002\,9 \text{ s})^2} = 0.003\,1 \text{ s}.$$

T 的相对不确定度

$$u_{\text{rel}}(T) = \frac{u_C(T)}{\overline{T}} = \frac{0.003\,1 \text{ s}}{2.000 \text{ s}} = 0.16\%.$$

（5）计算间接测量量 g 的不确定度

由于 g, L 和 T 的关系是乘除关系，用（1-3-12）式所表达的相对不确定度传递公式较为简单，有

$$u_{\text{rel}}(g) = \frac{u(g)}{\overline{g}} = \sqrt{\left[\frac{u_C(L)}{L}\right]^2 + \left[\frac{2u_C(T)}{\overline{T}}\right]^2}$$

$$= \sqrt{(0.12\%)^2 + (2\times 0.16\%)^2} = 0.34\%,$$
$$u(g) = \bar{g}u_{\text{rel}}(g) = 9.8697 \text{ m/s}^2 \times 0.34\% = 0.034 \text{ m/s}^2.$$

取 $k=2$,扩展不确定度为
$$U = ku(g) = 2\times 0.034 \text{ m/s}^2 = 0.068 \text{ m/s}^2.$$

(6) 写出结果表达式
$$g = 9.870 \pm 0.068 \text{ (m/s}^2) \quad (k=2)$$

或
$$g = 9.87 \pm 0.07 \text{ (m/s}^2) \quad (k=2).$$

1.4 测量结果的有效数字

测量的结果都是用包含误差的一组数据表示出来的. 在表示测量结果时,究竟取几位数字为好呢?显然,数字的位数过少,会降低原测量结果的准确度;相反,数字的位数过多,超出测量所能达到的准确度,则会因数据的多余位数造成虚假的准确度,这样容易在评定结果时产生误解. 因此,记录测量数据、计算及表示测量结果时,对数据的位数有严格的要求,它应能大致反映出测量误差或不确定度的大小.

1.4.1 有效数字的概念

在测量结果的数字表示中,由若干位可靠数字加一位可疑数字,便组成了有效数字. 例如,用 300 mm 长的毫米分度钢直尺测量某长度,正确的读法除了确切地读出有刻线的位数之外,还应估读一位,即读到 1/10 mm. 如测得某长度为 34.7 mm,这表明 34 是根据直尺刻度读出的,是准确和可靠的,故称为可靠数;而最后的 7 是估读数字,不是十分准确和可靠的,故称为可疑数,但它又是有意义的,不能舍去. 可靠数和可疑数都是有效数字,所以该长度的测量结果 34.7 mm 为 3 位有效数字. 若记为 34.70 mm 则是错误的,这一种记法把数字"0"当作估读数字,不符合测量仪器实际的准确度. 同样的道理,若用该钢直尺测得某长度正好是 35 mm,应当记为 35.0 mm,因为 35 是准确数字,而读数最小分度值后的估读数字是"0".

表示有效数字时,要注意以下几点:

(1) 数字"0"的有效性

在数字中间和末位出现的"0"都是有效数字,如 12.04 mm, 20.50 mm², 1.000 A 的有效数字都是 4 位.

既然末位的 0 是有效的,那么就不能在数字的末位后随便加 0 或减 0,否则其物理意义将发生变化. 实际上,一个测量量的数值与数学上的一个数的意义是不同的. 在数学中 2.85 cm = 2.850 cm = 2.8500 cm,而对于测量量,2.85 cm ≠ 2.850 cm ≠ 2.8500 cm,因为它们的误差所在位不同,即准确度不同. 如果用"0"来表示小数点的位置,则第一个非零数字之前的"0"不算有效数字. 例如,21.5 mm = 0.0215 m = 0.0000215 km 都是 3 位有效数字. 由此可见,有效数字的位数与小数点的位置无关,移动小数点位置变换单位时,有效数字的位数不变.

(2) 使用科学记数法

如果一个数值很大而有效数字位数又不多时,数字的大小与有效数字的表示就会发生矛盾.

如测量一电阻,其阻值大约 200 000 Ω,有效数字却只有 3 位,为了正确表示出其有效数字和数量级,应采用科学记数法,即表示成 2.00×10^5 Ω. 又如 0.000 633 mm,应表示成 6.33×10^{-4} mm.

1.4.2 测量记录的有效数字

对于测量数据有效数字的确定,实际上就是如何在测量仪器上对直接测量量进行读数的问题.

仪器的读数规则如下:

(1) 游标类量具,有效数字最后一位为游标分度值;
(2) 数字显示仪表直接读取其数显值;
(3) 具有步进式标度盘的仪表一般应直接读其示值;
(4) 米尺、螺旋测微计、指针式仪表这类的刻度式仪器,要根据实验条件和实验者的判别能力进行估读,一般要估读到最小分度值的 1/2 ～ 1/10(不能估读到 0.1 分度以下).

1.4.3 测量结果的有效数字

1. 测量结果不确定度的有效数字

在测量结果的表述中,最终测量结果的不确定度的有效数字最多不超过 2 位. 当保留两位有效数字时,按"不为零即进位"进行取舍;当保留一位有效数字时,按 1/3 法则进行取舍,即

(1) 若舍去部分的数值大于保留末位的 1/3,则末位加 1;
(2) 若舍去部分的数值小于保留末位的 1/3,则末位不变.

例如,计算出扩展不确定度 U 为 0.324 mm,若保留两位有效数字,则按上述"不为零即进位原则",结果为 $U = 0.33$ mm;若保留一位有效数字,则保留末位为 0.1,舍去部分为 0.024 < 0.1/3,末位不变,结果为 $U = 0.3$ mm.

但是作为中间计算结果,直接测量量的不确定度,可以取 3 位有效数字或者不加取舍,以避免积累舍入误差.

2. 测量结果的有效数字

测量结果的最佳估计值的有效数字,是根据其最后一位和不确定度的末位对齐的原则确定的. 多余的数字,按"四舍六入五凑偶"的规则进行取舍,即对保留数字末位以后部分的第一个数小于 5 则舍,大于 5 则入,等于 5 则把保留数的末位凑为偶数. 例如,3.655 4 取 4 位有效数字是 3.655,取 3 位有效数字是 3.66,取两位有效数字是 3.6. 又例如,由测量值算出圆柱体体积 $V = 5\ 836.250\ 1$ mm^3,扩展不确定度 $U = 4.2$ mm^3. 将 V 的值取为最后一位与 U 值的最后一位对齐,即得 $V = 5\ 836.2$ mm^3.

1.4.4 有效数字的运算法则

物理实验中所进行的测量大多是间接测量,因此需要通过一系列的数学运算才能得到最终的测量结果,原则上任何测量数据的数学运算结果也应由有效数字组成,仍然满足有效数字的定义.

1. 有效数字的四则运算法则

(1) 加减运算

加减运算结果有效数字的最后一位,与参加运算的各数据中末位数位数最高的那一位一

致.如：

$$13.8 + 4.732 = 18.5$$

$$\begin{array}{r} 1\ 3.\overline{8} \\ +4.\ 7\ \overline{3}\ \overline{2} \\ \hline 1\ 8.\ 5\ \overline{3}\ \overline{2} \end{array}$$

算式中加了上划线的数字是可疑数.

(2) 乘除运算

在乘除运算中,结果的有效数字位数应与参与运算的各数据中有效数字位数最少的数据的有效数字位数相同.但是,在乘法中,如果相乘的两个数据的最高位相乘的积大于或等于10,其积的有效数字位数应比参与运算的有效数字中位数最少的多一位;在除法中,若被除数有效数字的位数小于或等于除数的有效数字位数,并且它的最高位的数小于除数的最高位的数,则商的有效数字位数应比被除数少一位.

2. 有效数字的乘方和开方的运算法则

乘方和开方运算结果的有效数字位数与它们底的有效数字位数相同.如 $100^2 = 1.00 \times 10^4$, $\sqrt{100} = 10.0$ 等.

3. 有效数字的函数运算法则

(1) 三角函数

通常三角函数运算结果的有效数字位数由角度的有效数字位数决定.一般当角度精确至 $1'$ 时,三角函数可以取 5 位有效数字;当角度精确至 $1''$ 时,三角函数可以取 6 位有效数字;当角度精确至 $0.1''$ 时,三角函数可以取 7 位有效数字;当角度精确至 $0.01''$ 时,三角函数可以取 8 位有效数字;余类推.

(2) 指数函数

指数函数运算结果的有效数字位数与该指数小数点后的位数相同(包括小数点后的零).例如 $10^{2.25} = 1.8 \times 10^2$;又如 $e^{0.0032} = 1.003$.

(3) 对数函数

x 的常用对数为 $\lg x$,其运算结果的有效数字位数确定的方法是:其小数点后数值(尾数)的位数与 x(真数)的有效数字位数相同,例如,$\lg 2.893 = 0.4613$. x 的自然对数 $\ln x$ 运算结果的有效数字位数与 x(真数)的有效数字位数相同,例如,$\ln 2.893 = 1.062$.

4. 自然数与常量

运算公式中的常数(如 π, g, e 等)和系数(如纯数 2),可以认为其有效数字位数是无限多的.在运算过程中,它们所取的有效数字位数不能少于参与运算的所有数据中有效数字位数最少的数据的有效数字位数,一般应多取一位或相同.例如,利用公式 $L = 2\pi r$ 求圆周长,当半径的测量结果 $r = 2.35 \times 10^{-2}$ m 时,π 应取 3.142 或 3.14;当 $r = 2.353 \times 10^{-2}$ m,π 应取 3.1416 或 3.142.

1.5　实验数据处理常用方法

科学实验的目的总是为了获得可靠的结果或找出物理量之间的关系(规律),要得到这些,除实验本身外,还必须对实验测量过程中收集到的大量数据资料进行正确的处理.所谓数据处理,就是用简明而严格的方法把实验数据所代表的事物的内在规律性提炼出来.它是指从获得数据到得出结论的整个加工过程,其中包括记录、整理、计算、分析等方面的处理环节,是物理实验的重要组成部分.数据处理方法较多,这里只介绍实验数据处理的几种常用方法.

1.5.1　列表法

在记录和处理数据时,将实验中测量的数据、计算过程中的数据和最终结果等以一定的格式和顺序列成表格的方法称为列表法.通过列表法既可将紊乱的数据有序化,又能简单而明确地表示有关量之间的对应关系,便于对比检查测量与运算结果是否合理,以减少或避免错误,同时有助于发现和分析问题,从中找出规律性的联系和经验公式等.

用列表法处理数据时的具体要求如下:

(1) 表格力求简单明了,分类清楚,便于显示有关量之间的关系.

(2) 表格中各量应写明单位,单位写在标题栏内,一般不写在每个数字的后面.

(3) 表格中的数据要正确地表示被测量的有效数字.

(4) 数据表格应提供必要的说明和参数,包括表格名称、主要测量仪器的规格(型号、量程、准确度级别或最大允许误差等)、有关环境参数等.

例 1-5-1　测量电阻的伏安特性,记录数据如表 1-5-1 所示.

表 1-5-1　测量电阻伏安特性的数据记录表

序号	1	2	3	4	5	6	7	8	9	10	11
V/V	0.0	1.0	2.0	3.0	4.0	5.0	6.0	7.0	8.0	9.0	10.0
I/mA	0.0	2.0	4.0	6.1	7.9	9.7	11.8	13.8	16.0	17.9	19.9

1.5.2　作图法

在坐标纸上将一系列实验数据之间的关系或变化情况用图线直观地表示出来的方法称为作图法.作图法可直观、形象地将物理量之间的对应关系清楚地表示出来,它是研究物理量之间变化规律,揭示对应函数关系,求出经验公式的最常用的方法之一.在一定条件下,通过内插和外延,还能在图线上直接得出实验测量范围以内和以外除由测量得到的数据以外的其他数据.此外,作图法亦可帮助发现实验中个别测试点测量结果的错误,并可对系统误差进行分析.

在物理实验中,图线通常是由列表所得的数值在坐标纸上画成.根据列表法表格中的数据作图时,应遵从如下的作图规则:

(1) 选用合适的坐标纸与坐标分度值

作图一定要用坐标纸,在决定了作图参量后,根据具体情况选用直角坐标纸、对数坐标纸或其他坐标纸.坐标分度值的选取要符合测量值的准确度,即能反映出测量值的有效数字位数.一般以图纸上一小格或两小格对应数据中可靠数字的最后一位,以保证图上读数的有效数字不少于测量数据的有效数字位数,即不降低数据的准确度.分度时应使各个点的坐标值都能迅速方便地从图中读出,一般一大格(10 小格)代表 1,2,5,10 个单位较好,而不采用一大格代表 3,6,7,9 个单位.也不应该用 3,6,7,9 个小格代表一个单位.否则,不仅标实验点和读数不方便,也容易出错.两轴的比例可以不同.坐标范围应恰好包括全部测量值,并略有富余,一般图面不要小于 $10 \times 10 \ cm^2$.最小坐标值不必都从零开始,以便作出的图线大体上能充满全图,布局美观合理.原点处的坐标值,一般可选取略小于数据最小值的整数开始.

（2）标明坐标轴

以横轴代表自变量,以纵轴代表因变量;用粗实线在坐标纸上描出坐标轴,在轴的末端一定要画出方向、注明物理量名称、符号、单位;在轴上每隔一定间距标明该物理量的数值,不要将实验数据标在坐标轴上.若数据特别大或特别小,可以提出乘积因子,如提出 10^3 或 10^{-3} 放在坐标轴物理量单位符号前面.

（3）标实验点

实验点可用"+""×""⊙""△"等符号中的一种标明,不要仅用"·"标示实验点.同一条图线上的数据用同一种符号,若图上有两条图线,应用两种不同符号以示区别.

（4）连成图线

使用直尺、曲线板等工具,按实验点的总趋势连成光滑的曲线.由于存在测量误差,且各点误差不同,不可强求曲线通过每一个实验点,但应尽量使曲线两侧的实验点靠近图线,且分布大体均匀.

（5）写出图线名称

在图纸下方或空白位置写出图线的名称,必要时还可写出某些说明.

以表 1-5-1 的数据作出电阻的伏安特性曲线如图 1-5-1 所示.

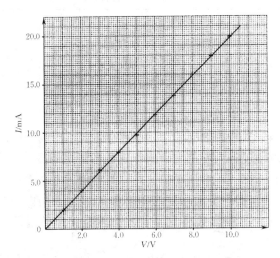

图 1-5-1　电阻的伏安特性曲线

1.5.3　用最小二乘法求经验方程

由一组实验数据找出一条最佳的拟合直线（或曲线）常用的方法是最小二乘法,由此得到的变量之间的相关函数称为回归方程. 这里只讨论用最小二乘法求直线方程的问题, 即直线拟合问题(也称为一元线性回归).

设某实验测得的一元线性函数的数据是
$$X: x_1, x_2, \cdots, x_n; \quad Y: y_1, y_2, \cdots, y_n.$$
假定 X 是可控制的物理量, 测量误差很小, 主要误差都出现在变量 Y 的测量上.

通常从中任取两组实验数据, 或者从描点作出的图线上取两点的坐标值就可得出一条直线方程, 然而这条直线与实际函数可能偏离很大. 直线拟合的任务就是用数学分析的方法从这些观测到的数据中求出一个最佳经验式 $y = ax + b$, 这一条最佳直线虽不一定能通过每一个实验点, 但是它以最接近这些实验点的方式穿过它们.

显然, 对应于每一个 x_i 值, 测量值 y_i 和由最佳经验式得到的值 y_i' 之间存在着一偏差 δy_i, 称为测量值 y_i 的偏差:
$$\delta y_i = y_i - y_i' = y_i - (ax_i + b) \quad (i = 1, 2, \cdots, n). \tag{1-5-1}$$

最小二乘法的原理是: 如各测量值的误差是独立的且服从于同一正态分布, 那么当 y_i 的偏差 δy_i 的平方和为最小时, 即得到最佳经验式. 根据这一原理, 即可定出常数 a 和 b.

设 m 表示 δy_i 的平方和
$$m = \sum_{i=1}^{n} (\delta y_i)^2 = \sum_{i=1}^{n} (y_i - ax_i - b)^2, \tag{1-5-2}$$
式中, x_i 与 y_i 都是测量值, 是已知量, 只有 a 和 b 是未知量.

按极值条件, 使 m 为最小的 a 与 b 值必须满足以下方程:
$$\frac{\partial m}{\partial a} = 0, \tag{1-5-3}$$
$$\frac{\partial m}{\partial b} = 0. \tag{1-5-4}$$

具体解法如下:
$$\begin{cases} \dfrac{\partial m}{\partial a} = -2 \sum_{i=1}^{n} (y_i - ax_i - b) x_i = 0, \\ \dfrac{\partial m}{\partial b} = -2 \sum_{i=1}^{n} (y_i - ax_i - b) = 0, \end{cases} \tag{1-5-5}$$
即
$$\begin{cases} \sum_{i=1}^{n} x_i y_i - a \sum_{i=1}^{n} x_i^2 - b \sum_{i=1}^{n} x_i = 0, \\ \sum_{i=1}^{n} y_i - a \sum_{i=1}^{n} x_i - nb = 0. \end{cases} \tag{1-5-6}$$

若以 $\overline{x}, \overline{x^2}, \overline{y}, \overline{xy}$ 分别表示 x, x^2, y, xy 的平均值, 则
$$\begin{cases} \overline{xy} - a \overline{x^2} - b \overline{x} = 0, \\ \overline{y} - a \overline{x} - b = 0. \end{cases} \tag{1-5-7}$$

其解为
$$\begin{cases} a = \dfrac{\overline{x} \cdot \overline{y} - \overline{xy}}{\overline{x}^2 - \overline{x^2}}, \\ b = \dfrac{\overline{x} \cdot \overline{xy} - \overline{y} \cdot \overline{x^2}}{\overline{x}^2 - \overline{x^2}} \end{cases} \tag{1-5-8}$$

或

$$\begin{cases} a = \dfrac{\overline{x} \cdot \overline{y} - \overline{xy}}{\overline{x}^2 - \overline{x^2}}, \\ b = \overline{y} - a\overline{x}. \end{cases} \quad (1-5-9)$$

将得到的 a,b 值代入设定的直线方程,即得到最佳经验公式 $y = ax + b$.

用这种方法计算的常数值 a 和 b 对于这一组测量值而言是"最佳的",但并不是没有误差的,其不确定度的计算比较复杂,这里不作介绍.一般说来,一列测量值的 δy_i 大(即实验点相对直线的偏离大),那么由这列数据求出的 a 和 b 值的误差也大,由此定出的经验公式可靠程度就低. 若一列测量值的 δy_i 小,那么由这列数据求出的 a 和 b 值的误差就小,由此定出的经验公式可靠程度就高.

注意,用最小二乘法计算 a 和 b 时,不宜用有效数字的运算法则计算中间过程,否则会引入较大的计算误差,提倡用计算器计算,把显示值都记下来为好. 确定 a 和 b 有效数字位数的可靠方法是计算 a 和 b 的不确定度.

例 1-5-2 冲击电流计测电容实验中,标尺读数 d_i 与电容数值 C_i 是线性关系,试利用 5 组测量值求出 C 与 d 的函数表达式.

解 设 C 与 d 的函数式为

$$C = ad + b, \quad (1-5-10)$$

其中 a,b 待定.

根据最小二乘法原理,由(1-5-9)式得

$$\begin{cases} a = \dfrac{\overline{d} \cdot \overline{C} - \overline{dC}}{\overline{d}^2 - \overline{d^2}}, \\ b = \overline{C} - a\overline{d}. \end{cases} \quad (1-5-11)$$

5 组测量值及(1-5-11)式中间计算值如表 1-5-2 所示.

表 1-5-2 5 组测量值及(1-5-11)式中间计算值

序号	$C_i/\mu\text{F}$	d_i/cm	$d_i C_i/(\mu\text{F} \cdot \text{cm})$	d_i^2/cm^2
1	0.050 0	2.51	0.125 5	6.300
2	0.100 0	5.04	0.504 0	25.402
3	0.200 0	10.09	2.018 0	101.808
4	0.250 0	12.64	3.160 1	159.770
5	0.350 0	17.64	6.174 0	311.170
$\dfrac{1}{5}\sum_{i=1}^{5}$	0.190 0	9.584	2.396 3	120.890

将表中值代入(1-5-11)式中,得

$$a = \frac{9.584 \text{ cm} \times 0.190\ 0\ \mu\text{F} - 2.396\ 3\ \mu\text{F} \cdot \text{cm}}{(9.584 \text{ cm})^2 - 120.890 \text{ cm}^2} = 0.019\ 8\ \mu\text{F/cm},$$

$$b = 0.190\ 0\ \mu\text{F} - 0.019\ 8\ \mu\text{F/cm} \times 9.584 \text{ cm} = 2.368 \times 10^{-4}\ \mu\text{F}.$$

最后得

$$C = 0.019\ 8d + 2.368 \times 10^{-4}\ (\mu\text{F}),$$

其中 d 的单位为 cm.

某些非线性曲线可以通过数学变换改写为直线. 例如, 函数 $y = bx^a$, 取对数后设 $y' = \ln y, x' = \ln x$, 则有 $y' = ax' + \ln b$, 此时 x' 与 y' 之间就是线性关系. 因此, 求线性关系的最小二乘法原则上可以间接地用于非线性关系.

1.5.4 逐差法

在物理实验或测量中, 经常遇到一类通过自变量等间隔变化来获取测量数据的问题. 处理这类问题的常用的数据处理方法是逐差法. 所谓逐差法, 就是把测量数据中的因变量进行逐项相减或按顺序分为两组进行对应项相减, 然后将所得差值作为因变量的(等精度)多次测量值进行数据处理的方法.

物理实验中, 一般用一次逐差, 即因变量与自变量之间是线性关系.

下面通过一具体例子说明逐差法处理数据的过程.

例 1-5-3 弹性模量实验数据如表 1-5-3 所示.

表 1-5-3 负载与标尺刻度变化之间的关系

i	1	2	3	4	5	6	7	8
m_i/kg	0.000	0.500	1.000	1.500	2.000	2.500	3.000	3.500
r_i/mm	89.2	100.8	111.8	123.4	134.6	146.8	158.2	170.0
$(r_{i+1} - r_i)$/mm	11.6	11.0	11.6	11.2	12.2	11.4	11.8	
$(m_{i+1} - m_i)$/mm	0.500	0.500	0.500	0.500	0.500	0.500	0.500	
$(r_{i+4} - r_i)$/mm	45.4	46.0	46.4	46.6				
$(m_{i+4} - m_i)$/kg	2.000	2.000	2.000	2.000				

已知每次加砝码质量 (0.500 ± 0.005) kg, 标尺仪器误差为 $\Delta_\text{仪}(r) = \pm 0.3$ mm, 求标尺读数与砝码质量之间的线性比例系数 a.

解 第一种逐差方法: 如果将测量数据按逐项相减, 就如表 1-5-3 中第 4 和第 5 行所列出的结果, 由其可判断 Δr 基本相等, 表明标尺刻度变化与加载的砝码质量之间存在线性关系 $\Delta r = a \Delta m$.

此外, 逐项相减使原在不同砝码质量下测得的标尺刻度变化值变为在相同砝码质量下多次(等精度)测量的标尺刻度变化值.

当求平均每次加载 0.500 kg 砝码标尺刻度变化的平均值时, 由逐项相减的结果得

$$\overline{\Delta r} = \frac{\sum_{i=1}^{7}(r_{i+1} - r_i)}{7}$$

$$= \frac{(r_2 - r_1) + (r_3 - r_2) + (r_4 - r_3) + (r_5 - r_4) + (r_6 - r_5) + (r_7 - r_6) + (r_8 - r_7)}{7}$$

$$= \frac{r_8 - r_1}{7} = \frac{170.0 \text{ mm} - 89.2 \text{ mm}}{7} = 11.5 \text{ mm}.$$

相当于只有首尾两次测量起作用,失去了多次测量的意义.因此,逐项逐差的方法不宜用来求平均值,一般可用它来验证函数表达式.

第二种逐差方法:如果将测量数据按顺序分为两组,其中 1~4 为一组,5~8 为另一组,实行对应项相减,其结果在表 1-5-3 中第 6 和第 7 行列出,它也是使原在不同砝码质量下测得的标尺刻度变化值变为在相同砝码质量下多次测量的标尺刻度变化值.不同的是,相同的砝码质量不再是 0.500 kg,而是 2.000 kg.在这种情况下,尽管自变量仍是等间距变化,但在计算平均每次加载 2.000 kg 砝码标尺刻度变化的平均值时不会使中间测量值相互抵消,从而起到多次测量的效果.

按第二种逐差方法,有

$$\overline{\Delta m} = 2.000 \text{ kg},$$
$$\overline{\Delta r} = 46.1 \text{ mm},$$
$$\bar{a} = \frac{\overline{\Delta r}}{\overline{\Delta m}} = \frac{46.1 \text{ mm}}{2.000 \text{ kg}} = 23.05 \text{ mm/kg}.$$

在确定逐差法的不确定度时,可将两个数据的差作为直接测量量进行相关计算:

$$u_A(\overline{\Delta r}) = 1.20\sqrt{\frac{\sum_{i=1}^{4}(\Delta r_i - \overline{\Delta r})}{4(4-1)}} = 0.32 \text{ (mm)},$$

式中的因子 1.20 是由于此处 $n = 4 < 6$ 而根据表 1-2-1 得到的修正常数.

$$u_A(\overline{\Delta m}) = 0,$$
$$u_{B1} = u_B(\overline{\Delta r}) = \frac{\Delta_{仪}(r)}{\sqrt{3}} = \frac{0.3 \text{ mm}}{\sqrt{3}} = 0.17 \text{ mm},$$
$$u_{B2} = u_B(\overline{\Delta m}) = \frac{\Delta_{仪}(m)}{\sqrt{3}} = \frac{0.005 \text{ kg}}{\sqrt{3}} = 0.0029 \text{ kg},$$
$$u_C(\overline{\Delta r}) = \sqrt{u_A^2(\overline{\Delta r}) + u_B^2(\overline{\Delta r})} = \sqrt{(0.32 \text{ mm})^2 + (0.17 \text{ mm})^2} = 0.36 \text{ mm},$$
$$u_C(\overline{\Delta m}) = \sqrt{u_A^2(\overline{\Delta m}) + u_B^2(\overline{\Delta m})} = \sqrt{0^2 + (0.0029 \text{ kg})^2} = 0.0029 \text{ kg}.$$

由传递公式

$$\frac{u(\bar{a})}{\bar{a}} = \sqrt{\left[\frac{u(\overline{\Delta r})}{\Delta r}\right]^2 + \left[\frac{u(\overline{\Delta m})}{\Delta m}\right]^2} = 7.9 \times 10^{-3},$$

$$u(\bar{a}) = 7.9 \times 10^{-3} \times 23.05 \text{ mm/kg} = 0.18 \text{ mm/kg},$$

扩展不确定度

$$U(\bar{a}) = 2 \times u(\bar{a}) = 0.36 \text{ (mm/kg)},$$
$$a = 23.05 \pm 0.36 \text{ (mm/kg)} \ (P = 0.954).$$

由例 1-5-3 可见,逐差法提高了实验数据的利用率,减小了随机误差的影响,因此是一种常用的数据处理方法.

严格地讲,以上介绍的一次逐差法适用于一次多项式的系数求解,要求自变量等间隔地变化.有时在物理实验中可能会遇到用二次逐差法、三次逐差法求解二次多项式、三次多项式的系数等,可参考有关书籍做进一步的了解.

【练习题】

(1) 如下表所示,以不同准确度的仪器各测量出一个数值,此时只用仪器误差计算不确定度.假设各仪器的误差可能值都服从均匀分布,试分别求出它们的不确定度、不确定度的相对值和结果表达式(用标准不确定度表示).

仪器	最小刻度	测量值	不确定度	不确定度相对值	结果表达式
米尺	1 mm	5.30			
弹簧秤	1 g	134.5 g			
测角器	1°	59.4°			
安培计	1级表,量程 5 A	3.32 A			

(2) 用米尺测量一物体的长度,测得的数值为 98.98 cm,98.96 cm,98.97 cm,99.00 cm,98.95 cm,98.97 cm,98.99 cm,98.95 cm. 试求算术平均值、不确定度 A 类评定值、不确定度 B 类评定值、合成不确定度、扩展不确定度,并报告测量结果.

(3) 用米尺测得正方形的边长 a 为 2.01 cm,2.04 cm,2.00 cm,1.98 cm,1.97 cm,2.03 cm,1.99 cm,2.02 cm,1.98 cm,2.01 cm. 试分别求出正方形周长和面积的算术平均值、不确定度及其相对值、测量结果表达式.

(4) 一个铝圆柱体,测得半径为 $R = (2.040 \pm 0.004)$ cm,高度为 $h = (4.120 \pm 0.004)$ cm,质量为 $m = (149.10 \pm 0.05)$ g. 试计算铝的密度 ρ、不确定度及其相对值,并写出结果表达式.

(5) 单位变换:

① $m = (6.875 \pm 0.001)$ kg = ( )g = ( )mg;

② $L = (8.54 \pm 0.02)$ cm = ( )mm = ( )m;

③ $\rho = (1.293 \pm 0.005)$ mg/cm^3 = ( )kg/m^3.

第 2 章 物理实验的基本测量方法和常用物理量的测量

物理学本质上是一门实验学科,物理实验是探索物理规律、形成理论的基础,而几乎所有的物理实验都含有对物理量的测量.在物理实验中,把具有共性的测量方法叫作物理实验中的测量方法,这些基本的测量方法不但对物理学的发展起到了巨大的推动作用,而且具有基本性和通用性,在科研和生产实践中得到了非常广泛的应用,并且渗透到了科学实验与工程实践的各个领域.

测量方法的分类有许多种.按照被测量量获取方法的不同可分为直接测量法、间接测量法和组合测量法;根据测量过程中被测量量是否随时间变化来分,可分为静态测量法和动态测量法;根据测量数据是否通过对基本量的测量而求得来分,可分为绝对测量和相对测量;按照测量技术来分,可分为比较法、模拟法、放大法、补偿法、干涉法、转换法和示踪法等.本章将介绍按测量技术分类的几种测量方法,同时对常用物理量的测量亦做简要介绍.

2.1 物理实验中的基本测量方法

2.1.1 比较法

比较法是物理实验中最普遍、最基本、最常用的测量方法.比较法测量就是把被测物理量与选作计量标准单位的同类物理量进行比较得到比值的过程,这个比值称为测量的读数,读数带上单位记录下来便是实验测量数据.

比较法可分为直接比较法和间接比较法.

直接比较法是将被测量与同类物理量的标准量具直接进行比较,直接读数得到测量数据.例如,用米尺测量长度,用秒表测量时间,用分光计测量平面角等.

但是,多数物理量难于制成标准量具,无法通过直接比较法测出,在这种情形下需要利用物理量之间的函数关系,借助于一些中间量,或将被测量量进行某种变换后再与同类标准量进行比较,从而间接实现比较测量,该方法称为间接比较法.例如,用惠斯通电桥测电阻,用李萨如图形测量交流电信号频率等.

2.1.2 模拟法

模拟法是利用自然界中某些现象或过程的相似性,依据相似性原理,设计与被测原型有物理或数学相似的模型,然后通过对模型的测量间接测得原型数据或了解研究原型的性质及规律的方法.通过模拟法可使一些难于直接进行测量的特殊的研究对象(如过于庞大或微小、十分危险、变化缓慢)得以进行测量研究.模拟法还可方便地使自然现象重现,使十分抽象的物理理论具体化,可进行单因素或多因素的交叉实验,可加速或减缓物理过程.利用模拟法可以节省时间和物力,提高实验效率.

模拟法可分为物理模拟和数学模拟.

物理模拟是在模拟的过程中保持物理本质不变的方法.在物理模拟中,必须具备几何相似或动力学相似(亦称物理相似)的条件.几何相似条件是要求模型的几何尺寸与原型的几何尺寸成比例地缩小或放大,即在形状上模型与原型完全相似;动力学相似条件是要求模型与原型遵从同样的物理规律,具有同样的动力学特性.

数学模拟是利用与原型物理现象或过程的本质完全不同,但满足相同数学方程的模型对原型进行研究的方法.数学模拟法又称类比法,它既不满足几何相似条件,也不满足物理相似条件,原型和模型在物理规律的形式和实质上均毫无共同之处,只是它们遵从了相同的数学规律.例如,在模拟法描绘静电场的实验中,就是用稳恒电流场的等势线来模拟静电场的等势线.这是因为电磁场理论指出,静电场和稳恒电流场具有相同的数学方程式,而直接对静电场进行测量是十分困难的,因为任何测量仪器的引入都将明显地改变静电场的原有状态.

在计算机迅速发展的今天,采用适当的数学模型还可以将一个物理系统用一个计算机程序来代替,进而在计算机上进行实验,这种方法称为计算机模拟.随着计算机的不断发展和广泛应用,计算机模拟将使物理实验的面貌发生很大的变化.

2.1.3 放大法

在物理量测量中,有时由于被测量或其改变量微小,出现难以对其直接测量或直接测量会造成很大误差的情形,此时可以借助一些方法将待测量放大后再进行测量.放大法就是指将被测量量进行放大的原理和方法.放大法是常用的基本测量方法之一,它分为累计放大法、机械放大法、光学放大法和电学放大法.

(1) 累计放大法

在物理实验中经常会遇到对某些物理量单次测量可能会产生较大的误差,如测量单摆的周期、等厚干涉相邻明条纹的间隔、纸张的厚度等,此时可将这些物理量累积放大若干倍后再进行测量,从而有效地减小测量误差.例如,如果用秒表来测量单摆的周期,通常不是测一个周期,而是测 50~100 个周期的时间;光的干涉实验中往往要求测几十条条纹之间总的间距等.

(2) 机械放大法

利用机械部件之间的几何关系,使标准单位量在测量过程中得到放大的方法称为机械放大法.游标卡尺与螺旋测微计都是利用机械放大法进行精密测量的典型例子.

(3) 光学放大法

常见的光学放大仪器有放大镜、显微镜和望远镜等. 一般的光学放大法有两种, 一种是被测物通过光学仪器形成放大的像, 以增加现实的视角, 便于观察. 例如, 常用的测微目镜、读数显微镜等, 这些仪器在观察中只起放大视角作用, 并非把实际物体尺度加以变化, 所以并不增加误差; 另一种是通过测量放大后的物理量, 间接测得本身极小的物理量. 光杠杆就是一种常见的光学放大系统, 它可测长度的微小变化.

光学放大法具有稳定性好、受环境干扰小、灵敏度高等特点.

(4) 电学放大法

电信号的放大是物理实验中最常用的技术之一, 包括电压放大、电流放大、功率放大等. 例如, 普遍使用的三极管就是对微小电流进行放大, 示波器中也包含了电压放大电路. 由于电信号放大技术成熟且易于实现, 电学放大法的应用相当广泛. 当前把电信号放大几个至十几个数量级已不再是难事, 所以在非电量的测量中, 也常将非电量转换为电量放大后再进行测量, 这已成为科学研究与工程技术中常用的测量方法之一. 但是, 对电信号放大通常会伴随着对噪声的等效放大, 该方法对信噪比没有改善甚至会有所降低. 因此, 电信号放大技术通常与提高信号信噪比技术结合使用. 在使用电学放大法时, 除了提高物理量本身的量值以外, 还要注意提高信噪比或测量的灵敏度.

2.1.4 补偿法

在物理测量中, 通过一个标准的物理量产生与待测物理量等量或相同的效应, 用于补偿 (或抵消) 待测物理量的作用, 使测量系统处于补偿状态 (即平衡状态), 而处于补偿状态的测量系统, 待测量与标准量之间有确定的关系, 由此可测得被测物理量. 这种方法称为补偿法或平衡测量法.

补偿法可用于测量, 也可用于修正系统误差.

(1) 补偿法用于测量

常见的测力仪器, 如弹簧秤, 就是采用补偿法所形成的最简单的测量装置, 它通过人为施力于其上使之与待测力达到平衡, 也就是对待测力补偿从而求得待测力. 物理实验中电桥应用非常广泛, 种类也很多, 它是利用电压补偿原理, 通过指零装置——灵敏电流计来显示出待测电阻 (电压) 与补偿电阻 (电压) 比较结果的. 补偿测量系统通常包含补偿装置和示零装置两部分. 补偿装置产生补偿效应, 并获得设计规定的测量准确度. 示零装置是一个比较系统, 用于显示待测量与补偿量的比较结果.

(2) 补偿法用于修正系统误差

在测量中由于各种不合理因素的制约, 往往存在着无法消除的系统误差, 利用补偿法引入相同的效应来补偿那些无法消除的系统误差, 是其最主要的作用. 如在原有电路中串联电流表或并联电压表来测量原有电路中的电流或电压, 都将改变原电路的结构, 使测量结果与原电路中的实际数值不相符, 而通过补偿法可减少这种系统误差. 又如在光学实验中为防止由于光学元件的引入而影响光程差的对比, 需要在光路中人为地适当安置某些补偿元件来抵消这类影响, 迈克耳孙干涉仪中的补偿板正是起这一作用的.

2.1.5 干涉法

无论是声波、水波还是光波,只要满足相干条件,均能产生干涉现象.应用相干波干涉时所遵循的物理规律,通过对干涉图样的观测间接测量有关物理量的方法,称为干涉法.例如,在等厚干涉实验中,借助于干涉图样可测量微小厚度、微小直径、透镜的曲率半径等物理量;在迈克耳孙干涉实验中,通过对干涉条纹的计量,可准确地测定光波的波长、透明介质的折射率、薄膜的厚度、微小的位移等物理量;利用干涉法还可以检查工件表面的平整度、球面度、光洁度,以及精确地测量长度、厚度、角度、形变、应力等.干涉测量法已形成一个科学分支,称为干涉计量学.

2.1.6 转换法

转换测量法是根据物理量之间的各种效应、物理原理和定量函数关系,利用变换的思想进行测量的方法,它是物理实验中最富有启发性和开创性的一面.转换测量法不仅在物理实验测量中经常采用,而且在工农业生产、交通运输、国防军事、遥测遥感、航天和空间技术等各个领域都有着十分广泛的应用.

转换测量法中应用最多的是非电量电测法和非光学量光测法.

由于电学参量的易测性和易处理性,而且可以达到很高的测量准确度,因此通常将待测物理量通过各种传感器或敏感器件转换成电学量进行测量,如热电转换(温差热电偶、半导体热敏元件等)、压电转换(压电陶瓷等)、光电转换(光电管、光电池等)、磁电转换(霍尔元件、磁记录元件、磁阻效应等).

由于光学量的测量具有灵敏度高、无损伤、不用接触被测物和即时性等优点,将非光学量转换为光学量进行测量的非光学量光测法在科学技术中得到了广泛的应用.例如,用光纤传感器测量温度、压力、形变、电容等.

在转换测量中,传感器往往是最关键的器件,它是现代检测、控制等仪器设备的重要组成部分.由于电子技术的不断进步、计算机技术的快速发展,传感器在现代科技与工程实践中的重要地位越来越突出,已成为一门新兴的科学技术.

2.1.7 示波法

通过示波器将人眼看不见的电信号在示波管的荧屏上形成直观、清晰可见的图像,然后进行测量的方法称为示波法.将此法与各类传感器结合,就可以对各种非电量进行测量.

上述几种基本测量方法,在物理实验和工程测量中都已得到广泛的应用.实际上,在物理实验中,各种方法往往是相互交叉、相互配合着综合使用的.因此,在进行实验时,应认真思考、仔细分析、不断总结,逐步积累丰富的实验知识与技能,并在科学实验中给予灵活运用.

2.2 常用物理量的测量

2.2.1 长度的测量

长度是最基本的物理量之一.在国际单位制中,长度的基本单位是米,用符号"m"表示.

1983年10月7日在巴黎召开的第17届国际计量大会通过了米的定义:1 m的长度是光在真空中 1/299 792 458 s 时间间隔内所传播的距离.

测量长度仪器的选取一般取决于测量的范围及测量的准确度. 就测量范围来说,小尺度的测量仪器有读数显微镜、千分尺、卡尺等,稍大尺度的有板尺、卷尺,更大的尺度使用的仪器有工程上使用的远红外测距、卫星定位等.

物理实验中常用的长度测量仪器有米尺、游标卡尺、螺旋测微计(千分尺)、读数显微镜等. 一般测长仪器上都有指示不同量值的刻度线,相邻两刻度线所代表的量值之差称为分度值,仪器的最大测量范围称为量程. 选仪器时应注意仪器的量程和分度值. 使用仪器时,首先要校准好仪器,以避免系统误差. 测量时,除了正确读出分度值的整数倍以外,还必须在一个分度内进行估读(如估读到 1/10,1/5 或 1/2 个分度),应该强调的是必须估读到最小分度的下一位.

下面介绍几种常用的测长仪器.

(1) 米尺

米尺的种类较多,有量程 30 cm,1 m 的直尺,有量程 1.5 m,2 m,3 m 的卷尺,材质上又分钢尺、木尺、塑料尺等,可根据测量范围进行选择.

(2) 游标卡尺

游标卡尺是比米尺精密的长度测量工具,它利用游标,把主尺上估读的那位数值准确地读出来,游标卡尺的结构如图 2-2-1 所示. 主尺是钢制的毫米分度尺,主尺头上附有量刃 1 和量爪 3. 游标是套在主尺上的一个滑框,其上有相应的量刃 2 和量爪 4 以及尾尺 8. 利用游标卡尺的量爪 3,4 测物体长度,量刃 1,2 测内径,尾尺 8 测深度.

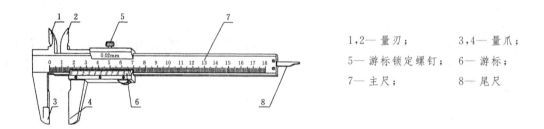

图 2-2-1 游标卡尺

1,2— 量刃; 3,4— 量爪;
5— 游标锁定螺钉; 6— 游标;
7— 主尺; 8— 尾尺

游标卡尺的分度特点是游标上 n 个分格的总长与主尺上 $n-1$ 个分格的总长相等. 设主尺上的分度值(每格长度)为 a,游标上的分度值为 b,则有

$$nb = (n-1)a,$$

那么,游标上的分度值比主尺上的分度值小:

$$a - b = a/n.$$

这里 a/n 就是游标卡尺的最小分度值. 以 50 分度游标卡尺为例,当量爪 3,4 合拢时,游标零线刚好对准主尺的零线,游标上的第 50 个分格正好对准主尺上的 49 mm 处,如图 2-2-2(a) 所示. 该尺的最小分度值为 1 mm/50 = 0.02 mm. 若在两量爪间放一张 0.02 mm 的薄片,那么游标就向右移动 0.02 mm,这时游标上的第一根刻线与主尺上的第一刻线对齐,其他线都不对齐. 若在两量爪之间放一张 0.04 mm 的薄片时,游标上的第二根刻线就会与主尺上的第二根刻线对齐,其他线也都不对齐. 依此类推,薄片厚度小于 1 mm 时,当游标上的第 k 根刻线与主尺上的

某条线对齐时,表示量爪间的距离为 0.02 mm 的 k 倍.

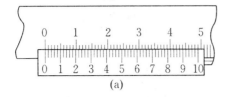 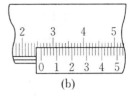

图 2-2-2 游标尺的刻度

如图 2-2-2(b)所示,待测物体的长度 L 等于主尺的"0"线到游标"0"线之间的距离,即 $L = L_0 + \Delta L$. 毫米以上的整数部分 L_0 可直接从主尺上读出,$L_0 = 26$ mm;同时因游标上第 12 根线正好与主尺的某一根线对齐,故毫米以下的部分应从游标上读出为 $\Delta L = 12 \times 0.02$ mm $= 0.24$ mm. 所以待测物体的长度为 $L = 26.24$ mm.

游标卡尺的一般读数公式为

$$L = \left(L_0 + k \times \frac{1}{n}\right) \text{mm}.$$

但实际读数时不是必须数出刻线数 k,因为游标上每 5 格标上了一个数,用以直接表示读数值,如对 50 分度游标卡尺,第 15 格上标有"3",它表示该格与主尺上某根线对齐时 $\Delta L = 0.30$ mm.

(3) 螺旋测微计

螺旋测微计又称千分尺,是比游标卡尺更精密的长度测量仪器. 实验室常用的螺旋测微计外形如图 2-2-3 所示,其量程为 25 mm,分度值为 0.01 mm,仪器的示值误差为 0.004 mm.

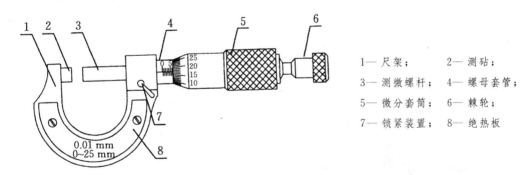

1— 尺架;   2— 测砧;
3— 测微螺杆; 4— 螺母套管;
5— 微分套筒; 6— 棘轮;
7— 锁紧装置; 8— 绝热板

图 2-2-3 螺旋测微计

螺旋测微计的主要部分是精密测微螺杆和套在螺杆上的螺母套管以及紧固在螺杆上的微分套筒. 螺母套管上的主尺有两排刻线,毫米刻线和半毫米刻线. 微分套筒圆周上刻有 50 个等分格,当它转一周时测微螺杆前进或后退一个螺距(0.5 mm),所以螺旋测微计的分度值为 0.5 mm/50 即 0.01 mm.

读数方法:

① 测量前后都应检查零点,记下零读数,以便对测量值进行零点修正,顺着微分套筒刻度序列方向的值记为正值,反之为负值. 如图 2-2-4 所示,此时零位读数为 -0.002 mm.

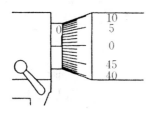
图 2-2-4 零位读数为 -0.002 mm

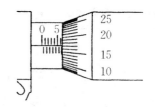
图 2-2-5 读数为 6.672 mm

② 读数时由主尺读整刻度值,0.5 mm 以下由微分套筒读出分格值,并估读到 0.001 mm 位.

③ 注意主尺上半毫米刻线是否露出套筒边缘. 如图 2-2-5 所示,此时读数应为 6.672 mm.

使用注意事项:

① 手应握在螺旋测微计的绝热板部分,被测工件也尽量少用手接触,以免因热胀影响测量准确度.

② 测量时须用棘轮. 测量者转动螺杆时对被测物所加力的大小,会直接影响测量的准确性,为此,在结构上加一棘轮作为保护装置. 当测微螺杆端面将要接触到被测物时就应旋转棘轮,直至接触到被测物体时它就自己打滑,并发出"嗒嗒"声,此时即应停止旋转棘轮,进行读数.

③ 用毕还原仪器时,应将螺杆退回几转,与测砧之间留出空隙,以免因热胀使螺杆变形.

(4) 读数显微镜

读数显微镜是精密测量长度的仪器,它将显微镜和螺旋测微装置结合起来,用于测量一些微小长度或无法接触测量的物体的长度,如毛细管的内径、狭缝的宽度等. 读数显微镜的型号很多,这里以 JCD-Ⅱ型为例,其量程为 50 mm,最小分度 0.01 mm. 图 2-2-6 所示为读数显微镜的外形图.

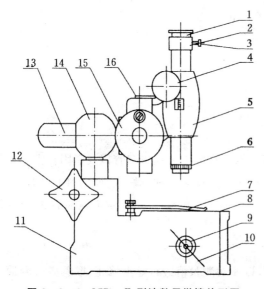

1— 目镜;	2— 锁紧圈;
3— 锁紧螺丝;	4— 调焦手轮;
5— 镜筒支架;	6— 物镜;
7— 弹簧压片;	8— 台面玻璃;
9— 旋转手轮;	10— 反光镜;
11— 底座;	12— 旋手;
13— 方轴;	14— 接头轴;
15— 测微鼓轮;	16— 标尺

图 2-2-6 JCD-Ⅱ型读数显微镜外形图

目镜1用锁紧圈2和锁紧螺钉3固紧于镜筒内,物镜6用丝扣拧入镜筒内,镜筒可用调焦手轮4调节,使其上下移动而调焦.测量架上的方轴13可插入接头轴14的十字孔中,接头轴可在底座11内旋转、升降.弹簧压片7插入底座孔中,用来固定待测件.反光镜10可用旋转手轮9转动.

显微镜与测微螺杆上的螺母套管相连,旋转测微鼓轮15,就转动了测微螺杆,从而带动显微镜左右移动.测微螺杆的螺距为 1 mm,测微鼓轮圆周上刻有 100 个分格,分度值为 0.01 mm.读数方法类似于千分尺,毫米以上的读数从标尺16上读取,毫米以下的读数从测微鼓轮上读取.如图 2-2-7 所示,标尺读数为 29 mm,测微鼓轮读数为 0.726 mm,最后读数为 29.726 mm.

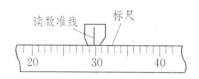
(a) 标尺读数 29 mm

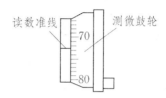
(b) 测微鼓轮读数 0.726 mm

图 2-2-7　读数显微镜读数装置

由于螺纹配合存在间隙,螺杆(由测微鼓轮带动)由正转到反转时必有空转,反之亦然.这种空转会造成读数误差,故测量过程中必须避免空回,应使测微鼓轮始终朝同一方向旋转时读数.

读数显微镜使用方法如下:

① 利用工作台下面附有的反光镜,使显微镜有明亮的视场.

② 调节目镜:调节目镜看清叉丝,调节叉丝方向,使其中的横丝平行于读数标尺,即平行于镜筒移动方向.

③ 调节物镜:先从外部观察,降低物镜使待测物处于物镜下方中心,并尽量与物镜靠近.然后通过目镜观察,并通过调焦手轮4使镜筒缓慢升高,直至待测物清晰地成像于叉丝平面.

④ 消除视差:当眼睛上下或左右少许移动时,叉丝和待测物的像之间不应有相对移动,否则表示存在视差,说明它们不在同一平面内.此时要反复调节目镜和物镜,直至视差消除.

⑤ 读数:先让叉丝对准待测物上一点(或一条线),记下读数,注意这个读数反映的只是该点的坐标.转动测微鼓轮,使叉丝对准另一个点,记下读数,这两点间的距离就是两次读数之间的差值.读数时一定要防止空回.

测量显微镜的构造和工作原理与读数显微镜基本相同,但它的载物台除了能做横向移动外,还能做纵向移动以及转动.纵向移动的装置和读数方法与千分尺相同,转动的角度可通过度盘上的刻度(和游标)读出.

(5) 光学测量装置

光学测量装置大致可以分为两大部分:一部分是由光杠杆和自准直望远镜等组成的系统(或显微镜系统),另一部分是利用光的干涉或衍射现象组成的测量系统.

① 光杠杆测量装置.该装置用于测量物体微小伸长量的变化,如固态物体线膨胀系数测定、杨氏弹性模量测定等.该系统由望远镜、米尺、反射镜等构成,又称为光杠杆放大系统.

② 利用光的干涉和衍射现象的测量装置. 用光的干涉和衍射的原理及方法测量物体长度或直径的类型很多,例如,劈尖干涉测量细丝直径,用迈克耳孙干涉仪测量光的波长及薄膜厚度,用光的衍射现象测量细丝直径等,这些测量准确度均比较高. 例如,激光干涉比长仪的测量准确度可达 $10^{-7} \sim 10^{-8}$ m,即测量误差可小于 $\pm 0.25 \ \mu m$.

(6) 激光测距仪(光电测量装置类型)

激光测距仪的基本原理是利用光在待测距离上往返传播的时间换算出距离,方程为

$$L = \frac{1}{2}ct,$$

式中,L 为待测距离,c 是光速,t 是光在待测距离上往返的时间.

采用不同的激光光源组成的测距仪种类很多,按测程区分,大致可以分为三类:

① 短程激光测距仪. 该激光测距仪测程一般在 5 km 以内,适用于工程方面的测量.

② 中长程激光测距仪. 中长程激光测程一般在 5 km 到几十千米,适用于通信、遥感、大地控制等方面的距离测量.

③ 远程激光测距仪. 远程激光测程一般在几十千米以上,适用于航空、航天等方面测量. 例如,用于测量导弹、人造卫星、月球等空间目标的距离.

按照检测时间的不同方法,激光测距又可分为脉冲激光测距和相位激光测距:

① 脉冲激光测距. 脉冲激光测距利用激光测距仪发射一个光脉冲射向待测目标,经待测目标反射后,其目标反射信号进入激光测距仪接受系统,以测得其发射和接受光脉冲的时差,即光脉冲在待测距离上往返传播的时间. 脉冲法测距仪的测量误差一般在米的量级,广泛用于工程的测量. 另外,对月球、人造卫星、远程火箭的跟踪测距都用脉冲激光测距.

② 相位激光测距. 相位激光测距通过测量连续调制光波在待测距离上往返传播所发生的相位移,以代替测定时间,从而求得光波所走的距离 L. 其测距方程为

$$L = \frac{1}{2}c\left(\frac{\varphi}{2\pi f}\right),$$

式中,φ 为相位移,f 为调制波的频率. 这种方法测量误差一般在厘米量级,因而在大地控制测量和工程测量中得到了广泛的应用.

2.2.2 时间的测量

常用的时间测量仪器有以下几种.

(1) 秒表

秒表也称停表,大体上可划分为机械式和电子式. 早期的秒表都为机械式,现在电子秒表以价格低廉、走时准确、多功能以及维护简单等优势逐步取代机械秒表.

机械秒表有各种规格,它们的构造和使用方法略有不同. 一般的秒表有两个指针,长针是秒针,短针是分针. 以图 2-2-8 所示的 3 s 秒表为例,长针转一圈为 3 s,对应的最小分度值为 0.01 s. 长针转一圈,短针走一小格,短针转一圈为 2 min. 实际读数是将分针指示的时间加上秒针指示的时间. 秒表上端有柄头,用以旋紧发条及控制秒表的走动和停止. 拇指在柄头上稍用力一按,指针走动起来,秒表开始计时;在柄头上按第二下,秒表停止计时;按第三下,秒表

回零.

电子秒表是数字显示秒表,它是一种计时比较准确的电子仪器.电子秒表的机芯全部由电子元件组成,利用石英晶体振荡器的振荡频率作为时间基准,经过分频、计数、译码、驱动,最后以液晶作为显示器,用数字显示所测量的时间.电子秒表一般配有如图 2-2-9 所示的 4 个按钮.功能按钮用来进行秒表、时钟等功能的转换;调整按钮用来进行启动、停止以及日期、闹铃等的设置;选择按钮用来选择分段计时、累计计时等功能;复零、设置按钮用来进行归零等操作.一般电子秒表的最小测量单位为 0.01 s.

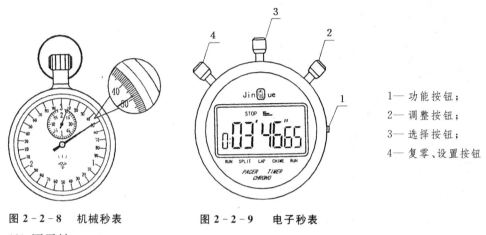

图 2-2-8　机械秒表　　　图 2-2-9　电子秒表

1— 功能按钮;
2— 调整按钮;
3— 选择按钮;
4— 复零、设置按钮

(2) 原子钟

显示时间或者频率准确度最高的是原子钟.目前,铯原子钟的准确度已达 10^{-14} s 数量级,我国的长波授时台用的氢原子钟的稳定度已接近 10^{-15},相当于 300 万年才差 1 s.原子钟的工作原理是利用微观的分子或原子能级之间的跃迁,产生高准确度和高稳定的周期振荡,输出一定的参考频率,控制石英晶体振荡器,使它锁定在一定频率上,由受控的石英晶体振荡器输出的高稳定频率信号,再经放大、分频、门控电路等到数显电路,显出时间或频率.

2.2.3　质量的测量

物体质量的测量是科研及实验中一个重要的物理基本量测量,目前常用的测量仪器大多数是以杠杆定律为基础设计的.在物理实验中,常用物理天平来称量物体的质量.

物理天平的构造如图 2-2-10 所示.横梁 1 上装有 3 个刀口,中间刀口向下,置于支柱 2 顶端的刀承上,两侧等臂刀口朝上,各挂一个秤盘.横梁下固定了一根指针 3,当横梁摆动时,指针尖端就在支柱下面的标尺前摆动,指针停留位置对应横梁的平衡位置.天平支柱下面有一个制动旋钮 6,旋动它可以使横梁上升或下降,当横梁下降时,制动架 7 就会把横梁托住,避免刀口磕碰磨损.横梁两端有平衡螺母 9,用于天平空载时调节平衡.横梁上有游码 4,分度值为 20 mg,移动游码可以称量 1 g 以下的质量.在天平底座上位于支柱背后有一水准器,用于检查支柱竖直.

使用注意事项:

① 称量前,应检查天平各部件安装是否正确.调天平底脚螺钉,使水准器气泡居中.

② 空载时调准零点.将游码移到横梁左端零刻度线上,支起横梁,观察指针是否停在零位或是否在零位两边对称摆动.如天平不平衡可调节平衡螺母.

③ 称物时,被称物放在左盘,砝码放在右盘.拿砝码时须用镊子,严禁用手.天平的起动和制动操作要绝对平稳,在初阶段不必全起,只要能判断出哪边重,则立即制动.取放物体、砝码和移动游码、调节平衡螺母时,都应使横梁处于制动位置.

④ 称量完毕,立即将横梁制动,并将砝码放回盒中,同时核实砝码数.

⑤ 天平和砝码均要预防锈蚀,不得接触高温物体、液体及有腐蚀性的化学药品.

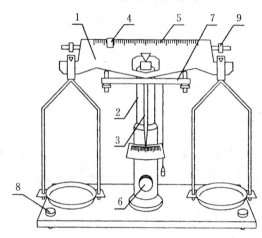

1—横梁; 2—支柱;
3—指针; 4—游码;
5—标尺; 6—制动旋钮;
7—制动架; 8—底脚螺丝;
9—平衡螺母

图 2-2-10 物理天平

2.2.4 角度的测量

角度具有基本量和导出量双重特性.在有关转动的运动中,它具有基本性,表现为基本量;在另外一些情况下,它又有导出量的性质.因此,国际单位制中把角度定为辅助量.

在国际单位制中,角度的单位是弧度,用"rad"表示.其定义为弧长等于圆半径的弧所对的圆心角为 1 弧度.以弧度为单位时,圆周角是无理数,故实验上不能直接测量弧度.实际测量中采用的是度、分、秒的角度单位制,但在进行理论计算时,必须以弧度为单位.

角度的常用测量方法有比较法、干涉法和转换测量法等.常用的测量仪器有量角器、测角仪、分光计等.分光计的测量准确度可以达到 1′ 或更高.分光计的构造和使用方法将在有关实验中介绍.

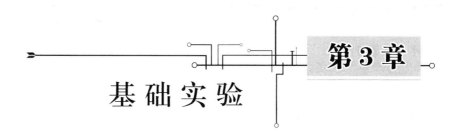

第3章

基础实验

3.1　测定刚体的转动惯量

引言

刚体转动惯性的量度称为转动惯量,是研究和描述刚体转动规律的一个重要物理量,它不仅取决于刚体的质量,而且与刚体的形状、质量分布以及转轴的位置有关.对于质量分布均匀、具有规则几何形状的刚体,可以通过数学方法计算出绕给定轴转动的转动惯量.但在工程实践中,我们常碰到大量形状复杂且质量分布不均匀的刚体,理论计算将极为复杂,通常采用实验方法来测定.

转动惯量不能直接测量,必须进行参量转换,即设计一种装置,使待测物体以一定的形式运动,其运动规律必须与转动惯量有联系,其他各物理量可以直接或以一定方法测定.对于不同形状的刚体,设计不同的测量方法和仪器,常用的有三线摆、扭摆、复摆以及各种特制的转动惯量测定仪等.本节介绍扭摆法、三线摆法以及用塔轮式转动惯量仪测定的方法.为了便于与理论计算结果比较,实验中仍采用形状规则的刚体.

3.1.1　用扭摆测刚体的转动惯量

实验目的

1. 用扭摆测定形状不同的物体的转动惯量.
2. 学习几种常用测量工具的使用.
3. 学习一种比较测量法.

实验原理

如图3-1-1所示,一根悬丝(钢丝)上端固定,下端悬一水平圆盘.悬丝固定于圆盘中心,使圆盘旋转一角度,释放后圆盘就以悬丝为轴做扭转振动.这种振动称为角谐振动,这样的装置就叫作扭摆.

当圆盘从平衡位置转动一角度 θ 后,在悬丝的回复力矩的作用下,圆盘开始绕垂直轴做往返扭转运动,且悬丝作用在圆

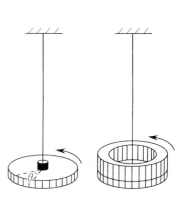

图3-1-1　扭摆

盘上的回复力矩 M 与 θ 成正比，方向与 θ 相反，即
$$M = -k\theta, \qquad (3-1-1)$$
式中 k 为扭转弹性系数，它与悬丝的长短、粗细及材料性质有关。根据转动定律
$$M = I\beta,$$
则圆盘在偏离平衡位置 θ 时，
$$-k\theta = I_{盘}\frac{d^2\theta}{dt^2},$$
式中 $I_{盘}$ 为圆盘绕悬丝轴线的转动惯量。令 $\omega^2 = \dfrac{k}{I_{盘}}$，可得
$$\frac{d^2\theta}{dt^2} + \omega^2\theta = 0,$$
解此微分方程得圆盘的运动方程为
$$\theta = A\cos(\omega t + \varphi_0),$$
式中 A 为谐振动的角振幅，φ_0 为初位相，ω 为角速度。其振动周期为
$$T_{盘} = \frac{2\pi}{\omega} = 2\pi\sqrt{\frac{I_{盘}}{k}} \quad 或 \quad T_{盘}^2 = \frac{4\pi^2 I_{盘}}{k}. \qquad (3-1-2)$$

只要测出扭摆的摆动周期 $T_{盘}$，如果 k 已知，则可计算出转动物体的转动惯量 $I_{盘}$，但 k 为一未知量。下面采用比较法消去 k，从而得出 $I_{盘}$。

在圆盘上同轴加上一个质量为 m、内外半径分别为 r_1，r_2 的圆环，然后同圆盘一起绕轴做角振动，由 (3-1-2) 式可得此时振动周期为
$$T_{盘+环} = 2\pi\sqrt{\frac{I_{盘} + I_{环}}{k}}, \qquad (3-1-3)$$
式中 $I_{环}$ 为圆环的转动惯量。

由 (3-1-2)，(3-1-3) 两式消去 k，可得
$$I_{盘} = \frac{T_{盘}^2}{T_{盘+环}^2 - T_{盘}^2} I_{环}, \qquad (3-1-4)$$
式中圆环的转动惯量 $I_{环}$ 可由理论公式算得，即
$$I_{环} = \frac{1}{2}m(r_1^2 + r_2^2) = \frac{1}{8}m(d_1^2 + d_2^2), \qquad (3-1-5)$$
式中 d_1 和 d_2 分别为圆环的内、外直径。将 (3-1-5) 式代入 (3-1-4) 式，可得圆盘的转动惯量 $I_{盘}$，即
$$I_{盘} = \frac{mT_{盘}^2(d_1^2 + d_2^2)}{8(T_{盘+环}^2 - T_{盘}^2)}. \qquad (3-1-6)$$

利用扭摆还可测得悬丝的切变模量（见附录1），在 $N_{丝}$ 表达式中代入 (3-1-5) 式，得
$$N_{丝} = \frac{16m\pi L(d_1^2 + d_2^2)}{d^4(T_{盘+环}^2 - T_{盘}^2)}, \qquad (3-1-7)$$
式中 d 为悬丝的直径，L 为悬丝的长度。

实验仪器

扭摆，圆环，秒表，游标卡尺，千分尺，米尺等。

实验内容

1. 使圆盘做扭转振动,测出往返振动 30 次所需时间,重复测 6 次,数据记录于表 3-1-1.

表 3-1-1 数据记录表一

测量对象	圆盘						圆盘+圆环					
30 个周期 T_{30}/s												
1 个周期 T/s												
平均周期/s	$\bar{T}_{盘} =$						$\bar{T}_{盘+环} =$					
A 类不确定度/s	$u_A(T_{盘}) =$						$u_A(T_{盘+环}) =$					
合成不确定度/s	$u(T_{盘}) = \sqrt{u_A^2(T_{盘}) + u_B^2(T_{盘})} =$						$u(T_{盘+环}) = \sqrt{u_A^2(T_{盘+环}) + u_B^2(T_{盘+环})} =$					

表中,$u_B(T_{盘}) = u_B(T_{盘+环}) = \dfrac{\Delta_{估}(T)}{30\sqrt{3}} =$ _____ (s). 30 个周期秒表的估计误差 $\Delta_{估}(T)$ 机械秒表取 0.5 s,电子秒表取 0.2 s.

2. 将一转动惯量 $I_{环} = \dfrac{1}{8}m(d_1^2 + d_2^2)$ 的铁环,同心地放在圆盘上,重复步骤 1.

3. 记下环的质量 m(圆环质量由实验室给出,不确定度忽略不计).

4. 用游标卡尺测出环的内外直径 d_1 和 d_2(单次测量),记入表 3-1-2.

表 3-1-2 数据记录表二

	质量 m/g	内径 d_1/cm	外径 d_2/cm
测量值			
不确定度	—	$u_C(d_1) = u_B(d_1) =$	$u_C(d_2) = u_C(d_1) =$

表中,$u_B(d_1) = u_B(d_2) = \dfrac{\Delta_{仪}(d)}{\sqrt{3}} = \dfrac{0.002}{\sqrt{3}}$ cm = _____ cm(游标卡尺仪器误差为 0.002 cm).

5. 用米尺测出钢丝长度 L. 测量钢丝长度 1 次,$L =$ _____ cm. 米尺(1 m 长钢卷尺)的仪器误差为 $\Delta_{仪}(L)$,则 $u_{B1}(L) = \dfrac{\Delta_{仪}(L)}{\sqrt{3}}$(cm);钢卷尺很难与钢丝的两端对齐,在单次测量时引入的估计误差为 $\Delta_{估}(L)$(根据实际测量情况确定),则 $u_{B2}(L) = \dfrac{\Delta_{估}(L)}{\sqrt{3}}$(cm),那么 L 的合成不确定度为 $u_C(L) = \sqrt{u_{B1}^2(L) + u_{B2}^2(L)} =$ _____ cm(单次测量只考虑 B 类不确定度).

6. 用千分尺测出钢丝不同位置的直径,共测 6 次,记入表 3-1-3.

表 3-1-3 数据记录表三

测直径/cm	1	2	3	4	5	6	平均值	A 类不确定度	B 类不确定度
校零示值 Z_0								$u_A(Z_0) =$	$u_B(Z_0) =$
直径示值 Z_d								$u_A(Z_d) =$	$u_B(Z_d) =$

表中,$u_B(Z_0) = u_B(Z_d) = \dfrac{\Delta_{仪}(d)}{\sqrt{3}} = \dfrac{0.0004}{\sqrt{3}}$ cm = _____ cm. 千分尺仪器误差为

0.000 4 cm.

Z_0，Z_d 的合成不确定度

$$u_C(Z_0) = \sqrt{u_A^2(Z_0) + u_B^2(Z_0)} = \underline{\qquad} \text{(cm)},$$

$$u_C(Z_d) = \sqrt{u_A^2(Z_d) + u_B^2(Z_d)} = \underline{\qquad} \text{(cm)};$$

钢丝直径 $\overline{d} = \overline{Z_d} - \overline{Z_0} = \underline{\qquad}$ (cm)；

直径不确定度 $u_C(d) = \sqrt{\left(\dfrac{\partial d}{\partial Z_0}\right)^2 u_C^2(Z_0) + \left(\dfrac{\partial d}{\partial Z_d}\right)^2 u_C^2(Z_d)} = \underline{\qquad}$ (cm)．

【数据处理】▶▶▶

1．计算上述各测量量的平均值、A 类不确定度，再考虑仪器误差 $\Delta_仪$，并计算出合成标准不确定度 u 填入上述各表中．

2．将各个多次测量的平均值、单次测量值(L，m)，分别代入(3-1-6)式和(3-1-7)式，计算 $\overline{I}_盘$ 及 $\overline{N}_丝$．

3．计算圆盘转动惯量和金属悬丝的不确定度(先计算相对不确定度 u_{rel})、扩展不确定度．

4．写出本次实验结果．

$I_盘 = \overline{I}_盘 \pm U(I_盘) = \underline{\qquad}$ (kg·m²)； $N_丝 = \overline{N}_丝 \pm U(N_丝) = \underline{\qquad}$ (N/m²)．

【注意事项】▶▶▶

1．钢丝应固定在圆盘的中心且圆盘应水平．

2．测量钢丝的长度，应为两夹头间的距离．

3．圆环必须同心地加到圆盘上．

【预习思考题】▶▶▶

使扭摆做角谐振动时应注意什么？

【讨论思考题】▶▶▶

1．为什么钢丝的直径必须准确测定？

2．根据对本实验的分析，你认为在什么情况下可采用比较测量法？

3.1.2 用转动惯量实验仪测刚体的转动惯量

【实验目的】▶▶▶

1．学习用恒力矩转动法测定刚体转动惯量的原理和方法．

2．观测转动惯量随质量、质量分布及转动轴线的不同而改变的情况，验证平行轴定理．

3．学会使用智能计数计时器(或通用电脑式毫秒计)测量时间．

【实验原理】▶▶▶

1．转动惯量实验仪．

刚体的转动惯量实验仪主要由圆形载物台(转盘)、绕线塔轮、遮光棒、光电门和小滑轮组成，如图 3-1-2 所示．绕线塔轮通过特制的轴承安装在主轴上，使转动时的摩擦力矩很小，遮光棒固定在载物台边缘，光电门固定在底座圆周直径的两端．塔轮上有 5 个不同半径的绕线轮，半径分别为 1.5 cm，2.0 cm，2.5 cm，3.0 cm，3.5 cm 共 5 挡，可与大约 5 g 的砝码托及 1 个 5 g，4 个 10 g 的砝码组合，以改变转动系统所受的外力矩(细线的拉力矩)．载物台用螺钉与塔轮连接在一起，随塔轮转动. 配备的被测试样有一个圆盘、一个圆环和两个相同的圆柱体.

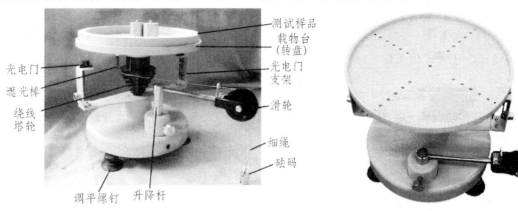

图 3-1-2　转动惯量实验仪　　　　图 3-1-3　载物台(转盘)

为了便于将转动惯量的测试值与理论计算值比较. 圆柱试样可插入载物台上的不同孔(见图 3-1-3),这些孔在载物台相互垂直的两直径上,离中心的距离分别为 4.5 cm,6.0 cm, 7.5 cm,9.0 cm,10.5 cm. 改变小圆柱的位置可以改变包括小圆柱在内的转动系统的转动惯量,便于验证平行轴定理. 铝制小滑轮的转动惯量与实验台相比可忽略不计. 一只光电门作测量,一只备用,可通过智能计数计时器上的按钮方便地切换.

2.匀角加速度的测量.

实验中采用智能计数计时器(使用方法见附录 2),或通用电脑式毫秒计(使用方法见附录 5)记录遮挡次数和相应的时间. 固定在载物台圆周边缘相差 π 角的两遮光细棒,每转动半圈遮挡一次固定在底座上的光电门,即产生一个计数光电脉冲,计数计时器计下遮挡次数 k 和相应的时间 t. 若从第一次挡光($k=0,t=0$)开始计次、计时,且初始角速度为 ω_0,则对于匀变速运动中测量得到的任意两组数据 $(k_m,t_m),(k_n,t_n)$,相应的角位移 θ_m,θ_n 分别为

$$\theta_m = k_m\pi = \omega_0 t_m + \frac{1}{2}\beta t_m^2, \tag{3-1-8}$$

$$\theta_n = k_n\pi = \omega_0 t_n + \frac{1}{2}\beta t_n^2, \tag{3-1-9}$$

其中 β 为匀角加速度. 从(3-1-8)和(3-1-9)式中消去 ω_0 得

$$\beta = \frac{2\pi(k_n t_m - k_m t_n)}{t_n^2 t_m - t_m^2 t_n}. \tag{3-1-10}$$

3.转动惯量的测量.

根据刚体定轴转动定律

$$M = I\beta, \tag{3-1-11}$$

只要测出刚体转动时所受的总合外力矩 M 及该力矩作用下刚体转动的角加速度 β,就可计算出该刚体的转动惯量 I.

设以某初始角速度转动的空转台的转动惯量为 I_1. 未加砝码时,在摩擦阻力矩 M_μ 的作用下,转台将以角加速度 β_1 做匀减速运动,则有

$$-M_\mu = I_1\beta_1. \tag{3-1-12}$$

将质量为 m 的砝码用细线绕在半径为 R 的绕线塔轮上并让砝码下落,系统在恒外力矩作用

下做匀角加速度运动. 若砝码的加速度为 a, 则细线给转台的力矩为 $M_T = (mg - ma)R$. 若此时转台的角加速度为 β_2, 则有 $a = R\beta_2$, 所以细线给转台的力矩为 $M_T = m(g - R\beta_2)R$. 此时有

$$m(g - R\beta_2)R - M_\mu = I_1\beta_2. \qquad (3-1-13)$$

将 (3-1-12) 式代入 (3-1-13) 式, 消去 M_μ 得

$$I_1 = \frac{m(g - R\beta_2)R}{\beta_2 - \beta_1}. \qquad (3-1-14)$$

同理, 若在转台加上被测物体后系统的转动惯量为 I_2, 加砝码前后的角加速度分别为 β_3 和 β_4, 则有

$$I_2 = \frac{m(g - R\beta_4)R}{\beta_4 - \beta_3}. \qquad (3-1-15)$$

由转动惯量的叠加原理可知, 被测物体的转动惯量为

$$I = I_2 - I_1.$$

4. 验证平行轴定理.

设质量为 m 的物体围绕通过质心的转轴转动的转动惯量为 I_C, 当转轴平行移动距离 x 后, 绕"新"转轴的转动惯量 I, I 与 I_C 之间满足下列关系:

$$I = I_C + mx^2. \qquad (3-1-16)$$

实验中若测得此关系, 则验证了平行轴定理.

5. 待测物转动惯量的理论公式.

设待测圆盘(柱)的质量为 m、半径为 r(直径为 d), 则圆盘(柱)绕几何中心轴的转动惯量理论值为

$$I = \frac{1}{2}mr^2 = \frac{1}{8}md^2. \qquad (3-1-17)$$

若待测圆环的质量为 m, 内外半径分别为 $r_内$, $r_外$ (内外直径为 $d_内$, $d_外$), 圆环绕几何中心轴的转动惯量理论值为

$$I = \frac{1}{2}m(r_内^2 + r_外^2) = \frac{1}{8}m(d_内^2 + d_外^2). \qquad (3-1-18)$$

实验仪器

ZKY-ZS 型 (或 JM-2 型) 转动惯量实验仪及附件, ZK-TD 智能计数计时器 (见附录 2) 或 HMS-2 通用电脑式毫秒计 (见附录 5), 水准仪, 砝码与细线等.

实验内容

1. 将水准仪放置在载物台(转盘)中央, 调节转动惯量实验仪底座螺钉, 使载物台(转盘)水平. 调整固定在载物台(转盘)底面边缘的滑轮支架上的滑轮高度及方位, 使滑轮槽与选取的绕线塔轮槽等高, 且其方位相互垂直 (见图 3-1-2).

2. 用数据线将智能计数计时器 (或通用电脑式毫秒计) 中的一个通道 (即输入端) 与转动惯量实验仪其中一个光电门相连 (只接通一路).

3. 测量空转台的转动惯量 $I_台$ (即 I_1).

(1) 开启智能计数计时器 (或通用电脑式毫秒计), 选择"计时 1-2 多脉冲"模式.

(2) 用手轻轻拨动转台, 使其有一初始转速并在摩擦阻力矩作用下做匀减速转动.

(3) 按"确定/暂停"按钮进行测量, 转台转动约 6~8 圈后按"确定/暂停"按钮停止测量.

(4) 查阅数据,并将与遮挡次数 $K_1,K_2,\cdots,K_8$ 对应的时间 $t_1,t_2,\cdots,t_8$ 记入表 3-1-4 中. 采用逐差法处理数据,将第 1 和第 5 组、第 2 和第 6 组……分别组成 4 组,用(3-1-10)式计算对应各组的 β_1 值,然后求其平均值作为 β_1 的测量值.

(5) 选择塔轮半径 R 及砝码质量 m,将一端打结的细线沿塔轮上开的细缝塞入,并且不重叠地密绕于所选定半径的轮上,细线另一端通过滑轮后连接砝码托上的挂钩,用手将载物台稳住.

(6) 释放载物台,使其在细线拉力产生的恒力矩作用下做匀加速转动.

(7) 选择"计时 1-2 多脉冲"模式,重复步骤(3).

(8) 重复步骤(4)计算 β_2 的测量值.

(9) 由(3-1-14)式即可算出空转台的转动惯量 I_1 的值.

4. 测量载物台加圆盘的转动惯量 $I_{台+盘}$(即 I_2). 将圆盘放置在载物台上,按照测 I_1 的方法测 $I_{台+盘}$,数据填入表 3-1-4 中,重复步骤(4)~(8)计算 β_3,β_4 的测量值. 由(3-1-15)式即可算出台加盘的转动惯量 $I_{台+盘}$ 的值.

5. 测量载物台加圆环的转动惯量 $I_{台+环}$(即 I_2). 取下圆盘,将圆环放置在载物台上,按照上述方法测 $I_{台+环}$,数据填入表 3-1-4 中,按步骤 4 的方法即可算出台加环的转动惯量 $I_{台+环}$ 的值.

6. 测量载物台加圆柱体的转动惯量 $I_{台+柱}$(以验证平行轴定理). 取下圆环,将两个相同的圆柱体对称地插入载物台上与中心距离为 x 的圆孔中,用上述方法测量并计算台加柱的转动惯量 $I_{台+柱}$ 的值. 改变 x 再测一组.

表 3-1-4 数据记录表四

刚体	拉力矩	次数时间	$K_1=1$ t_1/s	$K_2=2$ t_2/s	$K_3=3$ t_3/s	$K_4=4$ t_4/s	$K_5=5$ t_5/s	$K_6=6$ t_6/s	$K_7=7$ t_7/s	$K_8=8$ t_8/s	$\bar{\beta}/\text{s}^{-2}$	$I/(\text{kg}\cdot\text{m}^2)$
空台	无										$\beta_1=$	$I_{台}=$
	有										$\beta_2=$	
台+盘	无										$\beta_3=$	$I_{台+盘}=$
	有										$\beta_4=$	
台+环	无										$\beta_3=$	$I_{台+环}=$
	有										$\beta_4=$	
台+柱	$x_1=$ 无										$\beta_3=$	$I_{1台+柱}=$
	有										$\beta_4=$	
	$x_2=$ 无										$\beta_3=$	$I_{2台+柱}=$
	有										$\beta_4=$	

注: $\bar{\beta}=\dfrac{1}{4}\sum_{i=1}^{4}\beta_i$,其中 $\beta_i=\dfrac{2\pi(K_i t_{i+4}-K_{i+4}t_i)}{t_i^2 t_{i+4}-t_{i+4}^2 t_i}(i=1,2,3,4)$.

其他有关参数的测量记入表 3-1-5.

表 3-1-5 数据记录表五

砝码的质量 m/g		绕线塔轮半径 R/cm		—	—
圆盘的质量 $m_盘/g$		圆盘的直径 $d_盘/cm$	24	—	—
圆环的质量 $m_环/g$		圆环的内径 $d_内/cm$	21	圆环的外径 $d_外/cm$	24
小圆柱质量 $m_柱/g$		小圆柱直径 $d_柱/cm$	3	—	—

数据处理

1. 计算空台、圆盘、圆环转动惯量的测量值,将 $I_盘$,$I_环$ 与理论值 $I_{盘理}$,$I_{环理}$ 比较,并求出各自的相对误差.

用逐差法根据表 3-1-4 中的测量数据和(3-1-10)式分别计算空台、空台+圆盘、空台+圆环的角加速度 $\bar{\beta}$,然后根据(3-1-14)式或(3-1-15)式求出它们的转动惯量,进而求出圆盘和圆环的转动惯量,再根据(3-1-17)式和(3-1-18)式求出它们的转动惯量理论值,并比较理论值与测量值,计算相对误差 E.

圆盘的转动惯量:$I_盘 = I_{台+盘} - I_台 = \underline{\qquad}$;$I_{盘理} = \frac{1}{8} m_盘 d_盘^2 = \underline{\qquad}$;

相对误差:$E_{r盘} = \frac{|I_盘 - I_{盘理}|}{I_{盘理}} \times 100\% = \underline{\qquad}$;

圆环的转动惯量:$I_环 = I_{台+环} - I_台 = \underline{\qquad}$;$I_{环理} = \frac{1}{8} m_环 (d_外^2 + d_内^2) = \underline{\qquad}$;

相对误差:$E_{r环} = \frac{|I_环 - I_{环理}|}{I_{环理}} \times 100\% = \underline{\qquad}$.

2. 计算单个圆柱体绕"新"转轴的转动惯量的实验值与理论值比较,验证平行轴定理.

单个圆柱体的转动惯量 $I_1 = \frac{1}{2}(I_{1台+柱} - I_台) = \underline{\qquad}$;

$I_{1理} = \frac{1}{8} m_柱 d_柱^2 + m_柱 x_1^2 = \underline{\qquad}$;$E_{r1} = \underline{\qquad}$.

单个圆柱体的转动惯量 $I_2 = \frac{1}{2}(I_{2台+柱} - I_台) = \underline{\qquad}$;

$I_{2理} = \frac{1}{8} m_柱 d_柱^2 + m_柱 x_2^2 = \underline{\qquad}$;$E_{r2} = \underline{\qquad}$.

如果小圆柱体转动惯量实验值对于理论值相对误差很小,则验证了(3-1-16)式的正确性.如果验证失败,分析失败的原因.

注意事项

1. 水平泡容易损坏,注意不要摔坏.
2. 必须使滑轮的凹槽和绕线塔轮盘在同一水平面上.
3. 释放砝码时,必须使砝码处于基本静止的铅直状态.
4. 释放砝码时,遮光杆必须在光电门内,当系统转动时,不能有磕碰现象.

预习思考题

1. 总结本实验所要求满足的条件,说明它们在实验中是如何实现的.
2. 为什么要保证细线水平及与载物台转轴垂直?

3.1.3 用三线摆测刚体的转动惯量

实验目的

1. 学会用三线摆测定物体的转动惯量.
2. 学会用累积放大法测量摆动的周期.
3. 验证转动惯量的平行轴定理.

实验原理

1. 测定刚体的转动惯量.

如图 3-1-4 所示为三线摆实验仪的实物照片. 上、下圆盘均处于水平, 悬挂在横梁上. 三个对称分布的等长悬线将两圆盘相连. 上圆盘固定, 下圆盘可绕中心轴 OO' 做扭摆运动. 当下盘转动角度很小, 且略去空气阻力时, 扭摆的运动可近似看作简谐振动. 根据能量守恒定律和刚体转动定律均可以导出下盘绕中心轴 OO' 的转动惯量为 (见附录 3)

$$I_0 = \frac{m_0 g R r}{4\pi^2 H_0} T_0^2, \quad (3-1-19)$$

式中, m_0 为下盘的质量, r, R 分别为上下盘悬点离各自圆盘中心的距离, H_0 为平衡时上下盘间的垂直距离, T_0 为下盘做简谐运动的周期, g 为重力加速度.

将质量为 m_1 的待测物体放在下盘上, 并使待测刚体的转轴与 OO' 轴重合. 测出此时三线摆运动周期 T_{01} 和上下圆盘间的垂直距离 H. 同理, 可求得待测物体和下圆盘对中心转轴 OO' 轴的总转动惯量为

$$I_{01} = \frac{(m_0 + m_1) g R r}{4\pi^2 H} T_{01}^2. \quad (3-1-20)$$

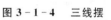

图 3-1-4 三线摆

如不计因重量变化而引起悬线伸长, 则有 $H \approx H_0$. 那么, 待测物体绕中心轴的转动惯量为

$$I_1 = I_{01} - I_0 = \frac{g R r}{4\pi^2 H_0}[(m_0 + m_1) T_{01}^2 - m_0 T_0^2]. \quad (3-1-21)$$

因此, 通过长度、质量和时间的测量, 便可求出刚体绕中心轴的转动惯量.

2. 验证平行轴定理.

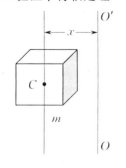

图 3-1-5 平行轴定理示意图

用三线摆法还可以验证平行轴定理. 若质量为 m 的物体围绕通过其质心的转轴转动, 其转动惯量为 I_C, 当转轴平行移动距离 x 时 (见图 3-1-5), 则此物体对新轴 OO' 的转动惯量理论值为

$$I_{OO'} = I_C + m x^2,$$

这一结论称为转动惯量的平行轴定理.

实验中将质量均为 m_2、半径为 r_2、形状和质量分布完全相同的两个圆柱体对称地放置在下圆盘上 (下盘有对称的两个小孔). 按前面所述方法, 测出两小圆柱体和下圆盘绕中心

轴 OO' 的转动周期 T_{02}，则可求出单个小圆柱体对中心转轴 OO' 的转动惯量

$$I_2 = \frac{1}{2}\left[\frac{(m_0+2m_2)gRr}{4\pi H_0}T_{02}^2 - I_0\right]. \quad (3-1-22)$$

因为圆柱体通过其轴心的转动惯量 $I_C = \frac{1}{2}m_2 r_2^2$，所以，如果测出小圆柱中心与下圆盘中心之间的距离 x 以及小圆柱体的半径 r_2，则由平行轴定理可求得小圆柱体转动惯量的理论值

$$I_2' = I_C + m_2 x^2 = \frac{1}{2}m_2 r_2^2 + m_2 x^2. \quad (3-1-23)$$

比较 I_2' 与 I_2 的大小，若两数值接近，可验证平行轴定理.

实验仪器

三线摆转动惯量实验仪，DHTC-3B 多功能计时器或 FB213A 型数显计时计数毫秒仪（使用说明见附录 4 和附录 6），米尺，游标卡尺.

实验内容

1. 调整三线摆装置.

（1）观察上圆盘上的水准器，调节底板上 3 个调节螺钉，使上圆盘处于水平状态.

（2）观察下圆盘上的水准器，调节上圆盘上 3 个悬线长度调节螺钉，把下圆盘调到水平状态，此时三悬线必然等长，固定紧固螺钉.

（3）适当调整光电传感器安装位置，使下圆盘边上的挡光杆能自由往返通过光电门.

2. 测量周期 T_0 和 T_{01}，T_{02}.

（1）接通计时器的电源，把光电接收装置与计时器连接. 预置 20 个振动周期对应的测试次数，设置完成后计时器会自动保持设置值，直到再次改变设置为止.

（2）测量周期 T_0：首先使下圆盘在水平面内处于静止状态，然后拨动上圆盘的"转动手柄"，将上圆盘转过一个小角度（5°左右），带动下圆盘绕中心轴 OO' 做微小扭摆运动. 经过若干周期，待运动稳定后，启动计时器计时，直到完成 20 个周期的时间测量后，计时器自动停止计时并自动保存数据.

注意：每开始一次测量时，要先按计时器的"返回"键，使计时器进入计时状态.

（3）测定摆动周期 T_{01}：将圆环放在下圆盘上，使两者的中心轴线相重叠，测量扭摆 20 个周期所用的时间，重复 6 次，将数据记录到表 3-1-6 中.

（4）测定摆动周期 T_{02}：将两个小圆柱体对称放置在下圆盘上，测量扭摆 20 个周期所用的时间，重复 6 次，将数据记录到表 3-1-6 中.

表 3-1-6 累积法测周期数据记录表

	次数	下盘	下盘＋圆环	下盘＋两个圆柱
扭摆 20 个周期所需的时间 T /s	1			
	2			
	3			
	4			
	5			
	6			
	平均			

| 摆动1个周期时间 $T/20$/s | $T_0 =$ | $T_{01} =$ | $T_{02} =$ |

3. 用米尺测量圆环内、外直径,用游标尺测小圆柱体直径各6次,数据记录到表3-1-7中.

表 3-1-7　相关直径多次测量数据记录表

项目＼次数	1	2	3	4	5	6	平均值/mm
圆环内直径 $2r_内$							$\bar{r}_内 =$
圆环外直径 $2r_外$							$\bar{r}_外 =$
小圆柱体直径 $2r_2$							$\bar{r}_2 =$

4. 单次测量数据.

用米尺分别测出上下圆盘三悬点之间的距离 a 和 b,然后算出悬点到中心的距离 r 和 R(等边三角形外接圆半径).测量上下盘垂直距离 H_0,放置小圆柱体两孔中心间距 $2x$,记录各刚体的质量.将数据记录于表 3-1-8 中.

表 3-1-8　单次测量数据记录表

上盘悬孔间距 a/mm		下盘悬孔间距 b/mm		上、下圆盘间距 $H_0 = H$/mm	
上盘悬孔与中心间距 r/mm		下盘悬孔与中心间距 R/mm		小圆柱体两孔中心间距 $2x$/mm	
下盘质量 m_0/g		圆环质量 m_1/g		圆柱体质量 m_2/g	

注意:① 重力加速度 $g = 9\,794$ mm/s^2.

② 下盘、圆环和小圆柱体的质量可以直接从各自钢印标称读取.

③ 表中 R 和 r 通过公式 $r = \frac{\sqrt{3}}{3}a, R = \frac{\sqrt{3}}{3}b$ 计算得到.

数据处理

1. 将测得数据代入相应公式计算转动惯量实验值.

(1) 根据(3-1-19)式计算圆盘的转动惯量 I_0.

(2) 根据(3-1-21)式计算圆环的转动惯量 I_1.

(3) 根据(3-1-22)式计算圆柱体的转动惯量 I_2.

2. 用测得数据计算圆环、小圆柱体的转动惯量理论值.

(1) 根据(3-1-18)式计算圆环的转动惯量 $I'_1 = \frac{1}{2}m_1(r_内^2 + r_外^2)$.

(2) 根据(3-1-23)式计算小圆柱体的转动惯量 I'_2.

3. 将实验值与理论值比较,求圆环、小圆柱体转动惯量实验值对于理论值的相对误差.如果小圆柱体转动惯量实验值对于理论值相对误差很小,则验证了(3-1-22)式的正确性.如果验证失败,分析失败的原因.

思考题

1. 用三线摆测量刚体的转动惯量时,为什么必须保持下盘水平?
2. 在测量过程中,如下盘出现晃动,对周期的测量有影响吗?如有影响,应如何避免?
3. 三线摆放上待测物后,其摆动周期是否一定比空盘的转动周期大?为什么?
4. 测量圆环的转动惯量时,若圆环的转轴与下盘转轴不重合,对实验结果有何影响?
5. 如何利用三线摆测定任意形状的物体绕某轴的转动惯量?
6. 三线摆在摆动中受空气阻尼,振幅越来越小,它的周期是否会变化?对测量结果影响大吗?为什么?

拓展阅读

[1] 胡协凡,王静.转动惯量测试仪的误差分析及改进测量方法的探讨[J].物理实验,1987,7(02):86-87.

[2] 徐朋,刘军,张萍.三线摆测转动惯量的不确定度分析[J].大连大学学报,1999,20(02):19-21.

[3] 杨建新.旋转带电球体的转动惯量[J].大学物理,1998,17(10):11-13.

附录1

悬丝的切变模量计算公式推导

物体在平行于表面的力的作用下,只改变形状、不改变体积的形变称为切变,如图 3-1-6 所示.应力与应变的比值称为切变弹性模量:

$$N = \frac{\frac{F}{S}}{\varphi} = \frac{\frac{F}{S}}{\frac{l}{L}} \quad (当 \varphi 很小时).$$

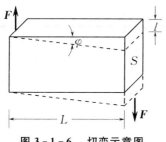

图 3-1-6 切变示意图

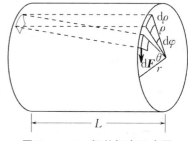

图 3-1-7 钢丝切变示意图

如图 3-1-7 所示,对于一段长为 L 的钢丝,设其中截面积为 $\rho \mathrm{d}\varphi \mathrm{d}\rho$ 的体积元所受切向力 $\mathrm{d}F$,产生切应变 $\rho\theta/L$(当 θ 很小时).根据切变模量定义,知

$$N = \frac{\frac{\mathrm{d}F}{\rho \mathrm{d}\varphi \mathrm{d}\rho}}{\frac{\rho\theta}{L}},$$

即

$$\mathrm{d}F = \frac{N\theta}{L}\rho^2\,\mathrm{d}\varphi\mathrm{d}\rho,$$

此力对该体积元绕轴线的扭转力矩为

$$\mathrm{d}M = \rho\mathrm{d}F = \frac{N\theta}{L}\rho^3\,\mathrm{d}\varphi\mathrm{d}\rho,$$

整个钢丝所受力矩

$$M = \frac{N\theta}{L}\int_0^r\int_0^{2\pi}\rho^3\,d\varphi d\rho = \frac{\pi N r^4}{2L}\theta = k\theta,$$

其中 $k = \frac{\pi N r^4}{2L}$ 为钢丝的扭转弹性系数. 将 k 代入(3-1-2)式、(3-1-3)式,得

$$T_{盘}^2 = \frac{4\pi^2 I_{盘}}{k} = \frac{8\pi L I_{盘}}{Nr^4}, \tag{3-1-24}$$

$$T_{盘+环}^2 = \frac{4\pi^2}{k}(I_{盘}+I_{环}) = \frac{8\pi L(I_{盘}+I_{环})}{Nr^4}. \tag{3-1-25}$$

上两式相减,并用钢丝直径 d 代替半径 r,经整理得

$$N_{丝} = \frac{128\pi L I_{环}}{d^4(T_{盘+环}^2 - T_{盘}^2)}. \tag{3-1-26}$$

智能计数计时器(简称 TD) 简介及技术指标

图 3-1-8 所示为智能计数计时器的面板.

(1) 主要技术指标.

时间分辨力(最小显示位)为 0.000 1 s,误差为 0.004%,最大功耗 0.3 W.

(2) 智能计数计时器简介.

智能计数计时器配备一个 +9 V 稳压直流电源. 智能计数计时器:+9 V 直流电源输入段端;122×32 点阵图形 LCD;3 个操作按钮(模式选择/查询下翻按钮、项目选择/查询上翻按钮、确定/暂停按钮);4 个信号源输入端,两个 4 孔输入端是一组,两个 3 孔输入端是另一组,4 孔的 A 通道同 3 孔的 A 通道同属同一通道,不管接哪个效果一样,同样,4 孔的 B 通道和 3 孔的 B 通道统属同一通道(见图 3-1-9 和图 3-1-10).

图 3-1-8　智能计数计时器

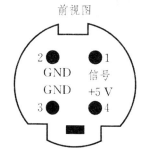

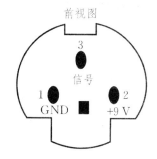

图 3-1-9　四孔输入端(主板座子)　　　图 3-1-10　三孔输入端(主板座子)

注意:① 有 A,B 两通道,每通道都各有两个不同的插件(分别为电源 +5 V 的光电门 4 芯和电源 +9 V 的光电门 3 芯),同一通道不同插件的关系是互斥的,禁止同时接插同一通道不同插件.

② 本实验只备有 4 孔信号连接线,所以只需连接 4 孔的信号源输入端.

③ A,B 通道可以互换,如为单电门时,使用 A 通道或 B 通道都可以,但是尽量避免同时插 A,B 两通道,以免互相干扰.

④ 如果光电门被遮挡时输出的信号端是高电平,则仪器是测脉冲的上升前沿间时间. 如光电门被遮挡时输出的信号端是低电平,则仪器是测脉冲的上升后沿间时间.

(3) 模式种类及功能:该智能计数计时器共有 5 种测试项目,本实验只用"计时"模式,图 3-1-11 和图 3-1-12 所示为其测试项目图解.

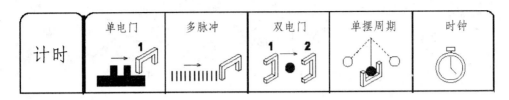

图 3-1-11 计时模式下的测试项目图解

计时 测量信号输入：

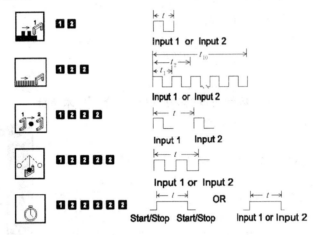

图 3-1-12 测试项目测量功能图解

1-1 单电门:测试单电门连续两脉冲间距时间.

1-2 多脉冲:测量单电门连续脉冲间距时间,可测量 99 个脉冲间距时间.

1-3 双电门:测量两个电门各自发出单脉冲之间的间距时间.

1-4 单摆周期:测量单电门第三脉冲到第一脉冲间隔时间.

1-5 时钟:类似跑表,按下确定则开始计时.

注意:本实验只用计时测试模式,而且测试项目名称和序号下只选择"1-2 多脉冲"选项.

(4) 智能计数计时器操作.

通电开机后 LCD 显示操作界面,操作如下:

① 下行为测试模式名称和序号:按"模式选择/查询"按钮可选择测试模式.本实验只用到计时测试模式,即"1 计时"(第一个显示的即为此模式,可不按"模式选择/查询"按钮);

② 上行为测试项目名称和序号:按"项目选择/查询"按钮可选择测试项目.本实验在计时测试模式即在"1 计时 ⇔"模式下,按"项目选择/查询"按钮选择"1-2 多脉冲 ⇨";

③ 测量操作及步骤:选择好测试项目后,按"确定/暂停"按钮,LCD 将显示"选 A 通道测量 ⇔",然后通过按"模式选择/查询"按钮或"项目选择/查询"按钮进行 A 或 B 通道的选择,选择好后再次按下"确定/暂停"按钮即可开始测量,测量过程中将显示"测量中 ＊＊＊＊＊",测量完成后再次按下"确定/暂停"按钮,LCD 将自动显示测量值;

④ 数据查阅和记录:该项目有几组数据,可按"模式选择/查询"按钮或"项目选择/查询"按钮进行查阅和记录,再次按下"确定/暂停"按钮退回到项目选择界面.如未测量完成就按下"确定/暂停"按钮,则测量停止,将根据已测量到的内容进行显示,再次按下"确定/暂停"按钮将退回到测量项目选择界面.

三线摆测量转动惯量公式的推导

如图 3-1-13 所示,当下盘做扭转振动,且转角 θ 很小时,其振动是简谐振动,运动方程为

$$\theta = \theta_0 \sin\frac{2\pi}{T}t. \qquad (3-1-27)$$

当摆离开平衡位置最远时,其重心升高 h,根据机械能守恒定律,有

$$\frac{1}{2}I\omega_0^2 = mgh,$$

即

$$I = \frac{2mgh}{\omega_0^2}. \qquad (3-1-28)$$

而 $\omega = \dfrac{\mathrm{d}\theta}{\mathrm{d}t} = \dfrac{2\pi\theta_0}{T}\cos\left(\dfrac{2\pi}{T}t\right)$,当 $t=0$ 时,

$$\omega_0 = \frac{2\pi\theta_0}{T}. \qquad (3-1-29)$$

将(3-1-29)式代入(3-1-28)式,得

$$I = \frac{mgh}{2\pi^2\theta_0^2}T^2. \qquad (3-1-30)$$

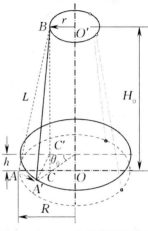

图 3-1-13　三线摆测量原理

从图中的几何关系,得

$$(H_0 - h)^2 + (R^2 + r^2 - 2Rr\cos\theta_0) = L^2 = H_0^2 + (R-r)^2,$$

化简得

$$H_0 h - \frac{h^2}{2} = Rr(1-\cos\theta_0),$$

略去 $\dfrac{h^2}{2}$,且取 $1-\cos\theta_0 \approx \dfrac{\theta_0^2}{2}$,得

$$h = \frac{Rr\theta_0^2}{2H_0},$$

代入(3-1-30)式得

$$I = \frac{mgRr}{4\pi^2 H_0}T^2. \qquad (3-1-31)$$

当只有圆盘时,

$$I_0 = \frac{m_0 gRr}{4\pi^2 H_0}T_0^2.$$

此即(3-1-19)式.

FB213A 型数显计时计数毫秒仪使用说明

使用方法:

1.FB213A 计时仪(见图 3-1-14)内设单片机芯片,经适当编程,具有计时、计数、存储和查询功能.可用于单摆、气垫导轨等诸多与计时相关的实验,以及马达转速测量、生产线产品计数、产品厚度测量、车辆运动速度测量及体育比赛计时.

2.该毫秒仪通用性强,可以与多种传感器连接,用不同的传感器控制毫秒仪的启动和停止,从而适应不同实验条件下计时的需要.

3.毫秒仪量程可根据实验需要进行切换:99.999 s,分辨力 1 ms;9.999 9 s,分辨力 0.1 ms,由仪器面板上"量程"按钮进行转换."计时"指示灯亮,左窗口数码管熄灭,仪器进入"计时"功能执态.

图 3-1-14　FB213A 型数显计时计数毫秒仪

4.周期与计数功能由面板"功能"按钮转换:周期指示灯亮,仪器面板左窗口二位数码管同时点亮,仪器进入"周期"计数功能.在此功能下,可预置测量周期个数.根据实验需要周期设置范围从 1～99 个,"周期数"由左窗口显示."周期数显示"随计数进程逐次递减,当显示数到达 1 以后自动返回到"设置数值",此时计数停止.

5.仪器有两种工作方式:周期方式和计数方式,在两种方式下均有存储和查询功能.在周期方式下,按"执行"键"执行"工作指示灯亮,当测量启动时灯光闪烁,表示毫秒仪在工作.在每个周期结束时,显示并存储该周期对应的时间值,在预设周期数执行完后,显示并存储总时间值,然后退出执行状态.

6.在周期或计时方式下,逐次按"查询"键,则依次显示出各周期对应的时间值,在最后周期显示出总时间值,在预设周期完后,则停止查询.

7.按"复位"键,除了预设周期值恢复原设置、时间显示清零之外,还有退出查询的功能.记住查询完后一定要按"复位"键退出查询.

8.周期方式或计数方式在执行中,均可按"复位"键退出执行.

9.断电后保留已执行的预设周期数、各周期对应的时间值以及总时间值.

10.计数方式时"光电门1"和"光电门2"都能控制启动或停止,仅按先后顺序执行.

11.同时按"复位"和"功能"键 5 s 以上,存储的周期值与计时值全部清零,但仍然保留预设周期数.

HMS-2 通用电脑式毫秒计

图 3-1-15 所示为 HMS-2 通用电脑式毫秒计的面板.

1—2 位脉冲个数显示;
2—6 位计时时间显示;
3—数字键与功能键;
4,5—输入 I 口和输入 I 通断开关;
6,7—输入 II 口和输入 II 通断开关;
8—电源开关;
9—复位键

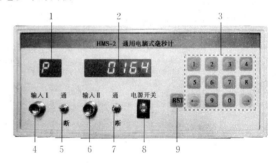

图 3-1-15　通用电脑式毫秒计

使用方法:

1.用电缆线将光电门和通用电脑式毫秒计相连,只接通一路(另一路备用).

2.接通电源,仪器进入自检状态.

(1) 8 位数码显示管同时点亮,闪烁 4 次后,仪器自检完毕.

(2) 数码显示器显示: P 0164 表明制式为每组脉冲由1个光电脉冲组成,共有64组脉冲(系统默认值,从 0 到 63 组).计时前按数字键,改复为 P 0107 ,只记录6组脉冲数据(第0组不记).

3.按 ← 或 → 键进入工作等待状态:数码显示器显示 00 000000 ,进入计时工作状态.

4.输入第一个光电脉冲后开始计数"1"和计时"0".

5.计时结束:当测量组数到设定的组数时,数码管显示为最后次数(7)和时间(t_6).

6.数据查询:每按一次 → 键,则组数递增一位,每按一次 ← 键则组数递减一位.

7. 按 RST 复位键或按两次 9 字键,还原默认设置.重复 3,进行下一次测量.

DHTC-3B 多功能计时器

一、计时器面板功能

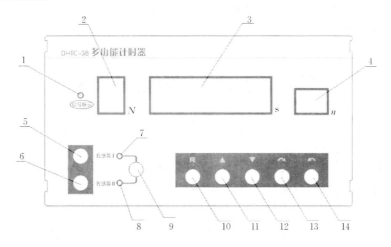

图 3-1-16 多功能计时器面板功能图

1— 信号指示灯:当传感器接收到触发信号后会闪烁一下.

2— 数据组数编号:N 从 $0\sim 9$,共计 10 组.

3— 计时时间显示窗,单位 s,自动量程切换.

4— 测试次数 n 设定:单传感器模式下,启动测试,当传感器接收到触发信号后开始计时,此单元将动态显示触发次数,当计满 n 次后,测试完成,显示测试总时间 t;双传感器模式下,n 默认为"2",启动测试,n 显示为"0",当传感器 I 触发后,n 显示为"1"并开始计时,当传感器 II 触发后,n 显示为"2",结束计时.

5,6— 传感器 I 和传感器 II 接口.

7,8— 传感器工作状态指示灯.

9— 传感器切换功能键:传感器 I 工作模式、传感器 II 工作模式和双传感器工作模式.

10— 系统复位键:按键后将返回仪器开机上电状态,保存的数据将被清零.

11,12— 上翻、下翻键:可用来设定次数 n 或查看数据组数 N.

13— 开始键,启动计时功能.

14— 返回键,返回测试预备状态.

二、计时器操作说明

开机直接进入实验状态界面,开机状态默认为单传感器模式,对应的传感器指示灯将被点亮,次数 n 在单传感器模式下为初始化值 60 次.

1. 按"传感器切换功能"键可以切换传感器,相应的指示灯点亮;可以选择单传感器 I 模式、单传感器 II 模式或双传感器 I 和 II 模式.

2. 按"上翻""下翻"键可以更改实验测试次数.

3. 在单传感器模式下开始实验:按下"开始"键,遮光杆首次通过光电门(传感器接收到信号),开始计时(此刻显示次数为 00),直到次数到达设定值停止计时,自动保存这组数据,并显示数据组数编号为 0;按"返回"键准备继续测量,再按"开始"键测量,得到编号为 1 的第 2 组数据……直至完成最后一组(编号为 N)测量数据,自动进入查询状态;按"上翻""下翻"键,可以查询 $0\sim 9$ 共 10 组实验数据,包括数据组数编号及对应计时时间.

4. 按"复位"键初始化仪器.重复上述实验操作,可继续完成第 2 个、第 3 个……测量项目.

5. 计时范围 00.000～999.99 s,超出量程显示 ——.可以自动保存 10 组实验数据,即从 0～9 组.每次实验做完,组数 N 自动加 1,当存满第 9 组后,再从 0 组开始覆盖前面的数据.

6. 当传感器被切换为双传感器工作模式时(传感器指示灯 I 和 II 均被点亮),次数 n 默认为 2 次,一般不作调整;在双传感器模式下,按"开始"键启动测试,当传感器 I 被触发后开始计时,当传感器 II 被触发后停止计时,计时显示窗将显示测试的时间间隔,该功能可用于测量物体经过两个传感器之间的时间间隔.

3.2 用拉伸法测定金属丝的杨氏模量

引言

机械结构中零构件的强度是工程设计人员必须解决的重要问题,为了取得强度设计的依据,必须掌握材料的力学性能,即材料在外力作用下的力学行为,如强度、塑性、弹性、韧性等.杨氏模量是表征材料性质的一个物理量,反映了固体材料因外力而产生拉伸(或压缩)形变的难易程度,是选择机械构件材料的依据之一.固体材料的杨氏模量是材料在弹性形变范围内正应力与相应正应变的比值,其数值大小与材料的结构、化学成分和加工制造方法有关.它的测量方法有静力学拉伸法和动力学共振法两种.本实验采用静力学拉伸法来测定金属丝的杨氏模量,同时介绍一种测量微小长度变化的方法 —— 光杠杆法.

实验目的

1. 了解杨氏模量的物理意义及静力学拉伸测量法.
2. 掌握用光杠杆法测量微小长度变化的原理.
3. 学会用逐差法处理实验数据.

实验原理

实际的固体并不是大小和形状不变的刚体,而是在外力作用下会发生形变的弹性体.固体的弹性是由其内部结构决定的,可以把固体看成由分子或原子规则排列而成的晶格结构体,分子或原子之间的相互作用力使它们紧密地结合在一起.可把这种晶格结构简化为由 8 个原子所组成的六面体,分子或原子之间的相互作用力如同两小球间用一组弹簧互相连接所具有的弹力(实际情况远比这复杂得多),如图 3-2-1 所示.无论固体在任何方向受力都会发生形变,在弹性限度内,当外力卸去后固体可恢复其原始形状,称为弹性形变.当超出弹性限度时,外力卸去后固体不能完全恢复其原始形状而留下剩余形变,称为塑性形变.

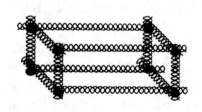

图 3-2-1 晶格原子受力模型

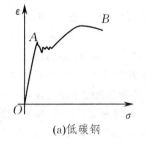

(a)低碳钢

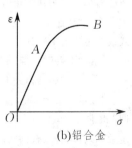

(b)铝合金

图 3-2-2 两种材料的应力-应变曲线

当对长为 L、截面积为 A 的细长材料沿长度方向施力 F 进行拉伸并使其伸长 l 时,可得应力 $\sigma(=F/A)$ 与应变 $\varepsilon(=l/L)$ 间的关系曲线,如图 3-2-2 所示. 材料不同,所得曲线也有所不同. 由图 3-2-2 可知,曲线的初始部分 OA 是一直线,说明这一阶段的应变与应力呈线性关系. 在此阶段如果卸去外力,则形变随之消失,此阶段为弹性形变阶段. 该直线的斜率即应力与应变的比值称为材料的杨氏模量,以 E 表示,即

$$\frac{F}{A} = E\frac{l}{L}. \tag{3-2-1}$$

上式表明的应力和应变成正比的关系称为胡克定律. 在国际单位制中,杨氏模量 E 的单位为 Pa 或 N/m^2,与外力 F、物体的长度 L 和截面积 A 无关,取决于固体材料本身的性质. 它反映了物体抵抗应变的能力,是工程材料中相当重要的一个力学性能指标. 曲线越过 A 点以后,应力和应变不再呈线性关系,即不再服从胡克定律,材料进入了塑性形变阶段,最后直到材料断裂.

若金属丝直径为 d,则其截面积 $A = \pi d^2/4$,代入(3-2-1)式可得

$$E = \frac{4FL}{\pi d^2 l}. \tag{3-2-2}$$

根据(3-2-2)式可知,只要测出外力 F、金属丝的长度 L 和直径 d(或截面积 A)以及金属丝的伸长量 l,就可以计算出杨氏模量 E. 实际上 F,L 和 d 都容易测量,但对一般金属丝来说,伸长量 l 很小,用一般工具无法测量准确,所以测定杨氏模量 E 的关键是准确测定微小伸长量 l. 测量微小长度变化的方法很多,而本实验采用的是光杠杆法. 这种方法也常用于测量微小角度的变化.

【实验仪器】

杨氏模量测量仪,光杠杆,望远镜,标尺(望远镜尺组),米尺,螺旋测微计,砝码,待测钢丝等.

【仪器说明】

1. 杨氏模量测量仪.

杨氏模量测量仪如图 3-2-3 所示. 三脚底座上装有两根立柱和调整螺钉,调节调整螺钉可以使立柱铅直,并由底座上的水平仪来判断. 金属丝的上端被夹紧在横梁上的夹具 A 中. 立柱的中部有一个可以沿立柱上下移动的平台 D,用于支承光杠杆 C. 平台 D 上有一孔,孔中有一个可上下自由滑动的夹具 B,金属丝的下端由夹具 B 夹紧. 夹具 B 下挂有一个砝码托盘,用于放置拉伸金属丝所用的砝码.

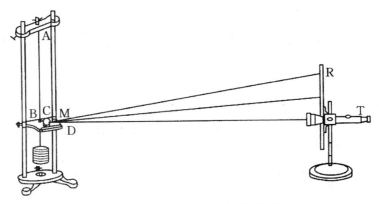

图 3-2-3 杨氏模量测量仪装置图

2. 光杠杆的结构和测量原理.

光杠杆 C、平台 D 及望远镜 T 和标尺 R 共同构成测量微小长度变化的测量系统.光杠杆结构如图 3-2-4 所示.一块直立的平面反射镜 M 装在三足支架的一端,两前足放在平台 D 上的横槽内,后足则放在夹具 B 上.调整平台 D 的上下位置,使光杠杆三足尖位于同一水平面上.当金属丝发生形变时,夹具 B 向下移动,引起光杠杆上镜面的倾斜.倾斜的角度可以由望远镜尺组测定,其测量原理如下:当砝码加在砝码托盘上时,金属丝被拉长 l,这时光杠杆镜面向后倾斜了 α 角,后足绕两前足尖的连线也转过了 α 角,如图 3-2-5 所示.设金属丝未伸长前从望远镜里读得的标尺读数为 y_0,金属丝伸长 l 后,从望远镜里读得的标尺读数为 y_1,前后两次的读数差为 $h = y_1 - y_0$.当镜面转过 α 角时,镜面的法线也转过了 α 角.由于入射角等于反射角,这时入射光和反射光的夹角为 2α.若设镜面到标尺的距离为 S,光杠杆的后足到两前足连线的垂直距离为 b,在 α 角比较小的情况下,由图 3-2-5 可知

$$2\alpha \approx \tan 2\alpha = h/S, \quad \alpha \approx \tan \alpha = l/b.$$

从上两式中消去 α 得

$$l = \frac{b}{2S} h. \qquad (3-2-3)$$

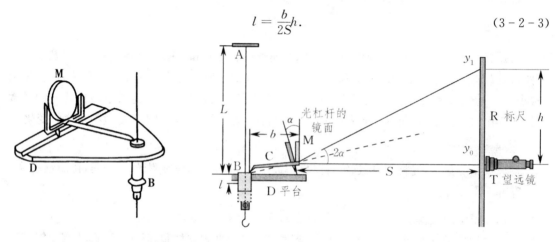

图 3-2-4　光杠杆结构图　　　　　图 3-2-5　光杠杆放大原理

可见,只要测出 b,S 和 h,就可以求出 l.由于 $S \gg b$,则由(3-2-3)式可知,$h \gg l$.这样,利用光杠杆就可以把测量微小的长度变化量 l 转换成测量数值较大的标尺读数变化量 h,这就是光杠杆系统的放大原理.其放大倍数为 $\beta = 2S/b$.将 $F = Mg$ 和(3-2-3)式代入(3-2-2)式,得

$$E = \frac{8MgLS}{\pi d^2 bh}, \qquad (3-2-4)$$

式中 M 为所加砝码的质量,g 为重力加速度.此式就是本实验测定金属丝杨氏模量 E 的计算公式.

实验内容

1.调整杨氏模量测量仪.

(1)调整杨氏模量测量仪三脚底座上的调节螺钉,使水准仪气泡位于中间,此时底座上两立柱及待测金属丝均处于铅直状态,这就保证了下端夹具 B 能在平台 D 上的圆孔中上下自由移动,避免了摩擦,同时检查金属丝是否被夹具 B 夹紧,并加 1 kg 砝码在托盘上把金属丝拉直.

(2)将光杠杆放置在平台上,把光杠杆两前足放在平台前端的横槽内,后足放在下夹具 B 上,切不可与金属丝接触.

(3)调整平台的上下位置,使光杠杆的三足尖位于同一水平面上,调节平面镜使其法线水平.

2. 调节光杠杆及望远镜尺组.

(1) 把望远镜尺组放在离光杠杆镜面 1.5～2.0 m 处,调节望远镜的位置,使其大致与光杠杆等高,固定望远镜.

(2) 调节望远镜仰角调节螺钉,使其光轴水平,并正对光杠杆镜面,同时酌情调节镜面位置.从望远镜筒中能看到标尺的反射像时,说明望远镜已大致正对光杠杆镜面.

(3) 调节望远镜目镜,使眼睛贴近目镜时能看到最清晰的十字叉丝,并使十字叉丝的横线水平,竖线垂直;再调节望远镜的物镜焦距,使标尺的反射像成像于望远镜内的十字叉丝平面上,并做到无视差,即当眼睛上下移动时,十字叉丝与标尺的像之间没有相对移动.仔细调节光杠杆镜面的倾角以及标尺的高度,使标尺像的零刻度线(标尺中间)落在十字叉丝的横线附近.

3. 测量.

(1) 在砝码托盘上增加质量为 1 kg 的砝码,记下此时标尺的读数 y_1',逐次增加 1 kg 砝码,待稳定后依次记下望远镜中的标尺读数 $y_2', y_3', \cdots$,直至 y_8';继续加上 1 kg 砝码,但不读数,然后每减少 1 kg 砝码依次记下望远镜中标尺的读数 $y_8'', y_7'', \cdots, y_1''$,填入表 3-2-1. 注意加(减)砝码时动作要轻,避免因吊钩摇晃而影响测量准确度.

表 3-2-1　加(减)重时钢丝伸长标尺变化量

测量次数 i	砝码质量 M/kg	标尺读数 y/m			增(减)砝码 $M=4$ kg 时标尺读数变化量 h/m $h_i = y_{i+4} - y_i$
		增重时 y_i'	减重时 y_i''	$y_i = \dfrac{y_i' + y_i''}{2}$	
1	1.000				
2	2.000				
3	3.000				
4	4.000				
5	5.000				平均值 $\bar{h} = \dfrac{1}{4}\sum\limits_{i=1}^{4} h_i =$
6	6.000				标准偏差 $S_h =$
7	7.000				标尺误差限 $\Delta_{仪}(h) =$
8	8.000				标准不确定度 $u(h) =$

(2) 用螺旋测微计测钢丝直径 d. 检查螺旋测微计的初读数 d_0,在钢丝的不同部位和方向测量其直径 d_i 共 6 次,检测数据填入表 3-2-2.

表 3-2-2　螺旋测微计测钢丝直径

初读数 $d_0 = $ _____ mm　　　　　　　　　　　　　　$\Delta_{仪}(d) = 0.004$ mm

测量次数	1	2	3	4	5	6
测量读数值 d_{i0}/mm						
测量实际值 d_i/mm						

表中钢丝直径 $d_i = d_{i0} - d_0$,

$$\bar{d} = \frac{1}{6}\sum_{i=1}^{6} d_i = \underline{\qquad}, \quad S_d = \underline{\qquad}, \quad u(d) = \underline{\qquad}.$$

(3) 用钢卷尺量出标尺到反射镜的距离 S、钢丝的原长 L(注意两端夹紧位置)、反射镜架后支脚到前支点连线的距离 b(可用压印法,即将反射镜架支脚在白纸上压出印迹后测量). 根据测量条件,合理估计测量不确定度,填入表 3-2-3.

表 3-2-3 单次测量数据

物理量	镜与标尺间距离 S/m	镜架到后支脚距 b/m	钢丝长 L/m
测量值			
不确定度 $u_{估}(x)$			

数据处理 ▶▶▶

1. 用逐差法处理表 3-2-1 中数据,计算 $\bar{h}$ 和 $u(h)$.
2. 用表 3-2-2 中的数据计算 $\bar{d}$ 和 $u(d)$.
3. 将各量测得的数据代入(3-2-4)式,计算钢丝的杨氏模量 $\bar{E}$ 和不确定度 $u(E)$.
4. 写出测量结果表达式:$E = \bar{E} \pm U(E) = \bar{E} \pm 2u(E) = $ _____.

预习思考题 ▶▶▶

1. 光杠杆平面镜的镜架应怎样放置?平面镜的方向应调到什么状态?
2. 望远镜应怎样调节?

讨论思考题 ▶▶▶

1. 光杠杆法的优点是什么?怎样提高光杠杆的灵敏度?
2. 什么情况下测出的数据应该用逐差法处理?

拓展阅读 ▶▶▶

[1] 罗凤柏. 伸长法测杨氏模量实验的改进[J]. 物理实验,1996,16(1):29.

[2] 王洪彬,王丽南,郎成. 传感技术在拉伸法测杨氏模量中的应用[J]. 大学物理实验,2003,16(2):52-54.

[3] 车东伟,姜山. 静态拉伸法测金属丝杨氏模量实验探究[J]. 大学物理实验,2013,26(2):33-35.

附录 ▶▶▶

逐差法处理数据说明

本实验中测钢丝的伸长量时,是逐次增加 1 kg 砝码,并依次记录与钢丝伸长相对应的标尺读数 y_i,现测量了 8 次,得 $y_1, y_2, \cdots, y_8$,如何得出平均每增加 1 kg 砝码时标尺读数的改变量呢?

如果由相邻读数的差值算出 7 个 h,然后取平均值,则

$$\bar{h} = \frac{(y_2 - y_1) + (y_3 - y_2) + \cdots + (y_8 - y_7)}{7} = \frac{y_8 - y_1}{7}.$$

上式中,中间的各 y_i 值都会相消,只剩下 $(y_8 - y_1)/7$. 用这种方法来计算 h 会使中间各次测量结果均不起作用. 为了发挥多次测量的优越性,应该修改处理数据的方法:把前后数据分为两组,从 y_1 到 y_4 为一组,y_5 到 y_8 为另外一组,将两组中相应的数据相减求出 4 个 h,则可得到平均每增加 4 kg 砝码时标尺读数的改变量:

$$\bar{h} = \frac{(y_5 - y_1) + (y_6 - y_2) + \cdots + (y_8 - y_4)}{4} = \frac{1}{4}\sum_{i=1}^{4}(y_{i+4} - y_i).$$

这种数据处理方法称为逐差法. 其优点是充分利用了所测数据,可以减小测量结果的随机误差,因此是实验中常用的一种数据处理方法.

3.3 热电效应

引言

热电效应是温差引起的电效应和电流引起的可逆热效应的总称.热电效应主要包括塞贝克(Seebeck)效应、珀尔帖(Peltier)效应和汤姆逊(Thomson)效应,它们构成了热电学的基础.

热电效应能够实现热能和电能的直接转换,在世界能源危机和环境污染日益加剧的今天,热电效应在废热回收发电、绿色制冷、太空探测器供电等方面有非常广阔的潜在应用前景,因此受到了广泛的关注.

实验目的

1. 了解热电效应的基础知识.
2. 观察温差发电现象.
3. 测量材料的 Seebeck 系数.

实验原理

1. Seebeck 效应.

1821年,德国物理学家 Thomas Seebeck 发现了 Seebeck 效应,亦称第一热电效应. Seebeck 效应是热电材料研究的理论基础.

如图 3-3-1(a) 所示,当两个不同的导体 a 和 b 两端相接,组成一个闭合线路,如两个接头 A 和 B 具有不同的温度,线路中就有电流,这种电流称为温差电流,这个环路就组成所谓温差电偶,产生电流的电动势称为温差电动势,亦称为塞贝克电动势,其数值一般只与两个接头的温度有关.

在讨论温差电动势时,常采用开路的情况,如图 3-3-1(b) 所示,接头 A 和 B 的温度分别为 T_2 和 T_1,在温度为 T_0 处的开路两端,C 和 D 的电势差为温差电动势 ε_{ab}.下标 ab 的次序规定如下:如果 $T_2 > T_1$,则图 3-3-1(a) 所示的温差电偶中,在温度为 T_2 的接头,电流由导体 a 流向导体 b,这种情况 ε_{ab} 为正,反之为负.

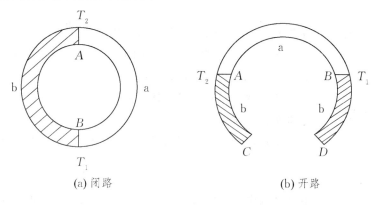

(a) 闭路   (b) 开路

图 3-3-1 Seebeck 效应

令 $T_2 - T_1 = \Delta T$,若 ΔT 很小,ε_{ab} 与 ΔT 呈线性关系,即温差电动势 ε_{ab} 和与温差 ΔT 存在如下关系:

$$\varepsilon_{ab} = S\Delta T, \tag{3-3-1}$$

其中 S 为常数,称为两种导体的相对 Seebeck 系数. Seebeck 系数的常用单位是 $\mu V/K$. 金属材料的 Seebeck 系数的测量就是基于上述原理进行的.

对 Seebeck 效应的分析得出如下规律:① 由两相同导体组成的回路,即使两接触点温度不同电动势也为零,即回路必须由两种不同材料组成;② 热电动势大小仅与导体(热电极)材料的性质及两接点温度有关,与导体尺寸、形状及温度分布无关.

若将图 3-3-1 所示的两种导体换成两种不同的半导体,当两个接头处温度不同时,也可产生温差电动势.

金属导体的热电效应相当微弱,其温差电动势比半导体的温差电动势要小得多. 一般情况下,金属导体的 Seebeck 系数的绝对值约在 0 与 10 $\mu V/K$ 之间;而室温附近,半导体的 Seebeck 系数约为几百微伏每开.

半导体和金属导体产生 Seebeck 效应的机理是不相同的.

对于半导体,产生 Seebeck 效应的主要原因是热端的载流子往冷端扩散的结果. 例如,对 p(n) 型半导体,由于其热端空穴(电子)的浓度较高,则空穴(电子)便从高温端向低温端扩散,在开路情况下,就在 p(n) 型半导体的两端都引起电荷的积累,由此产生电场,形成温差电动势. 显然,n 型半导体的温差电动势的方向是从低温端指向高温端(Seebeck 系数为负);相反,p 型半导体的温差电动势的方向是高温端指向低温端(Seebeck 系数为正),因此,利用温差电动势的方向即可判断半导体的导电类型.

对于金属导体,由于其载流子浓度和费米(Fermi)能级基本上都不随温度而变化,其产生金属 Seebeck 效应的机理较为复杂,可从两个方面来分析:

① 电子从热端向冷端的扩散. 然而这种扩散不是浓度梯度所引起的,而是热端的电子具有更高的能量和速度所造成的. 显然,如果这种作用是主要的,则产生的 Seebeck 效应的系数应该为负;

② 电子自由程的影响. 因为金属中虽然存在许多自由电子,但对导电有贡献的主要是 Fermi 能级附近的所谓传导电子,而这些电子的平均自由程与遭受散射(声子散射、杂质和缺陷散射)的状况和能态密度随能量的变化情况有关.

2. Peltier 效应.

1834 年,法国人 Peltier 发现了 Peltier 效应,亦称第二热电效应.

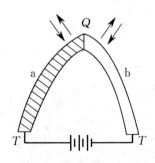

图 3-3-2 Peltier 效应

如图 3-3-2 所示,两个不同导体 a 和 b 连接后通以电流,在接头处便有吸热或放热现象,这种热量称为 Peltier 热量. 实验发现,吸收或放出的热量只与两种导体的性质及接头的温度有关,而与导体其他部分的情况无关.

如电流由导体 a 流向导体 b,单位时间接头处吸收的热量

$$\frac{dQ}{dt} = I\pi_{ab}, \tag{3-3-2}$$

其中 I 为电流强度,π_{ab} 为 Peltier 系数. $\pi_{ab} > 0$ 时,表示吸热;$\pi_{ab} < 0$ 时,表示放热.

Peltier 效应是可逆的. 如电流由导体 b 流向导体 a, 则在接头处放出相同的热量, 由 Peltier 系数的定义

$$\frac{dQ}{dt} = -I\pi_{ba},\qquad(3-3-3)$$

因此

$$\pi_{ab} = -\pi_{ba}.\qquad(3-3-4)$$

π_{ab} 的单位为 V. Peltier 系数是温度的函数, 所以在温度不同的接头, 吸收或放出的热量不同.

3. Thomson 效应.

1855 年, Thomson 对 Seebeck 效应和 Peltier 效应在热力学上进行了分析, 得出了两种效应对应系数的物理关系, 从而为热电分析奠定了基础, 并且发现了第三个与温度梯度有关的现象——Thomson 效应, 亦称第三热电效应.

如图 3-3-3 所示, 当存在温度梯度的均匀导体中通有电流时, 导体中除了产生和电阻有关的焦耳热以外, 还要吸收或放出热量. 吸收或放出热量的这个效应称为 Thomson 效应, 这部分热量称为 Thomson 热量. 在单位时间和单位体积内吸收或放出的热量与电流密度和温度梯度成比例. 如电流方向是由温度 T 处流到 $T+dT$ 处, 则在单位时间和单位体积内所吸收的热量为

$$\frac{dQ}{dt} = \sigma_{aT} J_x \frac{dT}{dx},\qquad(3-3-5)$$

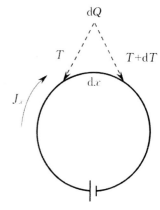

图 3-3-3 Thomson 效应

其中 J_x 为电流密度, σ_{aT} 为 Thomson 系数, 单位为 V/K, 其值随导体与温度而异. Thomson 效应也是可逆的, 因此, 如电流方向由高温流向低温, 则根据 Thomson 系数的定义, 对于 Thomson 系数为正的导体, 将有放热的现象; 反之, 如 Thomson 系数为负, 则将吸热.

实验仪器

热电效应实验仪, 包括实验主机及实验台.

实验内容

1. 仪器连接.

按图 3-3-4 所示接线.

2. 温差发电实验.

(1) 仪器主机"热端输出 +""热端输出 −"分别连线接至样品台左侧"热端 +""热端 −", 其余连线如图 3-3-4 所示, 并确保无明显短路或误接.

(2) 仪器主屏幕上选择"温差发电实验"按钮, 进入温差发电实验界面.

(3) 调节仪器主面板上热端调节旋钮, 增加热端电压输出; 调节冷端调节旋钮, 增加冷端电压输出. 温差发电采用的是碲化铋半导体制冷片, 热端加热电压用于给材料热端加热, 冷端电压用于给材料冷端风扇供电.

(4) 热端、冷端电压输出后一段时间, 热电电压出现读数, 当热电电压大于 1.8 V 左右时, 负载灯泡点亮.

(5) 分别调节热端电压、冷端电压的大小, 观察对热电电压输出的影响.

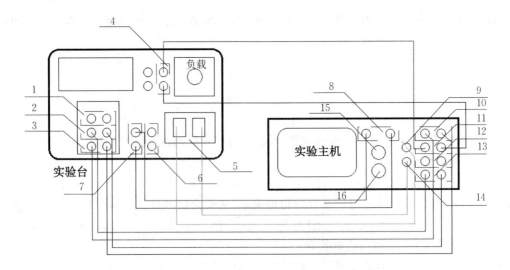

1—热端；	5—样品台；	9—热端温度采集(T_H)；	13—冷端输出；
2—冷端；	6—热端加热；	10—热电输入；	14—冷端温度采集(T_L)；
3—温差热电；	7—Seebeck；	11—热电输出；	15—热端调节旋钮；
4—输出负载；	8—Seebeck；	12—热端输出；	16—冷端调节旋钮

图 3-3-4 热电效应实验连线图

3. Seebeck 系数测试实验.

每台仪器提供了至少两种样品,请通过热电效应的 Seebeck 系数测量来区分判断所用的是何种样品.

(1) 仪器主机"热端输出 +""热端输出 −"分别连线接至样品台右侧"热端加热"的红、黑两孔,其余连线如图 3-3-4 所示,并确保无明显短路或误接.

(2) 仪器主屏幕上选择"热电系数实验",进入 Seebeck 系数测量实验界面.

(3) 将待测样品装至样品台上,并保证两端接触良好.

(4) 调节仪器主面板上热端调节旋钮,增加热端电压输出.

(5) 每次调节热端调节旋钮后,等待 5 min,待温度稳定后,记录温差热电势及冷、热端温度. 共测 7 组数据.

(6) 更换样品,重复步骤(1)至(5),对另一样品的 Seebeck 系数进行测量.

数据处理

1. 请将原始数据填入表 3-3-1 和表 3-3-2,并由(3-3-1)式计算两种样品的平均相对 Seebeck 系数.

表 3-3-1 样品 1 相关数据

热电势 /μV							
高温 /℃							
低温 /℃							
Seebeck 系数 /($\mu V/K$)							
平均 Seebeck 系数 = ($\mu V/K$)							

表 3-3-2　样品 2 相关数据

热电势 /μV						
高温 /℃						
低温 /℃						
Seebeck 系数 /(μV/K)						

平均 Seebeck 系数 = 　　　　　(μV/K)

2. 利用线性回归方法计算两种样品的相对 Seebeck 系数.

样品 1 的 Seebeck 系数 = _____ (μV/K).

样品 2 的 Seebeck 系数 = _____ (μV/K).

注意事项

1. 温差发电的热端温度可能较高,切勿直接触碰.
2. 样品必须与样品台接触良好,以避免温差电动势的测量误差过大.
3. Seebeck 系数测量中,每两组数据间必须等待足够长的时间方能进行数据采集,以使样品台冷、热端温度达到稳定.

预习思考题

1. 请简要阐述第一、第二和第三热电效应.
2. 请简要说明金属导体与半导体的 Seebeck 效应在机理上有何不同.

讨论思考题

1. 对于半导体来说,不同的载流子类型会影响 Seebeck 系数的正负号,但为什么对于电子为输运主体的金属导体,如本实验中的两种金属丝,其 Seebeck 系数也存在正负之分?
2. 试举例说明热电效应的应用.

拓展阅读

[1] 刘恩科,朱秉升,罗晋生. 半导体物理学[M]. 6 版. 北京:电子工业出版社,2006.

[2] 沈强,涂溶,张联盟. 热电材料的研究进展[J]. 硅酸盐通报,1998,4:23-27.

[3] 刘长洪,何元金. 热电物理的研究进展[J]. 物理,1997,26(03):134-139.

3.4　用牛顿环测定透镜的曲率半径

引言

光的干涉现象在科学研究和工程技术上有着广泛的应用. 牛顿环是一种用分振幅方法实现的等厚干涉现象,常用来测量透镜的大曲率半径,或检验表面光洁度和平面度,而且测量精密度较高. 本实验利用牛顿环测量平凸透镜球面的大曲率半径.

实验目的

1. 观察光的等厚干涉现象,加深对干涉原理的理解.
2. 学习用牛顿环测量透镜曲率半径的原理和方法.

3. 学会读数显微镜的调整和使用.

实验原理

用一块曲率半径很大的平凸透镜,将其凸面放在另一块光学平板玻璃上即构成了牛顿环装置,如图 3-4-1(a)所示.这时在透镜凸面和平面玻璃板之间形成了从中心向四周逐渐增厚的空气层.当一束波长为 λ 的单色平行光垂直入射到平凸透镜上,入射光经空气层上、下表面反射的两相干光束存在光程差,在透镜凸面上相遇而发生干涉.由于光程差取决于空气层的厚度,所以厚度相同处呈现同一干涉条纹,显然这些干涉条纹是以接触点为中心的一系列明暗相间、间距逐渐减小的同心圆环,且中心是一暗圆斑,称为牛顿环,如图 3-4-1(b)所示,是等厚干涉条纹.

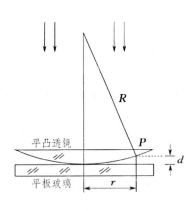
(a) 牛顿环装置及光路图

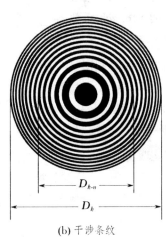
(b) 干涉条纹

图 3-4-1　牛顿环实验装置和干涉条纹

在 P 处空气层上、下两面反射相干光的光程差为

$$\delta = 2d + \frac{\lambda}{2}, \tag{3-4-1}$$

式中 d 是 P 处空气层厚度,$\frac{\lambda}{2}$ 是光波在平面玻璃界面反射时产生半波损失而带来的附加光程差.

设 R 为平凸透镜球面的曲率半径,r 为 P 点所在环的半径,它们与厚度 d 之间的几何关系为

$$R^2 = (R-d)^2 + r^2 = R^2 - 2Rd + d^2 + r^2. \tag{3-4-2}$$

因为 $R \gg d$,所以 $d^2 \ll 2Rd$,略去 d^2 项,(3-4-2)式变为

$$d \approx \frac{r^2}{2R}. \tag{3-4-3}$$

考虑到亮度最小的地方要比亮度最大的地方容易测得准确,选择暗环为测量基准,即 P 处恰为暗环,则 δ 必满足下式:

$$\delta = (2k+1)\frac{\lambda}{2} \quad (k=0,1,2,\cdots), \tag{3-4-4}$$

式中 k 为干涉条纹的级次.综合(3-4-1),(3-4-3),(3-4-4)式,得到第 k 级暗环半径为

$$r_k = \sqrt{kR\lambda} \quad (k=0,1,2,\cdots). \tag{3-4-5}$$

由(3-4-5)式知,只要入射光波长 λ 已知,测出第 k 级暗环半径 r_k 即可得出 R 值.但是实

际测量中暗环半径 r_k 并不总是满足(3-4-5)式,这是因为透镜凸面和平板玻璃平面不可能是理想的点接触,接触压力会引起弹性形变,使接触处变为一个圆面;或者,由于灰尘存在使平凸透镜凸面和平面玻璃接触处之间有间隙,从而引起附加光程差,中央的暗斑可变为亮斑或半明半暗.这样使得环中心和级次 k 都无法确定.此时使用(3-4-5)式计算误差会增大.

将(3-4-5)式两边平方,得

$$r_k^2 = kR\lambda. \tag{3-4-6}$$

对第 $k-m$ 环,

$$r_{k-m}^2 = (k-m)R\lambda.$$

两式相减,得

$$R = \frac{r_k^2 - r_{k-m}^2}{m\lambda}. \tag{3-4-7}$$

由于暗斑中心难以确定,故测量时选择离中心较远的两暗环直径 D_k 和 D_{k-m},(3-4-7)式变为

$$R = \frac{D_k^2 - D_{k-m}^2}{4m\lambda}, \tag{3-4-8}$$

式中 D_k,D_{k-m} 分别是第 k 级、第 $k-m$ 级暗环的直径.

显然,由(3-4-8)式可知,在测量中只要能正确数出所测各暗环的环数差 m 而无须确定各环究竟是第几级.而且由于直径的平方差等于弦的平方差,因此实验中可以不必严格地确定出环的中心.这样经过上述变换后利用(3-4-8)式测量计算可以消除由于中心和级次无法确定而引起的系统误差.

实验仪器

读数显微镜(JCD3型),牛顿环装置,钠光灯.

图3-4-2所示是本实验所用的JCD3型读数显微镜,由显微镜和读数装置组成,可直接用来观察和精密地测量物体的线度.测量时,将待测物置于工作台上镜筒半反镜下,调节目镜、物镜,使视场中能看到清晰无视差的像,转动测微鼓轮使镜筒平移,鼓轮每转动一周就平移1 mm,鼓轮周边被等分刻画了100小格,每转动1格镜筒平移0.01 mm,从目镜视场中观察使叉丝先后对准物像上两个位置,分别读出读数,两者之差就是被测物体上前后两个位置的距离.

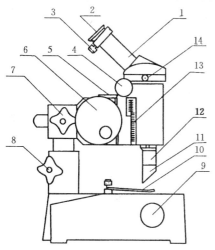

1— 目镜接筒;　　　8— 锁紧手轮Ⅱ;
2— 目镜;　　　　　9— 反光镜旋轮;
3— 锁紧螺钉;　　　10— 压片;
4— 调焦手轮;　　　11— 半反镜组;
5— 标尺;　　　　　12— 物镜组;
6— 测微鼓轮;　　　13— 刻尺;
7— 锁紧手轮Ⅰ;　　14— 锁紧螺钉

图 3-4-2　JCD3型读数显微镜

实验内容

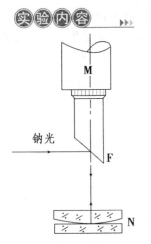

图 3-4-3　观测牛顿环装置

实验光路如图 3-4-3 所示,钠光灯发出波长 λ = 589.3 nm 的单色光射向显微镜半反镜 F,由 F 反射而接近垂直地入射到牛顿环装置 N 上,向上反射形成的干涉条纹利用读数显微镜 M 观察和测量.

1. 打开钠光灯电源,钠光灯需预热几分钟才会发出明亮的黄光. 摆正读数显微镜位置,并使半反镜 11 对准入射光,即看到读数显微镜视场中充满亮度均匀的黄光. 调整读数显微镜筒居标尺 5 中央附近.

2. 将牛顿环装置对着日光灯,用眼睛直接观察透镜,看清牛顿环位置,再将牛顿环装置放在读数显微镜平台上,使牛顿环中心位于物镜下方.

3. 调节读数显微镜:调节目镜 2,使分划板十字叉丝清晰;旋转调焦手轮 4,使镜筒从靠近牛顿环装置处缓慢上升,观察视场直到看到清晰的牛顿环,并使叉丝与环纹之间无视差.

4. 观察视场,若各待测环左右都清晰可见,即可开始进行测量. 转动显微镜测微鼓轮 6,从环中心向左(或向右)移动显微镜,同时数出经过叉丝的暗环数,直至第 45 环外侧,然后向右(或向左)移动镜筒,移动过程中记录下其中第 45 环到 40 环、第 25 环到 20 环的各环位置,将数据填入表 3-4-1 中. 继续向右(或向左)移动镜筒,记录环右边 20 环至 25 环、40 环至 45 环的各环位置并填入表中. 测量时应将叉丝交点对准暗环中央. 注意:为避免空程差,测量时,测微鼓轮中途不能反转.

数据处理

1. 本实验用逐差法处理数据.
2. 计算曲率半径 $\bar{R}$ 及其不确定度 $U(R)$.
提示:先计算 $(D_k^2 - D_{k-m}^2)$ 的平均值及不确定度,再计算 $\bar{R}$ 及 $U(R)$.
本实验中读数显微镜仪器误差限可取 $\Delta_仪 = 5 \times 10^{-3}$ mm.
3. 写出结果表示式 $R = \bar{R} \pm U(R)$.

表 3-4-1　测量数据表　　　　　　　　　　($m = 20$)

环数 k	45	44	43	42	41	40
环左边位置 /mm						
环右边位置 /mm						
直径 D_k/mm						
D_k^2/mm²						
环数 $k-m$	25	24	23	22	21	20
环左边位置 /mm						
环右边位置 /mm						
直径 D_{k-m}/mm						
D_{k-m}^2/mm²						
$(D_k^2 - D_{k-m}^2)$/mm²						

注意事项

1. 读数显微镜调焦时,应使镜筒由下至上调节,避免碰伤牛顿环.
2. 为避免由于读数显微镜螺旋空程而引入的隙动差,测量过程中测微鼓轮只能沿单向转动,不能回复.

预习思考题

1. 读数显微镜应如何调节?
2. 实验中为何用(3-4-8)式而不用(3-4-5)式计算 R?

讨论思考题

直径的平方差等于弦的平方差,因此实验中可以不必严格地确定出环的中心.试用数学方法证明直径的平方差等于弦的平方差.

拓展阅读

[1] 李平.牛顿环实验的三种数据处理方法[J].物理实验,1991,11(03):115-117.
[2] 宋桂兰.分析牛顿环实验中的误差[J].物理实验,1984,4(06):260-261.
[3] 王波.Excel 在误差计算及实验数据处理中的应用[J].大学物理实验,2003,16(01):69-71.

3.5 分光计的调节和应用

引言

分光计又称光学测角仪,是一种精确测定光线偏转角和分光的光学实验仪器.它常用来测量折射率、色散率、光波波长、光栅常数和观测光谱等.分光计是一种具有代表性的基本光学仪器,掌握好它的调整和使用方法,可为今后使用其他精密光学仪器打下良好基础.

3.5.1 分光计的调节

实验目的

了解分光计的结构和基本原理,学习调整和使用方法.

实验仪器

分光计主要由 5 个部分构成:底座、平行光管、自准直望远镜、载物台和读数装置.不同型号分光计的光学原理基本相同.JJY 型分光计如图 3-5-1 所示.

1. 底座.

分光计底座中心固定有一中心轴,望远镜、度盘和游标盘套在中心轴上,可绕中心轴旋转.

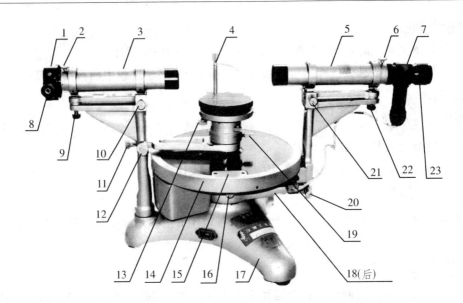

1—狭缝装置;2—狭缝装置锁紧螺钉;3—平行光管;4—元件夹;5—望远镜;6—目镜锁紧螺钉;7—阿贝式自准直目镜;8—狭缝宽度调节旋钮;9—平行光管光轴高低调节螺钉;10—平行光管光轴水平调节螺钉;11—游标盘止动螺钉;12—游标盘微调螺钉;13—载物台调平螺钉(3只);14—度盘;15—游标盘;16—度盘止动螺钉;17—底座;18—望远镜止动螺钉;19—载物台止动螺钉;20—望远镜微调螺钉;21—望远镜光轴水平调节螺钉;22—望远镜光轴高低调节螺钉;23—目镜视度调节手轮

图 3-5-1 JJY 型分光计

2. 平行光管.

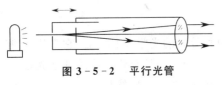

图 3-5-2 平行光管

平行光管安装在固定立柱上,它的作用是产生平行光.平行光管由狭缝和透镜组成,如图 3-5-2 所示.狭缝宽度可调(范围 0.02～2 mm),透镜与狭缝的间距可以通过伸缩狭缝筒进行调节.当狭缝位于透镜焦平面上时,经狭缝由透镜出射的光为平行光.

3. 自准直望远镜.

阿贝式自准直望远镜安装在支臂上,支臂与转座固定在一起并套装在度盘上.它用来观察和确定光线行进方向.自准直望远镜由物镜、目镜、分划板等组成,如图 3-5-3 所示,三者间距可调.其中,分划板上刻有"十"形叉丝;分划板下方与一块 45°全反射小棱镜的直角面相贴,直角面上刻有"十"形透光的窗口,当小电珠的光从管侧经另一直角面入射到棱镜上时,即照亮"十"字窗口.转动目镜调节手轮 23,使目镜视场中出现清晰的"十"形叉丝.将平面镜紧贴物镜,然后前后移动目镜套筒,使分划板位于物镜焦平面上,那么从棱镜"十"字口发出的绿光经物镜后成为平行光射向前方平面镜,其反射光又经物镜成像于分划板上.这时,从目镜中可同时看到清晰的"十"形叉丝和绿色"十"字像,并且两者无视差.此时望远镜已调焦至无穷远,适合观察平行光了.如果平面镜的法线与望远镜光轴方向一致,则绿色"十"字像位于分划板"十"形叉丝上方的十字丝上(如图 3-5-3 中的目镜视场).

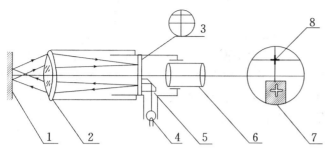

图 3-5-3　阿贝式自准直望远镜的构造

1—平面镜；　　2—物镜；
3—分划板；　　4—小电珠；
5—小棱镜；　　6—目镜；
7—目镜视场；　8—绿十字反射像

4. 载物台.

载物台套装在游标盘上，可以绕中心轴转动，它用来放置光学元件．载物台的高低、水平状态可调．

5. 读数装置.

读数装置由度盘和游标盘组成．度盘圆周被分为 720 份，分度值为 $30'$，$30'$ 以下需用游标来读数．游标盘采用相隔 $180°$ 的双窗口读数；游标上的 30 格与度盘上的 29 格角度相等，故游标的最小分度值为 $1'$，图 3-5-4 所示的位置应读作 $113°45'$.

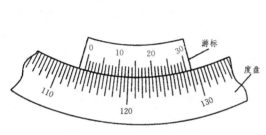

图 3-5-4　角游标的读法

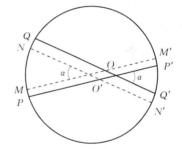

图 3-5-5　偏心差图示

采用双游标读数，是为了消除度盘中心与仪器中心轴不重合而引起的偏心差．测量时记录两个窗口读数然后取平均值即可．如图 3-5-5 所示，当度盘中心 O' 与分光计中心轴 O 不重合时，转过角度 α 所对应游标数 $\overparen{P'Q'}$ 和 $\overparen{PQ}$ 均不等于 OO' 重合时转过 α 角所对应正确读数 $\overparen{M'N'}$ 和 $\overparen{MN}$ ($\overparen{M'N'} = \overparen{MN}$)，但根据平面几何知识很容易证明 $\frac{1}{2}(\overparen{P'Q'} + \overparen{PQ}) = \overparen{M'N'} = \overparen{MN}$，故采用双游标可使偏心差得以消除．

实验内容

在进行分光计的调节前，首先应明确对分光计的调节要求：① 望远镜适合观察平行光，或称望远镜聚焦于无穷远；② 平行光管能发射平行光；③ 望远镜和平行光管的光轴均与分光计中心轴垂直；④ 载物台法线与分光计中心轴平行．然后对照仪器熟悉结构和各调节螺钉的作用．

一、目测粗调

用眼睛直接观察，调节望远镜和平行光管的光轴高低调节螺钉（22 和 9），使两者的光轴尽量呈水平状态；调节载物台下 3 只调平螺钉 13，使载物台呈水平状态．粗调完成得好，可以减少后面细调的盲目性，使实验顺利进行．

二、细调

1. 调节望远镜适合观察平行光.

(1) 目镜的调焦. 接通望远镜灯源,旋转目镜视度调节手轮 23,使视场中分划板"十"形叉丝和十字光标清晰(即叉丝位于目镜焦平面上). 将平面镜按图 3-5-6 所示位置放在载物台上,这样,若要调节平面镜的俯仰,只需调节 a_2 或 a_3 螺钉即可,而与 a_1 螺钉无关. 缓慢转动载物台,从望远镜中可见经平面镜反射的"十"字像(或光斑),若找不到说明粗调未调好,需重新判断并调整载物台和望远镜的水平,直至视场中能看到"十"字像(或光斑).

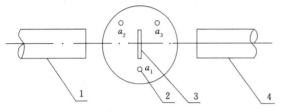

1— 平行光管;
2— 载物台调平螺钉;
3— 平面镜;
4— 望远镜

图 3-5-6 平面镜在载物台上的位置

(2) 望远镜的调焦. 将平面镜紧贴物镜,然后松开目镜锁紧螺钉 6,前后移动目镜筒,可从望远镜中看到变得清晰的绿"十"字像,当"十"字像清晰且与分划板叉丝无视差时,望远镜已调焦至无穷远,适合观察平行光了. 调好后锁紧目镜锁紧螺钉.

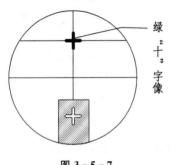

图 3-5-7

2. 调节望远镜光轴垂直于分光计中心轴.

接通望远镜灯源,从前面分光计调节原理知道,当望远镜光轴垂直于平面镜时,绿"十"字像应在分划板上方十字丝位置,如图 3-5-7 所示,如果转动载物台 180°(平面镜随之旋转)后,经平面镜另一面反射的绿"十"字像也出现在上方十字丝位置,说明平面镜和分光计中心轴平行,因而望远镜光轴垂直于分光计中心轴.

调节时,首先要求从望远镜中能观察到载物台旋转 180°前后经平面镜两面反射的绿"十"字像,然后采用渐进法调节使绿"十"字像均重合在分划板上方十字丝位置:

(1) 转动载物台 180°,观察视场中有无经平面镜另一面反射的绿"十"字像,若没有需适当调节载物台和望远镜的水平,直至任意转动载物台 180°均能在望远镜中看到经平面镜两面反射的绿"十"字像.

要从望远镜中看到反射"十"字像,应使反射光线进入望远镜. 可转动载物台,使望远镜光轴与平面镜法线成一小角度,眼睛在望远镜外侧观察平面镜,找到反射的"十"字像,再调节载物台和望远镜水平,使望远镜能接收到反射光束,从目镜视场中看到"十"字像.

(2) 采用渐近法将"十"字像调到分划板上十字丝位置:先调载物台调平螺钉(a_2 或 a_3)使绿"十"字像到分划板上横丝距离减少一半;再调望远镜光轴高低调节螺钉使绿"十"字像与分划板上横丝重合,然后转动载物台 180°,重复上面调节步骤,反复几次即可将"十"字像调到上横丝上,细微转动载物台使"十"字像与上方十字丝完全重合. 此后望远镜光轴高低调节螺钉不可再动.

3. 调节载物平台法线与分光计中心轴平行.

将载物台按图 3-5-6 所示逆时针旋转 90°,再将平面镜相对载物台转动 90°. 调平台调平螺钉 a_1 使平面镜反射的绿"十"字像与分划板上方十字丝重合. 然后将载物台旋转 180°,重复以上调节.注意,不能调载物台 a_2,a_3 螺钉,也不能调望远镜俯仰角螺钉.

4. 调节平行光管能发出平行光.

打开钠光灯照亮平行光管狭缝.用已调好的望远镜对准平行光管观察,松开狭缝装置锁紧螺钉 2,前后移动狭缝套筒,使望远镜中看到清晰的狭缝像,并且与叉丝无视差,此时平行光管发出平行光.

5. 调节平行光管光轴垂直于分光计中心轴.

松开狭缝装置锁紧螺钉 2,转动狭缝成水平状态,调节平行光管光轴高低调节螺钉 9,使望远镜中看到狭缝像被分划板中央横丝上下平分,如图 3-5-8 所示,再转动狭缝 90°成竖直状态,狭缝被中央横丝上下平分,然后锁紧狭缝装置锁紧螺钉 2. 此时,平行光管光轴与分光计中心轴垂直.在调节过程中应始终保持狭缝像清晰.

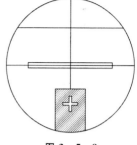

图 3-5-8

3.5.2 光栅常数的测定

衍射光栅是由大量平行、等宽、等距的狭缝(或刻痕)构成,常分为透射光栅和反射光栅,是一种精密的分光元件.

◎实验目的 ▶▶▶

1. 观察光栅衍射现象,理解光栅衍射基本规律.
2. 学会用分光计测光栅常数.

◎实验原理 ▶▶▶

设透射光栅的缝宽为 a,不透光部分宽度为 b,$a+b=d$ 称为光栅常数.当单色平行光垂直入射到衍射光栅上,通过每个缝的光都将发生衍射,不同缝的光彼此干涉,当衍射角满足光栅方程

$$d\sin\varphi = k\lambda, \quad k=0,\pm 1,\pm 2,\cdots \quad (3-5-1)$$

时,光波加强,产生主极大.若在光栅后加一会聚透镜,则在其焦平面上形成分隔开的对称分布的细锐明条纹,如图 3-5-9 所示.

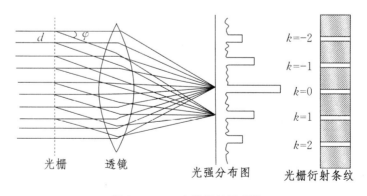

图 3-5-9 光栅衍射原理图

在(3-5-1)式中,λ 为单色光波长,k 是明条纹级数.如果光源是包含不同波长光波的复色光,经光栅衍射后,对不同波长的光,除零级外,由于同一级主极大有不同的衍射角 φ,因此在零级主极大两边出现对称分布、按波长次序排列的谱线,称为光栅光谱.

根据光栅方程,若以已知波长的单色平行光垂直入射,只要测出对应级次条纹的衍射角

φ,即可求出光栅常数 d. 同样,若 d 已知,即可求得入射光波长 λ.

实验仪器

分光计(JJY 型),平面镜,衍射光栅,光源(钠光灯).

实验内容

1. 按分光计的调节要求调节好分光计.
2. 将衍射光栅放在载物台上(按图 3-5-6 中平面镜位置).
3. 调节光栅平面与望远镜光轴垂直. 打开望远镜灯源,仔细观察被光栅平面反射的"十"字像. 旋转载物台让十字反射像与零级条纹都与十字叉丝中垂线重合,转动载物台并调节载物台调平螺钉 a_2 或 a_3,使"十"字像与分划板上方十字丝重合. 注意:望远镜光轴已调好不能再动. 然后旋转载物台 180° 后,仍然重合.
4. 调节光栅的刻痕线平行于分光计中心轴. 转动望远镜,观察衍射条纹,仔细调节载物台调平螺钉 a_1,使视场中见到的各级亮纹等高.
5. 测量衍射角 φ_k (本实验中测量左右 k 级条纹的夹角 $2\varphi_k$),固定游标盘和载物台,推动支臂使望远镜和度盘一起转动,将望远镜分划板竖直线移至左边第三级条纹外,然后向右推动支臂使分划板竖直线靠近第三级明纹的左边缘(或右边缘),利用望远镜微调螺钉(20)使条纹边缘与分划板竖线严格对准,记录此时游标盘左、右窗读数 α_3 和 β_3,继续向右移动望远镜依次记录左边第二级、第一级明纹读数 α_k 和 β_k 以及右边一、二、三级明纹读数 α'_k 和 β'_k,各级条纹都在对准左边缘(或右边缘)时读数.
6. 重复步骤 5,逐次测量各级条纹位置共 6 次,所有数据记录于表 3-5-1 中.

表 3-5-1 数据记录表 $\lambda = 589.3$ nm

级数 k	次数 n	左边条纹		右边条纹		衍射角		光栅常数 $\overline{d}_k$/nm
		α_k(左窗)	β_k(右窗)	α'_k(左窗)	β'_k(右窗)	φ_k	$\overline{\varphi}_k$	
1	1							
	2							
	3							
	4							
	5							
	6							
2	1							
	2							
	3							
	4							
	5							
	6							
3	1							
	2							
	3							
	4							
	5							
	6							

数据处理

1. 计算第 k 级衍射角 φ_k：$\varphi_k = \frac{1}{4}[(\alpha_k + \beta_k) - (\alpha_k' + \beta_k')]$.

2. 按(3-5-1)式计算：$\overline{d}_k = \dfrac{k\lambda}{\sin\overline{\varphi}_k}$，$\overline{d} = \dfrac{\sum\limits_{k=1}^{3}\overline{d}_k}{3}$.

3. 计算不确定度：简化处理，以 $k=1$ 时的 $u(d_1)$ 近似表示.

$$\Delta_{\text{仪}} = 1' = 2.908 \times 10^{-4} \text{ rad}, \quad u(d_1) = \frac{\cos\overline{\varphi}_1}{\sin^2\overline{\varphi}_1}\lambda u(\varphi_1).$$

4. 写出结果表达式：$d = \overline{d} \pm U(d_1)$.

注意事项

1. 分光计是较精密的光学仪器，应按照要求进行调整和使用，以免损坏仪器.
2. 取光学元件(平面镜、光栅)时要轻拿轻放，严防失手摔碎，勿用手触摸光学表面.

预习思考题

1. 分光计的调节要求有哪些？
2. 调节望远镜适合观察平行光即达到调焦至无穷远时，目镜视场中看到的绿"十"字像和分划板叉丝应满足什么要求？如何调节？
3. 望远镜光轴与分光计中心轴不垂直时，应如何调节？

讨论思考题

用(3-5-1)式测光栅常数 d 的条件是什么？

3.5.3 三棱镜顶角与折射率的测量

实验目的

1. 熟悉分光计的调整与使用方法.
2. 掌握三棱镜顶角的测量方法.
3. 学习用最小偏向角测折射率的原理和技能.

实验原理

1. 三棱镜顶角的测量.

分光计是用来准确测量光线偏转角度的仪器，利用自准直望远镜可测出垂直于顶角两侧面的两条光线的夹角，从而确定顶角；也可采用平行光管发出的平行光对着顶角入射，用望远镜测出两反射光方向来测定顶角.

2. 用最小偏向角测定三棱镜折射率.

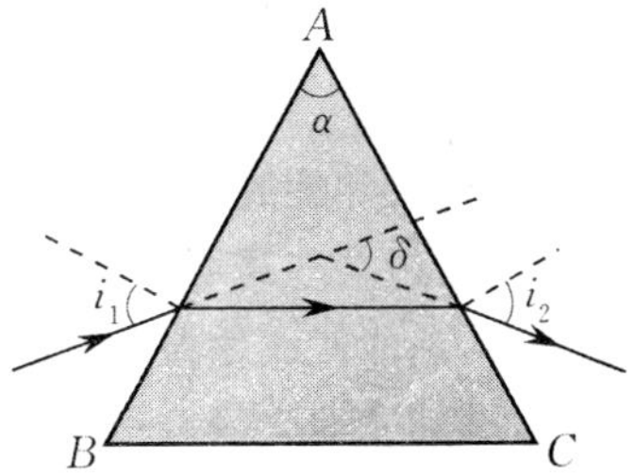

如图 3-5-10 所示，α 是三棱镜顶角，δ 是入射光与出射光线的夹角，称为偏向角. 偏向角 δ 的大小与入射角 i_1 有关，改变入射角 i_1，δ 可出现极小值 $\delta_{\min} = \delta_0$，δ_0 称为最小偏向角. 此时，$i_1 = i_2 = \dfrac{\delta_0 + \alpha}{2}$，由折射定律，三棱镜的折射率 n 为

图 3-5-10　单色光经三棱镜折射

$$n = \frac{\sin\dfrac{\delta_0 + \alpha}{2}}{\sin\dfrac{\alpha}{2}}.\qquad(3-5-2)$$

实验仪器 ▶▶▶

分光计,平面镜,钠光灯,三棱镜.

实验要求 ▶▶▶

1. 确定一种测顶角的方法,写出测量原理与顶角的计算公式,画出光路图.
2. 说明确定最小偏向角的实验方法.
3. 拟定实验步骤.
4. 复习分光计调整方法.

拓展阅读 ▶▶▶

[1] 丁慎训,张孔时.物理实验教程[M].北京:清华大学出版社,1992.

[2] 蒋卫健,方本民.分光计实验中光栅位置倾斜对测量谱线波长的影响[J].大学物理,2011,30(3):34-37.

[3] 张艳亮,周明东.用分光计研究三棱镜的色分辨本领[J].物理实验,2007,27(9):36-37.

3.6 旋光现象及应用

引言 ▶▶▶

旋光效应是指一束线偏振光在介质中传播时振动面发生旋转的现象,它由法国物理学家阿喇果(Arago)于1811年发现,当时的传播介质为石英晶体.1815年,法国物理学家毕奥(Biot)在酒石酸中也发现相同的现象.旋光仪是测定物质旋光度的仪器,通过对样品旋光度的测定,可以分析和检测样品的浓度、含量和纯度等.物质的旋光测定已广泛应用于制糖、制药、食品、香料、化工、石油等领域的工业生产及科研、教学部门.

实验目的 ▶▶▶

1. 观察了解线偏振光通过旋光物质的旋光现象.
2. 了解旋光仪的结构、工作原理及其使用方法.
3. 学会用旋光仪测糖溶液的旋光率和浓度.

实验原理 ▶▶▶

1. 旋光现象和旋光性物质.

偏振光通过某些透明物质时,其振动面以光的传播方向为轴线而旋转一定角度的现象称为旋光现象.凡能使线偏振光通过后振动面旋转一定角度的物质称为旋光性物质.有些晶体,例如石英,沿其光轴方向会产生旋光现象.这种旋光性决定于晶体的结晶构造,所以在晶形消失后(如石英熔融后),旋光性也就消失了.许多有机化合物,如石油、葡萄糖、蔗糖等,由于其分子结构中所含的不对称碳原子,也具有旋光性,这些有机化合物的各种物态都存在旋光性,其溶液很容易观察到旋光现象.

按偏振光通过旋光性物质时其振动面旋转方向的不同,可以将旋光性物质分为两类:观察者迎着光线观察,若振动面逆时针方向旋转,则其旋光性为左旋,相应物质称为左旋物质;若偏振光的振动面顺时针方向旋转,则其旋光性为右旋,该类旋光性物质被称为右旋物质.

2. 旋光度、旋光率.

实验证明,入射偏振光的振动面旋转的角度与该光的波长有关,还与旋光物质的性质和厚度有关.所旋转的角度称为旋光度,其大小可用下式表示:

$$\varphi = \alpha d, \quad (3-6-1)$$

式中 d 为物质的厚度;α 称为旋光率,与物质的性质及入射光波长有关.

对于旋光性溶液,如蔗糖、葡萄糖、松节油等有机化合物的溶液,旋光度 φ(单位为度)可由下式表示:

$$\varphi = \alpha C L, \quad (3-6-2)$$

式中 C 为溶液的浓度,单位为 g/cm³;L 为溶液的长度,单位为 dm;α 为该溶液的旋光率,单位为 (°)cm³/(dm·g).

旋光率在数值上等于偏振光通过单位长度(1 dm)单位浓度(1 g/cm³)的溶液后引起振动面旋转的角度.

实验表明,同一旋光物质对不同波长的光有不同旋光率;在一定温度下,物质的旋光率与入射光波长 λ 的平方成反比:$\alpha \propto 1/\lambda^2$.由此式可看出,旋光率随波长的减小而迅速增大.例如,红光、钠黄光、紫光通过 1 mm 厚的石英片时,其振动面被旋转的角度分别为 15.0°,21.7°,51.0°.这种旋光度随波长而变化的现象称旋光色散.由于存在旋光色散,通常统一采用钠黄光 ($\lambda = 589.3$ nm) 来测定旋光率.

3. 旋光度的测量.

偏振光通过旋光性溶液后振动面被旋转的角度 φ(旋光度)可按如下原理测量.

如图 3-6-1 所示,由单色光源发出的光经起偏器起偏后成为线偏振光,当把起偏器和检偏器的偏振化方向调到正交时,经过起偏器后的线偏振光不能通过检偏器,这时在检偏器后观察到的视场最暗.若在正交的起、检偏器之间置入待测溶液的测试管,使线偏振光的振动面发生旋转,按照马吕斯定律,将有部分光线通过检偏器而使视场变亮.再转动检偏器,可使视场重新变暗.此时检偏器转过的角度就是单色偏振光的振动面通过旋光性溶液时被旋转的角度.

因为人眼难以精确判断视场明暗的微小变化,故精确的测量多采用半荫法.该方法不需判断视场是否最暗,只需比较视场中两相邻区域的亮度是否相等,而人眼的后一种能力比前一种能力强得多,因此测量的精度大为提高.

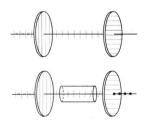

图 3-6-1　测旋光度原理图

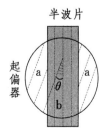

图 3-6-2　半波片的安装方式

专门用来测旋光度的仪器——旋光仪,就是采用半荫结构.其主要特点是在起偏器后加了一块特制的双折射晶片——半波片.此半波片与起偏器的一部分在视场中是重叠的,将视场分为三个区域,称作三分视场,如图 3-6-2 所示.在半波片旁装有玻璃片,以补偿半波片产生的光强变化,使通过 a,b 区域射到检偏器的光亮度相同.这样由单色光源发出的光经起偏器后成为线偏振光.其中一部分光通过玻璃(a 区域)后到达检偏器,振动方向不变,设此振动方向为 OA.另一部分光要通过半波片(b 区域)后才能到达检偏器,这部分线偏振光在通过半波片后振动方向被旋转了一个角度,设其振动方向为 OA'.当半波片的光轴与起偏器偏振化方向夹角为 θ 时(θ 通常仅几度),该旋转角度为 2θ,即 OA 和 OA' 的夹角为 2θ.从检偏器后的目镜中观察,两部分视场通常有明暗区别.旋转检偏器,使其偏振化方向 NN' 改变,视场中 a,b 区域的明暗随之交替改变.有 4 种典型的情况如图 3-6-3 所示,图中画了 a,b 区域偏振光经过检偏器后其 NN' 方向的分量相应变化的情况.图中 A_N,A_N' 表示 OA,OA' 在 NN' 方向的分量,其大小可反映检偏器后的视场中 a,b 区域的明暗程度.

(1) $A_N > A_N'$,在检偏器后的视场中,半波片所在的 b 区域为暗区,而 a 区为亮区.当 $NN' \perp OA'$ 时,b 区最暗,a,b 区域的明暗反差较大.

(2) $A_N = A_N' = OA \sin\theta$,此时视场中,a,b 两区域的亮度相同,区域的边界线消失,使整个视场明暗一致,并且较暗,该视场称为零度视场.

(3) $A_N < A_N'$,视场中半波片所在的 b 区为亮区,而 a 区为暗区.当 $NN' \perp OA$ 时,a 区最暗,b,a 两区的明暗反差最大.

(4) $A_N = A_N' = OA \cos\theta$,即 $NN' \perp AA'$,视场中 a,b 区域的亮度相等,a,b 区域的边界线消失,整个视场较亮.

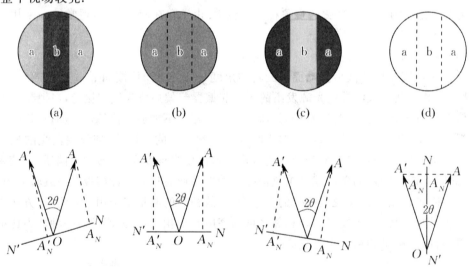

图 3-6-3 转动检偏器时,目镜中视场的明暗变化图

相对来说,人们对于弱光视场亮度的变化比较敏感.图 3-6-3(b) 所示的位置,视场亮度较弱,人眼的鉴别力强,在此位置上,只要 NN' 稍有偏转,人们感觉两区域之一明显变亮,而另一区域明显变暗.因此,通常选图 3-6-3(b) 所示的视场作为标准进行调节.将调准后的 NN' 所指的角位置记下,之后,将装有旋光性溶液的试管放进旋光仪中,由起偏器、半波片方向射过来的两束偏振光都通过试管.那么它们的振动面会被旋光性溶液旋转相同的角度 φ,并保持两振动面的夹角 2θ 不变,此时转动检偏器,使视场仍回到 3-6-3(b) 所示的状态,则检偏器转过的角度即为被测溶液的旋光度 φ.

实际工作中常常通过测旋光性溶液的旋光度来确定该溶液的浓度 C. 由(3-6-2)式可知，若已知溶液的旋光率 α 和试管长度 L，测出旋光度 φ 后，确定浓度 C 是很容易的.

实验仪器

旋光仪 1 台，长度相同的糖溶液测量管 5 支(其中 4 支分别装有已知浓度的糖溶液，1 支装有未知浓度的糖溶液).

旋光仪的光学系统如图 3-6-4 所示，半波片 4 将视场分为三分视场.

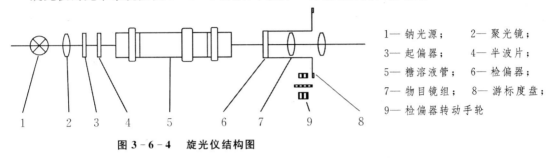

1— 钠光源； 2— 聚光镜；
3— 起偏器； 4— 半波片；
5— 糖溶液管； 6— 检偏器；
7— 物目镜组； 8— 游标度盘；
9— 检偏器转动手轮

图 3-6-4 旋光仪结构图

实验内容

首先，测出 4 种浓度为 C_i 的糖溶液旋光度 φ_i，再测出未知浓度的糖溶液旋光度 φ_x. 利用 4 组 C_i，φ_i 值和零点位置，在坐标纸上作一直线，并在直线上取两点计算出直线的斜率. 由 (3-6-2) 式可知，在坐标系中作出的 $\varphi-C$ 直线斜率为 αL，由此可确定物质的旋光率(注意使用的单位).

在直线上找出与 φ_x 对应的 C_x，此值即为本实验要求测的糖溶液的浓度.

实验步骤如下：

1. 接通电源开关，约 5 min 后钠光灯发光正常，就可以开始工作.

2. 调节旋光仪的目镜，使视场中 a，b 区域及分界线十分清晰. 转动检偏器，观察并熟悉视场明暗变化的规律.

3. 熟悉角游标尺的读数方法，记录最大的仪器误差.

4. 检查仪器零位是否准确，即在仪器未放试管时，将旋光仪调到图 3-6-3(b) 所示的状态，看到视场两部分亮度均匀时，记下刻度盘上左右两游标窗口上的相应读数，作为零位读数.

5. 将盛满已知浓度(共 4 种)或未知浓度(一种)糖溶液的试管依次放入仪器内.

(1) 重调目镜使 a，b 区域及分界线清晰；

(2) 再旋转检偏器找到零度视场，即图 3-6-3(b) 所示视场，从左右窗口记下相应的角度.

6. 由偏振光被旋转的方向确定物质的旋光性(左旋还是右旋).

7. 利用已知的 C_i 和测出的 φ_i 作图，确定糖溶液的旋光率.

8. 从所作的图线上查找出待测糖溶液的浓度.

数据处理

溶质：葡萄糖(α-D-Glucose) 分子式：$C_6H_{12}O_6 \cdot H_2O$

试管长度 $L =$ _____ dm，波长 $=$ _____ nm，室温 $t =$ _____ ℃

偏振光被旋转的方向_____.

表 3-6-1 数据记录表

序号 \ C_i/(g/cm³) \ φ	零位读数 φ_0		φ_1		φ_2		φ_3		φ_4		φ_x	
	左	右	左	右	左	右	左	右	左	右	左	右
1												
2												
3												
4												
$\bar{\varphi}_i$												
旋光度 $\varphi_i = \bar{\varphi}_i - \bar{\varphi}_0$												

1. 利用已知的 C_i 和测出的 φ_i,以 C_i 为横坐标,用坐标纸作出 φ_i-C_i 曲线.
2. 在直线上取两点,计算其斜率,并由此得到糖溶液的旋光率 α(不必估计误差):
$$\alpha = _____ (°)\text{cm}^3/(\text{dm}\cdot\text{g}).$$
3. 由偏振光被旋转的方向确定被测溶液的旋光性为_____旋.
4. 由图上查出被测溶液的浓度 $C_x = $ _____(不必估计误差).

注意事项

1. 如果试管中已有气泡,应使气泡处于试管凸起处.
2. 试管两端透明窗应擦净才可装入旋光仪.
3. 操作中注意将试管放妥,避免将其摔碎.
4. 仪器电源不要反复连续地开关,若钠光灯熄灭,需停几分钟后再开.

预习思考题

1. 旋光仪的结构有什么特点?图 3-6-3 中 OA,OA',NN',A_N,A'_N 各代表什么?
2. 测量旋光仪的零点位置时,通常选图 3-6-3 中哪个图所对应的位置?为什么?
3. 作图法处理数据有何优点?有哪些基本要求?

讨论思考题

放置糖溶液试管前后,通过旋光仪目镜所观察到视场为什么在清晰程度上有差别?能否调清晰?

拓展训练

1. 测定蔗糖水解反应的速率常数.
2. 小麦种子中蛋白质淀粉含量测定.

3.7 模拟静电场

引言

静电场的分布取决于电荷的分布．了解带电体周围静电场的分布在科学研究和工程技术中有着重要的作用．例如，对示波器、显像管、离子加速器等真空物理装置，中心问题是要设计和制造出比较满意的电极系统，使它产生和形成的电场便于电子（离子）束的加速、聚焦、偏转．设计、制造电极系统的工作，必须在对电极系统和它产生的电场的分布进行充分研究的基础上．

电场可以用电场强度 E 和电位 U 的空间分布来描述，由于标量在计算和测量上比矢量简单得多，常用电位的分布来描绘静电场．由于静电场中没有电荷的移动，直接对静电场进行测量是十分困难的．除静电式仪表之外的大多数仪表，如有电流才有指示的磁电式仪表，均不能用于静电场的直接测量．而静电式仪表的探针在静电场中会产生感生电荷，使原电场产生畸变．为克服静电场直接测量中的问题，通常采用稳恒电流场模拟静电场的方法，即测量出与静电场对应的稳恒电流场的电位分布，从而确定静电场的电位分布．

实验目的

1．掌握模拟法的概念，学习用模拟法描绘静电场的方法．
2．通过对静电场分布的研究，加强对电场强度和电位的了解．

实验原理

1．稳恒电流场模拟静电场的理论根据．

本实验采用均匀导电介质中的稳恒电流场来模拟真空中的静电场，因为它们具有相似性．这两种场可以分别用两组对应的物理量来描述，这两组物理量遵循数学形式上相同的物理规律（参阅表 3-7-1）．例如，这两种场中都有电位的概念，都遵守高斯定律和拉普拉斯方程等，它们在边界面上也满足相同类型的边界条件．当稳恒电流场中的电极与静电场中的导体有相同的形状和位置，并且有相同的电位差时，如图 3-7-1 所示，则在导电介质中 P' 点的电势 U' 将和对应静电场 P 点位置的电势 U 相同，反过来如果测量出稳恒电流场中 P' 点的电势为 U'，则相应静电场中 P 点的电势 U 将和 U' 相同，即两者有相同的电位分布．由于稳恒电流场的直流电位用伏特表很容易测出，我们可以通过测量稳恒电流场的电位来求出所模拟的静电场的电位分布．

表 3-7-1　静电场与稳恒电流场的对比

静电场 E	稳恒电流场 E'
电位 U	电位 U'
静电场强度与电势关系 $E = -\dfrac{\partial U}{\partial n}\boldsymbol{n}$	稳恒电流场强度与电势关系 $E' = -\dfrac{\partial U'}{\partial n}\boldsymbol{n}$
电位移矢量 $\boldsymbol{D} = \dfrac{\mathrm{d}q}{\mathrm{d}S_\perp}\boldsymbol{n} = \varepsilon \boldsymbol{E}$	电流密度矢量 $\boldsymbol{J} = \dfrac{\mathrm{d}I}{\mathrm{d}S_\perp}\boldsymbol{n} = \sigma \boldsymbol{E}'$

续表

（无荷区）$\dfrac{\partial^2 U}{\partial x^2}+\dfrac{\partial^2 U}{\partial y^2}+\dfrac{\partial^2 U}{\partial z^2}=0$ $\oiint \varepsilon \boldsymbol{E}\cdot\mathrm{d}\boldsymbol{S}=0$ $\oint \boldsymbol{E}\cdot\mathrm{d}\boldsymbol{l}=0$	（无源区）$\dfrac{\partial^2 U'}{\partial x^2}+\dfrac{\partial^2 U'}{\partial y^2}+\dfrac{\partial^2 U'}{\partial z^2}=0$ $\oiint \sigma \boldsymbol{E}'\cdot\mathrm{d}\boldsymbol{S}=0$ $\oint \boldsymbol{E}'\cdot\mathrm{d}\boldsymbol{l}=0$

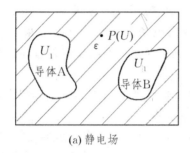
(a) 静电场

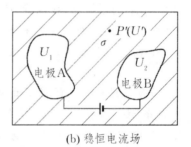
(b) 稳恒电流场

图 3-7-1　静电场与稳恒电流场的比较

2．模拟场要满足的条件．

为了增强电流场的电位分布与所模拟的静电场的相似性，应注意保证以下实验条件：

（1）模拟真空或空气中的静电场分布，要选用电阻均匀且各向同性的导电材料作为电流场的导电介质（如自来水或导电纸，现用微晶导电层）．

（2）制作电极的金属材料的电导率必须比导电介质的电导率大得多，以致可以忽略金属电极上的电位降落，保证电流场中的电极尽量接近等位体．

（3）电源电压必须稳定，使电极电位稳定．

（4）电极形状可以利用场的对称性加以简化，例如对于具有轴对称性的电场，只要测量其中任何一个垂直于轴的截面的径向电位分布就行了．

3．实例说明．

（1）用嵌于微晶导电层中的金属电极模拟无限长同轴圆柱形电缆的静电场．

现以同轴电缆电极（无限长同轴圆柱形电极）为例，来研究这两种场的电位分布规律及相似性．

在同轴电缆的静电场中，等位面是圆柱面，现截取其垂直于轴的任一截面，电极截面如图 3-7-2 所示，等位线是一些围绕中心轴的圆．由高斯定理可知，某点电场强度 E_r 与该点距轴心距离 r 成反比，即

$$E_r = -\frac{\mathrm{d}U_r}{\mathrm{d}r} = -\frac{c}{r},$$

积分后可得 $U_r = c\ln r + c'$．

若电缆芯半径为 a，圆环内半径为 b，其边界条件为：$r=a, U_a=U_0$；$r=b, U_b=0$，可解得

$$c=\frac{U_0}{\ln a - \ln b},\quad c'=\frac{\ln b}{\ln b - \ln a}U_0,$$

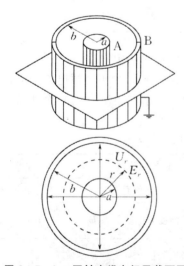

图 3-7-2　同轴电缆电极及截面图

所以

$$U_r = U_0 \frac{\ln r - \ln b}{\ln a - \ln b} = U_0 \frac{\ln \frac{b}{r}}{\ln \frac{b}{a}}, \quad (3-7-1)$$

$$E_r = -\frac{dU_r}{dr} = \frac{U_0}{\ln \frac{b}{a}} \cdot \frac{1}{r}. \quad (3-7-2)$$

用嵌于微晶导电层中的金属电极模拟以上静电场,其截面及模拟电极仍如图 3-7-2 所示,电极 A 和 B 之间布满不良导体(导电微晶). A,B 分别与电源的正负极相连,可形成由 A 至 B 的径向电流,建立一个稳恒电流场. 设不良导体(微晶导电层)厚度为 δ,电阻率为 ρ,则从半径为 r 的圆周到半径为 $(r+dr)$ 的圆周之间的径向电阻为

$$dR_r = \rho \frac{dr}{S} = \frac{\rho}{2\pi r \delta} dr = \frac{\rho}{2\pi \delta} \frac{dr}{r},$$

经积分可得,半径 $r \to b$ 间的径向电阻为

$$R_{rb} = \frac{\rho}{2\pi\delta} \int_r^b \frac{dr}{r} = \frac{\rho}{2\pi\delta} \ln \frac{b}{r}.$$

两电极 $a \to b$ 之间的径向电阻为

$$R_{ab} = \frac{\rho}{2\pi\delta} \ln \frac{b}{a}.$$

当两电极间施加恒定电压时,电流场的流线是径向直线,根据电流的连续性可知,同半径的任一圆环上,各点电流强度相等. 此时的边界条件为 $U_a = U_0, U_b = 0$,则

$$I = \frac{U_a - U_b}{R_{ab}} = \frac{U_0}{R_{ab}} = U_0 \frac{2\pi\delta}{\rho \ln \frac{b}{a}},$$

$$U_r = IR_{rb} = U_0 \frac{\ln \frac{b}{r}}{\ln \frac{b}{a}}, \quad (3-7-3)$$

$$E'_r = -\frac{dU_r}{dr} = \frac{U_0}{\ln \frac{b}{a}} \cdot \frac{1}{r}. \quad (3-7-4)$$

比较 (3-7-1),(3-7-2) 与 (3-7-3),(3-7-4) 式,可见同轴电缆的稳恒电流场 E' 与静电场 E 具有等效性,可以用其稳恒电流场来模拟静电场.

由 (3-7-3) 式,可得

$$r = b \left(\frac{a}{b}\right)^{\frac{U_r}{U_0}}. \quad (3-7-5)$$

本次实验将验证 (3-7-5) 式.

(2) 用电流场模拟聚焦电场.

能使电子束聚焦于一点的静电场装置,在电子光学里称为静电透镜. 像光束通过凸透镜聚焦成一个亮点一样,静电透镜的作用是使电子束通过一个聚焦电场,改变运动轨迹,汇合于一点,从而在荧光屏上得到一个又亮又小的光点. 示波管和电子显微镜装置通常要用到它. 在设计时,常用电流场模拟聚焦电场,以获得最佳的电极结构参数.

电子枪内,常用聚焦电极 F_A 与加速电极 A_2 组成一个静电透镜(也称双圆筒透镜),如图 3-7-3 所示.下面简要分析它的作用原理.

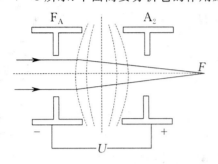

图 3-7-3　聚焦电场示意图

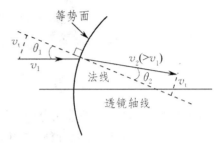

图 3-7-4　电子束在等势面折射

首先考虑电子在静电场中的折射,如图 3-7-4 所示,设电子在电场中通过某个等势面,当它离开这个等势面时,其速度从入射速度 v_1 变到 $v_2(v_2 > v_1)$.当电子通过等势面时,只有沿等势面的法线(电场线)方向的速度分量 v_n 会受到影响,而沿等势面切线方向的速度分量 v_t 不受影响,因此可以画出图示的速度三角形.由图可得,

$$v_t = v_1 \sin\theta_1 = v_2 \sin\theta_2,$$

或写成

$$\frac{v_1}{v_2} = \frac{\sin\theta_2}{\sin\theta_1}.$$

可见,当电子通过等势面时,减速电子将会偏离法线,而加速电子将会向法线靠拢.

若在图 3-7-3 所示的静电透镜中的 F_A 和 A_2 之间加上一个可调节的电势差 U,所加的电场使电子加速,因此在所示情形中,电子都被折向等势面的法线方向.静电透镜聚焦作用实际上包括第一个圆筒 F_A 内的等势面对电子束的会聚作用以及第二个圆筒 A_2 内的等势面对电子束的发散作用.因为加速电势 U 使电子的速度增加,电子在 A_2 发散场中经历的时间短,因此,发散作用小于会聚作用.这样,电子束就能聚焦于圆筒轴线上的某点 F.改变 F_A 和 A_2 之间的电势差 U,可以改变两圆筒内的等势面形状,从而改变焦点位置,即焦点 F 的位置是电势差 U 的函数.

实验仪器

GVZ-3 型静电场描绘仪(或 DZ-2 型静电场描迹仪,见附录).

静电场描绘仪装置如图 3-7-5 所示.

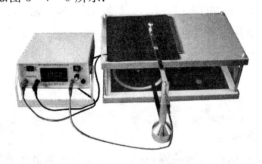

图 3-7-5　GVZ-3 型静电场描绘仪

描绘板由平行的下层底板和上层平台构成.模拟电极嵌入下层底板微晶导电层中,上层平台安放记录(坐标)纸.双臂探针的下臂探针用于探测电势,上臂探针用于描点,探针架平移

时,两探针的轨迹曲线相同.下臂的探针与电极间的微晶导电层接触,检测出触点处的电位值,并由电压表读出,轻按上臂的探针可以在记录纸上打出小孔,记录与之相应的位置.将电位值相同的一系列小孔连接起来就成为一条等位线.

实验内容

以下操作针对 GNZ-3 型静电场描绘仪(DZ-2 型静电场描迹仪器装置的操作见附录).

1. 描绘同轴电缆横截面上的电场分布图.

(1) 打开电源开关,校正输出电压为 10.00 V.

(2) 移动探针座,使下臂探针能自然落入中心电极"+"字螺钉坑中.

(3) 取一张大小适度的坐标纸放在上层载纸板上,纸的中心点位于上臂探针下,用磁条将纸压好.

(4) "校正-测量"开关选"测量",移动双臂探针,在坐标纸上扎出电势为 1.00 V,3.00 V,5.00 V,7.00 V(或 2.00 V,4.00 V,6.00 V,8.00 V)的若干个点,同一等势线上相邻两点的距离要求小于 1 cm,点数不少于 10 个,并且分布比较均匀.

2. 描绘聚焦电极横截面上的电场分布图.

操作方法与 1 相同.将两对电极间的电势差调到 6.00 V,依次描出 1.00 V,2.00 V,3.00 V,4.00 V,5.00 V 的等势线.

数据处理

1. 描绘同轴电缆横截面和聚焦电极横截面上的电场分布图.

(1) 在记录了等势点的记录纸上画出电极.

(2) 将记录的各等势点用虚线连成光滑的等势线,标出电势值.

(3) 根据电场线与等势线正交的关系,从正极出发,以适当的密度(疏密对应于场强的大小),用实线绘出电场线分布图,标出方向.

2. 同轴电缆电场电压实际分布与理论值比较.

(1) 由 $r = b\left(\dfrac{a}{b}\right)^{\frac{U_r}{U_0}}$ 计算出所描各等势线半径的理论值,记入表 3-7-2 中.

(2) 在各等势线上选取数条直径,根据直径平均值,算出各等势线的半径 $\bar{r}_实$,记入表 3-7-2 中.

(3) 将各等势线半径的实验值与理论值比较,计算相对误差.

表 3-7-2 各等势线半径的实验值与理论值比较

GVZ-3 型	$U_0 = 10.00$ V $a = 1.0$ cm $b = 7.0$ cm				
	等势线电势 U_r/V	1.00	3.00	5.00	7.00
DZ-2 型	$U_0 = 5.00$ V $a = 0.5$ cm $b = 5.0$ cm				
	等势线电势 U_r/V	1.00	2.00	3.00	4.00
	$r_理$/cm				
	$\bar{r}_实$/cm				
	$(\bar{r}_实 - r_理)/r_理$				

1. 打等位点时探针应做平动.
2. 等势线急弯处,记录点应密集一些,以免连线困难,减小描绘误差.
3. 经常检查电源输出电压值是否保持在所需大小.
4. 不要将水洒到实验台上,以免造成仪器漏电.
5. 水槽电极应接近水平,否则其中自来水的电阻不均匀.

预习思考题

1. 如何理解模拟法?它的适用条件是什么?
2. 能否用直流电压表对静电场直接测量?为什么?
3. 用稳恒电流场模拟静电场的实验条件有哪些?

讨论思考题

1. 分析实验曲线出现变形和误差的原因.
2. 为什么导电介质的电阻率要远大于电极的电阻率?

拓展阅读

[1] 谢国恩.关于用稳恒电流场模拟静电场的对应条件问题[J].物理实验,1982, 2(03):110-112.

[2] 赵燕萍.静电场描绘实验的误差解析[J].上海师范大学学报:自然科学版,2007, 36(04):54-57.

DZ-2型静电场描迹仪

仪器装置示意图如图 3-7-6 所示,包括水槽电极、描绘板、探针手柄、电源和电压表.

描绘板由平行的下层底板和上层平台构成.模拟电极槽插入下层底板中,上层平台安放记录纸,下层的探针用于探测电势,上层的记录针用于描点,探针架平移时,两探针的轨迹曲线相同.下臂的探针与电极间的自来水接触,检测出触点处的电位值,并由电压表读出,轻按上臂的记录针可以在记录纸上打出小孔记录下与之相应的位置.将电位值相同的一系列小孔连接起来就成为一条等位线.

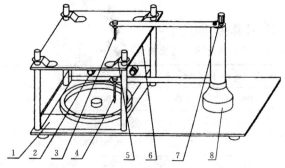

1—电极槽; 2—电极接线柱;
3—记录针; 4—探针;
5—纸夹; 6—载纸板;
7—探针接线柱; 8—探针座

图 3-7-6 DZ-2型静电场描迹仪

1.描绘同轴电缆横截面上的电场分布图.

(1) 向同轴电缆电极间注入自来水,水深不超过电极高度.再将其插入静电场描迹仪下层底板,按图 3-7-7(a) 连接好电路.

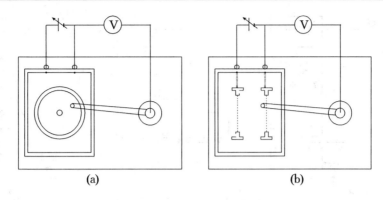

图 3-7-7 接线图

(2) 将探针压在内电极表面上，调节电源输出电压，使内电极电势为 5.00 V.

(3) 取一张大小适度的白纸放在载纸板上，用纸夹将纸固定好.

(4) 将探针轻靠电极，描出两极边缘处的若干点. 描点过程中不要碰动水槽.

(5) 依次描绘电势为 1.00 V，2.00 V，3.00 V，4.00 V 的若干个点，每根等势线上的点数不少于 10 个，并且分布比较均匀.

2. 描绘聚焦电极横截面上的电场分布图.

按图 3-7-7(b) 连接好电路，操作方法与 1 相同. 先描出两对电极，将两对电极间的电势差调到 6.00 V，依次描出 1.00 V，2.00 V，3.00 V，4.00 V，5.00 V 的等势线.

3.8 示波器的使用

引言

示波器是一种用途广泛的电子测量仪器，用它能直接观测电信号的波形，也能测量电信号的幅度、周期和频率等参数. 用双踪示波器还可以测量两个信号之间的时间差或相位差. 凡是可以转化为电压信号的电学量和非电学量都可以使用示波器进行观测. 示波器是从事电路设计和电子制作人员必不可少的工具，也是从事科学研究的常用仪器.

实验目的

1. 了解示波器的结构和工作原理.
2. 学会示波器的使用方法.

实验原理

示波器的基本组成部分有示波管、X 轴放大器、Y 轴放大器、扫描发生器（锯齿波发生器）、触发同步和电源等，其结构方框图如图 3-8-1 所示. 为了适应各种测量的要求，示波器的电路组成是多样而复杂的，这里仅就主要部分加以简单介绍.

1. 示波管的基本结构.

如图 3-8-1 所示，示波管主要包括电子枪、偏转系统和荧光屏三部分，全部密封在玻璃外壳内，里面抽成高真空. 下面分别说明各部分的作用.

(1) 荧光屏.

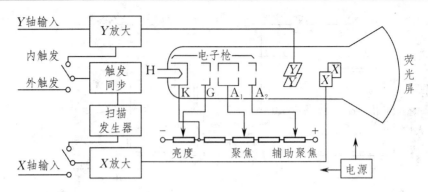

图 3-8-1 示波器结构示意图

它是示波器的显示部分,当加速聚焦后的电子打到荧光屏上时,屏上所涂的荧光粉就会发光,形成光斑,从而显示出电子束的位置.当电子停止作用后,荧光粉的发光需经一定时间才会停止,称为余辉效应.不同材料的荧光粉发光的颜色不同,余辉时间也不相同.

(2) 电子枪.

由灯丝 H、阴极 K、控制栅极 G、第一阳极 A_1、第二阳极 A_2 共五个部分组成.灯丝通电后加热阴极.阴极是一个表面镀有氧化物的金属筒,被加热后发射电子.控制栅极是一个顶端有小孔的圆筒,套在阴极外面.其电位比阴极低,对阴极发射出来的电子起控制作用,只有初速度较大的电子才能克服栅极与阴极间的电场穿过栅极顶端的小孔,然后在阳极加速下奔向荧光屏.示波器面板上的"亮度"调整就是通过调节栅极电位以控制射向荧光屏的电子流密度,从而改变了屏上的光斑亮度.阳极电位比阴极电位高很多,电子被它们之间的电场加速形成射线.当控制栅极、第一阳极、第二阳极之间的电位调节合适时,电子枪内的电场对电子射线有聚焦作用,所以第一阳极也称聚焦阳极.第二阳极电位更高,又称加速阳极.面板上的"聚焦"调节,就是调第一阳极电位,使荧光屏上的光斑成为明亮、清晰的小圆点.具有"辅助聚焦"的示波器,实际是调节第二阳极电位,以进一步调节光斑的清晰度.

(3) 偏转系统.

它由两对相互垂直的偏转板组成,一对垂直偏转板 Y(简称 Y 轴),另一对水平偏转板 X(简称 X 轴).在偏转板上加以适当电压,电子束通过时,受电场力的作用,运动方向发生偏转,从而使电子束在荧光屏上产生的光斑位置也发生改变.

由于光点在荧光屏上偏移的距离与偏转板上所加的电压成正比,因而可将电压的测量转化为屏上光点偏移距离的测量,这就是示波器测量电压的原理.

2. X,Y 轴信号放大/衰减器.

示波管本身相当于一个多量程电压表,这一作用是靠信号放大器实现的.由于示波器本身的 X 及 Y 偏转板的灵敏度不够高,当加到偏转板的信号较小时,电子束不能发生足够的偏转,以至荧光屏上光点的位移太小,不便观测.为此,设置 X 轴及 Y 轴电压放大器,预先把小的信号电压加以放大,再加到偏转板上.当输入信号电压过大时,放大器不能正常工作,甚至受损.因此,在输入端和放大器之间设有衰减器(分压器),将过大的输入电压衰减,以适应信号放大器的要求.

3. 扫描发生器与波形显示原理.

如果仅在 Y 轴上加上一个交变正弦电压信号,则电子束在荧光屏上产生的亮点将随电压的变化在竖直方向来回运动. 当电压频率较高时,由于视觉暂留和屏幕余辉作用,看到的是一条垂直亮线,如图 3-8-2 所示. 同样,如果仅仅在 X 轴加上一个交变电压信号,则会看到一条水平亮线.

图 3-8-2 只加竖直偏转电压的情形

要能显示波形,必须在 Y 轴上加上一个交变正弦电压信号的同时在 X 轴上加一扫描电压. 扫描电压的特点是电压随时间线性地增加到最大值,然后回到最小,再重复地变化. 这种扫描电压随时间的变化关系形同锯齿,故称"锯齿波电压",如图 3-8-3 所示,它是由扫描发生器产生的. 它的作用是使电子束的亮点匀速地由荧光屏的左边移动到右边,然后迅速返回左边,接着又由左边移动至右边 …… 光点的这种运动称为扫描.

当只有锯齿波电压加到 X 轴上时,如果频率很低,可以看到光斑不断重复地从左到右匀速运动. 随着频率的升高,光斑运动速度加快. 若频率足够高,则屏幕上显示一条水平亮线. 如果在竖直偏转板上加正弦电压,同时在水平偏转板上加锯齿波电压,则光斑将在竖直方向做简谐振动的同时还沿水平方向做匀速运动. 这两个运动的叠加使光斑的轨迹为一正弦曲线. 当锯齿波电压和正弦电压周期相同时,在屏幕上将显示出一个完整的所加正弦电压的波形图,如图 3-8-4 所示. 如果锯齿波电压的周期是正弦波电压周期的 n(n 为整数)倍,荧光屏上将显示 n 个完整的正弦波形.

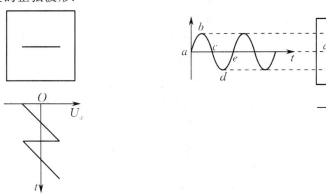

图 3-8-3 只加竖直偏转电压的情形　　　　图 3-8-4 扫描原理图

4. 触发同步电路与同步原理.

如果所加正弦电压和锯齿波电压的周期稍有不同,屏幕上出现的是一移动的不稳定图形,这种情形可用图 3-8-5 说明. 设锯齿波电压的周期 T_x 比正弦波电压的周期 T_y 稍小,比方说 $T_x/T_y = 7/8$. 在第一扫描周期内,屏幕上显示正弦信号 $0 \sim 1$ 间的曲线段,起点在 $0'$;在第二周期内,显示 $1 \sim 2$ 之间的曲线段,起点在 $1'$ 处;第三周期内,显示 $2 \sim 3$ 点之间的曲线段,起点在 $2'$ 处. 这样屏幕上每次显示的波形都不重叠,好像波形在向右移动. 同理,如果 T_x 比 T_y 稍大,则波形向左移动.

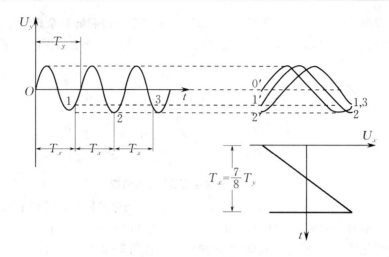

图 3-8-5 $T_x/T_y = 7/8$ 时显示的波形

为了获取一定数目的完整波形，示波器上设有"扫描速率"转换开关和"扫描微调"旋钮，用来调节锯齿波电压的周期，使之与被测信号的周期成适当的关系，从而在屏幕上得到所需的稳定的被测波形.

如果输入 Y 轴的被测信号与示波器内部的扫描电压是完全独立的，那么由于环境和其他因素（如工作电源电压起伏、电路元件热扰动等）的影响，它们的周期会发生微小的改变. 这时，虽可通过调节扫描微调将周期调到整数倍关系，但过一会又变了，波形又移动起来. 在观察高频信号时，这个问题尤为突出. 为此示波器内设有触发同步电路，从 Y 轴电压放大器中取出部分待测信号去控制（触发）锯齿波电压发生器，使锯齿波电压的扫描起点自动随着被测信号改变，以保持扫描周期与被测信号周期的整数倍关系，从而使正弦波稳定，这就是所谓的同步（或整步）. 面板上的"触发电平"调节旋钮即为此而设，适当调节该旋钮可使波形稳定.

为了达到"同步"目的，一般采用三种方式：① 内同步（或称为内触发）：将待测信号一部分加到扫描发生器，当待测信号频率 f_y 有微小变化，它将迫使扫描频率 f_x 追踪其变化，保证波形的完整稳定；② 外同步：从外部电路中取出信号加到扫描发生器，迫使扫描频率 f_x 变化，保证波形的完整稳定；③ 电源同步：同步信号从电源变压器获得. 一般在观察信号时，都采用内同步.

5. 李萨如图形的基本原理.

如果示波器的 X 轴和 Y 轴分别输入的是频率相同或成简单整数比的两个正弦电压，则示波屏上的光点将呈现特殊形状的轨迹，这种轨迹图称为李萨如图形. 图 3-8-6 所示为 $f_y:f_x = 2:1$ 的李萨如图形. 频率比不同时将出现不同的李萨如图形，若两频率不成简单的整数比关系，图形将十分复杂，甚至模糊一片. 图 3-8-7 所示为频率成简单的整数比关系的几种李萨如图形. 从图形中可总结出如下规律：

如果作一假想方框（图 3-8-7 中虚线框），则图形与此框相切时，横边上的切点数 n_x 与竖边上的切点数 n_y 之比恰好等于 Y 轴和 X 轴输入的两正弦信号的频率之比，即

$$\frac{n_x}{n_y} = \frac{f_y}{f_x}.$$

但若出现图 3-8-7(b) 或 (f) 所示的图形，有端点与假想边框相接时，应在竖边、横边各计为

1/2 个切点. 所以利用李萨如图形能方便地得出两个正弦信号的频率比. 若已知其中一个信号的频率, 数出图上的切点数 n_x 和 n_y, 便可算出另一待测信号的频率.

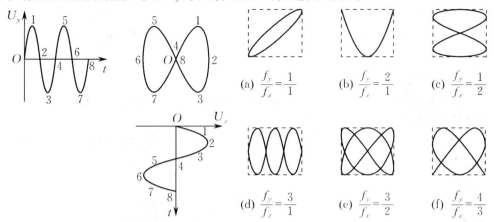

图 3-8-6 $f_y:f_x=2:1$ 的李萨如图形   **图 3-8-7** $f_y:f_x=n_x:n_y$ 的李萨如图形

6. 几种物理量的测量方法.

下面介绍用示波器测量几种常用的电学量的方法, 测量精度取决于示波器的分辨率和输入衰减器以及 Y 轴放大器的总电压增益的稳定性等.

(1) 测量电压.

把待测信号输入到示波器的 Y 轴, 调节示波器面板上各开关旋钮到适当的位置(注意要将示波器输入衰减微调旋钮顺时针旋到底, 置于校准位置), 使示波屏上显示一稳定波形, 如图 3-8-8 所示. 然后直接从示波器屏幕分划板上读出被测信号波形高度所占的格数 H, 则信号电压的峰-峰值(峰谷差)为

$$U_{p-p} = D_Y \times H, \quad (3-8-1)$$

式中 D_Y 是示波器 Y 轴的偏转灵敏度(VOLTS/DIV).

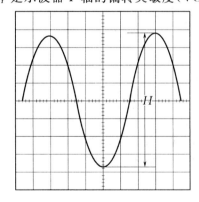 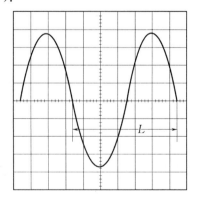

图 3-8-8 待测信号输入到示波器的 Y 轴   **图 3-8-9** 待测信号输入到示波器的 X 轴

(2) 测量周期和频率.

把待测信号输入到示波器的 X 轴, 调节示波器面板上各开关旋钮到适当的位置(注意, 要将扫描速度微调旋钮置于校准位置), 使示波屏上显示一稳定波形, 如图 3-8-9 所示. 然后从示波器屏幕上读出被测信号波形一个周期所占宽度的格数 L, 则被测信号的周期为

$$T = D_X \times L, \qquad (3-8-2)$$

式中 D_X 为示波器扫描速度开关的偏转灵敏度(TIME/DIV).

(3) 测量两个同频率信号的相位差.

设有两个信号: $y_1 = A_1\cos\omega t$, $y_2 = A_2\cos(\omega t - \varphi)$. y_2 比 y_1 滞后相位 φ, 这一相位差可以从示波器显示的波形中测出.

方法一: 双踪法

示波器工作于"交替"方式时可同时显示出 y_2 和 y_1 两个通道输入信号的波形, 此时有两种方式测量它们的相位差.

① 如图 3-8-10(a) 所示, 利用屏幕上的标尺测出一个波形波长 λ 和另一个波形滞后距离 l, 则两信号的相位差为

$$\varphi = \frac{2\pi l}{\lambda}. \qquad (3-8-3)$$

② 如图 3-8-10(b) 所示, 分别调节示波器两个通道的垂直灵敏度旋钮及微调旋钮, 使示波器上显示的两信号波形的幅度相等, 利用屏幕上的标尺测出波形的幅度 H 和两波形交叉处的高度 h, 则两信号的相位差为

$$\varphi = 2\arccos\frac{h}{H}. \qquad (3-8-4)$$

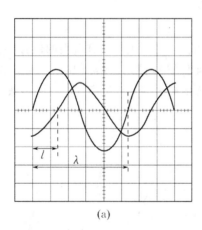
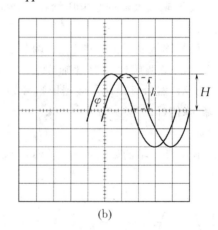

图 3-8-10 双踪法

方法二: 李萨如图形法

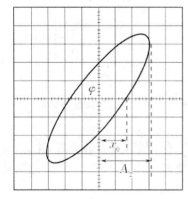

图 3-8-11 李萨如图形法

示波器工作于 X-Y 模式时, 将 y_1 加到示波器的 Y 轴, y_2 加到 X 轴, 则会出现椭圆李萨如图形, 移动到中心对称位置, 如图 3-8-11 所示, 图形的方程为

$$y = A_1\cos\omega t,$$
$$x = A_2\cos(\omega t - \varphi)$$
$$= A_2(\cos\omega t\cos\varphi + \sin\omega t\sin\varphi).$$

当 $y = A_1\cos\omega t = 0$ 时, 图形与 X 轴相交于 x_0, 则 $x_0 = A_2\sin\varphi$. 因此, 只要利用屏幕上的标尺测出在水平方向上的振幅 A_2 和 x_0, 则相位差为

$$\varphi = \arcsin\frac{x_0}{A_2}. \qquad (3-8-5)$$

实验仪器

一、GOS-620 双轨迹示波器

GOS-620 双轨迹示波器是一种可同时测量频率在 20 MHz 范围内的两个信号的双踪示波器,其内部的电子开关可将两个通道(CH1 和 CH2)的输入信号交替地加在示波器的 Y 偏转板上.当开关的频率足够高时,在屏上能同时出现这两个信号的波形.面板布置见图 3-8-12,各旋钮和开关的功能及使用方法说明如下,带星号的需要重点掌握,是正确使用示波器的关键调节部件.

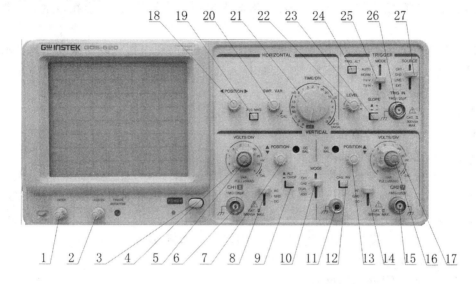

图 3-8-12 GOS-620 双轨迹示波器面板布置图

1. INTEN(辉度调节).

轨迹及光点亮度控制钮.

2. FOCUS(聚焦).

轨迹聚焦调整钮,调节该钮可使光点小而圆,使波形清晰.

3. POWER(电源).

电源主开关,按下此钮可接通电源,电源指示灯会亮起;再次按下则切断电源,电源指示灯熄灭.

4. VOLTS/DIV(CH1 灵敏度调节).

垂直衰减选择钮,以此钮选择 CH1 及 CH2 的输入信号衰减幅度,调节范围为 5 mV/DIV～5 V/DIV.

5. VAR(CH1 灵敏度微调).

灵敏度微调控制.在 CAL 位置时,灵敏度即为挡位显示值.当此旋钮拉出时(×5 MAG 状态),垂直放大器灵敏度增大至 5 倍.

6. CH1/X(CH1 信号输入插座).

7. ♦POSITION(CH1 竖直位置).

调节 CH1 输入信号光迹的竖直位置.

8*. AC-GND-DC(CH1 信号耦合选择切换).

在不同挡位间切换以实现不同功能.

(1) AC:显示输入信号的交流成分.

(2) GND:隔离信号输入,并将垂直衰减器输入端接地,使之产生一个零电压参考信号.

(3) DC:显示输入信号的交流和直流成分.

9. ALT/CHOP(模式切换).

当 VERTICAL MODE 处于 DUAL 模式(参见"10")时,按下此键可切换显示方式.

(1) ALT:以交替方式工作.在该模式下,相邻的扫描周期将交替显示 CH1 和 CH2 输入的信号,适用于观察频率较高的输入信号.当输入信号频率较低时,波形在显示时可能发生闪烁.

(2) CHOP:以断续方式工作.在该模式下,每个扫描周期内都将以断续线交替显示 CH1 和 CH2 的输入信号,适用于观察频率较低的输入信号.当输入信号的频率接近 CHOP 的切换频率时,波形可能会被分割成若干个细点.

10*. VERTICAL MODE(垂直操作模式切换).

选择 CH1 及 CH2 垂直操作模式.

(1) CH1:显示 CH1 的输入信号.

(2) CH2:显示 CH2 的输入信号.

(3) DUAL:设定示波器以 CH1 及 CH2 双频道方式工作,此时可切换 ALT/CHOP 模式来显示两轨迹.

(4) ADD:设定示波器用以显示 CH1 及 CH2 的叠加信号.

11. 示波器接地端.

12. CH2 INV(CH2 波形反向).

按下时 CH2 输入信号反向,该操作也将同时影响 CH1 和 CH2 信号叠加的结果.

13. POSITION ✦(CH2 竖直位置).

调节 CH2 输入信号光迹的竖直位置.

14*. AC – GND – DC(CH2 信号耦合选择切换).

参见"8".

15. CH2/Y(CH2 信号输入插座).

16*. VOLTS/DIV(CH2 灵敏度微调).

参见"5".

17. VAR(CH2 灵敏度调节).

参见"4".

18. ◀ POSITION ▶(水平位置).

轨迹及光点的水平位置调整钮.

19. ×10 MAG(扫速扩展).

水平放大键,按下后示波器扫速提高至 10 倍,相当于信号在水平方向上放大至 10 倍.

20. SWP. VAR.(扫描时间控制).

旋转此控制钮,可实现对扫描速率的微调.在测量信号周期时,该旋钮必须顺时针调节到 CAL 位.

21*. TIME/DIV(扫描时间选择).

旋转此控制钮,可在 0.2 μs/DIV 到 0.5 μs/DIV 之间的 20 个挡位上调节扫描时间. 在测量信号周期时,此旋钮所指示的数值表示光点在水平方向移动一格所需要的时间.

旋转此控制钮到"X-Y"档,可设定示波器工作在 X-Y 模式. 该模式下光点的水平运动分量不再随内部扫描电压变化,而改为随 CH1 的输入信号变化.

22*. LEVEL(触发电平调整).

旋转此控制钮以调节扫描触发时对应的输入信号电压,将旋钮向"+"方向旋转,触发准位会向上移;将旋钮向"-"方向旋转,则触发准位向下移. 调节该按钮可使波形稳定.

23*. SLOPE(触发斜率选择).

选择触发条件:

(1) "+":凸起时为正斜率触发,当信号正向通过触发准位时进行触发.

(2) "-":按下时为负斜率触发,当信号负向通过触发准位时进行触发.

24*. TRIG. ALT(触发源交替设定).

当 VERT MODE 选择器(参见"10")处于 DUAL 或 ADD 位置,且 SOURCE 选择器(参见"27")置于 CH1 或 CH2 位置时,按下此键,示波器将自动设定 CH1 与 CH2 的输入信号以交替方式轮流作为内部触发信号源. 以双波法测量波形相位差时,该按键应处于凸起状态.

25*. TRIGGER MODE(触发模式选择).

(1) AUTO:当没有触发信号或触发信号的频率小于 25 Hz 时,扫描会自动产生.

(2) NORM:当没有触发信号时,扫描将处于预备状态,屏幕上不会显示任何轨迹. 该功能主要用于观察频率不超过 25 Hz 的信号.

(3) TV-V:用于观测电视垂直画面信号.

(4) TV-H:用于观测电视水平画面信号.

26. TRIG IN(输入插座).

可输入外部触发信号. 使用该插座前应先将 SOURCE 选择器(参见"27")置于 EXT 位置.

27*. SOURCE(触发源选择).

(1) CH1:将 CH1 输入端的信号作为内部触发源.

(2) CH2:将 CH2 输入端的信号作为内部触发源.

(3) LINE:将 AC 电源线频率作为触发信号.

(4) EXT:将 TRIG IN 端输入的信号作为外部触发信号源.

二、AFG-2225 函数发生器

AFG-2225 函数发生器面板布置如图 3-8-13 所示.

1. LCD 显示屏.

2. 功能键.

F1~F5:根据屏幕指示以实现不同的功能.

RETURN:返回上一级菜单.

3. 数字键盘.

用于输入值和参数,与方向键(参见"8")、调节旋钮(参见"9")配合使用.

4. 操作键.

操作键共 10 个,用于设置信号的基本参数.

(1) Waveform:设置输出波形类型,如方波、正弦波、脉冲波、三角波等.

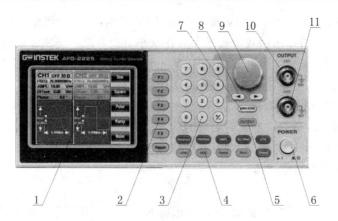

图 3-8-13　AFG-2225 函数发生器

(2) FREQ/Rate：设置频率或采样率.

(3) AMPL：设置波形幅值.

(4) DC Offset：设置直流偏置.

(5) UTIL：系统设置按钮，按下后可执行系统设置、耦合功能、计频计以及校正选项，也可以用于进入存储和调取选项、更新并查阅当前固件版本等.

(6) ARB：设置任意波形参数.

(7) MOD：设置调制参数.

(8) Sweep：设置扫描参数.

(9) Burst：设置猝发参数.

(10) Preset：预设按钮，按下后系统将自动读取预设状态.

5. OUTPUT(输出).

输出控制开关，按下后可打开/关闭波形输出.

6. POWER(电源).

电源开关，用于打开/关闭函数发生器电源.

7. CH1/CH2(输出端口切换).

输出端口切换按钮，按下以切换信号输出通道.

8. ←→(方向键，左右选择).

选择按钮，在编辑参数时可用于选择相应数字，常与数字键盘(参见"3")、调节旋钮(参见"9")配合使用.

9. 调节旋钮.

调节该旋钮用于编辑值和参数，顺时针方向为"增大"，逆时针方向为"减小". 该旋钮常与数字键盘(参见"3")、方向键(参见"8")配合使用.

10. OUTPUT CH1(输出端口).

信号输出端口 1.

11. OUTPUT CH2(输出端口).

信号输出端口 2.

实验内容

1. 观察光点扫描运动.

(1) 接通电源,将垂直操作模式(参见"10")选项卡切换至"CH1"挡,CH1 信号耦合选择(参见"8")切换至"GND"挡,调节扫描时间选择旋钮"21"使之处于非"X-Y"挡位置,触发模式选择(参见"25")切换至"AUTO"挡.此时屏幕中应出现扫描线.若未观察到扫描线,则调节 CH1 竖直位置(参见"7")移动扫描线使其出现在屏幕中间.

(2) 调节扫描时间选择旋钮(参见"21"),让光点从缓慢移动逐渐变到快速运动形成水平直线.

2. 观测单一信号的波形.

(1) 将触发源选择(参见"27")切换至"CH1"挡,使示波器将 CH1 的信号作为内部触发源.

(2) 将 CH1 信号耦合选择(参见"8")切换至"DC"挡.

(3) 将待测信号中的 S1 接示波器的 CH1 插座(参见"6"),此时屏幕上出现 S1 的波形.

(4) 若波形不稳定,可调节触发电平调节钮(参见"22")使波形稳定.

(5) 若波形太密或太疏,可调节扫描时间选择旋钮(参见"21"),使得显示波形长度处于合适范围,以便于测量波形周期.

(6) 若波形的幅度太大或太小,调节 CH1 灵敏度旋钮(参见"4"),使显示的波形高度便于测量信号的电压.

(7) 在确定 CH1 灵敏度微调钮(参见"5")和扫描时间控制(参见"20")都顺时针旋到了校准位置后,记录下 CH1 灵敏度指示值 D_Y 和扫描速率指示值 D_X,以及此时一个完整波形的高度 H、宽度 L,由(3-8-1)式、(3-8-2)式计算出信号 S1 的峰谷电压差和频率.

(8) 对信号 S2 和 S3 重复步骤(3)~(7).

通过以上练习,我们已经学会了用 CH1 测量信号.用 CH2 测量信号时,首先将待测信号接示波器的 CH2 插座"15",然后垂直操作模式(参见"10")选项卡切换至"CH2"挡,并将 CH2 信号耦合选择(参见"14")切换至"DC"挡,触发源选择器(参见"27")切换至"CH2"挡.其他用法和 CH1 相同.

3. 同时观测二路信号的波形.

(1) 将垂直操作模式(参见"10")选项卡切换至"CH1"挡,CH1 信号耦合选择(参见"8")切换至"GND"挡,调节调节扫描时间选择旋钮(参见"21")使得屏幕上出现扫描线.调节 CH1 竖直位置(参见"7")移动扫描线使其与示波器横坐标轴重合.按同样方法调节 CH2 扫描线与示波器横坐标轴重合.

(2) 调节扫描时间选择旋钮(参见"21")使之处于"X-Y"挡位置,此时屏幕上扫描线消失,出现光点.通过水平位置调节(参见"18")使得光点处于坐标轴原点位置(屏幕中心),将调节扫描时间选择旋钮(参见"21")调节至原位置,此时屏幕上扫描线重新出现.

(3) 将 CH1 信号耦合选择(参见"8")和 CH2 信号耦合选择(参见"14")切换至"DC"挡.

(4) 将 S3 接 CH1,S4 接 CH2,模式切换(参见"9")设置为 ALT,并将垂直操作模式(参见"10")选项卡切换至"DUAL"挡.

(5) 配合扫描时间选择旋钮(参见"21")、两个通道的灵敏度(参见"4"和"17")、两个通道的竖直位置(参见"7"和"13"),使两波形的相对位置如图 3-8-10(a).

(6) 测出图 3-8-10(a) 中的 l 和 λ,按(3-8-3)式算出两信号的相位差.

(7) 用图 3-8-10(b) 的方法测出 h,H,按(3-8-4)式算出两信号的相位差.

4. 观测李萨如图形.

(1) 完成实验内容 3 以后,重新调节扫描时间选择旋钮"21"使之处于"X-Y"挡位置,就能使光点在竖直方向跟随 CH2 的信号运动,水平方向跟随 CH1 的信号运动,形成

图 3-8-11所示中心对称的李萨如图形.测出图 3-8-11 中的 x_0 和 A_2，按(3-8-5)式计算两信号的相位差.

(2) 将示波器的 CH2 连接到数显式函数发生器的输出端，打开函数发生器的电源开关，按下操作键(参见"4")的 Waveform 键，选择 sine 函数，并通过 FREQ/Rate 和 AMPL 按键调节输出信号的频率和振幅，使屏上出现图 3-8-7 中的任一图形.记录下此时的图形和标准信号源(即函数发生器)的输出信号频率 f_y，根据 $f_x = \dfrac{n_y}{n_x} f_y$ 计算出待测信号 S3 的频率.这种方法测频率的准确度比波形观测法高.

数据处理

根据以上实验内容，自行设计记录表格，并完成计算内容.

注意事项

1. 低频信号发生器的输出端不允许短接.
2. 示波器输入信号的电压请勿超过规定的最大值.
3. 为延长荧光屏使用寿命，波形显示的亮度要适中.
4. 处于 X-Y 模式时，不要使用×10MAG 功能，以避免波形中有干扰信号产生.
5. 示波器暂时不用时，不必关机，只需将"辉度"调暗一些.
6. 示波器上所有开关和旋钮都有一定的调节范围，调节时不可用力过猛.
7. 通常电子仪器交流电源的干扰会通过变压器原、副边之间杂散电容耦合到副边，在仪器地端存在一些干扰信号.如果该信号串入被测通路中，就会造成测量误差.因此，实验中如果同时存在多台电子仪器，一般应将各仪器的地连接在一起.

预习思考题

1. 波形幅度超出屏幕时应怎样调节示波器？
2. 屏上的波形不稳定时应该如何调节？
3. 怎样利用示波器测量信号的周期和振幅？
4. 如何利用示波器及标准信号源测量待测正弦电压的频率？

讨论思考题

1. 为什么波形能稳定而李萨如图形总稳定不下来？
2. 李萨如图形法测量两个同频率信号的相位差如何保证图形中心轴对称？

拓展阅读

[1] 吴怀选.示波器使用初探[J].大学物理实验,2006,19(03):29-32.
[2] 郑元,戴赛萍."示波器的使用"实验教学中的两个常见问题[J].大学物理实验,2006,19(02):36-40.

 用电位差计测量温差电动势

引言

1821 年德国物理学家塞贝克发现：当两种不同金属(如铜和康铜)组成一个闭合回路时，

若两个接触点处于不同温度,接触点间将产生电动势,回路中会出现电流,此现象被称为温差电效应,又称热电效应或塞贝克效应,产生的电动势称为塞贝克电动势,也称为温差电动势,上述回路构成温差电偶或热电偶.热电偶的温差电动势大小由热端和冷端的温差决定.

热电偶的重要应用是测量温度.它是把非电学量(温度)转化成电学量(电动势)来测量的一个实际例子.热电偶在冶金、化工生产中用于高、低温的测量,在科学研究、自动控制过程中作为温度传感器,具有非常广泛的应用.

用热电偶测温具有许多优点,如测温范围宽、测量灵敏度和准确度较高、结构简单不易损坏等.工作温度可从 4.2 K(−268.95 ℃)的低温直至 2 800 ℃ 的高温.测量不同温度可选用不同金属组成的热电偶.通常,测 300 ℃ 以下的温度时可用铜-康铜热电偶;测量 1 100 ℃ 以下的温度可用镍铬-镍镁合金组成的热电偶;测量 1 100 ℃ 以上的温度可用铂-铂铑合金和钨-钛热电偶.此外,由于热电偶的热容量小,受热点也可做得很小,因而对温度变化响应快,对测量对象的状态影响小,可以用于温度场的实时测量和监控.

两种金属构成回路有塞贝克效应,两种半导体构成回路同样有温差电动势产生,而且效应更为显著.在金属中温差电动势约为几微伏每开,而在半导体中常为几百微伏每开,甚至达到几毫伏每开.因此金属的塞贝克效应主要用于温度测量,而半导体的塞贝克效应则用于温差发电.

电位差计是一种能够精确测量电源电动势或电路两端电位差的仪器.电位差计有两种形式:板式和箱式.前者原理清楚,后者结构紧凑,不论板式还是箱式,都是利用补偿法原理工作的.

实验目的

1. 掌握电位差计的工作原理及使用方法.
2. 了解热电偶产生温差电动势与温差的关系.
3. 用箱式电位差计测热电偶的温差电动势.

实验原理

1. 热电偶测温原理.

如图 3-9-1 所示,把两种不同的金属两端彼此焊接组成闭合回路,若两接点的温度不同,回路中就产生温差电动势.这两种金属的组合称为热电偶.温差电动势的大小除了与组成的热电偶材料有关外,还决定于两接点的温度差.将一端的温度 t_0 固定(称为冷端,实验中利用冰水混合物),另一端的温度 t 改变(称为热端),温差电动势亦随之改变.

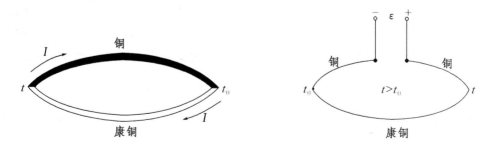

图 3-9-1　铜-康铜热电偶示意图

电动势和温差的关系较复杂,其第一级近似式为
$$E = \alpha(t - t_0),\qquad(3-9-1)$$
式中 α 称为热电偶的温差电系数,其大小取决于组成热电偶的材料.

用一只 α 值已知的热电偶,一端温度固定不变,另一端与待测物体接触,再用电位差计测出热电偶回路的电动势,就可以求出待测温度.由于温差电动势较低,因此在实验中利用电位差计来测量.

2.电压补偿法原理.

电位差计是利用电压补偿原理而设计的电压测量工具.

用电压表测量电源电动势,其测量结果是端电压,不是电动势.因为将电压表并联到电源两端,就有电流 I 通过电源的内部,由于电源有内阻 r,在电源内部不可避免地存在电位降 E_r,因而电压表的指示值只是电源的端电压 $(U = E_x - E_r)$ 的大小,它小于电动势.显然,只有当 $I=0$ 时,电源的端电压 U 才等于其电动势 E_x.

怎样才能使电源内部没有电流通过而又能测定电源的电动势呢?在图 3-9-2 所示的电路中,E_x 是待测电源,E_0 是电动势可调的电源,E_x 与 E_0 通过检流计连接在一起.当调节 E_0 的大小至检流计指针不偏转,即电路中没有电流时,两个电源在回路中互为补偿,它们的电动势大小相等,方向相反,即 $E_x = -E_0$,电路达到平衡.若已知平衡状态下 E_0 的大小,就可以确定 E_x 的值.这种测定电源电动势的方法,叫作补偿法.

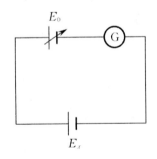

图 3-9-2　补偿法原理图

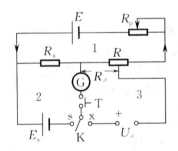

图 3-9-3　电位差计工作原理图

3.电位差计工作原理.

电位差计工作原理如图 3-9-3 所示,回路 1 为工作回路,回路 2 为校准电流回路,回路 3 为测量回路.

在电位差计设计过程中,为了定标方便,工作回路的电流一般为 10 mA(即 0.01 A).但工作电流由校准回路来调节,E_s,R_s 都是定值.校准时,将 K 掷向 s 端,调节电阻 R_p 使检流计指示为零,R_s 上电压降与 E_s 相等,即工作电流使工作回路和校准回路达到补偿,此时工作电流 I 为
$$I = \frac{E_s}{R_s}\quad (如\ I = 10^{-2}\ \text{A} = 10\ \text{mA}).\qquad(3-9-2)$$

在测量时,将 K 掷向 x 端,调节 R 的滑动片的位置,若在某一位置 R_x 使检流计指示为零,此时 R_x 上分得电压 $U(=I\times R_x)$ 和被测回路达到补偿,即 $U_x = U = I\times R_x$.对于测量仪器,读出的数据不应是电阻(R_x)值,而是通过简单计算得到被测量的电压值 U_x(如 $I = 10$ mA 时,$U_x = 0.01\times R_x$).

实验仪器

UJ36 型直流电位差计(1 号 1.5 V 电池 4 节,9 V 电池 2 节),热电偶及加热装置,温度计.

实验内容

实验 1　测量温差电系数

1.连接电路.

将热电偶的电压端接到电位差计上"未知"端.注意极性,将铜-康铜热电偶中铜断开,对应冷端为正,相反为负.电路如图 3-9-4 所示.

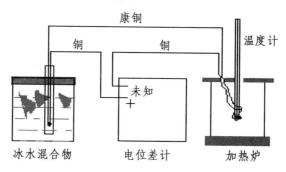

图 3-9-4　热电偶实验电路图

2.校准工作电流.

先将电位差计上功能开关 K 调至"标准",调节面板右上角的"电流调节"旋钮,使检流指"0",此时工作电流即调好了.

3.测出室温下的初始电动势.

先将 K 拨至"未知",然后,调节右下方的读数盘,使检流计指"0",同时读出温度计和电位差计上读数盘的数值.应注意的是面板上"倍率"开关,若电势差太小,请选用"×0.2"倍率挡.

4.加热测量.

每升高 10 ℃ 左右测量一组 t 和 E,共测 6～8 组数据(包括室温一组).

实验 2　测量手的温度

1.把铜-康铜热电偶一端接入电位差计上"未知"端,调节面板上倍率开关指示为"×0.2"倍率挡.

2.调节调零旋钮,使电位差计指针校准到指零.

3.校准工作电流(同实验 1).

4.测量电位差,即手温和室温两端的电动势:把 K 拨至"未知",然后手握热电偶的另一端,等待电位差计上的电流指针稳定,调节右下方的读数盘,使得检流计指示零,同时读出温度计(室温)和电位差计上读数盘的数值.

5.重复步骤 4,共测量 6 次数据.记录数据于自拟表格.

6.根据温差电动势查表得到温差,再根据室温计算出实验者的手温度.

数据处理

1. 列出规范的数据表格,记录实验数据,填入表 3-9-1 中.

表 3-9-1 数据记录表

次数	t_0/℃(冷端)	t/℃(热端)	Δt/℃(温差)	E/mV
1	0			
2				
3				
4				
5				
6				
7				
8				

2. 用作图法处理数据,以温差电动势(E)为纵坐标,温度差(Δt)为横坐标,绘出 E-Δt 图线,并由该图线求出直线斜率,即温差电系数 α.

注意事项

1. 电源、热电偶的极性均不得接反(如果接反了实验中会产生什么现象?).

2. 电热杯禁止空烧.温度计不能与电热杯底部接触.使用电热杯加热时,水量不要超过杯子的 $\frac{2}{3}$,以免沸水溢出引起烫伤事故.

3. 每次测量时,一定要等温度稳定后再读数.温度稳定的方法是:待温度上升到预测的温度前几度,将调压器的电压降下来,以控制温度上升速度,直到稳定.温度稳定的主要标志是:面板上按钮按下时检流计指针基本不动.

4. 铜-康铜热电偶温度每升高 10 ℃ 时,大约产生 0.3~0.4 mV 的温差电动势,测量中应预先将电位差计的示值调到相应位置,等温度达到预定值时,再微调电位差计即可,以免损坏检流计.

5. 做完实验后,经教师检查数据后才能拆除电路,并将电位差计面板上"倍率"开关旋到"断".

拓展阅读

[1] 邹乾林.温差电技术原理及在工科物理实验中的应用[J].大学物理实验,2010,23(5):43-46.

[2] 赵建云,朱冬生,周泽广,等.温差发电技术的研究进展及现状[J].电源技术,2010,34(3):310-313.

[3] 张征,曾美琴,司广树.温差发电技术及其在汽车发动机排气余热利用中的应用[J].能源技术,2004,25(3):120-123.

[4] 徐立珍,李彦,杨知,等.汽车尾气温差发电的实验研究[J].清华大学学报:自然科学版,2010,50(2):287-289.

UJ36 型直流电位差计使用说明

UJ36 型直流电位差计面板如图 3-9-5 所示.

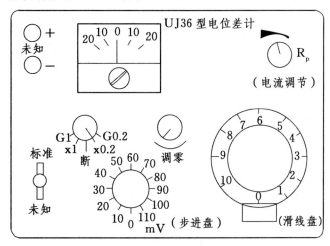

图 3-9-5 UJ36 型直流电位差计面板图

1. 将被测"未知"的电动势接在未知的两个接线柱上.
2. 把倍率开关选在所需要的位置上,同时也接通电位差计工作电源和检流计放大器电源,3 min 以后调节检流计指零.
3. 将开关扳向"标准",调节多圈变阻器 R_p,使检流计指零.
4. 将开关扳向"未知",调节步进盘和滑线盘使检流计再次指零.未知电压按下式表示:

$$U_x = (步进盘度数 + 滑线盘度数) \times 倍率.$$

5. 在连续测量时,要求经常核对电位差计工作电流,防止工作电压变化.
6. 将开关扳向"标准",调节多圈变阻器 R_p 使检流计指零.倍率开关指向"G1"时,电位差计处×1 位置,检流计短路.倍率开关指向"G0.2"时,电位差计处于×0.2 位置,检流计断路.此时在未知端输出的是标准直流电动势(不可输出电流).

表 3-9-2 铜-康铜热电偶分度表(参考端温度为 0 ℃) 分度号:CK

温度/℃	0	1	2	3	4	5	6	7	8	9
	热电动势/mV									
0	0.00	0.039	0.078	0.117	0.156	0.195	0.234	0.273	0.312	0.351
10	0.391	0.430	0.470	0.510	0.549	0.589	0.629	0.699	0.709	0.749
20	0.789	0.830	0.870	0.911	0.951	0.992	1.032	1.073	1.114	1.155
30	1.196	1.237	1.279	1.320	1.361	1.403	1.444	1.486	1.528	1.569
40	1.611	1.653	1.695	1.738	1.780	1.822	1.865	1.907	1.950	1.922

续表

温度/℃	0	1	2	3	4	5	6	7	8	9
	热电动势/mV									
50	2.035	2.078	2.121	2.164	2.207	2.250	2.294	2.337	2.380	2.424
60	2.467	2.511	2.555	2.599	2.643	2.687	2.731	2.775	2.819	2.864
70	2.908	2.953	2.997	3.042	3.087	3.131	3.176	3.221	3.266	3.312
80	3.357	3.402	3.447	3.493	3.538	3.584	3.630	3.676	3.721	3.767
90	3.813	3.859	3.906	3.952	3.988	4.044	4.091	4.137	4.184	4.231
100	4.277	4.324	4.371	4.418	4.465	4.512	4.559	4.607	4.654	4.701
101	4.749	4.796	4.844	7.891	4.939	4.987	5.035	5.083	5.131	4.179
120	5.227	5.275	5.324	5.372	5.420	5.469	5.517	5.566	5.615	5.663
130	5.172	5.761	5.810	5.859	5.908	5.957	6.007	6.056	6.105	6.155
140	6.204	6.254	6.303	6.353	6.403	6.452	6.502	6.552	6.602	6.652

3.10 电子元件的伏安特性测定与补偿法测电阻

引言

当一个元件两端加上电压时,元件内就会有电流通过,电压与电流之比,就是该元件的电阻.电阻元件的伏安特性是指元件的端电压与通过电流之间的函数关系.将一个元件的电流随电压的变化情况在图上画出来,得到的就是该元件的伏安特性曲线.若元件的伏安特性曲线呈直线,则它的电阻为常数,称为线性电阻;若呈曲线,即它的电阻是变化的,则称为非线性电阻.非线性电阻伏安特性所反映出来的规律总是与一定的物理过程相联系的.利用非线性元件的特性可以研制各种新型的传感器、换能器,在温度、压力、光强等物理量的检测和自动控制方面都有广泛的应用.对非线性电阻特性及规律的研究,有助于加深对有关物理过程、物理规律及其应用的理解和认识.

3.10.1 电子元件的伏安特性测定

1. 学习常用电磁学仪器仪表的正确使用及简单电路的连接方法.
2. 掌握用伏安法测量电阻及其误差分析的基本方法.

3. 测量线性电阻和非线性电阻的伏安特性.
4. 学会用作图法处理实验数据,并对所得伏安特性曲线进行分析.

实验原理

电阻是一个重要的电学参量,在电学实验中经常要对电阻进行测量.测量电阻的方法有多种,伏安法是常用的基本方法之一.所谓伏安法,就是运用欧姆定律,测出电阻两端的电压U和其上通过的电流I,根据

$$R = \frac{U}{I} \qquad (3-10-1)$$

即可求得阻值R.也可运用作图法,作出伏安特性曲线,从曲线上求得电阻的阻值.对有些元件,其伏安特性曲线为直线,称为线性电阻元件,如常用的碳膜电阻、线绕电阻、金属膜电阻等.另外,有些元件,伏安特性曲线为曲线,称为非线性电阻元件,如灯泡、晶体二极管、稳压管、热敏电阻等.非线性电阻元件的阻值是不确定的,只有通过作图法才能反映它的特性.

用伏安法测电阻,原理简单,测量方便,但由于接入了电表内阻,给测量带来一定的系统误差.

在如图3-10-1所示的电流表内接法中,由于电压表测出的电压值U包括了电流表两端的电压,实验测量的电阻值应是

$$R = \frac{U}{I_x} = \frac{U_x + U_A}{I_x} = R_x + R_A = R_x\left(1 + \frac{R_A}{R_x}\right). \qquad (3-10-2)$$

由此可见,采用电流表内接法测得的R值要大于被测电阻R_x的实际值.只有当$R_x \gg R_A$时,$R_x \approx \dfrac{U}{I}$,所以电流表内接法适合测高值电阻.

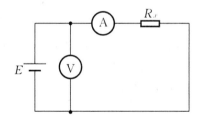

图3-10-1 电流表内接

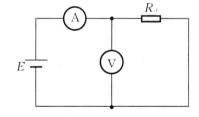

图3-10-2 电流表外接

在如图3-10-2所示的电流表外接法中,由于电流表测出的电流I包括了流过电压表的电流,实验测量的电阻值应是

$$R = \frac{U_x}{I} = \frac{U_x}{I_x + I_V} = \frac{U_x}{I_x + \left(\dfrac{U_x}{R_V}\right)} = \frac{U_x}{I_x}\left(1 + \frac{U_x}{I_x R_V}\right)^{-1} = R_x\left(1 + \frac{R_x}{R_V}\right)^{-1}.$$

$$(3-10-3)$$

由此可见,采用电流表外内接法测得的R值要小于被测电阻R_x的实际值.只有当$R_V \gg R_x$时,$R_x \approx \dfrac{U_x}{I}$,所以电流表外内接法适合测低值电阻.

上述两种连接电路的方法,都给测量带来一定的系统误差,即测量方法误差.为此,必须对测量结果进行修正.若准确地知道R_A和R_V的值,则可根据电路连接方式,分别利用

(3-10-2)或(3-10-3)式计算出 R 值,从而将系统误差加以修正.

在电阻的测量中,除了由于电表接入带来的系统误差,电表本身还存在仪器误差,它取决于电表的准确度等级和量程.

电表的仪器误差由(1-3-6)式决定,即

$$\Delta_{仪} = 量程 \times K\%, \tag{3-10-4}$$

其中 K 为该电表的准确度等级,一般分为 0.1,0.2,0.5,1.0,1.5,2.5 和 5.0 等七个等级.

以电流表为例,假使用准确度等级为 1.0 的电流表,有 1.5 mA,7.5 mA 和 3.0 mA 3 个量程. 正确选择量程可减小仪器误差. 例如,要测 1 mA 的电流,用 1.5 mA,7.5 mA 和 3.0 mA 3 个量程的仪器误差分别为 0.015 mA,0.075 mA 和 0.30 mA,显然,用 1.5 mA 量程测量准确度最高.

若只考虑 B 类不确定度,U 和 I 为某一组测量值,则电阻的相对不确定度为

$$u_{\text{rel}}(R_x) = \frac{u(R_x)}{R_x} = \sqrt{\left[\frac{u_B(I)}{I}\right]^2 + \left[\frac{u_B(U)}{U}\right]^2},$$

式中 $u_B(I) = \frac{\Delta_{仪}(I)}{\sqrt{3}}$,$u_B(U) = \frac{\Delta_{仪}(U)}{\sqrt{3}}$ 分别为由于仪器误差引起的电流和电压 B 类不确定度.

实验仪器

0～20 V 可调直流稳压电源;直流数字电压表,量程为 2 V/20 V 可调,内阻为 1 MΩ;直流数字毫安表,量程为 200 μA/2 mA/20 mA/200 mA 可调,其相对应内阻分别为 1 kΩ,100 Ω,10 Ω,1 Ω;待测 240 Ω/2 W 金属膜电阻、待测稳压管(5.6 V)、待测小灯泡(12 V/0.1 A)等.

实验内容

1. 测量金属膜电阻的伏安特性.

(1) 电流表内接法.

根据图 3-10-1 连接好电路. 金属膜电阻 R_x 为 240 Ω,每改变一次电压 U 值,读出相应的电流 I 值,填入表 3-10-1 中,作出伏安特性曲线,并从曲线上求得电阻值.

表 3-10-1 金属膜电阻测量数据记录表

电压 U/V								
电流 I/mA								

(2) 电流表外接法.

根据图 3-10-2 连接好电路,重复实验步骤(1).

(3) 根据电表内阻的大小,分析上述两种测量方法中,哪种电路的系统误差小.

2. 测量稳压管的伏安特性.

(1) 稳压管的稳压特性.

稳压管实质上就是一个面结型硅二极管,又称齐纳管(Zener diode),它具有陡峭的反向击穿特性,工作在反向击穿状态.

稳压管的特性曲线如图3-10-3所示,它的正向特性和一般硅二极管一样,但反向击穿特性较陡.由图可见,当反向电压增加到击穿电压以后,稳压管被反向击穿,反向电流会突然急剧上升,击穿后的特性曲线很陡,对应特性曲线的 AB 段,这就说明流过稳压管的反向电流在很大范围内(从几毫安到几十甚至上百毫安)变化时,管子两端的电压基本不变,稳压管在电路中能起稳压作用,正是利用了这一特性.

稳压管的反向击穿是可逆的,这一点与一般二极管不一样.只要去掉反向电压,稳压管就会恢复正常.但是,如果反向击穿后的电流太大,超过其允许范围,就会使稳压管的 pn 结发生热击穿而损坏.

由于硅管的热稳定性比锗管好,稳压管一般都是硅管,故称硅稳压管.

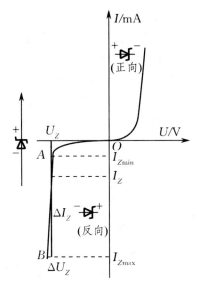

图 3-10-3　稳压管的电路符号和伏安特性曲线

(2) 稳压管的参数.

① 稳定电压 U_Z,即稳压管在反向击穿后其两端的实际工作电压.同一型号的稳压管,由于制造方面的原因,其稳压值也有一定的分散性.例如2CW14型稳压管,其稳定电压 $U_Z = 6 \sim 7.5$ V.

但对每一个管子而言,对应于某一工作电流,稳定电压有相应的确定值.

② 稳定电流 I_Z,即稳压管的电压等于稳定电压 U_Z 时的工作电流.

③ 最大稳定电流 $I_{Z\max}$ 和最小稳定电流 $I_{Z\min}$,$I_{Z\max}$ 是指稳压管的最大工作电流,超过此值,即超过了管子的允许耗散功率 $P_{Z\max}(= U_Z \times I_{Z\max})$;$I_{Z\min}$ 是指稳压管的最小工作电流,低于此值,U_Z 不再稳定.

④ 动态电阻 r_Z 是稳压管电压变化和相应的电流变化之比,即 $r_Z = \Delta U_Z / \Delta I_Z$(见图3-10-3).显然,稳压管的反向特性曲线越陡,动态电阻越小,稳压性能就越好.r_Z 的数值约在几欧至几十欧之间.

(3) 稳压管伏安特性测定的实验电路.

实验电路如图3-10-4所示,E 为 $0 \sim 12$ V 可调直流稳压电源,R 为限流电阻器.

(4) 测量稳压管的正向特性.

① 按图3-10-4连接电路,R 阻值调到最大,可调稳压电源的输出为零.

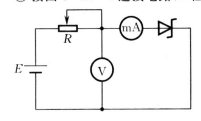

图 3-10-4　稳压管的正向特性测量图

② 逐渐增大输出电压,使电压表的读数也相应增大,观察加在稳压管上电压随电流变化的现象,通过观察确定测量范围,即电压与电流的调节范围.

③ 测定稳压管的正向特性曲线,不应等间隔地取点,即电压的测量值不应等间隔地取,而是应在电流变化缓慢区间,电压间隔取得疏一些,在电流变化迅速区间,电压间隔取得密一些.如测试的2CW14型稳压管,电压在 0 V ~ 0.7 V 区间取 $3 \sim 5$ 个点即可.

(5) 测量稳压管的反向特性.

① 将稳压管反接.

② 定性观察被测稳压管的反向特性,通过观察确定测量反向特性时电压的调节范围(即该型号稳压管的最大工作电流 I_{Zmax} 所对应的电压值).

③ 测量反向特性,同样在电流变化迅速区域,电压间隔应取得密一些.

3. 测量小灯泡的伏安特性.

给定一只 12 V/0.1 A 小灯泡,毫安表内阻为 1 Ω,电压表内阻为 1 MΩ.要求:

① 自行设计测量伏安特性的线路.

② 测量小灯泡的伏安特性.

③ 绘制小灯泡的伏安特性曲线.

④ 判定小灯泡是线性元件还是非线性元件.

数据处理

1. 根据电流表内接法和电流表外内接法的实验测量数据,在坐标纸上分别绘制金属膜电阻的伏安特性曲线,并从曲线上求得两种测量方法的电阻值,分析两种测量方法中,哪种电路的系统误差小.

2. 根据实验测量数据,在坐标纸上绘制稳压管的正向和反向伏安特性曲线.

3. 根据实验测量数据,在坐标纸上绘制小灯泡的伏安特性曲线,并判定小灯泡是线性元件还是非线性元件.

注意事项

1. 使用电源时要防止短路,接通和断开电路前应使稳压电源输出为零,先粗调然后再慢慢微调.

2. 测量金属膜电阻的伏安特性时,所加电压不得使电阻超过额定输出功率.

3. 测量稳压管伏安特性时,电路中电流值不应超过其最大稳定电流 I_{Zmax}.

预习思考题

1. 研究电子元件的伏安特性的物理意义是什么?其在基础研究和应用研究方面有何价值?

2. 线性电阻和非线性电阻的概念是什么?其伏安特性有何区别?

3. 稳压二极管与普通二极管有何区别?其用途如何?

讨论思考题

1. 电流表内接和电流表外内接都将产生系统误差,实际测量时如何减小以及修正这种误差?

2. 用电流表和电压表测量电流和电压时,改变量程对测量结果有无影响?为什么?

3. 如何计算线性电阻和非线性电阻的电阻值?

拓展阅读

[1] 魏诺. 对伏安法测电阻的研究[J]. 物理实验,1996,16(6):254-255.

[2] 张昆. 单伏双安法测电阻[J]. 物理实验,2000,20(2):38.

[3] 陈清梅,邢红军,朱南. 也谈伏安法测电阻时电流表内、外接法的判定条件[J]. 大学物理,2007,26(9):42-43.

[4] 高伟吉. 伏安法测电阻如何减少测量误差的分析[J]. 大学物理实验,2008,21(1):7-10.

[5] 何长英.伏安法测稳压管伏安特性研究[J].教学仪器与实验,2007,23(5):26-27.
[6] 王新生,张银阁.用伏安法测绘二极管伏安特性的研究[J].大学物理实验,2000,13(3):41-43.

3.10.2 补偿法测电阻

实验目的

1. 学会正确使用电流表、电压表、电阻箱、变阻器、检流计等仪表.
2. 学会分析伏安法测电阻的各种不同接线方法所引起的系统误差.
3. 学习用补偿法测量电阻.

实验原理

通电待测电阻 R_x 温度一定时,用电压表,安培表分别测出 R_x 两端的电压 U 和通过 R_x 的电流 I,可以利用欧姆定律计算出待测电阻 R_x 的值,即

$$R_x = \frac{U}{I}.$$

用伏安法测电阻的接线方法一般有电流表内接、电流表外接和补偿法三种. 在本实验中主要采用最后一种方法对电阻进行测量.

由图 3-10-5 可知,调节 R_3 使检流计 G 无电流通过时,电压表所测电压 U_{bd} 等于 R_x 两端的电压 U_{ac},电流表测得的电流 I 正是通过 R_x 的电流,因而由 $R_x = \frac{U_{bd}}{I}$ 算得的正是待测电阻的值.

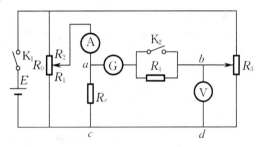

图 3-10-5 补偿法电路图

实验仪器

1. C31-A 型安培表.

量程:7.5 mA~30 A,共 12 挡;内阻上压降:27~45 mV;准确度等级:0.5.

2. C31-V 型伏特表.

量程:45 mV~600 V,共 10 挡;准确度等级:0.5;内阻值如表 3-10-2 所示.

表 3-10-2 伏特表内阻值

量程	45 mV	75 mV	3~600 V
内阻	15 Ω	30 Ω	量程/2 mA

3. AC5/2 型检流计.

AC5/2 型为磁电式电表,面板如图 3-10-6 所示. 其主要参数如下:分度值不大于 2×10^{-6} A/div;内阻不大于 50 Ω.

测量前,先将"电计"键置于弹出位置,保护钮旋向白色点,用"零位调节"旋钮使检流计指针指"0". 若指针来回不停地摆动,可在指针摆过平衡位置时按下"短路"键,使指针快速停下.

测量时,必须按下"电计"键,否则检流计不会与外电路接通."电计"键按下后旋一角度可以锁定导通状态. 读数时,应通过移动眼睛,使指针和反射镜中的像重合,以消除视角误差.

实验完成后,断开"电计"键,并将保护钮旋向红色点,以保护检流计.

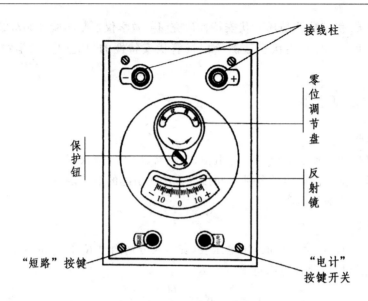

图 3-10-6　AC5/2 型直流指针式检流计面板图

4. 电阻.

R_0:100 Ω(滑线变阻器);R_x:由电阻箱提供;R_3:4.7 kΩ(多圈电位器).

5. 电源.

直流稳压电源,输出电压调到 3 V.

6. 仪器与测量条件的选择.

这里考虑的是如何选定测量值的范围,才能满足对测量结果不确定度的要求.

根据欧姆定律和不确定度传递公式,由仪器误差引起的 B 类相对不确定度为

$$u_{\mathrm{rel}}(R_i) = \frac{u(R_i)}{R_i} = \sqrt{\left[\frac{u_B(I_i)}{I_i}\right]^2 + \left[\frac{u_B(U_i)}{U_i}\right]^2}.$$

若要求 $u_{\mathrm{rel}}(R_i) \leqslant E\%$,根据不确定度取值应取可能值中的最大值原则,应有

$$u_{\mathrm{rel}}(U_i) = \frac{u(U_i)}{U_i} \leqslant \left(\frac{E}{\sqrt{2}}\right)\%, \quad u_{\mathrm{rel}}(I_i) = \frac{u(I_i)}{I_i} \leqslant \left(\frac{E}{\sqrt{2}}\right)\%.$$

对于准确度等级为 K 的电表,其仪器误差为 $\Delta_{仪} = $ 量程 $\times K\%$,当电表的示值为 Q 时,由仪器误差引起的 B 类相对不确定度为

$$\frac{\left(\frac{\Delta_{仪}}{\sqrt{3}}\right)}{Q} = \frac{量程 \times K\%}{\sqrt{3}\,Q}.$$

在要求仪器误差引起的 B 类相对不确定度不大于某一确定值 $E_0\%$ 时,即

$$\frac{量程 \times K\%}{\sqrt{3}\,Q} \leqslant E_0\%,$$

则应当使示值

$$Q \geqslant \frac{量程 \times K}{\sqrt{3}\,E_0} = \frac{\sqrt{6}}{3}\frac{量程 \times K}{E}.$$

在本实验中,电流表、电压表的准确度等级均为 0.5,若要求 $u_{\mathrm{rel}}(R_i) \leqslant E\% = 2\%$,则由仪器误差引起的电流、电压测量的 B 类相对不确定度均为 $E_0\% = \frac{E}{\sqrt{2}}\% = \sqrt{2}\%$,这样,电流表、电

压表的示值均应满足

$$Q(U \text{ 或 } I) \geqslant \frac{\text{量程} \times K}{\sqrt{3}E_0} = \frac{\text{量程} \times 0.5}{\sqrt{3} \times \sqrt{2}} \approx \frac{\text{量程}}{5}$$

或

$$Q(U \text{ 或 } I) \geqslant \frac{\sqrt{6} \text{ 量程} \times K}{3E} = \frac{\sqrt{6} \text{ 量程} \times 0.5}{3 \times 2} \approx \frac{\text{量程}}{5},$$

所以测量示值应大于量程的 $\frac{1}{5}$，同时亦应小于满量程的 $\frac{2}{3}$.

实验内容

1. 按图3-10-5布置仪器并接好导线．接线时应一个一个回路连接，尽量均分接线柱上的接线叉，避免导线过多交叉．接好电路后须指导老师检查无误后方可接通电源．注意，接通电源前，必须确认检流计的"电计"键在弹出位置．

2. 根据待测电阻，选取电流表和电压表量程：

(1) 将稳压电源的输出电压调到3 V，电压表量程也取3 V；

(2) 移动滑线变阻器 R_0 的滑线端，使 R_1 大于 $\frac{R_0}{3}$；

(3) 由大到小试探着取电流表量程，直到电流表示值大于量程的 $\frac{1}{3}$.

3. 调节 R_3，使 U_{bd} 达到补偿状态：

(1) 粗调：确认 K_2 断开，断续接通检流计的"电计"键（若指针超出量程就立刻松开），并试探着调节 R_3，使检流计指针偏转逐渐减小，直至接近于零；

(2) 细调：合上 K_2，仔细调节 R_3，使检流计指针指零．

4. 记录下此时的电压表和电流表的示值 U 和 I，并将数据填入表3-10-3.

5. 重复测量：断开"电计"键和 K_2，移动滑线变阻器 R_0 的滑线端，依次增加 R_x 中的电流 I，重复步骤3~4再测五组 U 和 I 值，填入数据记录表3-10-3.

6. 换另一待测电阻，重复步骤2~5，数据记录于表3-10-4.

表3-10-3 电阻1测量数据记录表

电压表量程：_____V 挡，电流表量程：_____mA 挡

项目 次数 i	1	2	3	4	5	6	平均
U/V							/
I/mA							/
R/Ω							

表3-10-4 电阻2测量数据记录表

电压表量程：_____V 挡，电流表量程：_____mA 挡

项目 次数 i	1	2	3	4	5	6	平均
U/V							/
I/mA							/
R/Ω							

数据处理

数据处理步骤如下：

1. 算出电阻的平均值 $\overline{R} = \dfrac{1}{6}\sum_{i=1}^{6} R_i$.

2. 求出电阻的 A 类不确定度 $u_A(R) = \sqrt{\dfrac{\sum_{i=1}^{6}(R_i - \overline{R})^2}{6(6-1)}}$.

3. 分三步求出电阻的 B 类不确定度.

第一步：求出由仪器误差引起的电流和电压测量的 B 类不确定度

$$u_B(I_i) = \dfrac{\Delta_{仪}(I)}{\sqrt{3}}, \quad u_B(U_i) = \dfrac{\Delta_{仪}(U)}{\sqrt{3}}.$$

第二步：求出电阻的 B 类相对不确定度

$$u_{rel}(R_i) = \dfrac{u_B(R_i)}{R_i} = \sqrt{\left[\dfrac{u_B(U_i)}{U_i}\right]^2 + \left[\dfrac{u_B(I_i)}{I_i}\right]^2}.$$

根据不确定度取值应取可能值中的最大值的原则，U_i 和 I_i 应取测量结果为最小值的一组代入上式进行电阻的 B 类相对不确定度的计算.

第三步：求出电阻的 B 类不确定度

$$u_B(R_i) = R_i u_{rel}(R_i).$$

4. 求出电阻的合成不确定度 $u_C(R) = \sqrt{u_A^2(R) + u_B^2(R_i)}$.

5. 求出电阻的扩展不确定度 $U(R) = 2 \times u_C(R) \, (k=2)$.

6. 写出结果表达式和相对不确定度：

$$R = \overline{R} \pm U(R) \quad (k=2),$$

$$u_{rel}(R) = \dfrac{U(R)}{\overline{R}} \quad (要求用百分数表示).$$

注意事项

通电时，要特别注意电流表、电压表和检流计，若有异常，应立刻断开 K_1.

预习思考题

1. 什么情况下，电压表测得的电压正好等于 R_x 两端的电压？
2. R_4 在电路中起什么作用？粗调时 K_2 为什么不能合上，什么时候 K_2 应该合上？
3. 本实验中所用电表的准确度等级为 0.5，量程分为 150 格. 若电压表用 3 V 量程时，以 V 为单位，其示值可读到小数点后第几位？若电流表用 7.5 mA 量程时，以 mA 为单位，可读到小数点后第几位？

讨论思考题

用本实验中的电压表测量图 3-10-7 中 R_1 上的电压低于 3 V，这是为什么？要准确测出 R_1 上的电压降，应如何利用本实验中的仪器进行测量？试画电路图并说明测量方法.

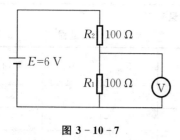

图 3-10-7

拓展阅读

[1] 陈国杰,黄义清.补偿法测电阻电路的改进及应用[J].教学仪器与实验,2004,20(15):26-27.
[2] 赵正权.完全补偿法测量电阻及误差分析[J].大学物理,2005,24(9):48-49.
[3] 刘永萍.补偿法在电学测量中的应用[J].科技创新导报,2008,22:106.

3.11 霍尔效应及其应用

引言

1879年,霍尔在研究载流导体在磁场中受力的性质时发现:一块处于磁场中的载流导体,若磁场方向与电流方向垂直,在垂直于电流和磁场方向导体两侧会产生电势差,该现象称为霍尔效应.根据霍尔效应制成的器件称为霍尔元件,可以用来测量磁场.这一方法具有结构简单、探头体积小、测量快和可以直接连续读数等优点,还可以用于压力、位移、转速等非电量的测量,特别是可作为乘法器,用于功率测量等创新应用性实验,具有广阔的应用前景.

实验目的

1.研究霍尔效应的基本特性.
(1)测绘霍尔元件的U_H-I_S和U_H-I_M曲线,确定其线性关系.
(2)确定霍尔元件的导电类型.测量其霍尔系数、载流子浓度以及迁移率.
2.学会应用霍尔效应测量磁场.
测绘长直密绕螺线管轴线上磁感应强度的分布.

实验原理

本质上讲,霍尔效应是运动的带电粒子在磁场中受洛伦兹力作用而引起的偏转所致.当被约束在固体材料中的带电粒子(电子或空穴)受洛伦兹力偏转时就会导致在垂直电流和磁场方向的固体材料两侧产生正负电荷的聚积,从而形成附加电场.对于图3-11-1所示的半导体试样,若x轴方向通以工作电流I_S,在z轴方向加磁场$\boldsymbol{B}$,则在y轴方向,即试样A,A'电极两侧就开始聚积异号电荷而产生相应的附加电场,电场的指向取决于试样的导电类型.显然,该电场阻止载流子继续向侧面偏移,当载流子所受的电场力$\boldsymbol{F}_E(=e\boldsymbol{E}_H)$与洛伦兹力$\boldsymbol{F}_B(\boldsymbol{F}_B=-e\bar{\boldsymbol{v}}\times\boldsymbol{B})$大小相等时,样品两侧电荷的积累就达到平衡,即

$$eE_H = e\bar{v}B, \qquad (3-11-1)$$

式中E_H为霍尔电场,$\bar{v}$是载流子在电流方向上的平均漂移速度.

设试样的高为b,厚度为d,载流子浓度为n,则

$$I_S = ne\bar{v}bd, \qquad (3-11-2)$$

由(3-11-1),(3-11-2)两式可得

$$U_H = E_H b = \frac{1}{ne} \cdot \frac{I_S B}{d} = R_H \frac{I_S B}{d}, \qquad (3-11-3)$$

即霍尔电压U_H(A,A'电极之间的电压)与工作电流I_S和外磁场B成正比,与试样厚度d成反

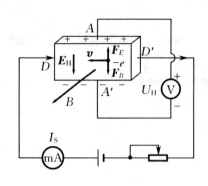 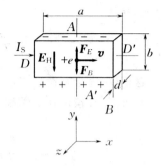

(a) 载流子为电子(n 型)　　　　　(b) 载流子为空穴(p 型)

图 3-11-1　霍尔效应实验原理图

比. 比例系数 $R_H = \dfrac{1}{ne}$ 称为霍尔系数，它是反映材料霍尔效应强弱的重要参数. 只要测出 U_H 以及知道 I_S，B 和 d，可按下式计算 R_H：

$$R_H = \frac{U_H d}{I_S B}.$$

实验中，$B = K_B I_M$（K_B 为励磁系数，I_M 为励磁电流），代入上式得

$$R_H = \frac{U_H d}{I_S K_B I_M}. \qquad (3-11-4)$$

由此原理，经定标后，霍尔元件作为磁场测量探头，能简便、直观、快速地测量磁场的磁感应强度.

定标后的霍尔元件，其 R_H 和 d 已知，因此在实用上就将(3-11-3)式写成

$$U_H = K_H \cdot I_S \cdot B, \qquad (3-11-5)$$

其中 $K_H = \dfrac{R_H}{d}$ 称为霍尔元件的灵敏度，单位为 mV/(mA·T)，它表示该元件在单位工作电流和磁感应强度下输出的霍尔电压. 根据(3-11-5)式，因 K_H 已知，而 I_S 由实验给出，所以只要测出 U_H 就可以求得未知磁感应强度

$$B = \frac{U_H}{K_H I_S}. \qquad (3-11-6)$$

因此(3-11-4)，(3-11-6)两式就是本实验用来测量霍尔系数和磁感应强度的依据.

应当指出：(3-11-3)式是在作了一些假定的理想情形下得到的，实际上某次测得的 $U_{AA'}$ 并不完全是 U_H，还包括其他因素带来的附加电压，因而根据 $U_{AA'}$ 计算出的磁感应强度 B 并不非常准确. 下面首先分析影响测准的原因，然后提出为消除影响，实验测量时所采用的办法.

(1) 不等位电势差

接通工作电流 I_S 后，半导体内沿电流方向电位降低. 如果霍尔电极 A，A' 位于不同等势面上，即使磁场不存在时，A，A' 两端也有电势差. 如图 3-11-2 所示，由于从半导体材料不同部位切割制成的霍尔元件本身不很均匀，性能稍有差异，加上在几何上难以绝对对称确定

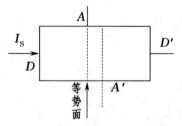

图 3-11-2　不等势电压示意图

A,A' 位置，实际上不可能保证 A,A' 处在同一等势面上．因此，霍尔元件或多或少都存在由于 A,A' 电势不相等造成的电压 U_0．显然，U_0 随工作电流 I_S 的换向而换向，而 B 的换向对 U_0 的方向没有影响．

(2) 埃廷斯豪森效应

1887 年，埃廷斯豪森发现霍尔元件中载流子的速度有大有小，对速度大的载流子，洛伦兹力起主导作用，对速度小的载流子，霍尔电场力起主导作用．这样，速度大的载流子和速度小的载流子将分别向 A,A' 两端偏转，偏转的载流子的动能将转化为热能，使两端的温升不同．两端面之间由于有温度差而出现温差电压 U_t．不难看出，U_t 既随 B 也随 I_S 的换向而换向．

(3) 能斯特效应

由于工作电流引线的焊接点 D,D' 处的电阻不相等，通电后发热程度不同，使 D 和 D' 两端间存在温度差，于是在 D 和 D' 间出现热扩散电流．在磁场的作用下，A,A' 两端出现电场 E_y，由此产生附加电压 U_p．但是，U_p 随 B 的换向而换向，而与 I_S 的换向无关．

(4) 里吉-勒迪克效应

上述热扩散电流各个载流子的迁移速度并不相同，根据埃廷斯豪森效应，又在 A,A' 两端引起附加的温差电压 U_s．U_s 随 B 的换向而换向，而与 I_S 的换向无关．

综上所述，在确定的磁场 B 和工作电流 I_S 的条件下，实际测量的 A,A' 两端的电压 $U_{AA'}$，不仅包括 U_H，还包括了 U_0,U_t,U_p,U_s，是这五项电压的代数和．例如，假设 B 和 I_S 的大小不变，方向如图 3-11-1(n 型) 所示．又设 A,A' 两端的电压 U_0 为正，D' 端的温度比 D 端高，测得的 A,A' 间的电压为 U_1，则

$$U_1 = U_H + U_0 + U_t + U_p + U_s. \quad (3-11-7)$$

若 B 换向，I_S 不变，则测得的 A,A' 间的电压为

$$U_2 = -U_H + U_0 - U_t - U_p - U_s; \quad (3-11-8)$$

若 B 和 I_S 同时换向，则测得的 A,A' 间的电压为

$$U_3 = U_H - U_0 + U_t - U_p - U_s; \quad (3-11-9)$$

若 B 不变，I_S 换向，则测得的 A,A' 间的电压为

$$U_4 = -U_H - U_0 - U_t + U_p + U_s. \quad (3-11-10)$$

由这 4 个等式得到 $U_1 - U_2 + U_3 - U_4 = 4(U_H + U_t)$，即

$$U_H = \frac{1}{4}(U_1 - U_2 + U_3 - U_4) - U_t. \quad (3-11-11)$$

考虑到温差电压 U_t 一般比 U_H 小得多，在误差范围内可以略去，所以霍尔电压

$$U_H = \frac{1}{4}(U_1 - U_2 + U_3 - U_4). \quad (3-11-12)$$

实验中就是用上述方法测量计算出霍尔电压 U_H．

实验仪器 ▶▶▶

霍尔效应测试仪，霍尔效应实验仪，螺线管磁场测量实验仪（仪器结构及使用方法见附录）．

实验内容 ▶▶▶

一、霍尔效应特性研究

1．实验前准备．

(1)"恒流调节"逆时针旋到底(I_M，I_S调零)，打开测试仪开关，预热 10 min．

(2)按图 3-11-3(a)(见附录)接线(其他型号仪器按对应接口名称接线)，其中继电器电源用三芯线，霍尔元件工作电流用二芯线，励磁电流用两根香蕉插头连接线，霍尔电压与半导体电阻压降用四芯接线．

(3)调节霍尔传感器位置，使霍尔传感器在电磁铁气隙中心，电压表校零．

2．测量．

(1)测 U_H-I_S 曲线．

按表 3-11-1 设定励磁电流 I_M(或由实验室设定)，记录励磁线圈的 K_B 值，测不同工作电流 I_S 时的霍尔电压 U_H，电流方向的切换用继电器控制．将实验数据填入表 3-11-1 中．

表 3-11-1　U_H-I_S 关系测量数据表

$I_M = 0.500$ A，$K_B = $ _____ T/A

I_S/mA	U_1/mV $+B, +I_S$	U_2/mV $-B, +I_S$	U_3/mV $-B, -I_S$	U_4/mV $+B, -I_S$	$U_H = \dfrac{U_1 - U_2 + U_3 - U_4}{4}$/mV
0.50					
1.00					
1.50					
2.00					
2.50					
3.00					

(2)测 U_H-I_M 曲线．

按表 3-11-2 设定 I_S(或由实验室设定)，测量不同工作电流 I_M 时的霍尔电压 U_H，电流方向的切换用继电器控制．将测量数据填入表 3-11-2 中．

表 3-11-2　U_H-I_M 关系测量数据表

$I_S = 2.00$ mA

I_M/A	U_1/mV $+B, +I_S$	U_2/mV $-B, +I_S$	U_3/mV $-B, -I_S$	U_4/mV $+B, -I_S$	$U_H = \dfrac{U_1 - U_2 + U_3 - U_4}{4}$/mV
0.100					
0.200					
0.300					
0.400					
0.500					
0.600					

(3)测电导率 σ．

样品的横截面积 $S = bd$，流经样品的电流为 I_S，在零磁场下，若测得霍尔元件两端 D, D' 的电位差 U_σ，可由下式求得样品的电导率：

$$\sigma = \frac{I_S a}{U_\sigma S} = \frac{I_S a}{U_\sigma bd},$$

式中样品尺寸 b,d,a 由实验室给出,如图 3-11-1(b) 所示.

将"U_H,U_σ 输出"切换到"U_σ",电压表选择正确量程,断开励磁电流($I_M = 0$),改变 I_S 测量 U_σ. 实验数据填入表 3-11-3.

表 3-11-3 测电导率 σ

$b = $ _____ m $d = $ _____ m $a = $ _____ m ($I_M = 0$)

I_S/mA	U_1/mV($+I_S$)	U_2/mV($-I_S$)	$U_\sigma = \frac{1}{2}(|U_1|+|U_2|)$	σ_i
1.00				
1.50				
2.00				

$\bar{\sigma} = \frac{1}{3}\sum \sigma_i = $ _____ (mA/(mV·m)).

数据处理

1. 根据表 3-11-1 中的数据,在直角坐标纸上绘制 U_H-I_S 曲线.
2. 根据表 3-11-2 中的数据,在直角坐标纸上绘制 U_H-I_M 曲线.
3. 把表 3-11-1 中 U_H, I_S 值代入 (3-11-4),(3-11-5) 式求 $\bar{R}_H$(单位:m^3/C),$\bar{K}_H$.
4. 将 $\bar{R}_H$ 值代入 $\bar{n} = \frac{1}{|\bar{R}_H|e}$,求载流子浓度 $\bar{n}$(单位:m^{-3}).

应该指出,这个关系式是假定所有的载流子都具有相同的漂移速度得到的,严格一点,考虑载流子的速度统计分布,需引入修正因子 $\frac{3\pi}{8}$,所以实际计算公式为 $\bar{n} = \frac{3\pi}{8}\frac{1}{|\bar{R}_H|e}$.

5. 将 $\bar{\sigma}, \bar{n}$ 之值代入 $\bar{\sigma} = \bar{n}e\bar{\mu}$,求载流子的迁移率 $\bar{\mu}\left(\mu = \frac{\sigma}{ne} = \sigma|R_H|\right)$,单位:$m^2/(V·s)$.

二、应用霍尔效应测磁场

1. 实验前准备,参阅实验内容一.
2. 测量长直密绕螺线管轴线上磁感应强度的分布.

按表 3-11-4 设定励磁电流 I_M、工作电流 I_S(或由实验室设定),测量 $X = -0.5, 0.0, 0.5$,…,16.0 cm 处的 U_H 值,填入表 3-11-4 中.

为使 B-X 曲线光滑,在螺线管两端面($X = 0.0$ cm 和 $X = 15.0$ cm)附近测量点可密集些.

表 3-11-4 螺线管轴线上 B 与 X 的关系

励磁电流 $I_M = 0.600$ A 工作电流 $I_S = 4.00$ mA $K_H = $ _____ mV/(mA·T)

螺线管长度 $L = $ _____ m 线圈有效半径 $D = $ _____ m 绕线总匝数 $N = $ _____

环境温度 $t = $ _____ ℃ 温度系数 $\alpha = $ _____

X/cm	U_1/mV $+B, +I_S$	U_2/mV $-B, +I_S$	U_3/mV $-B, -I_S$	U_4/mV $+B, -I_S$	$U_H = \frac{U_1+U_2+U_3+U_4}{4}$/mV	B/T
-0.5						
…						
16.0						

数据处理

1. 由表 3-11-4 中的数据求螺线管轴线上各点的 B 值（为简化计算，可不计温度修正），在直角坐标纸上绘制 B-X 曲线，并根据理论计算螺线管端面的磁感应强度为管内中部磁感应强度 $\frac{1}{2}$ 的关系，在 X 轴上标出螺线管左、右端的位置．

2. 若考虑温度对 U_H 的影响，(3-11-6) 式修正为 $B = \dfrac{U_H}{[1+(t-20)\alpha]K_H I_S}$．

本实验忽略温度对 U_H 的影响，求实验值对理论值的相对误差．

(1) 计算螺线管中间几个点（取 3~5 个点）磁感应强度的平均值 $\bar{B}$．

(2) 根据仪器上给出的绕线总匝数 N、螺线管长度 L 和设定的 I_M，代入公式得理论值：

$$B_0 = \frac{\mu_0 N I_M}{\sqrt{L^2+D^2}},$$

式中，真空磁导率 $\mu_0 = 4\pi \times 10^{-7}\ \mathrm{N/A^2}$，$D$ 为螺线管内、外直径的平均值．

(3) 将实验平均值 $\bar{B}$ 与理论值 B_0 比较，评价实验误差（相对误差）：

$$E = \frac{|\bar{B}|-|B_0|}{|B_0|} \times 100\%.$$

预习思考题

1. 霍尔电压是怎样产生的？如何判断材料的导电类型？
2. 实验中为什么要采用对称测量法？
3. 霍尔效应特性研究实验中，提供的磁感应强度大小和方向如何来确定？

讨论思考题

1. 若磁场方向与霍尔片法线方向不一致，对测量结果有何影响？
2. 能否简要说明电力工程中运用霍尔效应测量大电流的方法？

注意事项

1. 实验中工作电流 I_S 不要超过 4.00 mA．
2. 数据处理时注意各量的单位．
3. 每次换向前，要求把要换向电流调到最小，换向后，再调回设定值，按表中列的顺序测量数据．

拓展阅读

[1] 徐晓创，陆申龙．发展中的集成霍尔传感器及在高科技领域中的应用[J]．大学物理实验，2001,14(02):1-4.

[2] 张健．霍尔传感器的应用浅析[J]．信息与电脑：理论版，2009,07:138.

附录

实验仪器介绍

1. 霍尔效应测试仪（参看图 3-11-3(a) 左）．

测试仪面板从左到右分为 3 个部分，左面为数字直流恒流源 I_M，由精密多圈电位器调节输出电流，调节精度 1 mA，电流由三位半数字表显示，最大输出电流为 1 000 mA．中间为两挡三位半电压表，量程分别为：0~19.99 mV 和 0~1 999 mV．右面是数字直流恒流源 I_S，同样由精密多圈电位器调节输出电流，调节精度

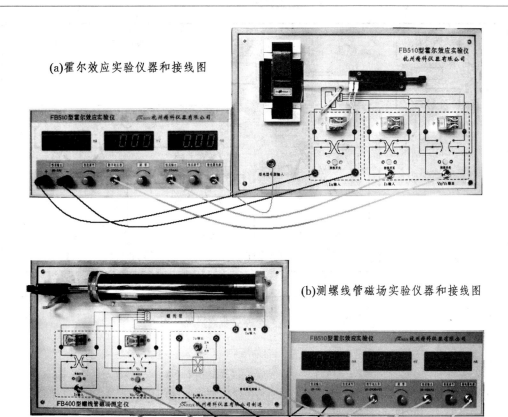

图 3-11-3 霍尔效应测试仪

0.01 mA,电流由三位半数字表显示,最大输出电流为 5.0 mA.

2.霍尔效应实验仪(参看图 3-11-3(a) 右).

该实验仪由三个部件组成:电磁铁、样品架和换向开关(见图 3-11-4).

(1) 电磁铁.

电磁铁线包两端线头已从底部接入换向开关,I_M 输出电流左端进、右端出时,实验中磁场方向指向实验者(见图 3-11-4).磁感强度大小 $B = K_B I_M$,式中 K_B 为电磁铁励磁系数,单位 T/A(特每安),其大小已标明在电磁铁上.

(2) 样品和样品架.

样品材料为砷化镓,n 型半导体.样品的几何尺寸和参数如下:

厚度 $d = 0.016$ mm;宽度 $b = 2.3$ mm;D,D' 电极间距 $a = 3.0$ mm.

温度误差,零点漂移 $\leqslant \pm 0.06\%/℃$,实验中忽略不计.

额定工作电流 5 mA(实验中最大取 $I_S = 4$ mA).

样品架具有 X 调节功能及读数装置,上、下标尺"0"刻线对齐时,样品位于电磁铁提供的磁场中心.样品放置的方位(操作者俯视实验仪)如图 3-11-4 所示.

(3) 换向继电器.

继电器的换向原理如图 3-11-5 所示.当继电器线包不加控制电压时,动触点与常闭端相连接;当继电器线包加上控制电压继电器吸合,动触点与常开端相连接,实现与继电器相连的电路的换向功能.

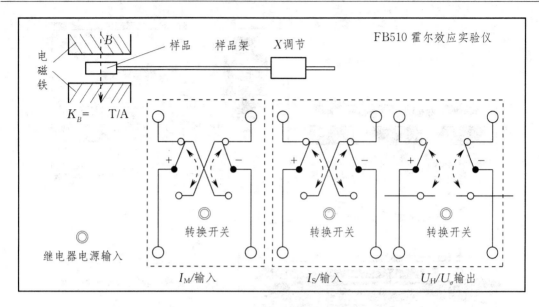

图 3-11-4　霍尔效应实验仪示意图

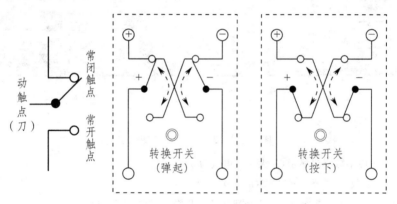

图 3-11-5　继电器的换向原理图

3. 测螺线管磁场实验仪[参看图 3-11-3(b) 左].

该实验仪也由 3 个部件组成：螺线管、样品架和换向开关.

(1) 螺线管参数.

螺线管长度 $L = 260$ mm；内径 $D_内 = 25$ mm；外径 $D_外 = 45$ mm. 螺线管总匝数 $N = 2\,550 \pm 10$ 匝.

(2) 样品和样品架.

样品材料为砷化镓，n 型半导体. 额定工作电流 5 mA(实验中最大取 $I_S = 4$ mA).

样品架具有 X,Y 调节功能及读数装置. Y 调节装霍尔片横杆的高度，使横杆(霍尔片)能在螺线管中自由移动，X 调节可使霍尔片在螺线管中移动，并有读数装置记录所在位置.

(3) 换向继电器.

作用和工作原理与霍尔效应实验仪相同.

3.12 用示波器测铁磁材料的磁滞回线

引言

用示波器法测铁磁材料的动态磁特性,具有直观、方便和迅速等优点,能在交变磁场下观察和定量测绘铁磁材料的磁滞回线和磁化曲线,现已广泛用于快速检测和成品分类等方面.

实验目的

1. 认识铁磁物质的磁化规律,比较两种典型的铁磁物质的动态磁特性.
2. 测绘较硬磁特性样品 1 近饱和的一条磁滞回线,由此测定材料在此工作条件最大磁感应强度 B_m、矫顽力 H_c、剩磁 B_r,以及磁滞损耗 $[BH]$.
3. 测绘较软磁特性样品 2 的基本磁化曲线,由此计算并作出材料的磁导率 μ-H 曲线.

实验原理

铁磁物质是一种性能特异、用途广泛的材料.铁、钴、镍及其多种合金以及含铁的氧化物(铁氧体)均属铁磁物质.其特征是在外磁场作用下能被强烈磁化,故磁导率 μ 很高.另一特征是磁滞,即磁化场作用停止后,铁磁物质仍保留磁化状态.图 3-12-1 所示为铁磁物质的磁感应强度 B 与磁化强度 H 的关系曲线.

图中的原点 O 表示磁化之前铁磁物质处于磁中性状态,即 $B=H=0$,当磁场 H 从零开始增加时,磁感应强度 B 随之缓慢上升,如曲线段 $O\sim 1$ 所示,继而 B 随 H 迅速增长,如曲线段 $1\sim 2$,其后 B 的增长又趋缓慢,如曲线段 $2\sim a$,并当 H 增至 H_m 时,B 到达饱和值 B_m,曲线 $O\sim a$ 称为起始磁化曲线.图 3-12-1 表明,当磁场从 H_m 逐渐减小至零,磁感应强度 B 并不沿起始磁化曲线恢复到 O 点,而是沿另一条新的曲线 $a\sim b$ 下降,比较曲线段 $O\sim a$ 和 $a\sim b$ 可知,H 减小 B 相应也减小,但 B 的变化滞后于 H 的变化,这一现象称为磁滞,磁滞的明显特征是当 $H=0$ 时,B 不为 0,而保留剩磁 B_r.

当磁场 H 反向从 0 逐渐变至 $-H_c$ 时,磁感应强度 B 消失,说明要消除剩磁,必须施加反向磁场 $-H_c$,H_c 称为矫顽力,它的大小反映铁磁材料保持剩磁状态的能力,曲线段 $b\sim c$ 称为退磁曲线.

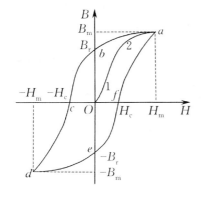

图 3-12-1 铁磁质的起始磁化曲线和磁滞回线

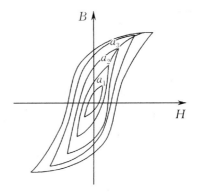

图 3-12-2 同一铁磁材料的一簇磁滞回线

图 3-12-1 还表明,当磁场强度 H 按 $0 \to H_m \to 0 \to -H_c \to -H_m \to 0 \to H_c \to H_m$ 次序变化,相应的磁感应强度 B 则按 $0 \to B_m \to B_r \to 0 \to -B_m \to -B_r \to 0 \to B_m$ 变化,这一闭合曲线称为磁滞回线. 所以,当铁磁材料处于交变磁场中时(如变压器中的铁芯),将沿磁滞回线反复被磁化→去磁→反向磁化→反向去磁. 在此过程中要消耗额外的能量,并以热的形式从铁磁材料中释放,这种损耗称为磁滞损耗,用符号 $[BH]$ 表示. 可以证明,磁滞损耗与磁滞回线所围面积成正比,单位是焦耳每立方米,表示单位体积的材料在完成一个磁滞回线变化周期的过程中消耗的磁能.

应该说明,初始状态为 $H=B=0$ 的铁磁材料,在交变磁场强度由弱到强依次进行磁化的过程中,可以得到面积由小到大向外扩张的一簇磁滞回线,如图 3-12-2 所示. 这些磁滞回线顶点的连线称为铁磁材料的基本磁化曲线,由此可近似确定其磁导率 $\mu = \dfrac{B}{H}$. 因 B 与 H 非线性,故铁磁材料的 $\mu(H)$ 不是常数而是随 H 而变化,如图 3-12-3 所示. 铁磁材料的相对磁导率 $\mu_r(=\mu/\mu_0)$ 可高达数千乃至数万,这一特点是它用途广泛的主要原因之一.

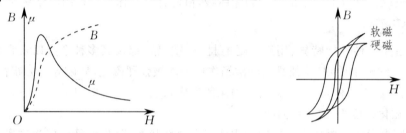

图 3-12-3 铁磁材料 μ 与 H 关系曲线　　图 3-12-4 不同铁磁材料的磁滞回线

磁化曲线和磁滞回线是铁磁材料分类和选用的主要依据. 图 3-12-4 为常见的两种典型的磁滞回线,其中软磁材料的磁滞回线狭长、矫顽力、剩磁和磁滞损耗均较小,是制造变压器、电机和交流磁铁的主要材料;而硬磁材料的磁滞回线较宽,矫顽力大,剩磁强,可用来制造永磁体.

观察和测量磁滞回线和磁化曲线的线路如图 3-12-5 所示.

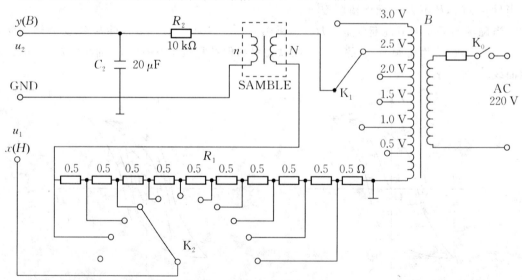

图 3-12-5 动态测量铁磁质 $B-H$ 关系电路原理图

待测材料做成 EI 形片状,叠成日字形.日字的窗口中镶有两个绕组:N 为励磁绕组,n 为用来测量磁感应强度 B 而设置的次级绕组.R_1 为励磁电流取样电阻,设通过 N 的交流励磁电流为 i_1,根据安培环路定律,样品的磁化场强

$$H = \frac{Ni_1}{L},$$

式中 L 是日字形磁芯的口字磁路的平均长度.

因为 $i_1 = \dfrac{u_1}{R_1}$(R_1 是 K_2 选择端至接地端之间的电阻),所以

$$H = \frac{N}{LR_1} \cdot u_1, \tag{3-12-1}$$

式中 R_1 由实验室指定,N,L 为已知常数(参阅表 3-12-3),所以只要测出 u_1,即可确定 H.

为了测量磁感应强度 B,在次级线圈 n 上串联一个电阻 R_2 与电容 C_2 构成一个回路,同时 R_2 与 C_2 又构成一个积分电路,若适当选择 R_2 和 C_2,使 $R_2 \gg \dfrac{1}{\omega C_2}$,则

$$I_2 = \frac{\varepsilon_2}{\left[R_2^2 + \left(\dfrac{1}{\omega C_2}\right)^2\right]^{\frac{1}{2}}} \approx \frac{\varepsilon_2}{R_2}, \tag{3-12-2}$$

式中 ω 为电源的角频率,ε_2 为次级线圈的感应电动势.

因交变的磁场 H 在样品中产生交变的磁感应强度 B,则

$$\varepsilon_2 = n\frac{d\varphi}{dt} = nS\frac{dB}{dt}, \tag{3-12-3}$$

式中 S 为铁芯试样的截面积.设铁芯的宽度为 a,厚度为 b,则 $S = ab$.

由(3-12-2),(3-12-3)式可得

$$u_2 = u_C = \frac{Q}{C_2} = \frac{1}{C_2}\int I_2 dt = \frac{1}{C_2 R_2}\int \varepsilon_2 dt = \frac{nS}{C_2 R_2}\int dB = \frac{nS}{C_2 R_2}B, \tag{3-13-4}$$

式中 C_2,R_2,n 和 S 均为已知常数(参阅表 3-12-3),所以只要测出 u_2,即可确定 B.

综上所述,将图 3-12-5 中的 u_1 和 u_2 分别加到示波器的"X 输入"和"Y 输入"便可观察样品的 B-H 曲线图形.为了得到磁滞回线上所求点的 B,H 值,需从示波器屏上测出该点的坐标 x,y,根据示波器通道灵敏度 D_X,D_Y,计算输入到 X,Y 方向的电压 $u_1 = xD_X$ 和 $u_2 = yD_Y$,然后,再按(3-12-1)及(3-12-4)式计算出

$$H = \frac{N}{LR_1}u_1 = \frac{ND_X}{LR_1}x, \tag{3-12-5}$$

$$B = \frac{C_2 R_2}{nS}u_2 = \frac{C_2 R_2 D_Y}{nS}y. \tag{3-12-6}$$

(3-12-4)式表明,示波器 Y 方向输入的 u_2 正比于 $\int \varepsilon_2 dt$,该电路在电子技术中称为积分电路,电压 u_2 是感应电动势 ε_2 对时间的积分.为了如实地绘出磁滞回线,要求:

(1) $R_2 \gg \dfrac{1}{2\pi f C_2}$;

(2) 在满足上述条件下,u_2 振幅很小,不能直接绘出大小适合的磁滞回线.为此,需将 u_2 经过示波器 Y 方向放大器增幅后输至 Y 方向偏转板上.这就要求在实验磁场的频率范围内,放大器的放大系数必须稳定,不会带来较大的相位畸变.事实上示波器难以完全达到这个要求,

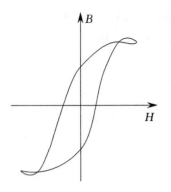

图 3-12-6 磁滞回线图形的畸变

因此在实验时经常会出现如图 3-12-6 所示的畸变. 观测时将 X 方向输入"耦合"选择"AC",Y 方向输入"耦合"选择"DC",并选择合适的 R_2 和 C_2 值可得到最佳磁滞回线图形,避免出现这种畸变.

实验仪器 ▶▶▶

TH-MHC(或 DH4516)型磁滞回线实验仪,示波器.

实验内容 ▶▶▶

1. 观察样品 1 的一簇磁滞回线,测绘其中近饱和时 ($U = 2.2$ V 或 $U = 2.4$ V)的一条.

(1) 选取实验仪上的样品 1,按实验仪上所给的电路(即图 3-12-5)连接线路,选择 $R_1 = 2.5$ Ω,"U 选择"置于 0 位. 将实验仪的输出信号 u_1 和 u_2(即 u_H 和 u_B)送到示波器的"CH1"和"CH2"输入端(连线时,示波器的每个输入端都有示波器的地线,因此只需将其中一个黑色的地线插头连到实验仪的地线上,多余的地线插头可闲置),调节示波器,使电子束光点呈现在显示屏坐标网格中心.

(2) 开启实验仪电源,对试样进行退磁,即顺时针方向转动"U 选择"旋钮,将 U 从 0 增至 3 V(或 3.5 V),观察不同电压时磁滞回线的变化情况,然后逆时针方向转动旋钮,从 3 V(或 3.5 V)降到 0 V,这时样品便处于 $H = 0,B = 0$ 的磁中性状态.

(3) 调节"U 选择"为 2.2 V(或 2.4 V),调节示波器 CH1,CH2 通道灵敏度使磁滞回线图像在屏幕范围内尽量大. 记录示波器 CH1,CH2 的伏格值 D_X,D_Y,测出磁滞回线上对应 ±H_m,±H_c,±B_m,±B_r 和其他若干个点的坐标 (x,y),一并记入表 3-12-1.

(4) 利用计算出的 B,H 值在坐标纸上绘出磁滞回线,并估算磁滞回线所围面积(所含有小方格的数目乘以 B,H 的格坐标值),即材料的磁滞损耗,并在图的空白处注明磁特性矫顽力 H_c、剩磁 B_r、饱和磁感应强度 B_m 以及磁滞损耗[BH].

表 3-12-1 测样品 1 磁滞回线数据表

$U =$ V;	$R_1 = 2.5$ Ω;	$D_X =$ V/div;	$D_Y =$ V/div			
x/div						
y/div						
H/(A/m)						
B/T						
$Y = 0$	$X_左 =$	$X_右 =$	$B = 0$	$-H_c =$		$H_c =$

2. 测绘样品 2 的基本磁化曲线($B-H$ 曲线)和磁导率曲线($\mu_r - H$ 曲线).

(1) 将连接样品 1 的导线拆换至样品 2. 仿照前面对样品 1 退磁的操作,在对样品 2 退磁的同时,观察示波器上样品 2 不同工作电压的磁滞回线(注意右上顶点位置).

(2) 逐步增加"U 选择"电压,分别在表 3-12-2 中记录每条磁滞回线(第一象限的)顶点的坐标,并记下对应的励磁电压 U 和通道灵敏度 D_X,D_Y. 在此操作中,注意调节示波器 X 通道灵敏度和 Y 通道灵敏度(可同时改变 R_1 的大小),使磁滞回线图像尽量充满屏幕.

(3)仿图 3-12-3,在坐标纸上,根据计算出的 H_i,B_i,μ_i 绘出基本磁化曲线和磁导率曲线. 注意纵坐标轴既表示 B,又表示 μ,可将两个刻度尺分别设在纵轴两侧.

表 3-12-2 测样品 2 起始磁化曲线数据表

序号	1	2	3	4	5	6	7	8	9	10	11
U/V	0.0										
R_1/Ω											
D_X/(V/div)	—										
D_Y/(V/div)	—										
x/div	0.0										
y/div	0.0										
H/(A/m)											
B/T											
μ/(H/m)											
μ_r											

表 3-12-3 磁滞回线实验仪参数表

型号	N/T	n/T	S/m²	L/m	R_2/Ω	C_2/F
TH-MHC	50	150	8.0×10^{-5}	6.0×10^{-2}	1.00×10^{4}	2.0×10^{-5}
DH4516	150	150	7.5×10^{-5}	7.5×10^{-2}	1.00×10^{4}	2.0×10^{-5}

预习思考题

1. 如果示波器上出现的磁滞回线顶点在坐标系二、四象限,怎样改动一下图 3-12-5 中连线可使顶点落在一、三象限?

2. 测样品的基本磁化曲线能否让示波器不工作在 X-Y 方式而是 Y-T 方式?请解释.

讨论思考题

1. 根据测量线路中的 R_2 和 C_2 的值,核算一下由 R_2 和 C_2 组成的积分电路的时间常数,是否满足 $R_2C_2 \gg \dfrac{1}{2\pi f}$?

2. 如果使用样品 1 的材料制造一只电源(50 Hz)变压器,变压器铁芯的体积为 200 cm³,工作时其线圈电流与其铁芯磁路的"A/m"数据与实验中"测磁滞回线"情况正好相同,问工作时变压器的磁滞损耗约为多少瓦?铁芯中磁通密度为多少高斯?

拓展阅读

[1] 戎昭金,张霁,刘金寿,等. 示波器法测磁滞回线实验的研究[J]. 大连大学学报,2004,25(04):25-28.

[2] 宋秀花. 测定磁滞回线的新方法[J]. 河南大学学报:自然科学版,1995,25(01):76.

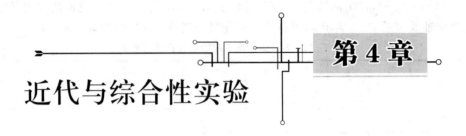

第4章 近代与综合性实验

4.1 声速测量

引言

声波是一种在弹性介质中传播的纵波,声速是描述声波在介质中传播特性的一个基本物理量.声速的测量方法可分为两大类:① 直接法(脉冲法),利用关系式 $v = s/t$,测出传播距离 s 和所需时间 t 后,即可算出声速 v;② 间接法(波长-频率法),利用关系式 $v = f\lambda$,测出其频率 f 和波长 λ 来计算声速 v.本实验采用的共振干涉法和相位比较法属于后一类.

超声波的频率范围为 $2 \times 10^4 \sim 10^8$ Hz,由于波长短,易于定向发射,在超声波段进行声速测量比较方便.实际应用中超声波传播速度对于超声波测距、定位,测液体流速、比重、溶液的浓度,测材料弹性模量,测量气体温度变化等都有重要意义.

实验目的

1. 掌握用不同方法测量声速的原理和技术.
2. 进一步熟悉示波器和信号源的使用方法.
3. 了解发射和接收超声波的原理和方法.
4. 加深对纵波波动和驻波特性的理解.

实验原理

1. 超声波的产生与接收.

超声波的产生与接收可以由两只结构完全相同的超声压电陶瓷换能器分别完成.压电陶瓷换能器可以实现声压和电压之间的转换;它主要由压电陶瓷环片、轻金属铝(做成喇叭形状,增加辐射面积)和重金属(如铁)组成.超声波的产生是利用压电陶瓷的逆压电效应,在交变电压作用下,压电陶瓷纵向长度周期性地伸缩,产生机械振动而在空气中激发出超声波.超声波的接收是利用压电陶瓷的正压电效应使声压变化转变为电压的变化.

压电换能器系统有其固有的谐振频率 f,当输入电信号的频率接近谐振频率时,压电换能器产生机械谐振,等于谐振频率时,它的振幅最大,作为波源其辐射功率就最大;当外加强迫力以谐振频率迫使压电换能器产生机械谐振时,它作为接收器转换的电信号最强,即灵敏度最高.

本实验中,压电换能器的谐振频率在 $35 \sim 39$ kHz 范围内,相应的超声波波长约为 1 cm.

由于波长短,而发射器端面直径比波长大得多,因此定向发射性能好,离发射器端面稍远处的声波可以近似认为是平面波.

2. 测量声速的实验方法.

声波的传播速度 v 可以由声波频率 f 和波长 λ 求出:
$$v = f\lambda, \tag{4-1-1}$$
其中声波频率 f 可由信号发生器的显示屏读出. 实验中的主要任务就是测声波波长,可以用下面两种方法测量.

(1) 共振干涉法测波长.

测量装置如图 4-1-1 所示(CH1 断开,仅观察 CH2 的信号),由于压电换能器发出的超声波近似于平面声波,当接收器端面垂直于波的传播方向时,从接收端面反射的波与入射波叠加,当两波相互干涉形成驻波时,反射面处为介质振动位移的波节. 由纵波的性质可以证明,"位移节"处是声压的波腹,也即反射面为"声压腹".

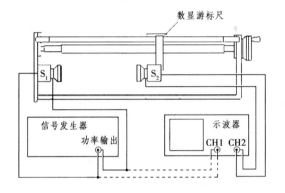

图 4-1-1　声速测量实验装置　　图 4-1-2　接收器端面声压和位置的变化关系

对于固定位置的发射器 S_1,沿声波传播方向移动接收器 S_2 时,接收端面声压 $P(x)$ 的变化和接收器位置 x 的关系可从实验中测出,如图 4-1-2 所示. 当接收器处于一系列特定位置上时,介质中出现稳定的驻波共振现象,此时接收面上的声压达到极大值. 可以证明,接收面两相邻声压极大值之间的距离 l 即为半波长 $\lambda/2$(相邻两极小值之间的距离也为 $\lambda/2$,但极小值不如极大值尖锐). 因此,若保持频率 f 不变,通过测量相邻两次接收信号达到极大值时接收面所移动的距离 l,求得 $\lambda = 2l$,就可以代入(4-1-1)式计算声速 $v = 2fl$.

(2) 相位比较法测波长.

波是振动状态的传播,也可以说是相位的传播. 沿传播方向上的任何两点,如果其振动状态相同,即两点的相位差为 2π 的整数倍,这时两点间的距离 s 应等于波长 λ 的 n(整数)倍,即
$$s = n\lambda. \tag{4-1-2}$$

利用(4-1-2)式可以精确地测量波长. 由于发射器发出的是近似于平面波的声波,当接收器端面垂直于波的传播方向时,其端面上各点都具有相同的相位. 沿传播方向移动接收器,可以找到一些位置使得接收到的信号与发射器的激励电信号同相,相邻两次达到同相时,接收器所移动的距离必然等于声波的波长.

为了判断相位差并且测定波长,可以利用示波器同时显示发射器和接收器的信号波形,并且沿波传播方向移动接收器寻找接收器和发射器信号的同相点. 也可以利用李萨如图形判断相位差,如图 4-1-3 所示. 当这两信号同相或反相时,李萨如图形由椭圆退化为第一、三象限

或者第二、四象限的倾斜直线,利用李萨如图形形成斜直线来判断相位差更为敏锐.沿波传播方向移动接收器,当相位差改变 π 时相应距离的改变量 l 即为半波长($\lambda/2$).

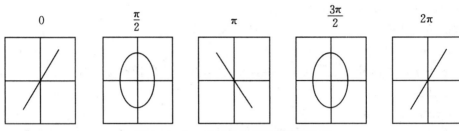

图 4-1-3　不同相位差的李萨如图形

3. 声波在空气中的传播速度.

把空气近似当作理想气体时,声波在空气中的传播过程可以认为是绝热过程,其传播速度为

$$v = \sqrt{\frac{\gamma R T}{M}}, \quad (4-1-3)$$

式中 $\gamma = C_p/C_V$,称为比热比(气体定压比热与定容比热之比),$R = 8.314$ J/(mol·K),称为普适气体常数,T 为绝对温度,M 为气体的摩尔质量.

正常情况下,干燥空气的平均摩尔质量为 28.964×10^{-3} kg/mol,在标准状况下干燥空气中的声速为 $v_0 = 331.45$ m/s,而在室温 t ℃ 时,干燥空气中的声速为

$$v = v_0 \sqrt{1 + \frac{t}{273.15}}. \quad (4-1-4)$$

实际空气并不是完全干燥的,总含有一些水蒸气.经过对空气平均摩尔质量和比热比 γ 的修正,校正后的声速公式为

$$v = 331.45 \sqrt{\left(1 + \frac{t}{273.15}\right)\left(1 + 0.319\,2\,\frac{p_w}{p}\right)}, \quad (4-1-5)$$

式中 p_w 为水蒸气的分压强,可以根据干湿温度计的温差值从附表中查出;p 为大气压强,由气压表(计)读出.

实验仪器

信号发生器,双踪示波器,综合声速测定仪,干湿温度计,气压表(计).

实验内容

1. 共振法测声速.

(1) 将接收器 S_2 稍稍移开,与发射器 S_1 相距 6 cm.

(2) 按图 4-1-1 连接好各仪器."CH1"断开.

(3) 将换能器系统调到谐振状态:示波器置于"CH2"接通状态,接收器 S_2 信号输入示波器"CH2",适当选择"CH2"VOLTS/DIV 值,信号发生器频率从 33 kHz 到 39 kHz,由高向低数位调节,直到换能器产生共振,"电-声-电"转换最强,荧光屏显示 Y 向亮线最大时,换能器系统到达谐振状态.记录频率值 f,理论上信号频率不再改变,但是实际实验中,由于信号发生器不稳定,可能存在频率漂移情况,则需要每次测量时记录对应的频率值.

(4) 缓慢移远接收器,观察亮线高度变化,每当接收信号出现峰值时,记录接收器位置 x_i,由于峰值的判断可能出现偏差,建议最初的两组数据舍去,连续记录 16 个数据(参考表 4-1-1).

第4章 近代与综合性实验

2. 相位比较法测声速.

按共振法测声速(1),(2),(3)操作,"CH1"接通,即发射器 S_1 信号输入"CH1",适当选择"CH1""CH2"VOLTS/DIV 值,屏上出现大小合适的李萨如图形,缓慢移远接收器,每当李萨如图形由椭圆变为直线时(包括正、负斜率两种情况),记录接收器位置 x_i,连续记录 16 个数据(参考表 4-1-1).

3. 测气压和室温.

(1) 记录气压计指示的气压 p.

(2) 记录干湿温度计分别指示的干(室)温 t(℃)和湿温 t'(℃),根据干、湿温度差从附表中查出空气中的水蒸气压 p_w.

表 4-1-1 共振法(相位比较法)测声速数据记录

实验频率 $f =$ _____ kHz $\Delta_{f仪} =$ _____ kHz $\Delta_{x仪} =$ _____ mm

干温即实验室温度 $t =$ _____ ℃ 干湿温差 $t - t' =$ _____ ℃ $p_w =$ _____ mmHg $p =$ _____ mmHg

测量次数 i	位置 x_i/mm	测量次数 i	位置 x_i/mm	$L_i = (x_{i+8} - x_i)$/mm
1		9		
2		10		
3		11		
4		12		
5		13		
6		14		
7		15		
8		16		

数据处理

对以上测量方法所得数据按以下步骤计算:

1. 用逐差法计算 L_i,并求其平均值 $\bar{L}$ 及不确定度 $U(L)$.
2. 计算波长平均值 $\bar{\lambda}$ 及不确定度 $U(\lambda)$.
3. 计算声速平均值 $\bar{v}$ 及不确定度 $U(v)$.
4. 写出声速的测量结果,即 $v = \bar{v} \pm U(v)$.
5. 计算声速的理论值 $v_{理} = 331.45\sqrt{\left(1 + \dfrac{t}{273.15}\right)\left(1 + 0.319\,2\,\dfrac{p_w}{p}\right)}$.
6. 将实验值与理论值进行比较,计算出相对误差.

预习思考题

怎样确定换能系统的谐振频率?

拓展阅读

[1] 张宝峰,刘裕光,张涛华.声速测量实验中界面反射问题的探讨[J].物理实验,2001,21(08):10-12.

[2] 贺梅英,黄沛天.声速测量实验中声波衰减现象的研究[J].物理测试,2007,25(01):27-28.

[3] 陈洁,苏建新.声速测量实验有关问题的研究[J].物理实验,2008,28(06):31-33.

[4] 张涛,吴胜举,张永元.空气中声速测量实验研究[J].陕西师范大学学报:自然科学版,2004,32(01):44-46.

干湿温度计

表 4-1-2　干湿球温度计测定空气中实有水蒸气压对照表

t/℃ \ $(t-t')$/℃ \ p_w/mmHg	0	1	2	3	4	5	6	7	8	9	10
0	4.6	3.7	2.9	2.1	1.3	0.5					
1	4.9	4.1	3.2	2.4	1.6	0.8					
2	5.3	4.4	3.6	2.7	1.9	1.1	0.3				
3	5.7	4.8	3.9	3.1	2.2	1.4	0.6				
4	6.1	5.2	4.3	3.4	2.6	1.8	0.9				
5	6.5	5.6	4.7	3.8	2.9	2.1	1.2				
6	7.0	6.0	5.1	4.2	3.3	2.4	1.6				
7	7.5	6.5	5.5	4.6	3.7	2.8	1.9	1.1	0.2		
8	8.0	7.0	6.0	5.0	4.1	3.2	2.3	1.4	0.6		
9	8.6	7.5	6.5	5.5	4.5	3.6	2.7	1.8	0.9		
10	9.2	8.1	7.0	6.0	5.0	4.0	3.1	2.2	1.3		
11	9.8	8.7	7.6	6.5	5.5	4.5	3.5	2.6	1.7		
12	10.5	9.3	8.2	7.1	6.0	5.0	4.0	3.0	2.1	1.2	0.3
13	11.2	10.0	8.8	7.6	6.6	5.5	4.5	3.5	2.5	1.6	0.6
14	12.0	10.8	9.5	8.4	7.2	6.1	5.0	4.0	3.0	2.0	1.1
15	12.8	11.5	10.2	9.1	7.9	6.7	5.5	4.5	3.5	2.5	1.5
16	13.6	12.3	11.0	9.8	8.5	7.3	6.2	5.1	4.0	3.0	2.0
17	14.5	13.1	11.6	10.5	9.2	8.1	6.8	5.7	4.6	3.6	2.5
18	15.5	14.0	12.0	11.3	10.0	8.7	7.5	6.4	5.2	4.1	3.0
19	16.5	15.0	13.5	12.1	10.8	9.4	8.2	6.9	5.8	4.6	3.5
20	17.6	16.1	14.6	13.0	11.7	10.3	8.9	7.6	6.4	5.2	4.1
21	18.7	17.1	15.5	13.9	12.5	11.1	9.7	8.5	7.2	6.0	4.8
22	19.9	18.1	16.5	14.9	13.4	12.0	10.6	9.2	7.9	6.6	5.4
23	21.1	19.3	17.6	16.0	14.4	12.9	11.5	10.1	8.7	7.4	6.1
24	22.4	20.6	18.8	17.2	15.5	14.0	12.4	11.0	9.5	8.2	6.9
25	23.8	21.9	20.1	18.3	16.6	15.0	13.4	11.9	10.4	9.1	7.7
26	25.2	23.3	21.4	19.6	17.8	16.1	14.5	13.0	11.4	9.9	8.5
27	26.8	24.8	22.8	21.0	19.0	17.3	15.6	14.0	12.4	10.9	9.4
28	28.4	26.3	24.2	22.2	20.3	18.5	16.8	15.1	13.4	11.9	10.4
29	30.1	27.9	25.7	23.7	21.7	19.8	18.0	16.3	14.6	13.0	11.4
30	31.9	29.6	27.3	25.3	23.2	21.2	19.3	17.5	15.7	14.0	12.4

注:其中 t 表示干温度计的读数;$t-t'$ 为干湿温度计读数差;p_w 以 mmHg 表示,1 mmHg = 133.332 Pa.

干湿温度计由"干"和"湿"两根温度计组合而成,并刻有摄氏和华氏两种温标.干温度计直接测出室温下空气的温度.湿温度计的测温球上裹着湿纱布,纱布下端浸泡在水槽中.由于湿布上水蒸发需要吸热,湿温度计指示的温度要低于干温度计的示值.干湿两温度计的差值反映了环境空气中的湿度和实有水蒸气压的大小. 两温度计的差值越大,说明湿布上水分蒸发越快,则湿度较低,即水蒸气压越小.

分别记录干、湿温度计的摄氏温度示值 t 和 t',并算出差值 $t-t'$,利用干温度计读数 t 和差值 $t-t'$,查附表可得出空气中实有水蒸气压 p_w.

使用前应检查湿温度计是否浸在水中. 测温度时不要用手触摸温度计,不要靠得太近,以免引起温度变化而测不准.

4.2 多普勒效应综合实验

引言

当波源和接收器之间有相对运动时,接收器接收到的波的频率与波源发出的频率不同的现象称为多普勒效应. 多普勒效应在科学研究、工程技术、交通管理和医疗诊断等方面都有十分广泛的应用. 例如,原子、分子和离子由于热运动使其发射和吸收的光谱线变宽,即所谓多普勒增宽. 在天体物理和受控热核聚变实验装置中,光谱线的多普勒增宽已成为一种分析恒星大气及等离子体物理状态的重要测量和诊断手段. 基于多普勒效应原理的雷达系统已广泛应用于导弹、卫星和车辆等运动目标速度的监测. 在医学上利用超声波的多普勒效应来检查人体内脏的活动情况、血液的流速等. 电磁波(光波)与声波(超声波)的多普勒效应原理是一致的. 本实验既可研究超声波的多普勒效应,又可利用多普勒效应将超声探头作为运动传感器,研究物体的运动状态.

实验目的

1. 测量超声接收器运动速度与接收频率之间的关系,验证多普勒效应,并由频率-速度关系直线的斜率求声速.

2. 利用多普勒效应测量物体运动过程中多个时间点的速度,查看速度-时间关系曲线,或调阅有关测量数据,即可得出物体在运动过程中的速度变化情况,可研究:

(1) 自由落体运动,并由速度-时间关系直线的斜率求重力加速度.

(2) 简谐振动,可测量简谐振动的周期等参数,并与理论值比较.

(3) 匀加速直线运动,测量力、质量与加速度之间的关系,验证牛顿第二定律.

实验原理

1. 超声波的多普勒效应.

根据声波的多普勒效应公式,当声源与接收器之间有相对运动时,接收器接收到的频率 f 为

$$f = f_0 \frac{u + V_1 \cos \alpha_1}{u - V_2 \cos \alpha_2}, \qquad (4-2-1)$$

式中 f_0 为声源发射频率,u 为声速,V_1 为接收器运动速率,V_2 为声源运动速率,α_1 为声源与接收器连线与接收器运动方向之间的夹角,α_2 为声源与接收器连线与声源运动方向之间的夹角,如图 4-2-1 所示.

若声源保持不动,运动物体上的接收器沿声源与

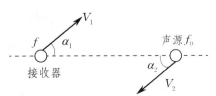

图 4-2-1 超声多普勒效应示意图

接收器连线方向以速率 V 运动,则从(4-2-1)式可得接收器接收到的频率应为

$$f = \frac{u+V}{u} f_0 \quad \text{或} \quad f = \frac{f_0}{u} V + f_0. \qquad (4-2-2)$$

当接收器向着声源运动时,V 取正,反之取负.

若 f_0 保持不变,以光电门测量物体的运动速度,并由仪器对接收器接收到的频率自动计数,根据(4-2-2)式,作 f-V 关系图可直观验证多普勒效应,且由实验点作直线,其斜率应为 $k = f_0/u$,由此可计算出声速 $u = f_0/k$.

由(4-2-2)式可得

$$V = u\left(\frac{f}{f_0} - 1\right). \qquad (4-2-3)$$

若已知声速 u 及声源频率 f_0,通过设置使仪器以某种时间间隔对接收器接收到的频率 f 采样计数,由微处理器按(4-2-3)式计算出接收器运动速度,由显示屏显示 V-t 关系图,或调阅有关测量数据,即可得出物体在运动过程中的速度变化情况,进而对物体运动状况及规律进行研究.

2. 超声波的红外调制与接收.

实验中,对接收器收到的超声信号采用了无线红外调制-发射-接收方式,即用超声接收器收到的信号对红外波进行调制后发射,固定在运动导轨一端的红外接收端接收红外信号后,再将超声信号解调出来. 由于红外发射-接收的过程中信号的传输是光速,远远大于声速,它引起的多普勒效应可忽略不计. 信号的调制-发射-接收-解调,在信号的无线传输过程中是一种常用的技术.

实验仪器

多普勒效应综合实验仪由实验仪、超声发射／接收器、红外发射／接收器、导轨、运动小车、支架、光电门、电磁铁、弹簧、滑轮、砝码及小车控制器等组成. 实验仪内置微处理器,带有液晶显示屏,图 4-2-2 所示为实验仪的面板图.

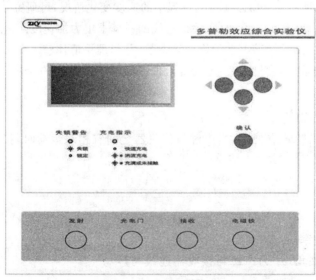

图 4-2-2 多普勒实验仪面板图

实验仪采用菜单式操作,显示屏显示菜单及操作提示,由▲▼◀▶键选择菜单或修改参数,按"确认"键后仪器执行.可在"查询"页面,查询到在实验中已保存的实验的数据.操作者只需按每个实验的提示即可完成操作.

仪器面板上有两个指示灯.

失锁警告指示灯.亮,表示频率失锁,即接收信号较弱,此时不能进行实验,需调整让该指示灯灭;灭,表示频率锁定,即接收信号能够满足实验要求,可以进行正常实验.

充电指示灯.灭,表示正在快速充电;亮(绿色),表示正在涓流充电;亮(黄色),表示已经充满;亮(红色),表示充电针未接触.

实验内容

1. 验证多普勒效应并由测量数据计算声速.

实验装置如图 4-2-3 所示,让小车以不同速度通过光电门,仪器自动记录小车通过光电门时的平均运动速度及与之对应的平均接收频率.由仪器显示的 f-V 关系图可看出速度与频率的关系,若测量点成直线,符合(4-2-2)式描述的规律,即直观验证了多普勒效应.用作图法或线性回归法计算 f-V 直线的斜率 k,由 k 计算声速 u 并与声速的理论值 u_0 比较,计算其相对误差.

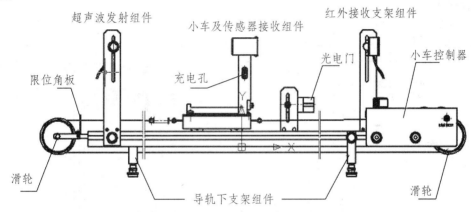

图 4-2-3 验证多普勒效应

(1)将组件电缆接入实验仪的对应接口上.通过连接线给小车上的传感器充电,第一次充电时间约 6~8 s,充满后(仪器面板充电灯变黄色或红色)可以持续使用 4~5 min.充电完成后连接线从小车上取下,以免影响小车运动.

(2)实验仪开机后,首先要求输入室温.因为计算物体运动速度时要代入声速,而声速是温度的函数.利用◀▶将室温 t_c(℃)值调到实际值,按"确认".然后仪器将进行自动检测调谐频率 f_0,约几秒钟后将自动得到调谐频率,将此频率 f_0 记录下来,按"确认"进行后面实验.

(3)在液晶显示屏上,选中"多普勒效应验证实验",并按"确认".利用▶键修改"测试总次数"(选择范围 5~10,一般选 5 次),按▼,选中"开始测试",并按"确认".

(4)在小车控制器上按"变速"键选择小车速度挡,再按"启动"键,测试开始进行,仪器自动记录小车通过光电门时的平均运动速度及与之对应的平均接收频率.

(5)每一次测试完成,都有"存入"或"重测"的提示,可根据实际情况选择,"确认"后回到测试状态,并显示测试总次数及已完成的测试次数.

(6) 通过小车控制器上的"变速"键改变小车速度挡,再按"启动"键,进行第二次测试.

(7) 完成设定的测量次数后,仪器自动存储数据,并显示 $f\text{-}V$ 关系图及测量数据.

2. 研究自由落体运动并求自由落体加速度.

如图 4-2-4 所示,让带有超声接收器的接收组件自由下落,利用多普勒效应测量物体运动过程中多个时间点的速度,查看 $V\text{-}t$ 关系曲线,并调阅有关测量数据,即可得出物体在运动过程中的速度变化情况,进而计算自由落体加速度.

(1) 对接收组件充电. 充电时,让电磁阀吸住接收组件,并让该接收组件上的充电部分和电磁阀上的充电针接触良好. 充满电后,将接收组件脱离充电针,下移悬挂在电磁铁上.

(2) 在液晶显示屏上,用▼选中"变速运动测量实验",并按"确认".

(3) 利用▶键修改"测量点总数",通常选 10～20 个点(选择范围 8～150). 按▼键,选择"采样步距",利用▶键确定"采样步距"δ(单位:ms)(选择范围 10～100 ms). 按▼键,选中"开始测试".

(4) 按"确认"后,电磁铁释放,接收组件自由下落. 测量完成后,显示屏上显示 $V\text{-}t$ 图,用▶键选择"数据",阅读并记录测量结果.

(5) 在结果显示界面中用▶键选择"返回","确认"后重新回到测量设置界面. 可按以上程序进行新的测量.

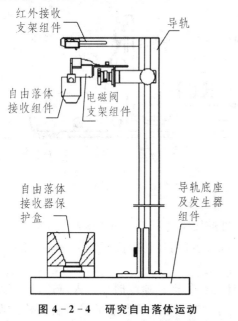

图 4-2-4 研究自由落体运动

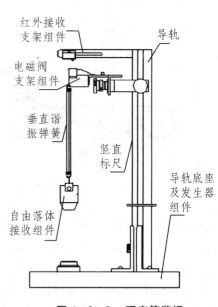

图 4-2-5 研究简谐振

3. 研究简谐振动并确定弹簧振子的角频率.

(1) 静力学方法.

① 如图 4-2-5 所示,先在轻弹簧的下端挂质量为 m 的物体,达到平衡时,测出弹簧末端在竖直标尺上的位置 x_1.

② 取下物体,挂上质量为 M 的接收组件,当其达到平衡时,测出弹簧末端在竖直标尺上的位置 x_2.

③ 由 $k = \dfrac{M-m}{x_2-x_1}g$ 和 $\omega = \sqrt{\dfrac{k}{M}}$ 求弹簧振子的角频率.

(2) 运动学方法.

① 在液晶显示屏上,用▼选中"变速运动测量实验",并按"确认".

② 利用▶键修改"测量点总数"(选择范围 8～150). 按▼键,选择"采样步距",并利用▶键确定"采样步距"δ(单位:ms)(选择范围 10～100 ms). 按▼键,选中"开始测试".

③ 将接收组件从平衡位置垂直向下拉约 5～10 cm,松手让接收组件自由振动,然后按"确认",接收组件开始做简谐振动. 实验仪按设置的参数自动采样,测量完成后,显示屏上出现速度随时间变化关系的曲线.

④ 用▶键选择"数据",查阅数据,记录第 1 次速度达到最大时的采样次数 $N_{1\max}$ 和第 11 次速度达到最大时的采样次数 $N_{11\max}$,利用公式 $T = \delta \times 10^{-3}(N_{11\max} - N_{1\max})/10$(单位:s) 和 $\omega = 2\pi/T$ 就可计算实际测量的运动周期 T(单位:s) 及角频率 ω(单位:s^{-1}),并可与静力学方法所得 ω 进行比较.

⑤ 在结果显示界面中用▶键选择"返回","确认"后重新回到测量设置界面. 可按以上程序进行新的测量.

4. 研究匀变速直线运动并验证牛顿第二运动定律.

如图 4-2-6 所示,质量为 M 的接收组件,与质量为 m 的砝码托及砝码悬挂于滑轮的两端($M > m$),滑轮、接收组件和砝码组件所组成系统的受力情况如下:滑轮、接收组件和砝码组件的重力,滑轮轴对滑轮的支撑力,滑轮两侧绳中的张力,以及滑轮和轴间的摩擦力. 其中摩擦阻力的大小与接收组件对细绳的张力成正比,比例系数为 C.

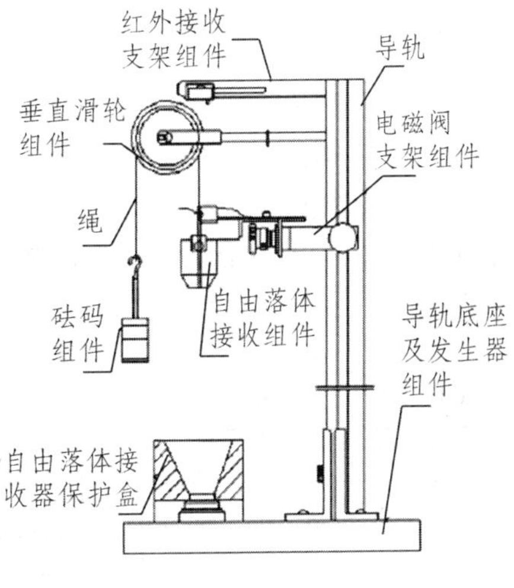

由牛顿第二定律和转动定律可推出图 4-2-6 所示系统中的接收组件和砝码组件的加速度大小为

$$a = \frac{(1-C)M - m}{(1-C)M + m + J/R^2}g,$$

其中 J 为滑轮的转动惯量,R 为滑轮绕线槽半径. 在实验系统中,$C = 0.07, J/R^2 = 0.014$ kg.

图 4-2-6 研究匀变速直线运动

实验时,改变砝码组件的质量 m,记录不同 m 时系统的 V-t 曲线和数据,由记录数据求得系统的 V-t 直线的斜率,即可得到不同 m 时系统的加速度 a 的大小.

以不同 m 时系统的加速度 a 的大小为纵轴、$[(1-C)M - m]/[(1-C)M + m + J/R^2]$ 为横轴作图,若为线性关系,则符合由理论推导所得到的规律,即验证了牛顿第二定律,且直线的斜率应为重力加速度.

实验步骤如下:

(1) 选定砝码组件质量 m. 在液晶显示屏上,用▼选中"变速运动测量实验",并按"确认".

(2) 利用▶键修改"测量点总数"(选择范围 8～150). 按▼键,选择"采样步距",并利用▶键确定"采样步距"δ(单位:ms)(选择范围 10～100 ms). 按▼键,选中"开始测试".

(3) 按"确认"后,磁铁释放,接收器组件拉动砝码做垂直方向的运动. 测量多个时间点的速度完成后,显示屏上出现测量结果. 用▶键选择"数据",查阅并记录数据.

(4) 在结果显示界面中用▶键选择"返回","确认"后重新回到测量设置界面. 改变砝码质量, 按以上程序进行新的测量.

数据处理

1. 验证多普勒效应并由测量数据计算声速.

表 4-2-1　多普勒效应的验证与声速的测量

$t_c = $ _____ ℃　　$f_0 = $ _____ Hz

测量数据						直线斜率 k /(/m)	声速测量值 $u = f_0/k$ /(m/s)	声速理论值 u_0 /(m/s)	相对误差 $(u-u_0)/u_0$
次数 i	1	2	3	4	5				
V_i/(m/s)									
f_i/Hz									

将测量数据填入表 4-2-1, 并做相应计算.

f-V 直线的斜率用线性回归法计算, 公式如下:

$$k = \frac{\overline{V_i \times f_i} - \overline{V_i} \times \overline{f_i}}{\overline{V_i^2} - \overline{V_i}^2}.$$

声速理论值由 $u_0 = 331(1 + t_c/273)^{1/2}$ (m/s) 计算.

2. 研究自由落体运动, 求自由落体加速度.

将测量数据记入表 4-2-2 中, 由测量数据求得 V-t 直线的斜率即为重力加速度 g. 为减小偶然误差, 可作多次测量, 将测量的平均值作为测量值, 并将测量值与理论值比较, 求相对误差.

表 4-2-2　自由落体运动的测量

采样步距 $\delta = 40$ ms

采样次数 i	2	3	4	5	6	7	8	9	g /(m/s²)	平均值 $\overline{g}$ /(m/s²)	理论值 g_0 /(m/s²)	相对误差 $(\overline{g}-g_0)/g_0$
$t_i = 0.04(i-1)$ /s	0.04	0.08	0.12	0.16	0.20	0.24	0.28	0.32				
V_i												
V_i												
V_i												
V_i												

表 4-2-2 中, $t_i = \delta \times 10^{-3}(i-1)$ (单位: s), t_i 为第 i 次采样与第 1 次采样的时间间隔, δ (单位: ms) 表示采样步距.

各组 V-t 直线的斜率即为重力加速度 g, 用线性回归法计算, 公式如下:

$$g_i = \frac{\overline{t_i \times V_i} - \overline{t_i} \times \overline{V_i}}{\overline{t_i^2} - \overline{t_i}^2}.$$

3. 研究简谐振动, 确定超声接收器组件与轻弹簧构成的弹簧振子系统的角频率.

将测量数据记入表 4-2-3 中, 并完成相应计算.

第 4 章 近代与综合性实验

表 4-2-3 简谐振动的测量

采样步距 $\delta = 100$ ms   砝码组件质量 $m =$ _____ kg

M /kg	Δx /(m)	$k=(M-m)g/\Delta x$ /(kg/s^2)	$\omega_0 = (k/M)^{1/2}$ /(1/s)	$N_{1\max}$	$N_{11\max}$	$T=0.10(N_{11\max}-N_{1\max})/10$ /s	$\omega = 2\pi/T$ /(1/s)	相对误差 $(\omega-\omega_0)/\omega_0$ (%)

表 4-2-3 中 M 为接受组件的质量,Δx 为在拉力 $F=(M-m)g$ 作用下弹簧的伸长量.

4. 研究匀变速直线运动,验证牛顿第二运动定律.

将各组测量结果填入表 4-2-4,并完成相应计算.

(1) 各组 V-t 直线的斜率即为加速度 a,用线性回归法计算,公式如下:

$$a_i = \frac{\overline{t_i \times V_i} - \overline{t_i} \times \overline{V_i}}{\overline{t_i^2} - \overline{t_i}^2}.$$

表 4-2-4 匀变速直线运动的测量

采样步距 $\delta = 50$ ms $M =$ _____ kg $C = 0.07$ $J/R^2 = 0.014$ kg

采样次数 i	2	3	4	5	6	7	8	9	a /(m/s^2)	m /kg	$[(1-C)M-m]/$ $[(1-C)M+m+J/R^2]$
$t_i = 0.05(i-1)$ /s	0.05	0.10	0.15	0.20	0.25	0.30	0.35	0.40			
V_i											
V_i											
V_i											
V_i											
V_i											

表 4-2-4 中,$t_i = \delta \times 10^{-3}(i-1)$(单位:s),$t_i$ 为第 i 次采样与第 1 次采样的时间间隔,δ(单位:ms) 表示采样步距.

(2) 以表 4-2-4 得出的加速度 a 为纵轴、$[(1-C)M-m]/[(1-C)M+m+J/R^2]$ 为横轴作图,若为线性关系,则符合由理论推导所得到的规律,即验证了牛顿第二定律,且直线的斜率应为重力加速度.

根据两点求斜率的方法求 k,即重力加速度 g,

$$k = g = \underline{\qquad\qquad} = \underline{\qquad\qquad\qquad} \text{ m/s}^2.$$

相对误差: $\dfrac{g-9.8}{9.8} \times 100\% = \underline{\qquad\qquad} = \underline{\qquad\qquad} \%$.

也可用线性回归法计算,公式如下:

$$k = g = \frac{\overline{b_i \times a_i} - \overline{b_i} \times \overline{a_i}}{\overline{b_i^2} - \overline{b_i}^2},$$

其中 $b_i = [(1-C)M-m_i]/[(1-C)M+m_i+J/R^2]$.

注意事项

1. 测量前,必须对超声接收器(固定在小车或落体组件上)进行充电. 若测量时间过长,应注意超声接收器是否缺电,并及时对其充电.

2. 对固定在落体组件上的超声接收器充满电后,应将其脱离充电针,下移悬挂在电磁铁上后,再进行测量.

3. 砝码应在砝码托上固定好,以免砝码在砝码组件快速上升过程中飞出,造成安全事故.

预习思考题

1. 什么是多普勒效应?在日常生活中有什么现象是与多普勒效应相关的?举例说明.

2. 由牛顿第二定律和转动定律(或者由系统的角动量定理,或者由系统的功能关系)推出图 4-2-6 所示系统的加速度大小的表达式(提示:摩擦阻力大小与接收器组件对细绳的张力成正比,比例系数为 C).

讨论思考题

1. 在简谐振动研究中,若采样步距为 80 ms,记录的是第 1 次速度达到最大时的采样次数 N_{1max} 和第 5 次速度达到最大时的采样次数 N_{5max},则表 4-2-3 中的周期 T 的表达式应作怎样的变化(以秒为单位)?

2. 机械波和电磁波都有多普勒效应吗?两者有什么不同?

3. 固定测速装置发出频率为 100 kHz 的超声波,当汽车向测速装置行驶时,测速装置收到反射回来的波的频率为 110 kHz. 已知此路段限速为 80 km/h,空气中声速为 330 m/s. 请问该司机超速了吗?为什么?

拓展阅读

[1] 刘战存. 多普勒和多普勒效应的起源[J]. 物理,2003,32(7):488-491.

[2] 赵凯华. 不同参考系中多普勒效应公式的统一[J]. 大学物理,2006,25(7):1-3.

[3] 路峻岭,汪荣宝. 多普勒效应公式的简便推导[J]. 大学物理,2005,24(8):25-27.

[4] 张骞丹,田红心. GPS 系统多普勒频移估算的研究[J]. 无线电工程,2007,37(4):21-23.

[5] 代延村,李宇,常树龙,等. 高速移动条件下的多普勒频移估计与校正[J]. 现代电子技术,2011,34(20):120-124.

[6] 郑佃好. 基于多普勒原理的血流速度计设计[J]. 电子设计工程,2011,19(11):79-81.

4.3 菲涅耳双棱镜干涉实验

引言

杨氏干涉中所用的双孔的孔径很小,因而绝大部分光能损失了,故杨氏干涉条纹的亮度是很低的. 理论分析和实验发现,双孔可以扩展成双缝,但由于缝宽还是较小,因此大部分光能仍然被损失掉,可见杨氏干涉装置的光能利用率很低. 为了克服这个缺点,人们设计了其他干涉装置,利用几何光学规律把原始点光源向空间不同立体角发射的光束分别成像为两个"点"光源,干涉场中相干的光波可以认为来自这两个点光源,这无疑提高了光能利用率. 本实验主要介绍一种透射式的杨氏干涉改进装置——菲涅耳双棱镜,同时也介绍了另外的改进装置——比累对切双半透镜.

实验目的

1. 掌握获得杨氏双光束干涉的新方法.

2. 掌握在光学平台上进行光路调整的技术.

3. 学习用双棱镜测量光波波长.

实验原理

如图 4-3-1 所示,杨氏双孔 S_1 与 S_2 所在的干涉屏平面到观察屏的距离为 d,S_1 和 S_2 的距离为 l.若观察屏的中央 O 点到 S_1 和 S_2 距离相等,则由 S_1 和 S_2 发出的两束光的光程差 δ 也相等,在 O 点处两束光相互加强,形成中央明条纹.假定 P 点为观察屏上的任意一点,它距中央 O 点的距离为 x,当 $d \gg l$ 时,若

$$\delta = \frac{xl}{d} = m\lambda, \quad m = 0, \pm 1, \pm 2, \cdots$$

或

$$x = \frac{d}{l} m\lambda, \quad m = 0, \pm 1, \pm 2, \cdots, \tag{4-3-1}$$

两束光在 P 点相互加强,形成明条纹.若

$$\delta = \frac{xl}{d} = (2m+1)\frac{\lambda}{2}, \quad m = 0, \pm 1, \pm 2, \cdots$$

或

$$x = \frac{d}{l}(2m+1)\frac{\lambda}{2}, \quad m = 0, \pm 1, \pm 2, \cdots, \tag{4-3-2}$$

两束光在 P 点相互削弱,形成暗条纹.

相邻明(或暗)条纹间的距离为

$$\Delta x = x_{m+1} - x_m = \frac{d}{l}\lambda, \tag{4-3-3}$$

测出 d,l 和相邻明(或暗)条纹的距离 Δx 后,由(4-3-3)式即可求得波长 λ.

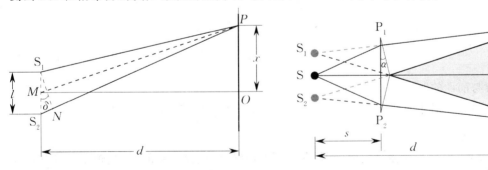

图 4-3-1 杨氏双孔干涉的光程差　　　　图 4-3-2 菲涅耳双棱镜

如图 4-3-2 所示,双棱镜是由两个折射角很小的直角棱镜组成.从点光源 S 射出的光经双棱镜两次折射,形成两束如同从虚光源 S_1 和 S_2 发出的频率相同、振动方向相同且在相遇点有恒定的相位差的相干光束,它们在空间传播时,相互叠加的部分将产生干涉.如果将一光屏 Ⅱ 放置在干涉区域的任何一个地方,则可在屏上看到明暗交替的干涉条纹.

因为棱镜顶角不大,可以不考虑像差.设棱镜材料的折射率为 n,顶角为 α,则根据几何光学的知识,可知棱镜所产生的角偏转近似为 $(n-1)\alpha$,如果 S 到棱镜 P_1 和 P_2 连接处的距离为 s,则 S_1 和 S_2 之间的距离为

$$l = 2s(n-1)\alpha. \tag{4-3-4}$$

菲涅耳双棱镜是一种杨氏干涉改进装置，点光源 S 相对双薄棱镜形成两个虚像 S_1 与 S_2，它们相当于杨氏干涉的两个孔。显然，这种对杨氏干涉的改进是一种透射式的改进。除此之外，还有一种透射式的改进——比累对切双半透镜，其结构如图 4-3-3 所示，一块透镜沿光轴对剖，在垂直于原光轴方向上相互移开一小段距离 a，这段小间隙可用不透明光屏挡住使之不透光。点光源 S 发出的光经透镜后，形成的两个像 S_1 和 S_2 如同两个光源，它们"发"出频率相同、振动方向相同且在相遇点有恒定的相位差的相干光束，在空间传播时，相互叠加的部分将产生干涉。同样，若将一光屏 Ⅱ 放置在干涉区域的任何一个地方，则可在屏上看到明暗交替的干涉条纹。

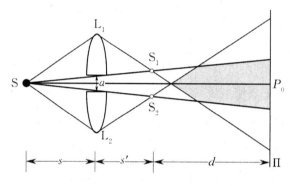

图 4-3-3　比累对切双半透镜

图 4-3-3 中的 S_1 与 S_2 也相当于杨氏干涉实验中的双孔。图中的阴影部分是干涉场。假设 s 为光源 S 到透镜的距离，f 为透镜的焦距，则 S_1 和 S_2 到透镜的距离 s' 可以由简单的透镜成像公式

$$\frac{1}{s} + \frac{1}{s'} = \frac{1}{f}$$

求得。若已知两个半透镜分开的距离为 a，则 S_1 和 S_2 之间距离为

$$l = \frac{a(s+s')}{s}. \tag{4-3-5}$$

其他的规律与前面的叙述相同。

本次实验只介绍菲涅耳双棱镜干涉，它相对来说操作简单，节省精力和时间。

实验仪器

He-Ne 激光器，半导体绿色激光器，菲涅耳双棱镜（双棱镜是圆的，其光轴是通过圆心并垂直于双棱镜底面的轴），放大镜，大头针或金属细丝，一维平移平台，直尺。

实验内容

1. 仪器、光路的调整。

（1）安置 He-Ne 激光器，使其发射的激光平行于实验台面和实验台的某一边（或实验台上的直尺）。

（2）在实验台上与 He-Ne 激光器相对的一端安置观察屏 Ⅱ，保证 Ⅱ 既垂直于激光光轴，又垂直于实验台台面。

（3）置双棱镜于实验台上，使双棱镜的底面与 He-Ne 激光器发射的激光光轴垂直，棱脊粗略地与实验台面垂直，同时也使双棱镜的光轴与 He-Ne 激光器发射的激光光轴同轴。

(4) 在实验台上，He-Ne 激光器出光窗和双棱镜之间并靠近双棱镜处安置焦距 $f=29$ mm 的凸透镜，使凸透镜与 He-Ne 激光器发射的激光光轴共轴.

(5) 绕系统光轴缓慢地向左或向右旋转双棱镜，使棱镜的棱脊与台面严格垂直；固定凸透镜不动，再调节双棱镜和凸透镜间的距离，在观察屏Ⅱ上将显现出清晰的干涉条纹，称之为双棱镜干涉条纹. 为了便于测量，在看到清晰的干涉条纹后，应将双棱镜反复前后移动，使干涉条纹宽度适当.

(6) 利用大头针或细金属线自制读数指针，安置在一维可平移平台上，结合放大镜进行测量. 将读数指针紧紧贴靠（但不要接触）在观察屏Ⅱ上有干涉条纹的地方，调节一维可平移平台的手轮，通过放大镜观察，使读数指针的针头（或金属细丝头）与某条干涉条纹的暗纹重合，如图 4-3-4 所示.

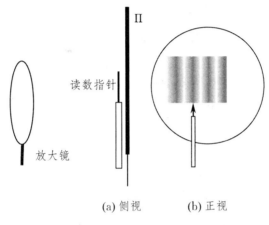

图 4-3-4 干涉条纹测量

2. 测量与计算.

(1) 按照图 4-3-4 所示，当读数指针的针头（或金属细丝头）与某条干涉条纹的暗纹重合时，记下一维可平移平台手轮的读数 l_m，再调节一维可平移平台的手轮，使读数指针的针头与另外某条暗纹重合，记下一维可平移平台手轮的读数 l_n，两者读数之差即为两条暗纹之间的距离 l，同时查一下两条暗纹间的暗纹数 k，所有数据记录入表 4-3-1.

(2) 用直尺仔细测量图 4-3-2 中的 s 和 d，已知 He-Ne 激光的波长为 632.8 nm，根据 (4-3-3) 和 (4-3-4) 两式反推算出 $(n-1)\alpha$. 相关数据填入表 4-3-1 中.

表 4-3-1 参数 $(n-1)\alpha$ 的测算

d	s	条纹数 k	条纹距离	条纹间距 Δx	$\overline{\Delta x}$	l	$(n-1)\alpha$

(3) 用半导体绿色激光器代替 He-Ne 激光器，其他条件不变，观察屏Ⅱ上将会重新显现出清晰的干涉条纹，测出条纹间距，计算绿色激光的波长 $\lambda_{绿}$. 相关数据填入表 4-3-2.

表 4-3-2 半导体绿色激光器激光波长的测量

l	d	条纹数 k	条纹距离	条纹间距 Δx	$\lambda_绿$	$\bar{\lambda}_绿$

数据处理

完成表 4-3-1 和表 4-3-2 的计算,求出表 4-3-2 的相对误差.

注意事项

1. 安装双棱镜时,动作要轻、稳,切勿用手触摸双棱镜表面.
2. 微调平移台手轮时要注意反向空程的调零.
3. 调节光路时,应防止激光射入眼睛,造成视网膜损伤.

预习思考题

1. 杨氏干涉装置的核心部位是什么?其作用是什么?
2. 双棱镜是怎样实现双光束干涉的?

讨论思考题

1. 干涉条纹的宽度、数目由哪些因素决定?
2. 影响干涉条纹清晰度的主要原因是什么?
3. 菲涅耳双棱镜和比累对切双半透镜都是透射式的杨氏干涉改进装置,它们的工作原理有什么不同?

拓展训练

利用菲涅耳双棱镜干涉如何测量钠光之类的普通单色光的波长?提出实验方案.

拓展阅读

[1] 王楚,汤俊雄.光学[M].北京:北京大学出版社,2001.
[2] 范希智.物理光学[M].北京:清华大学出版社,2016.

4.4 迈克耳孙干涉仪

引言

迈克耳孙所发明的干涉仪在近代物理和计量技术中起着很重要的作用.迈克耳孙和莫雷所做的以太漂移实验,以及用光谱线的波长来确定标准米的长度等,都是闻名于世的重要实验.后来,在迈克耳孙干涉仪的基础上发展出多种形式的干涉测量仪器,特别是激光问世后,提供了单色性非常好的光源,从而使迈克耳孙干涉原理获得了更为广泛的应用.

实验目的

1. 了解迈克耳孙干涉仪的原理和调整方法.
2. 测量光波的波长和钠双线波长差.

实验原理

1. 仪器的构造原理.

迈克耳孙干涉仪是利用分振幅法产生双光束以实现干涉的仪器,它的特点是光源、两个反射面和观察者四者在相互垂直的方向上各据一方,便于在光路中安插其他器件,可作精密检测. 图 4-4-1 所示为干涉仪实物图,图 4-4-2 所示为其光路图.

图 4-4-1 迈克耳孙干涉仪

1— 导轨；   2— 底座；
3— 水平调节螺丝；   4— 螺母；
5— 旋转手轮；   6— 读数窗口；
7— 微调手轮；   8— 刻度轮；
9— 移动拖板；
10— 固定反射镜 M_2；
11— 分光板；   12— 补偿板；
13— 角度微调拉簧螺丝；
14— 微调螺丝；
15— 移动镜 M_1；   16— 观察屏

M_1 和 M_2 为相互垂直的两个平面反射镜,M_1 可在精密导轨上前后移动,M_2 是固定的. G_1 是分光板,它的一面涂以半反半透膜. G_2 是补偿板,其厚度和折射率与 G_1 完全相同,它的作用是实现光程补偿,G_1,G_2 与 M_1,M_2 均成 $45°$.

从光源 S 发射的光射向分光板 G_1 后分为两束,一束反射至平面镜 M_1,另一束透过 G_1,G_2 射向平面镜 M_2. 经 M_1 和 M_2 反射至 G_1 后会聚成一组相干光. 人眼在 E 处(或者置一屏幕于 E 处)就可观察到干涉条纹.

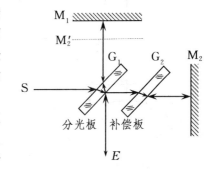

图 4-4-2 光路图

M_1 的移动是由一蜗轮蜗杆再经精密丝杆传动的,其最小读数为 10^{-4} mm,可估读到 10^{-5} mm,M_1 和 M_2 背面各有 3 个调节螺丝,用以调节镜面的方位. 实验中,M_1 后面 3 个螺丝通常已调好,实验时无需调节,M_2 的下端还有 2 个相互垂直的拉簧螺丝,就是微动螺丝,用于精细地调节镜面的方位. 实验时主要是要学会调整 M_2 的 5 个调节螺丝.

M_2' 为平面镜 M_2 被 G_1 反射所成虚像,从 E 处看,两束相干光相当于是从 M_1 和 M_2' 反射过来的,实际上,干涉图像与 M_1 和 M_2' 之间夹空气薄膜所产生的情况完全相同. 用迈克耳孙干涉仪可观察扩展光源产生的定域干涉条纹. 当 M_1 和 M_2' 严格平行时,出现等倾干涉条纹,条纹定域于无穷远;当调节 M_2 使之与 M_1 不严格垂直时,则 M_2' 与 M_1 形成一个夹角很小的空气劈尖,膜厚很小时可观察到等厚条纹,条纹定域于薄膜表面附近. 用迈克耳孙干涉仪还可以观察点光源产生的非定域干涉条纹.

2. 光波波长的测量.

当 M_1 和 M_2' 相互平行时(即 M_1 和 M_2 两镜面互相垂直时),点光源 S 会在平面镜 M_2 后形

成虚像 S_2,这个虚像又会由于分光板 G_1 的反射而成像在 M_2' 后面,即虚光源 S_2'.同理,点光源 S 通过 G_1 和 M_1 的虚像在 M_1 后面,即虚光源 S_1'.所以,从 E 处观察者看这个光源好像在 M_1 和 M_2' 的后面.点光源 S 经平面镜 M_1 和 M_2 反射相干的结果,可以等价地看作是虚光源 S_1' 和 S_2' 发出的光相干的结果,虚光源 S_1' 和 S_2' 发出的光波在相遇的空间处处相干,形成非定域干涉条纹,如图 4-4-3 所示.如果 M_1 和 M_2' 之间距离为 d,则 S_1' 和 S_2' 的距离为 $2d$,E 处观察屏垂直于 S_1' 和 S_2' 连线.

当点光源发出经 M_1 和 M_2' 反射的光线和轴线成 θ 角时,光程差

$$\delta = 2d\cos\theta. \tag{4-4-1}$$

当 $\delta = k\lambda$ 时,E 处观察屏上该点光强相加为明纹,当 $\delta = (2k+1)\dfrac{\lambda}{2}$ 时,该点光强相消成为暗纹.从图 4-4-3 可知,屏上 O 点处($\theta = 0$),两束光的光程差最大:$\delta = 2d$.随着距离 OA 的增加,光程差减小,因此屏上干涉条纹是一些环绕着 O 点的环形条纹.

当移动 M_1 的位置,使 M_1 与 M_2' 的距离 d 增加时,对于屏上某一级干涉条纹(如第 k 级明纹),会增加相应的 θ 角;因此,条纹将沿半径向外移动,从屏上会看到干涉环一个一个从圆心"冒"出来.反之,当 d 减小时,干涉环会一个一个向中心"缩"进去.每"冒"出或"缩"进一个干涉环,相应的光程差改变了一个波长,也就是 M_1 与 M_2' 之间距离变化了半个波长.若将 M_1 与 M_2' 之间距离改变 Δd,观察到 N 个干涉环变化,则显然有

$$\Delta d = N \cdot \dfrac{\lambda}{2} \tag{4-4-2}$$

或

$$\lambda = \dfrac{2\Delta d}{N}, \tag{4-4-3}$$

由此可测单色光的波长.

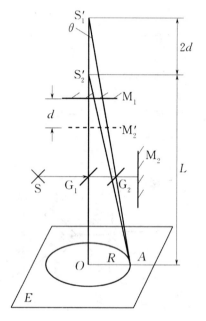

图 4-4-3 点光源产生的非定域干涉

3.测量钠双线波长差.

钠灯发出的黄光包含两条谱线,它们的波长分别是 $\lambda_1 = 589.0$ nm 和 $\lambda_2 = 589.6$ nm.用钠灯照射迈克耳孙干涉仪得到的等倾干涉圆条纹,是两种单色光分别产生的干涉图样的叠加.设开始时 λ_1 与 λ_2 的干涉图样同时加强,所以条纹最清晰.现移动 M_1 以改变光程差,由于两光的波长不同,这两组干涉条纹将逐渐错开,条纹在视场中变模糊.当一个光波的明条纹与另一光波的暗条纹恰好重叠时,干涉条纹消失.如此周期性变化,如图 4-4-4 所示.从条纹最清晰到条纹消失,M_1 移动所附加的光程差用 L_M 表示,则两套条纹有如下关系:

$$L_M = k\lambda_2 = \left(k + \dfrac{1}{2}\right)\lambda_1.$$

设 $\lambda = \dfrac{\lambda_1 + \lambda_2}{2}$,$\Delta\lambda = \lambda_2 - \lambda_1$,则

$$\lambda_1 = \lambda - \dfrac{\Delta\lambda}{2}, \quad \lambda_2 = \lambda + \dfrac{\Delta\lambda}{2},$$

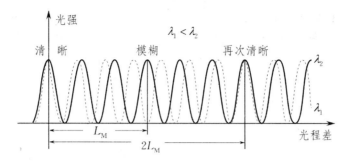

图 4-4-4 钠光双谱线

$$L_M = k\left(\lambda + \frac{\Delta\lambda}{2}\right) = \left(k + \frac{1}{2}\right)\left(\lambda - \frac{\Delta\lambda}{2}\right),$$

求解 k,得

$$k = \frac{\lambda}{2\Delta\lambda} - \frac{1}{4}.$$

L_M 可表示为

$$L_M = \frac{\lambda^2}{2\Delta\lambda} - \frac{\Delta\lambda}{8}.$$

因为第二项远远小于第一项,可忽略不计,则

$$\Delta\lambda = \frac{\lambda^2}{2L_M}. \quad (4-4-4)$$

故测得 L_M 即可由上式计算钠双线波长差.干涉条纹的清晰程度通常用反衬度 V 描述,条纹最清晰时 $V=1$,条纹消失时 $V=0$,钠光干涉条纹反衬度随光程差做周期变化.如图 4-4-5 所示.

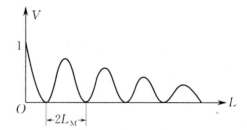

图 4-4-5 钠光干涉条纹反衬度随光程差做周期变化

实验仪器

迈克耳孙干涉仪,He-Ne 激光器,钠光灯,扩束镜.

实验内容

1. 测 He-Ne 激光的波长.

(1) 用 He-Ne 激光器作光源,通电发光后,调节干涉仪和光源的方位,使激光直接照射到分光板中部,光束初步与 M_2 垂直,此时应看到一束光大致从原路返回.旋转粗调手轮,使 M_1 和 M_2 到 G_1 镀膜面距离大致相等(请勿触碰镜面).

(2) 将观察屏放好,并尽量拉远些,应看到有两排光点,这是由于 M_1 和 M_2 两反射镜的反射光束通过 G_1 前后表面多次反射而产生的.每一排光点中有一点最亮,调节 M_2 后面的螺丝,使两排光点靠近并使最亮的两个光点重合(一般情况即可看到干涉条纹),此时 M_1 与 M_2 基本垂直.

(3) 安放好扩束镜(本实验所用扩束镜直径约 3 mm),此时屏上可看到干涉条纹,通过微调 M_2 下方的两个拉簧螺丝,使 M_1 和 M_2' 严格平行,屏上出现圆形干涉条纹.若看不到条纹,可轻轻转动粗调手轮,使 M_1 移动一下,条纹即出现.

(4) 旋转微调手轮使 M_1 缓缓移动,观察环"冒出"和"缩进"现象.熟悉如何读取 M_1 的位置.

(5) 调整零点(详见注意事项).

(6) 与调零点时旋转方向相同,轻轻旋动微调手轮,当看到观察屏上有条纹吞吐,记录 M_1 的初始位置 d_1,每冒出(或缩进)50 个干涉环记录一次 M_1 位置,连续记 8 次,填入表 4-4-1 中.

表 4-4-1　He-Ne 激光的波长测量数据记录表

条纹变化数 N_1	0	50	100	150
M_1 的位置 d_1/mm				
条纹变化数 N_2	200	250	300	350
M_1 的位置 d_2/mm				
$N = N_2 - N_1$	200	200	200	200
$\Delta d = \|d_2 - d_1\|$				
$\lambda = \dfrac{\Delta d}{100}$/mm				
$\bar{\lambda}$/nm				

$\lambda_\text{公} = 632.8$ nm,$E = \dfrac{\bar{\lambda} - \lambda_\text{公}}{\lambda_\text{公}} = $ ＿＿＿＿＿ %.

2. 测钠光的波长.

(1) 用钠光灯作光源,在光源灯罩的挡板上刻有"十"字.使光源与分光板等高,通电发光后,调节干涉仪和光源的方位,将刻有"十"字的挡板对准 M_2,使光束与 M_2 垂直,旋转粗调手轮,使 M_1 和 M_2 到 G_1 镀膜面距离大致相等(请勿触碰镜面).

(2) 令视线垂直于 M_1,透过分光板用眼睛直接观察,可看到视场里有两个反射的"十"字像,这是光经 M_1 和 M_2 反射而产生的.调节 M_2 背后的螺丝,使两个"十"字像重合(一般情况即可看到等厚干涉条纹),此时 M_1 与 M_2 初步垂直.

(3) 微调 M_2 下方的两个拉簧螺丝,直至视场中出现等倾干涉圆环,并且圆心位于视场中央.若圆环很模糊,可轻轻转动粗调手轮,使 M_1 微微移动,圆环即可清晰.

(4) 旋转微调手轮使 M_1 缓缓移动,观察环"冒出"和"缩进"现象.熟悉如何读取 M_1 的位置.

(5) 调整零点(详见注意事项).

(6) 与调零点时旋转方向相同,轻轻旋动微调手轮,每冒出(或缩进)20 个干涉环记录一次 M_1 位置,连续记 8 次,填入表 4-4-2 中.

表 4-4-2　钠光波长测量数据记录表

条纹变化数 N_1	0	20	40	60
M_1 的位置 d_1/mm				
条纹变化数 N_2	80	100	120	140
M_1 的位置 d_2/mm				
$N = N_2 - N_1$	80	80	80	80
$\Delta d = \|d_2 - d_1\|$				
$\lambda = \dfrac{\Delta d}{40}$/mm				
$\bar{\lambda}$/nm				

$$\lambda_{\text{公}} = 589.3 \text{ nm}, E = \frac{\bar{\lambda} - \lambda_{\text{公}}}{\lambda_{\text{公}}} = \underline{\qquad} \%.$$

3.测量钠光的双线波长差.

(1) 点亮钠光灯,使光源与分束板等高并且与分束板 G_1 和 M_2 成一直线.转动粗调手轮,使 M_1 和 M_2 至 G_1 距离大致相等(请勿触碰镜面).

(2) 取下并轻轻放置好观察屏,直接用眼睛观察.仔细调节 M_2 后面或下方的调节螺丝,利用钠光灯上的"十"字辅助,类似实验1中将两排光点重合,将两个相近的"十"字调节重合,使钠光的等倾条纹出现.

(3) 转动粗调手轮,找到条纹变模糊的位置,调好标尺零点.用微调手轮继续移动 M_1,同时仔细观察至条纹反衬度最低时记下 M_1 的位置.随着光程差的不断变化,按顺序记录6次条纹反衬度最低的 M_1 位置读数.相邻两次读数差等于 L_M 的值.

数据处理

1.完成表 4-4-1 中的计算,并求相对误差.
2.完成表 4-4-2 中的计算,并求相对误差.
3.自列表格,用逐差法求出 L_M 的平均值.
4.将 $\lambda = 589.3$ nm 和平均值 L_M 代入(4-4-4)式,求出钠双线波长差 $\Delta\lambda$.
5.钠双线波长差的公认值为 $\Delta\lambda_0 = 0.597$ nm,求出相对误差.

$$E = \frac{\Delta\lambda - \Delta\lambda_0}{\Delta\lambda_0} = \underline{\qquad} \%.$$

注意事项

1.迈克耳孙干涉仪是精密仪器,在旋转调整螺丝和手轮时手要轻,动作要稳,不能强拧硬扳.切勿用手触摸镜片.

2.调测微尺零点的方法:先将微调手轮沿某一方向(按读数的增或减)旋转至零线,然后以同方向转动粗调手轮对齐读数窗口中某一刻度,测量时使用微调手轮须向同一方向旋转.

3.微调手轮有反向空程,实验中如果中途反向转动,则须重新调整零点.

4.测读 M_1 的位置时先读导轨侧面主尺之整数,如 32 mm(估计数位不读).再读窗口读数,如 0.25 mm(估计数位也不读).最后由微调手轮读出两位,如 78,并估计一位,如 3,则该处位置读数应记为 32.257 83 mm.

5.用激光束调节仪器时,应防止激光束射入眼睛损伤视网膜.

预习思考题

1.说明迈克耳孙干涉仪各光学元件的作用,并简要叙述调出等倾干涉条纹的方法及注意事项.

2.什么是空程?测量中如何操作才能避免引入空程?

3.如何利用干涉条纹的"冒出"和"缩进"现象,测定单色光的波长?

讨论思考题

1.在观测等倾干涉条纹时,使 M_1 和 M_2' 逐渐接近直至重合,试描述条纹疏密变化情况.

2.在测定钠双线波长差的实验中,如何理解条纹反衬度随光程差的变化规律?

拓展训练

1. 观察等厚条纹.
2. 测量空程差.

4.5 光 速 测 量

引言

从 17 世纪伽利略第一次尝试测量光速以来,各个时期人们都采用最先进的技术测量光速.现在,光在一定时间间隔内走过的距离已经成为一切长度测量的单位标准,即"米是光在真空中(1/299 792 458)s 时间间隔内所经路径的长度".光速也已直接用于距离测量,在国民经济建设和国防事业上大显身手,光速又与天文学密切相关,还是物理学中一个重要的基本常数,许多其他常数都与它相关,例如,光谱学中的里德伯常数,电子学中真空磁导率与真空电容率之间的关系,普朗克黑体辐射公式中的第一辐射常数、第二辐射常数,质子、中子、电子、μ 子等基本粒子的质量等常数.正因为如此,科学工作者几十年如一日,兢兢业业地埋头于提高光速测量精度的事业.

实验目的

1. 掌握一种新颖的光速测量方法.
2. 了解和掌握光调制的一般性原理和基本技术.

实验原理

1. 利用波长和频率测速度.

物理学告诉我们,任何波的波长 λ 是一个周期内波传播的距离,波的频 f 率是 1 s 内发生周期振动的次数,用波长乘频率得到 1 s 内波传播的距离,即波速

$$c = \lambda \cdot f. \tag{4-5-1}$$

图 4-5-1 中,第 1 列波在 t_1 时间内经历 3 个周期,第 2 列波在 t_1 时间内经历 1 个周期,在 t_1 时间内两列波传播相同距离,所以波速相同,而第 2 列波的波长是第 1 列的 3 倍.

利用这种方法,容易测得声波的传播速度.但直接用此方法测量光波的传播速度,还存在很多技术上的困难,主要是光的频率高达 10^{14} Hz,目前的光电接收器无法响应频率如此高的光强变化,仅能响应频率在 10^8 Hz 左右的光强变化并产生相应的光电流.

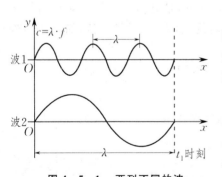

图 4-5-1 两列不同的波

2. 利用调制波波长和频率测速度.

直接测量河中水流的速度有困难,可以周期性地向河中投放小木块(可确定 f),再设法测量出相邻两小木块间的距离(可确定 λ),由(4-5-1)式即可算出水流的速度.

周期性地向河中投放小木块,为的是在水流上做一特殊标记.我们也可以在光波上做一些

特殊标记,称为调制.调制波的频率可以比光波的频率低很多,可用常规器件来接收.与木块的移动速度就是水流流动的速度一样,调制波的传播速度就是光波传播的速度.调制波的频率可以用频率计精确测定,所以测量光速就转化为测量调制波的波长,然后利用(4-5-1)式求得光传播的速度.

3. 相位法测定调制波的波长.

波长为 $0.65\ \mu m$ 的载波,其强度受频率为 f 的正弦型调制波的调制,表达式为

$$I = I_0 \left[1 + m\cos 2\pi f \left(t - \frac{x}{c} \right) \right],$$

式中 m 为调制度,$\cos 2\pi f(t-x/c)$ 表示光在测线上传播的过程中,其强度的变化犹如一个频率为 f 的正弦波以光速 c 沿 x 轴方向传播,称这个波为调制波.调制波在传播过程中其相位是以 2π 为周期变化的.设测线上两点 A 和 B 的位置坐标分别为 x_1 和 x_2,当这两点之间的距离为调制波波长 λ 的整数倍时,两点间的相位差为

$$\varphi_1 - \varphi_2 = \frac{2\pi}{\lambda}(x_2 - x_1) = 2n\pi,$$

式中 n 为整数.反过来,如果能在光的传播路径上找到调制波的等相位点,并准确测量它们之间的距离,那么该距离一定是波长的整数倍.

设调制波由 A 点出发,经时间 t 后传播到 A' 点,AA' 之间的距离为 $2D$,则 A' 点相对于 A 点的相移为 $\varphi = \omega t = 2\pi f t$,如图 4-5-2(a)所示.然而用一台测相系统对 AA' 间的相移量进行直接测量是不可能的.为了解决这个问题,较简便的方法是在 AA' 的中点 B 设置一个反射器,由 A 点发出的调制波经反射器反射返回 A 点,如图 4-5-2(b)所示.光线由 $A \to B \to A$ 所走过的光程亦为 $2D$,而且在 A 点,反射波的相位落后 $\varphi = \omega t$.如果以发射波作为参考信号(以下称之为基准信号),将它与反射波(以下称之为被测信号)分别输入相位计的两个输入端,则由相位计可以直接读出基准信号和被测信号之间的相位差.当反射镜相对于 B 点的位置前后移动半个波长时,相位差的数值改变 2π.因此,只要前后移动反射镜,相继找到在相位计中读数相同的两点,它们之间的距离即为半个波长.

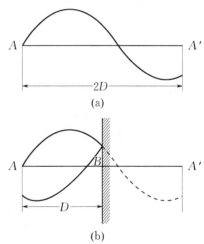

图 4-5-2 相位法测波长原理图

调制波的频率可由数字式频率计精确测定,由 $c = \lambda \cdot f$ 可以获得光速值.

4. 差频法测相位.

在实际测相过程中,当信号频率很高时,测相系统的稳定性、工作速度以及电路分布参量造成的附加相移等因素都会直接影响测相精度,对电路的制造工艺要求也较苛刻,因此高频下测相困难较大.例如,BX21型数字式相位计中检相双稳电路的开关时间是 40 ns 左右,如果输入的被测信号频率为 100 MHz,则信号周期 $T = 1/f = 10$ ns,比电路的开关时间要短,此时电路根本来不及测相.为使电路正常工作,就必须大大提高其工作速度.为了避免高频下测相的困难,人们通常采用差频的方法,将待测高频信号转化为中、低频信号处理.这样,两信号之间相位差的测量实际上转化为两信号过零的时间差的测量,而降低信号频率 f 则意味着拉长了

与待测的相位差 φ 相对应的时间差.下面证明差频前后两信号之间的相位差保持不变.

我们知道,将两列频率不同的正弦波同时作用于一个非线性元件(如二极管、三极管)时,其输出端包含两个信号的差频成分.非线性元件对输入信号 x 的响应可以表示为

$$y(x) = A_0 + A_1 x + A_2 x^2 + \cdots, \quad (4-5-2)$$

忽略上式中的高次项,二次项产生混频效应.

设基准高频信号为

$$u_1 = U_{10}\cos(\omega t + \varphi_0), \quad (4-5-3)$$

被测高频信号为

$$u_2 = U_{20}\cos(\omega t + \varphi_0 + \varphi). \quad (4-5-4)$$

现在引入一个本振高频信号

$$u' = U_0'\cos(\omega' t + \varphi_0'). \quad (4-5-5)$$

(4-5-3)~(4-5-5)式中,φ_0 为基准高频信号的初相位,φ_0' 为本振高频信号的初相位,φ 为调制波在测线上往返一次产生的相移量.将(4-5-4)和(4-5-5)式代入(4-5-2)式,有(略去高次项)

$$y(u_2 + u') \approx A_0 + A_1 u_2 + A_1 u' + A_2 u_2^2 + A_2 u'^2 + 2A_2 u_2 u'.$$

展开交叉项得

$$2A_2 u_2 u' = 2A_2 U_{20} U_0' \cos(\omega t + \varphi_0 + \varphi)\cos(\omega' t + \varphi_0')$$
$$= A_2 U_{20} U_0' \{\cos[(\omega+\omega')t + (\varphi_0+\varphi_0') + \varphi] +$$
$$\cos[(\omega-\omega')t + (\varphi_0-\varphi_0') + \varphi]\}.$$

由上面的推导可以看出,当两个不同频率的正弦信号同时作用于一个非线性元件时,在其输出端除了可以得到原来两种频率的基波信号以及它们的二次和高次谐波之外,还可以得到差频及和频信号,其中差频信号很容易和其他的高频成分或直流成分分开.同理,基准高频信号 u_1 与本振高频信号 u' 混频,存在一个差频相.基准信号与本振信号混频后所得差频信号为

$$A_2 U_{10} U_0' \cos[(\omega-\omega')t + (\varphi_0-\varphi_0')]. \quad (4-5-6)$$

被测信号与本振信号混频后所得差频信号为

$$A_2 U_{20} U_0' \cos[(\omega-\omega')t + (\varphi_0-\varphi_0') + \varphi]. \quad (4-5-7)$$

比较以上两式可见,当基准信号、被测信号分别与本振信号混频后,得到的两个差频信号之间的相位差仍保持为 φ.

本实验就是利用差频检相的方法,将 $f-100\text{ MHz}$ 的高频基准信号和高频被测信号分别与本机振荡器产生的高频振荡信号混频,得到两个频率为 455 kHz、相位差依然为 φ 低频信号,然后送到相位计中去比相.仪器方框图如图 4-5-3 所示,图中的混频 Ⅰ 用以获得低频基准信号,混频 Ⅱ 用以获得低频被测信号.低频被测信号的幅度由示波器或电压表指示.

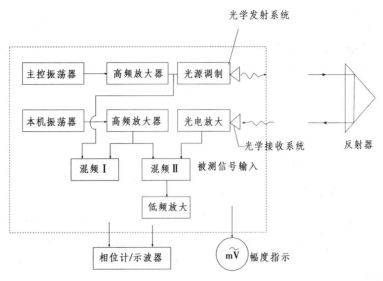

图 4-5-3 相位法测光速实验装置方框图

5. 数字测相.

可以用数字测相的方法来检测"基准"和"被测"这两路同频正弦信号之间的相位差 φ. 如图 4-5-4 所示,用

$$u_1 = U_{10}\cos\omega_L t$$

和

$$u_2 = U_{20}\cos(\omega_L t + \varphi)$$

分别代表差频后的低频基准信号和低频被测信号. 将 u_1 和 u_2 分别送入通道 Ⅰ 和通道 Ⅱ,进行限幅放大,整形成为方波 u_1' 和 u_2'. 然后令这两路方波信号启闭检相双稳,使检相双稳输出一列频率与两待测信号相同、宽度等于两信号过零的时间差(因而也正比于两信号之间的相位差 φ)的矩形脉冲 u. 将此矩形脉冲积分(在电路上即是令其通过一个平滑滤波器)得到

$$\bar{u} = \frac{1}{T}\int_0^T u\mathrm{d}t = \frac{1}{2\pi}\int_0^\varphi u\mathrm{d}(\omega_L t)$$

$$= \frac{1}{2\pi}\int_0^\varphi u\mathrm{d}(\omega_L t) = \frac{u}{2\pi}\varphi, \quad (4-5-8)$$

式中 u 为矩形脉冲的幅度,其值为一常数. 由 (4-5-8) 式可见,u 检相双稳输出的矩形脉冲的直流分量(称为模拟直流电压)与待测的相位差 φ 有一一对应的关系. BX21 型数字式相位计,是将这个模拟直流电压通过一个模数转换系统换算成

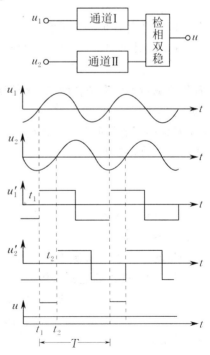

图 4-5-4 数字测相电路方框图及各点波形

相应的相位值,以角度数值形式用数码管显示出来. 因此可以由相位计读数直接得到两个信号之间的相位差的读数.

6. 示波器测相.

(1) 单踪示波器法.

将示波器的扫描同步方式选择在外触发同步,极性为＋或－,"参考"相位信号接至外触发同步输入端,"信号"相位接至 Y 轴的输入端,调节"触发"电平,使波形稳定;调节 Y 轴"增益"挡,获得一个适合的波幅;调节"时基"挡,使在屏上只显示一个完整的波形,并尽可能地展开,如一个波形在 X 轴方向展开为 10 大格,即 10 大格代表为 360°,每 1 大格为 36°,可以估读至 0.1 大格,即 3.6°.

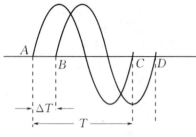

图 4-5-5 示波器测相位

开始测量时,记住波形某特征点的起始位置,移动棱镜小车,波形移动,移动 1 大格即表示参考相位与信号相位之间的相位差变化了 36°.

有些示波器无法将一个完整的波形正好调至 10 大格,此时可以按 $\Delta\varphi=(\Delta T/T)\cdot 360°$ 求得参考相位与信号相位的变化量,如图 4-5-5 所示.

(2) 双踪示波器法.

将"参考"相位信号接至 Y1 通道输入端,"信号"相位信号接至 Y2 通道,并用 Y1 通道触发扫描,显示方式为"断续"(如采用"交替"方式会有附加相移,为什么?).

与单踪示波法操作一样,调节 Y 轴输入"增益"挡,调节"时基"挡,使屏幕上显示一个完整的大小适合的波形.

(3) 数字示波器法.

数字示波器具有光标卡尺测量功能,移动光标,很容易进行 T 和 ΔT 测量,然后按 $\Delta\varphi=(\Delta T/T)\cdot 360°$ 求得相位变化量,比数屏幕上格子的方法精度要高得多.信号线连接等操作同上.

7. 影响测量准确度和精度的几个问题.

用相位法测量光速的原理很简单,但是为了充分发挥仪器的性能,提高测量的准确度和精度,必须对各种可能的误差来源做到心中有数.下面就这个问题做一些讨论.

由(4-5-1)式可知

$$\frac{\Delta c}{c}=\sqrt{\left(\frac{\Delta\lambda}{\lambda}\right)^2+\left(\frac{\Delta f}{f}\right)^2},$$

式中 $\Delta f/f$ 为频率的测量误差.由于电路中采用了石英晶体振荡器,其频率稳定度为 $10^{-6}\sim 10^{-7}$,故本实验中光速测量的误差主要来源于波长测量的误差.下面将看到,仪器中所选用的光源的相位一致性、仪器电路部分的稳定性、信号的强度、米尺准确度以及噪音等因素都直接影响波长测量的准确度和精度.

(1) 电路稳定性.

以主控振荡器的输出端作为相位参考原点来说明电路稳定性对波长测量的影响.如图 4-5-6 所示,φ_1,φ_2 分别表示发射系统和接收系统产生的相移,φ_3, φ_4 分别表示混频电路 Ⅱ 和 Ⅰ 产生的相移,φ 为光在测

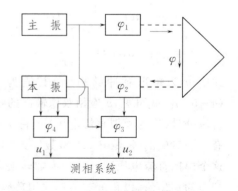

图 4-5-6 电路系统的附加相移

线上往返传输产生的相移. 由图看出,基准信号 u_1 到达测相系统之前相位移动了 φ_4,而被测信号 u_2 在到达测相系统之前的相移为 $\varphi_1+\varphi_2+\varphi_3+\varphi$. 因此,$u_2$ 与 u_1 之间的相位差为 $\varphi_1+\varphi_2+\varphi_3-\varphi_4+\varphi=\varphi'+\varphi$,其中 φ' 与电路的稳定性及信号的强度有关. 如果在测量过程中 φ' 的变化很小,可以忽略,则反射镜在相距为半波长的两点间移动时,φ' 对波长测量的影响可以被抵消;但如果 φ' 的变化不可忽略,显然会给波长的测量带来误差. 如图 4-5-7 所示,设反射镜处于位置 B_1 时 u_1 与 u_2 之间的相位差为 $\Delta\varphi_{B_1}=\varphi'_{B_1}+\varphi$;反射镜处于位置 B_2 时,u_2 与 u_1 之间的相位差为 $\Delta\varphi_{B_2}=\varphi'_{B_2}+\varphi+2\pi$. 那么,由于 $\varphi'_{B_1}\neq\varphi'_{B_2}$ 而给波长带来的测量误差为 $(\varphi'_{B_1}-\varphi'_{B_2})/2\pi$. 若在测量过程中被测信号强度始终保持不变,则 φ' 的变化主要来自电路的不稳定因素.

然而,电路不稳定造成的 φ' 变化是较缓慢的. 在这种情况下,只要测量所用的时间足够短,就可以把 φ' 的缓慢变化作线性近似,按照图 4-5-7 中 $B_1 \to B_2 \to B_1$ 的顺序读取相位值,以两次 B_1 点位置的平均值作为起点测量波长. 用这种方法可以减小由于电路不稳定给波长测量带来的误差(为什么?).

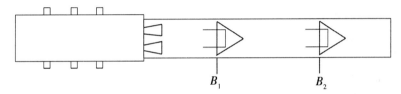

图 4-5-7　消除随时间作线性变化的系统误差

(2) 幅相误差.

上面谈到 φ' 与信号强度有关,这是因为被测信号强度不同时,图 4-5-6 所示的电路系统产生的相移量 $\varphi_1,\varphi_2,\varphi_3$ 可能不同,因而 φ' 发生变化. 通常把因被测信号强度不同给相位测量带来的误差称为幅相误差.

(3) 照准误差.

本仪器采用的 GaAs 发光二极管并非是点光源而是成像在物镜焦面上的一个面光源. 由于光源有一定的线度,故发光面上各点通过物镜而发出的平行光有一定的发散角 θ. 图 4-5-8 画出了光源有一定线度时的情形的示意图,图中 d 为面光源的直径,L 为物镜的直径,f 为物镜的焦距. 由图看出 $\theta=d/f$. 经过距离 D 后,发射光斑的直径 $MN=L+\theta D$. 比如,反射器处于位置 B_1 时所截获的光束是由发光面上 a 点发出来的光,反射器处于位置 B_2 时所截获的光束是由 b 点发出的光;又设发光管上各点的相位不相同,在接通调制电流后,只要 b 点的发光时间相对于 a 点的发光时间有 67 ps 的延迟,就会给波长的测量来接近 2 cm 的误差($c\cdot t=3\times 10^{10}$ cm·s$^{-1}\times 67\times 10^{-12}$ s ≈ 2.0 cm). 这里将由于采用发射光束中不同的位置进行测量而造成的误差称为照准误差.

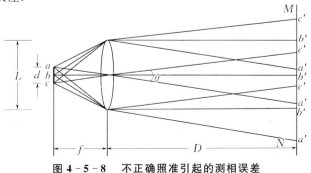

图 4-5-8　不正确照准引起的测相误差

为提高测量的准确度,应该在测量过程中进行细心的"照准",也就是说尽可能截取同一光束进行测量,从而把照准误差限制到最低程度.

(4) 米尺的准确度和读数误差.

本实验装置中所用的钢尺准确度为 0.01%.

(5) 噪声.

噪声是无规则的,因而它的影响是随机的.信噪比的随机变化会给相测量带来偶然误差,提高信噪比以及进行多次测量可以减小噪声的影响从而提高测量精度.

实验仪器

1. 主要技术指标.

仪器全长:0.8 m　　　　可变光程:0～1 m
移动尺最小读数:0.1 mm　　调制频率:100 MHz
测量精度:≤1%(数字示波器测相)
　　　　　≤2%(通用示波器测相)

2. 仪器结构.

LM2000A 光速测量仪全长 0.8 m,由光学电器盒、收发透镜组、棱镜小车、带刻度尺的燕尾导轨等组成,如图 4-5-9 所示.

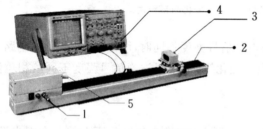

1— 光学电器盒;
2— 带刻度尺的燕尾导轨;
3— 带游标的反射棱镜小车;
4— 示波器/相位计(自备件);
5— 收发透镜组

图 4-5-9　光速测量仪

(1) 光学电器盒.

光学电器盒采用整体结构,稳定可靠,端面安装收发透镜组,内置收、发电子线路板.侧面有两排 Q9 插座,如图 4-5-10 所示.Q9 插座输出的是将收、发正弦波信号经整形后的方波信号,便于用示波器来测量相位差.

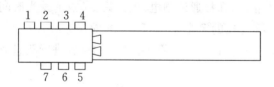

1,2— 发送基准信号(5 V方波);
3— 调制信号输入;　　4— 测频;
5,6— 接收测相信号(5 V方波);
7— 接收信号电平(0.4～0.6 V)

图 4-5-10　Q9 插座接线图

(2) 棱镜小车.

棱镜小车上有供调节棱镜左右转动和俯仰的两只调节把手.由直角棱镜的入射光与出射光的相互关系可以知道,其实左右调节时对光线的出射方向不起作用,在仪器上加此左右调节装置,只是为了加深对直角棱镜转向特性的理解.

在棱镜小车上有一只游标,使用方法与游标卡尺的游标相同,通过游标可以读至 0.1 mm.

(3) 光源和光学发射系统.

采用 GaAs 发光二极管作为光源.这是一种半导体光源,当发光二极管上注入一定的电流时,在 pn 结两侧的 p 区和 n 区分别有电子和空穴的注入,这些非平衡载流子在复合过程中将发射波长为 0.65 μm 的光,此即上文所说的载波.用机内主控振荡器产生的 100 MHz 正弦振荡电压信号控制加在发光二极管上的注入电流.当信号电压升高时注入电流增大,电子和空穴复合的机会增加而发出较强的光;当信号电压下降时注入电流减小,复合过程减弱,所发出的光强度也相应减弱.用这种方法实现对光强的直接调制.图 4-5-11 所示是发射、接收光学系统的原理图.发光管的发光点 S 位于物镜 L_1 的焦点上.

(4) 光学接收系统.

用硅光电二极管作为光电转换元件,该光电二极管的光敏面位于接收物镜 L_2 的焦点 R 上,如图 4-5-11 所示.光电二极管所产生的光电流的大小随载波的强度而变化,因此在负载上可以得到与调制波频率相同的电压信号,即被测信号.被测信号的相位对于基准信号落后了 $\varphi = \omega t$,t 为往返一个测程所用的时间.

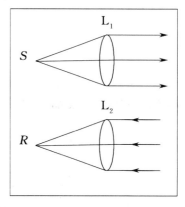

图 4-5-11　收、发光学系统原理图

实验内容

1. 预热.

电子仪器都有一个温漂问题,光速测量仪和频率计需预热半小时再进行测量.在这期间可以进行线路连接、光路调整、示波器调整和定标等工作.

2. 光路调整.

先把棱镜小车移近收发透镜组处,用一小纸片挡在接收物镜管前,观察光斑位置是否居中.调节棱镜小车上的把手,使光斑尽可能居中,再将小车移至最远端,观察光斑位置有无变化,并作相应调整,以使小车前后移动时,光斑位置变化最小.

3. 示波器定标.

按前述的示波器测相方法将示波器调整至有一个适合的测相波形.

4. 测量光速.

由频率、波长的乘积测定光速的原理和方法已在前面做了说明.在实际测量时主要任务是如何测得调制波的波长,其测量精度决定了光速值的测量精度.一般可采用等距测量法和等相位测量法测量调制波的波长.在测量时要注意两点,一是实验值要取多次多点测量的平均值;二是所测得的是光在大气中的传播速度,为了得到光在真空中的传播速度,要精密地测定空气折射率后作相应修正.

(1) 测调制频率.

为了达到好的匹配效果,尽量用频率计附带的高频电缆线.调制波是用温补晶体振荡器产生的,频率稳定度很容易达到 10^{-6},预热后正式测量前测一次就可以了.

(2) 等距测 λ.

在导轨上任取若干个等间隔点,如图 4-5-12 所示,它们的坐标分别为 $x_0, x_1, x_2, \cdots, x_i$,且有

$$x_1 - x_0 = D_1, \quad x_2 - x_0 = D_2, \quad \cdots, \quad x_i - x_0 = D_i.$$

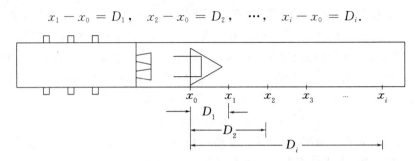

图 4－5－12　根据相移量与反射镜距离之间的关系测量光速

移动棱镜小车,由示波器或相位计依次读取与距离 $D_1, D_2, \cdots$ 相对应的相移量 φ_i.

D_i 与 φ_i 间有

$$\frac{\varphi_i}{2\pi} = \frac{2D_i}{\lambda}, \quad 即 \lambda = \frac{2\pi}{\varphi_i} \cdot 2D_i.$$

求得 λ 后,利用 $c = \lambda \cdot f$ 得到光速 c.

也可用作图法,以 φ 为横坐标、D 为纵坐标作 D - φ 直线,则该直线斜率的 $4\pi f$ 倍即为光速 c.

为了减小由于电路系统附加相移量的变化给相位测量带来的误差,同样应采取 $x_0 \to x_1 \to x_0, x_0 \to x_2 \to x_0$ 等顺序进行测量.

操作时移动棱镜小车要快、准,如果两次 x_0 位置时的读数值相差 0.1 度以上,必须重测.

(3) 等相位测 λ.

在示波器或相位计上取若干个整度数的相位点(如 $36°, 72°, 108°, \cdots$),在导轨上任取一点为 x_0,并在示波器上找出信号相位波形上一特征点作为相位差 $0°$ 位,拉动棱镜,至某个整相位数时停止,迅速读取此时的距离值作为 x_1,并尽快将棱镜返回至 $0°$ 处,再读取一次 x_0,并要求两次 $0°$ 时的距离读数误差不要超过 1 mm,否则必须重测.

依次读取相移量 φ_i 对应的 D_i 值,由 $\lambda = \frac{2\pi}{\varphi_i} \cdot 2D_i$ 计算出光速值 c.

可以看到,等相位测 λ 法比等距测 λ 法有较高的测量精度.

注意事项 ▶▶▶

1. 学期结束时,在导轨上涂少许油并用油纸包好,防止生锈和落灰.
2. 棱镜和收发透镜组平时不用时用塑料套包好,防止落灰.

讨论思考题 ▶▶▶

1. 通过实验观察,波长测量的主要误差来源是什么?为提高测量精度需做哪些改进?
2. 本实验所测定的是 100 MHz 调制波的波长和频率,能否把实验装置改成直接发射频率为 100 MHz 的无线电波并对它的波长和进行绝对测量?为什么?

拓展训练 ▶▶▶

1. 如何将光速测量仪改成测距仪?
2. 还有哪些方法可以实现光速的测量?设计出一种简便易行的光速测量方法.
3. 怎样运用传感器和计算机结合实现光速的测量?

拓展阅读

[1] 赵旭光.几种测量光速的方法[J].现代物理知识,2004,1:48-49.
[2] 尹世忠,赵喜梅.光速的测量史[J].现代物理知识,2001,3:56-57.
[3] 江长双.光速测量中光程调节方法的改进[J].大学物理,2009,28(5):36-37.
[4] 俞嘉隆.利用强度周期性变化的光信号测量光速与介质的折射率[J].大学物理,2007,26(3):41-43.
[5] 徐英,李柯.锁定放大器在光速测量中的应用[J].物理实验,2008,28(2):36-37.
[6] 刘义保.多道时间谱仪测量光速[J].物理实验,2005,25(6):3-5.

4.6　全　息　照　相

引言

全息技术的原理最早由英国人盖伯(D. Gabor)于1948年提出的,但由于没有合适的相干光源而未能得到发展.直到20世纪60年代初,激光的出现才使得这种技术得以迅速发展,现在,它在干涉计量、无损检测、信息存储与处理、立体显示、生物医学和国防科研等领域中已经获得了极其广泛的应用,成为科学技术中一门非常活跃的光学分支.

实验目的

1.学习和了解全息照相的基本原理和主要特点.
2.初步掌握全息照相的基本技能和方法.
3.学习再现全息物像的方法.

实验原理

1.全息照相的基本原理.

全息照相术是一种新型的照相技术,它在原理上与普通照相有着根本的不同.普通照相术是通过几何光学透镜成像原理,把物体光波的振幅信息(强度分布)记录在照相底片上,由于缺少物光的相位信息,得到的是物体的平面图像.

全息照相术则是利用物理光学原理,在感光底片(全息干版)上同时记录物体光波的相位和振幅全部信息,全息底片再现时,就可看到十分逼真的三维物体像.全息照相术是一种波前的记录和再现技术,它的基本过程包括波前记录过程和波前再现过程.

(1) 全息照相记录过程.

全息照相术是利用光的干涉原理,将物体光波和另一个与它相干的光波(称为参考光波)产生干涉来记录物光的振幅和相位.如图4-6-1所示,激光器发出的光经分束镜G分成两束,一束光由全反射镜M_1反射,扩束镜L_1扩束后均匀地照射在被摄物体上,经物体反射的光照射到全息干版H上,这束光称为物光;另一束光经反射镜M_2和扩束镜L_2后直接照射到H上,这束光称为参考光.这两束光在全息干版H上干涉,产生的干涉图样被干版记录下来,称这些包含了物光的全部信息的干涉图样为全息图.

(2) 全息图的再现过程.

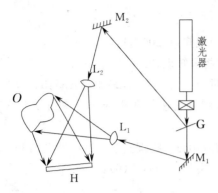 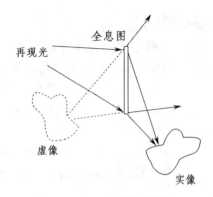

图 4-6-1　全息照相光路图　　　　图 4-6-2　全息图的再现

直接用眼睛观察这种全息图时,只能看到一些复杂的干涉条纹,若要看到物体的像必须使全息图能再现物体光波,这个过程就是全息图的再现过程.实际上,全息图如同复杂的光栅,如果用原参考光照射全息图,参考光将发生衍射,除沿照射方向传播的零级衍射光外,两列一级衍射光中,一个是发散光,与物体在原位置发出的光波一样,形成一个虚像,它就是原物体的再现立体像;另一个是会聚光,形成一个共轭实像.再现光路如图 4-6-2 所示.

2. 全息照相的理论分析.

设 xy 平面为全息干版平面,物体光波在此平面表示为

$$O(x,y) = A_O(x,y)e^{-i\varphi_O(x,y)}.$$

参考光波表示为

$$R(x,y) = A_R(x,y)e^{-i\varphi_R(x,y)}.$$

两波叠加的光场分布为

$$O(x,y) + R(x,y).$$

干版处强度分布为

$$\begin{aligned}I(x,y) &= |O(x,y) + R(x,y)|^2 = A_O^2 + A_R^2 + A_O A_R[e^{-i(\varphi_O - \varphi_R)} + e^{i(\varphi_O - \varphi_R)}]\\ &= A_O^2 + A_R^2 + 2A_O A_R \cos(\varphi_O - \varphi_R),\end{aligned} \quad (4-6-1)$$

式中,第一项和第二项分别是物光和参考光在干版上的光强,第三项是干涉项.

全息干版曝光,经显影、定影后,留下明暗不同的干涉条纹,用参考光照射时,其各点的振幅透射率 T 不同.一般情况下,透射率与曝光量不是线性关系,但若曝光和处理恰当,使全息干版在透射率随曝光量呈线性变化的部分工作,则有

$$T = T_0 + \beta I,$$

其中 T_0 为常数,与底片灰雾有关;β 为常数,与底片灯光显影过程有关.

用原参考光作为再现光照射全息图时,透射光波为

$$\begin{aligned}W(x,y) &= RT = RT_0 + \beta A_R(x,y)e^{-i\varphi_R}\{A_O^2 + A_R^2 + A_O A_R[e^{-i(\varphi_O - \varphi_R)} + e^{i(\varphi_O - \varphi_R)}]\}\\ &= A_R e^{-i\varphi_R}[T_0 + \beta(A_O^2 + A_R^2)] + \beta A_O A_R^2 e^{-i\varphi_O} + \beta A_O A_R^2 e^{i(\varphi_O - 2\varphi_R)},\end{aligned} \quad (4-6-2)$$

式中第一项为零级衍射光,沿再现光(参考光)方向传播;第二项是原物体光波的再现,是发散的一级衍射光;第三项是物光的共轭光波,是会聚的一级衍射光.

3. 全息照相的特点.

(1) 全息照相能再现被测物十分逼真的三维立体像,从不同角度观察再现虚像,可以看到物体不同的侧面,有视差特性和较大的景深范围.

(2) 由于全息图中任一小区域都记录了来自物体各点的光波信息,全息图的任一碎片都能再现完整的物像.

(3) 再现光愈强,再现像愈亮.

(4) 全息干版可多次曝光以记录不同物体的信息,拍摄时只需改变干版的方位或参考光的角度,再现时转动干版就可看到互不重叠的物像.

4. 全息照相的必备条件.

(1) 良好的相干光源.

为保证物光和参考光之间的良好的相干性,拍摄全息图必须用具有良好的空间相干性和时间相干性的光源,激光器输出的激光亮度高、单色性好、相干长度长,是全息照相的理想光源.本实验采用的单模氦氖激光器,可拍出良好的全息图.

(2) 高分辨率感光板.

由于全息图的条纹间距与物光和参考光之间的夹角有关,可用公式推算条纹间距 $d = \frac{\lambda}{2\sin(\theta/2)}$($\lambda$ 为光波波长,θ 为物光和参考光投射到干版处夹角),夹角大条纹则细密,这就要求感光板的分辨率足够高,对系统稳定性的要求也随之提高.本实验使用的全息干版分辨率为 3 000 条/mm,可满足实验拍摄要求.同时,感光板要对所使用的激光波长有足够的感光灵敏度.

(3) 稳定的拍摄系统.

通常全息图记录的干涉条纹细而密,曝光时微小的振动和位移都会使得条纹模糊导致拍摄失败,因此对整个拍摄系统要求具有极高的稳定性.实验中将光源、各光学元件和被摄物感光干版等全部安放在防震平台上,各元件及支架均用磁钢牢固地吸在钢板上,以避免外界微小振动的影响.在曝光期间应避免任何不稳定因素的影响,保证实验顺利进行.

实验仪器

防震平台,氦氖激光器,曝光定时器及光开关,分束镜,扩束镜,反射镜,全息干版,暗室设备等.

实验内容

1. 拍摄全息图.

(1) 熟悉全息台上各个光学元件,打开激光器电源.

(2) 按拍摄光路图 4-6-1 布置光路,先移开两扩束镜 L_1 和 L_2,对光路作如下调整:

① 使各元件等高,被摄物到干版夹上白屏距离适当;

② 使物光和参考光光程相等或接近;

③ 物光和参考光束夹角不宜太小和过大.

(3) 移进扩束镜 L_1 和 L_2,仔细调节扩束镜使扩束光能均匀照亮白屏和物体,交替遮挡物光和参考光,观察白屏上两者光强,使物光和参考光的光强比在合适范围(约 1∶2～1∶6 为宜).

(4) 设置好定时器曝光时间,关闭光开关 K.在暗室环境中,将干版装在干版架上,稳定一段时间后曝光.

(5) 对曝光后的干版完成显影、停显、定影、水洗晾干等操作.

2. 全息图的再现.

(1) 将制作好的全息图放回原处,用原参考光照射全息图,透过全息图可观察到在原物位置有一个与被摄物完全一样的立体像,注意仔细观察虚像,体会全息三维像的效果和特点.

(2)将全息图的另一面用激光细光束(未扩束的激光束)照射,在全息图另一侧用白屏寻找和观察实像.

注意事项

1. 严禁用手触摸、擦拭各光学元件表面.
2. 眼睛绝不可直接朝激光细光束观察,以免损伤视网膜.
3. 全息图的拍摄和冲洗均在暗室中进行,应保持安静、有序的实验环境,装载干版时切勿碰到全息台上其他元件.

预习思考题

1. 全息照相与普通照相有何不同?全息照相有哪些主要特点?
2. 拍摄全息图必须具备哪些条件?

讨论思考题

将全息图遮挡一部分,其再现像与不遮挡时有无不同?

拓展阅读

[1] 钟锡华.现代光学基础[M].北京:北京大学出版社,2003.
[2] 陈怀琳,邵义全.普通物理实验指导(光学)[M].北京:北京大学出版社,1990.
[3] 吴思诚,王祖铨.近代物理实验(1)基本实验[M].北京:北京大学出版社,1986.
[4] 金清理.参物光夹角和物光比对全息图拍摄效果的研究[J].激光技术,2001,25(5):394-397.
[5] 郭开惠.全息照相再现成像的深入研究[J].兰州大学学报:自然科学版,1999,35(2):43-47.

附录

感光后的全息干版,需在暗室条件下进行显影、停影、定影、冲洗和晾干等步骤才能再现.其所有药液的配方如下:

1. 显影液:D-19 高反差强力显影液.

温水(50 ℃)	800 mL
米吐尔	2 g
无水亚硫酸钠	90 g
对苯二酚	8 g
无水碳酸钠	48 g
溴化钾	5 g
加蒸馏水至	1 000 mL

2. 停显液.

冰醋酸	13.5 mL
加蒸馏水至	1 000 mL

3. 定影液:F-5 定影液.

蒸馏水(50 ℃)	800 mL
结晶硫代硫酸钠	240 g
无水亚硫酸钠	15 g

硼酸(结晶)	7.5 g
钾矾	15 g
冰醋酸	13.5 mL
加蒸馏水至	1 000 mL

4. 漂白液.

定影后的底片,放入 20 ℃ 的水中冲洗后即可晾干使用.

为加强衍射效果,对曝光过度而发黑的底片可以进行漂白处理,氯化汞全息照片漂白液的配方如下:

氯化汞	25 g
溴化钾	25 g
加蒸馏水至	100 mL

4.7 密立根油滴实验

引言

密立根油滴实验在近代物理学发展史上是一个十分重要的实验,它证明了电荷的不连续性,并精确地测得了基本电荷的电量.密立根油滴实验设计巧妙、方法简便、结果准确,是一个著名的有启发性的实验.

实验目的

1. 理解密立根油滴实验测量基本电荷的原理和方法.
2. 验证电荷的不连续性,并测量基本电荷的电量.

实验原理

一质量为 m、带电量为 q 的油滴处于相距为 d 的两平行极板间,当平行极板未加电压时,在忽略空气浮力的情况下,油滴将受重力作用加速下降,由于空气黏滞阻力与油滴运动速度 v 成正比,油滴将受到黏滞阻力作用.因空气的悬浮和表面张力作用,油滴总是呈小球状.根据斯托克斯定理,黏滞阻力可表示为

$$f_r = 6\pi a \eta v,$$

式中 a 为油滴半径,η 为空气的黏滞系数.

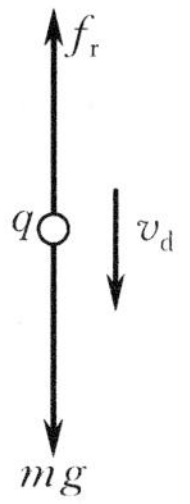

图 4-7-1 油滴受力图

当黏滞阻力与重力平衡时,油滴将以极限速度 v_d 匀速下降,如图 4-7-1 所示.于是有

$$6\pi a \eta v_d = mg. \tag{4-7-1}$$

油滴喷入油雾室,因与喷嘴摩擦,一般会带有 n 个基本电荷,则其带电量 $q = ne(n = 1, 2, \cdots)$.当平行极板加上电压 U 时,带电油滴处在静电场中,受到静电场力 qE.当静电场力与重力方向相反且使油滴加速上升时,油滴将受到向下的黏滞阻力.随着上升速度的增加,黏滞阻力也增加.一旦黏滞阻力、重力与静电力平衡,油滴将以极限速度 v_u 匀速上升,如图 4-7-2 所示,因此有

$$mg + 6\pi a \eta v_u = qE = q\frac{U}{d}. \tag{4-7-2}$$

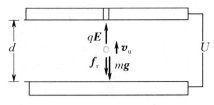

图 4-7-2 极板间油滴受力图

由(4-7-1)及(4-7-2)式,可得

$$q = mg\frac{d}{U}\left(\frac{v_d + v_u}{v_d}\right). \quad (4-7-3)$$

设油滴密度为 ρ,其质量为

$$m = \frac{4}{3}\rho\pi a^3, \quad (4-7-4)$$

由(4-7-1)和(4-7-4)式,得油滴半径

$$a = \left(\frac{9\eta v_d}{2\rho g}\right)^{\frac{1}{2}}. \quad (4-7-5)$$

考虑到油滴非常小,空气已经不能看作连续介质,其黏滞系数应修正为

$$\eta' = \frac{\eta}{1 + b/(pa)}, \quad (4-7-6)$$

式中,a 因处于修正项中,不需要十分精确,按(4-7-5)式计算即可;b 为修正常数,p 为空气压强. 实验中使油滴上升和下降的距离均为 l,分别测出油滴匀速上升时间 t_u 和下降时间 t_d,则有

$$v_u = \frac{l}{t_u}, \quad v_d = \frac{l}{t_d}. \quad (4-7-7)$$

将(4-7-4)~(4-7-7)式代入(4-7-3)式,可得

$$q = \frac{18\pi}{\sqrt{2\rho g}}\left[\frac{\eta l}{1 + \frac{b}{pa}}\right]^{\frac{3}{2}} \cdot \frac{d}{U}\left(\frac{1}{t_u} + \frac{1}{t_d}\right)\left(\frac{1}{t_d}\right)^{\frac{1}{2}}.$$

令 $K = \frac{18\pi d}{\sqrt{2\rho g}}\left[\frac{\eta l}{1 + \frac{b}{pa}}\right]^{\frac{3}{2}}$,得

$$q = \frac{K}{U}\left(\frac{1}{t_u} + \frac{1}{t_d}\right)\left(\frac{1}{t_d}\right)^{\frac{1}{2}}. \quad (4-7-8)$$

(4-7-8)式是动态法测量油滴电荷的公式.

下面我们来推导静态法测量油滴电荷的公式. 当调节平行极板间的电压使油滴不动时,$v_u = 0$,即 $t_u \to \infty$. 由(4-7-8)式,可得

$$q = \frac{K}{U}\left(\frac{1}{t_d}\right)^{\frac{3}{2}} = \frac{18\pi}{\sqrt{2\rho g}}\left[\frac{\eta l}{t_d\left(1 + \frac{b}{pa}\right)}\right]^{\frac{3}{2}}\frac{d}{U}. \quad (4-7-9)$$

(4-7-9)式便是静态法测量油滴电荷的实验公式(式中参数见表 4-7-1 和表 4-7-2). 为了求得电子电荷,需测几个油滴的带电量 q,求其最大公约数,即为电子电荷 e 的值.

值得说明的是,由于空气黏滞阻力的存在,油滴先经一段变速运动后再进入匀速运动. 但变速运动的时间非常短(小于 0.01 s),与仪器计时器精度相当,所以实验中可认为油滴自静止开始的运动就是匀速运动. 运动的油滴突然加上原平衡电压时,将立即静止下来.

表 4-7-1 (4-7-9)式中有关参数的推荐值

b/(m·Pa)	d/m	l/(m/6 格)	g/(m/s²)	p/Pa	η/(kg/(m·s))
8.21×10^{-3}	5.00×10^{-3} (6.00×10^{-3})	1.50×10^{-3}	9.794	1.013×10^5	1.83×10^{-5}

表 4-7-2　上海产中华牌 701 型钟表油密度随温度变化值

温度 $t/℃$	0	10	20	30	40
密度 $\rho/(kg/m^3)$	991	986	981	976	971

实验仪器

FBHZ-I 型密立根油滴仪，主要由油滴盒、CCD 电视显微镜、电路箱和 22 cm 监视器等组成.

油滴盒结构如图 4-7-3 所示，喷雾器的喷嘴伸入喷雾口 9，喷出的油雾分布在油雾室 1 中，有少部分油滴从下部油雾孔 10 垂直下落，并经过上电极 4 中心小孔进入油滴盒 5，CCD 电视显微镜从摄像孔 13 将其摄下，并输入显示器，供观察测量.

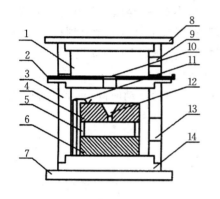

1— 油雾室；　　2— 油雾孔开关；
3— 防风罩；　　4— 上电极；
5— 油滴盒；　　6— 下极板；
7— 座架；　　　8— 上盖板；
9— 喷雾口；　　10— 油雾孔；
11— 上电极压簧；12— 落油孔；
13— 摄像孔；　　14— 油滴盒基座

图 4-7-3　油滴盒结构图

电路箱面板结构如图 4-7-4 所示.

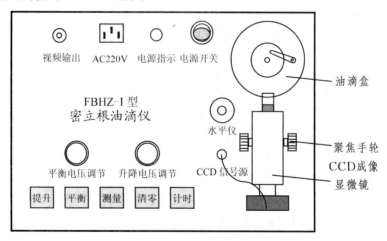

图 4-7-4　电路箱面板结构图

1. 视频输出：将 CCD 成像系统的信号输出至显示器.
2. 电源开关：拨动开关，电源接通，指示灯亮，整机开始工作.
3. 水平仪：调节仪器底部 3 只调平螺丝，使水泡处于中间，此时平行极板处于水平.
4. 平衡电压调节：可调节"平衡"挡时平行极板间所加的平衡电压. 调节范围为 DC 0~500 V.
5. 升降电压调节：可调节"升降"挡时平行极板间的升降电压大小，控制油滴升降速率. 调节范围大于已定"平衡电压"值 0~300 V.

6. 提升：按下按钮，平行极板间为提升电压值，被测油滴上升．

7. 平衡：按下按钮，平行极板间为平衡电压值，被测油滴停止．

8. 测量：按下按钮，平行极板间电压为 0 V，被测油滴开始下落．

9. 清零：按下按钮，清除内存，时间显示"00.00"秒．

10. 计时：按下按钮，测量按钮联动，平行极板间电压为 0 V，被测油滴开始下落并计时，直至按下 平衡 按钮，油滴停止，计时也停止．

11. CCD 成像显微镜：由 CCD 摄像镜头和显微镜组成，微调显微镜的聚焦手轮可以在监视器屏幕上得到清晰的油滴像．

监视器是一个 22 cm 的电视显示器，屏幕下方有一个小盒，轻轻压一下盒盖就会露出 4 个调节旋钮，从左至右分别是行频、帧频、亮度、对比度调节．屏幕上可以显示分划板刻度线，它们是由测量显示电路产生，并与 CCD 摄像镜头的行扫描严格同步．用于密立根油滴实验的标准分划刻度线为 3 列 8 行的网格（因显示屏幅度小，只显出 7 格），每行格数为 0.25 mm．监视器屏幕的右上角显示的数据分别是加在平行极板间的电压值和油滴运动时间，油滴下落的行格数乘以格值则为油滴运动的距离．

实验内容

1. 实验前准备．

（1）将油滴仪面板上最左边的视频电缆线接至监视器背后的 INPUT 插孔上．

（2）将监视器阻抗选择开关拨在 75 Ω 处，电源线接至 220 V 市电．

（3）调节仪器底座的 3 只调平螺丝，使面板上水平仪的气泡居中．将显微镜物镜伸入摄像孔，如图 4 - 7 - 4 所示．

（4）打开油滴仪和监视器电源，5 s 后在监视器屏幕上会出现标准分划刻度线及电压、时间值．

（5）按下"平衡"按钮，平衡电压调至 200 V．

2. 选择油滴、测量练习．

（1）选择油滴．

① 将喷雾器喷嘴伸进油滴盒侧面的喷雾口 9 内，按捏橡皮囊（1～2 次即可），使油雾喷入油雾室．前、后微调显微镜，在显示器上看到落入油滴盒中的油滴群．

② 选择大小合适的油滴是本实验的关键．大而亮的油滴质量大、带电多，但下落速度快，难以控制，因而测量误差大．太小的油滴观察困难，布朗运动明显，测量误差也大．具体选择方法是：分别按下"提升"和"测量"时，观察能够控制其上、下运动的油滴，选上、下速度适中的一颗作为测量对象．

③ 将油滴移至中间某一位置，按下"平衡"按钮，仔细调节"平衡电压调节"旋钮，使油滴达到平衡，经一段时间观察，油滴确实不再移动了，才能认为是平衡了．

（2）测量练习．

要测准油滴上升、下降某段距离所需时间，一是要统一油滴到达刻度线什么位置才认为油滴已经踏线，二是观察时眼睛平视刻度线．通过分别按下"测量"和"平衡"来决定计时的开始与停止，练习几次油滴下落 1～2 格距离的"动""停"操作，要求达到一定熟练、准确的程度．

3. 正式测量.

实验方法有静态平衡测量法、动态测量法和同一油滴改变电荷法,后一种方式需要另备射线源.本实验只要求用静态平衡法测量,具体步骤如下:

(1) 按下"提升"(或"测量")按钮,将已经调好平衡电压的油滴移动至第 2 条水平(起点)线上.

(2) 按下"清零"按钮,使计时器处于 00.00 状态.

(3) 按下"计时"按钮,此时"测量"联动,油滴开始匀速下降,计时器开始计时.

(4) 等到油滴到达第 6 条水平(终点)线时,迅速按下"平衡"按钮,油滴立即静止,计时也自动停止.从屏幕上记下相应的平衡电压 U、油滴下降 4 格的运动时间 t_d.

对同一油滴重复上述步骤测量 6~10 次.每次测量都应检查和调整平衡电压,以减少因油滴挥发引起平衡电压变化而产生的系统误差.

选择 5~10 颗油滴进行测量,求得每颗油滴所带电荷的平均值 $\bar{q}$.

数据处理

由于每颗油滴所带的基本电荷(e)的个数(n)不同,实验求得的带电量 q 也不同,直接求最大公约数很不方便,这里用"反向验证法"来计算,即将基本电荷的理论值 $e = 1.602 \times 10^{-19}$ C 去除每颗油滴的带电量 $\bar{q}$,把得到的商四舍五入取整,作为油滴所带基本电荷的个数 n,再把电量 $\bar{q}$ 除以 n 求得基本电荷 e 的值.如果实验室给定值和测量值准确,计算油滴所带基本电荷的个数 n 不太大时,实验结果误差很小,则可证明电荷的不连续性.

以上计算过程,可在实验室计算机备用的专用数据处理软件上进行.

注意事项

本实验仪器较精密,要求实验者一定要看懂实验原理,明确实验步骤,精心操作.未经指导教师同意,不得擅自拆卸油雾室和拨动电极压簧.现将有关仪器使用和维护的注意事项说明如下:

1. 油雾喷雾器中不可装油太满,淹没壶中侧弯管底部即可.用完后一定要放入专用器皿中,以免摔坏.使用、存放喷雾器时,喷口始终朝上,以免机油流出.

2. 若显示屏上看不到油滴(油滴盒中没有油雾),有可能上电极 4 中心小孔堵塞,需进行清理.

3. 如开机后屏幕上的字很乱或重叠,先关闭油滴仪电源,过一会开机即可.如发现刻度线上下抖动,可打开屏幕下边的小盒盖,微调左起第二旋钮可以消除抖动.

4. 实验过程中极性开关拨向任一极性后一般不要再动,使用最频繁的是升降电压调节旋钮、平衡电压调节旋钮以及"计时/停"开关,操作一定要轻而稳,以保证油滴的正常运动.如在使用过程中发现高压突然消失,只需关闭油滴仪电源半分钟后再开机就可恢复正常.

5. 油的密度与温度有关,实验中应注意根据不同温度从表 4-7-2 中选取相应值.其他数据可从表 4-7-1 中选取,其中极板间距 d 值由所用实验仪器决定.在用计算机处理数据时,应正确设置软件程序中的相关参数.

预习思考题

1. 为了准确测量油滴下落速度 v_d,实验采取了什么措施?

2. 测得各油滴电荷 $\bar{q}$,求最大公约数,用了什么简化方法?

分析思考题

实验中,屏幕上观测的油滴在水平方向运动,或者变模糊甚至消失的原因是什么?

拓展阅读

[1] 刘智新,李慧娟,穆秀家.密立根油滴实验人为操作引起的误差探析[J].大学物理,2008,27(04):33-36.

[2] 郑立军,杨宏伟.密立根油滴实验中油滴带电荷数的辅助分析[J].大学物理实验,2003,16(02):32-33.

[3] 朱世坤.密立根油滴实验中应注意的两个问题[J].大学物理实验,2004,17(02):30-31.

4.8 普朗克常数的测定

引言

光电效应是赫兹在1887年为验证电磁波存在时偶然发现的.其后,许多科学家对光电效应进行了大量的研究,总结出光电效应的一些基本实验事实,然而却无法用经典电磁理论对它作出完美的解释.直到1905年,爱因斯坦在普朗克量子理论的基础上,大胆地提出了光量子概念,光电效应才得到了正确的理论解释.密立根通过10年艰苦的实验研究,在1916年发表的实验论文中对爱因斯坦光电效应方程进行了全面的验证,并准确测出了普朗克常数 $h = 6.56 \times 10^{-34}$ J·s,这一数值与普朗克在1900年从黑体辐射求得的数值符合极好.两位科学家也因在光电效应等方面的杰出贡献而分别获得了诺贝尔物理学奖.

光电效应为量子论提供了直观而明确的论证,两者在物理学发展史上都有重要意义.普朗克常数是自然界一个重要的普适常数,利用光电效应可简单而较准确地测出,光电效应实验有益于学习和理解量子理论.

实验目的

1. 了解光电效应的规律,加深对光的量子性的理解.
2. 测量普朗克常数 h.

实验原理

1. 光电效应.

光电效应的实验原理如图4-8-1所示.入射光照射到光电管阴极K上,产生的光电子在电场的作用下向阳极A迁移构成光电流,改变外加电压 U_{AK},测量光电流 I 的大小,即可得出光电管的伏安特性曲线.

光电效应的基本实验原理如下:

(1) 对于某一频率的入射光,光电效应的 I-U_{AK} 关系如图4-8-2所示.从图中可见,对一定的频率,有一反向电压 U_0,当 U_{AK} 等于 U_0 时,电流为零,表明反向电压产生的电势能完全抵消了由于吸收光子而从金属表面逸出的电子的动能.这个反向电压U_0,称为截止电压.

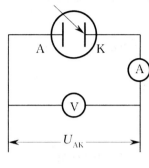

图 4-8-1 实验原理图

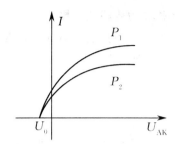

图 4-8-2 同一频率不同光强时光电管的伏安特性曲线

(2) 当反向电压U_{AK}减小时,电势能不足以抵消逸出电子的动能,从而逐渐产生电流I.随着阳极、阴极正向电压的增加,I迅速增加,然后趋于饱和,饱和光电流I_M的大小与入射光的强度P成正比.

(3) 对于不同频率的光,由于它们的光子能量不同,逸出电子获得的动能不同.显然,频率越高的光子,其产生逸出电子的动能也越高,所以截止电压的值也越高,如图 4-8-3 所示.

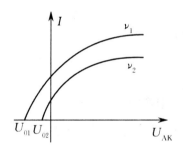

图 4-8-3 不同频率时光电管的伏安特性曲线   图 4-8-4 截止电压U_0与入射光频率ν的关系图

(4) 作截止电压U_0与频率ν的关系图如图 4-8-4 所示.U_0与ν成正比关系.显然,当入射光频率低于某极限值ν_0(ν_0随不同金属而异)时,不论光的强度如何,照射时间多长,都没有光电流产生.

(5) 光电效应是瞬时效应.即使入射光的强度非常微弱,只要频率大于ν_0,照射后立即有光电子产生,所经过的时间至多为10^{-9} s 的数量级.

按照爱因斯坦的光量子理论,光能并不像电磁波理论所想象的那样,分布在波阵面上,而是集中在被称为光子的微粒上,但这种微粒仍然保持着频率(或波长)的概念,频率为ν的光子具有能量$E=h\nu$,h为普朗克常数.当光子照射到金属表面上时,一次为金属中的电子所全部吸收,而无需积累能量的时间.被吸收的光子的能量的一部分用来克服金属表面对电子的吸引力,余下的就变为电子离开金属表面后的动能,按照能量守恒定律,爱因斯坦提出了著名的光电效应方程:

$$h\nu = \frac{1}{2}mv_0^2 + A, \qquad (4-8-1)$$

式中 A 为金属的逸出功，$\frac{1}{2}mv_0^2$ 为光电子获得的初始动能，v_0 为最大速度，m 为光电子的质量，ν 为光的频率，h 为普朗克常数.

由(4-8-1)式可见，入射到金属表面的光频率越高，逸出的电子动能越大，即使阳极电位比阴极电位低（即加反向电压），也会有电子到达阳极形成光电流，直至反向电压等于截止电压，光电流才为零，此时有关系：

$$eU_0 = \frac{1}{2}mv_0^2. \qquad (4-8-2)$$

阳极电位高于阴极电压后（即加正向电压），随着阳极电位的升高，阳极对阴极发射的电子的收集作用越强，光电流随之上升；当阳极电压高到一定程度，已把阴极发射的光电子几乎全收集到阳极，再增加 U_{AK} 时 I 不再变化，光电流出现饱和，饱和光电流 I_M 的大小与入射光的强度 P 成正比.

光子的能量 $h\nu < A$ 时，电子不能脱离金属，因而没有光电流产生. 产生光电效应的最低频率（截止频率）是 $\nu_0 = A/h$.

将(4-8-2)式代入(4-8-1)式，可得

$$eU_0 = h\nu - A. \qquad (4-8-3)$$

此式表明截止电压 U_0 是频率 ν 的线性函数，直线斜率 $k = h/e$. 只要用实验方法得出不同的频率对应的截止电压，求出直线斜率，就可算出普朗克常数 h.

爱因斯坦的光量子理论成功地解释了光电效应规律.

2. 影响准确测量截止电压的因素.

测量普朗克常数 h 的关键是正确地测出截止电压 U_0，但实际上由于光电管制作工艺等原因，给准确测定截止电压带来了一定的困难. 暗电流、本底电流和反向电流是对测量产生影响的主要因素.

(1) 在无光照时，也会产生电流，称之为暗电流. 它由两部分组成，一是阴极在常温下的热电子发射所形成的热电流，二是封闭在暗盒里的光电管在外加电压下因管子阴极和阳极间绝缘电阻漏电而产生的漏电流.

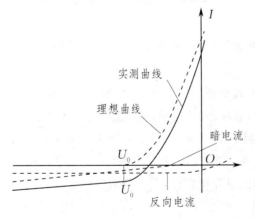

图 4-8-5　光电流曲线分析

(2) 本底电流是周围杂散光进入光电管所致.

(3) 反向电流是由于制作光电管时阳极上往往溅有阴极材料，所以当光照射到阳极上和杂散光漫射到阳极上时，阳极上往往有光电子发射；此外，阴极发射的光电子也可能被阳极的表面反射. 当阳极 A 为负电势，阴极 K 为正电势时，对阴极 K 上发射的光电子起减速作用，而对阳极 A 发射或反射的光电子却起了加速作用，使阳极 A 发射出的光电子也到达阴极 K，形成反向电流.

由于上述原因，实测的光电管伏安特性曲线与理想曲线有区别（见图 4-8-5）.

实验仪器

仪器由汞灯及电源、滤色片、光阑、光电管、实验仪(含光电管电源和微电流放大器)构成,仪器结构如图 4-8-6 所示,实验仪的调节面板如图 4-8-7 所示.

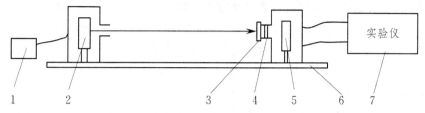

1—汞灯电源;2—汞灯;3—滤色片;4—光阑;5—光电管;6—基座;7—实验仪

图 4-8-6 仪器结构示意图

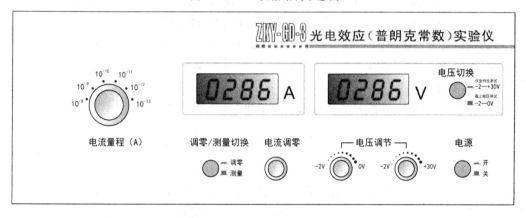

图 4-8-7 实验仪前面板示意图

汞灯:可用谱线 365.0 nm,404.7 nm,435.8 nm,546.1 nm,577.0 nm,579.0 nm.
滤色片:5 片,透射波长分别为 365.0 nm,404.7 nm,435.8 nm,546.1 nm,577.0 nm.
光阑:3 片,直径分别为 2 mm,4 mm,8 mm.
光电管:阳极为镍圈,阴极为银-氧-钾(Ag-O-K),光谱响应范围 320~700 nm.
暗电流:$I \leqslant 2 \times 10^{-13}$ A(-2 V $\leqslant U_{AK} \leqslant 0$ V).
光电管电源:2 挡,$-2\sim 0$ V,$-2\sim +30$ V,三位半数显,稳定度 $\leqslant 0.1\%$.
微电流放大器:6 挡,$10^{-8}\sim 10^{-13}$ A,分辨率 10^{-13} A,三位半数显,稳定度 $\leqslant 0.2\%$.

实验内容

1. 测试前准备.

将实验仪和汞灯电源接通,预热 20 min.

把汞灯及光电管暗盒遮光盖盖上,将汞灯暗盒光输出口对准光电管暗盒光输入口,调整光电管与汞灯距离为约 40 cm 并保持不变.

用专用连接线将光电管暗盒电压输入端与实验仪电压输出端(后面板上)连接起来(红—红,蓝—蓝).

将"电流量程"选择开关置于所选挡位,仪器在充分预热后,进行测试前调零.调零时,将"调零/测量切换"开关切换到"调零"挡位,旋转"电流调零"旋钮使电流指示为"000".调节好后,将"调零/测量切换"开关切换到"测量"挡位,就可以进行实验了.

注意:在进行每一组实验前,必须按照上面的调零方法进行调零,否则会影响实验精度.

2. 测普朗克常数 h.

(1)问题讨论.

理论上,测出各频率的光照射下阴极电流为零时对应的 U_{AK},其绝对值即该频率的截止电压,然而实际上由于光电管的阳极反向电流、暗电流、本底电流及极间接触电位差的影响,实测电流并非阴极电流,实测电流为零时对应的 U_{AK} 也并非截止电压.

暗电流和本底电流是热激发产生的光电流与杂散光照射光电管产生的光电流,可以在光电管制作或测量过程中采取适当措施以减小或消除它们的影响.

极间接触电位差与入射光频率无关,只影响 U_0 的准确性,不影响 U_0-ν 直线斜率,对测定 h 无影响.

此外,由于截止电压是光电流为零时对应的电压,若电流放大器灵敏度不够或稳定性不好,都会给测量带来较大误差.本实验仪器的电流放大器灵敏度高、稳定性好.

本实验仪器采用了新型结构的光电管.由于其特殊结构使光不能直接照射到阳极,由阴极反射照到阳极的光也很少,加上采用新型的阴、阳极材料及制造工艺,使得阳极反向电流大大降低,暗电流水平也很低.

鉴于本仪器的特点,在测量各谱线的截止电压 U_0 时,可不采用难于操作的"拐点法",而用"零电流法"或"补偿法".

拐点法是测量不同频率光照时的起始伏安特性曲线(见图 4-8-5),通过曲线确定负值电流变化率开始明显增大的点对应的电压值,即为截止电压.

零电流法是直接将各谱线照射下测得的电流为零时对应的电压 U_{AK} 的绝对值作为截止电压 U_0.采用此法的前提是阳极反向电流、暗电流和本底电流都很小,用零电流法测得的截止电压与真实值相差很小,且各谱线的截止电压都相差 ΔU,对 U_0-ν 曲线的斜率无大的影响,因此对 h 的测量不会产生大的影响.

补偿法是调节电压 U_{AK} 使电流为零后,保持 U_{AK} 不变,遮挡汞灯光源,此时测得的电流 I_1 为电压接近截止电压时的暗电流和本底电流.重新让汞灯照射光电管,调节电压 U_{AK} 使电流值至 I_1,将此时对应的电压 U_{AK} 的绝对值作为截止电压 U_0.此法可补偿暗电流和本底电流对测量结果的影响.

(2)测量.

将电压选择按键置于 -2 V ~ 0 V 挡;将仪器按照前面方法调零;将直径 4 mm 的光阑及 365.0 nm 的滤色片装在光电管暗盒光输入口位置.

从低到高调节电压,用零电流法或补偿法测量该波长的光照射时对应的 U_0,并将数据记于表 4-8-1 中.依次换上 404.7 nm,435.8 nm,546.1 nm,577.0 nm 的滤色片,重复以上测量步骤.

表 4-8-1 U_0-ν 关系 　　　光阑孔径 $\Phi=$ 　　 mm

波长 λ_i/nm	365.0	404.7	435.8	546.1	577.0
频率 $\nu_i/10^{14}$ Hz	8.214	7.408	6.879	5.490	5.196
截止电压 U_{0i}/V					

3. 测光电管的伏安特性曲线.

将电压选择按键置于 -2 ~ $+30$ V 挡;选择合适的"电流量程"挡位(建议选择 10^{-11} A 挡);将

仪器按照前面方法调零. 将孔径 $\Phi = 2$ mm 的光阑及 435.8 nm 的滤色片装在光电管暗盒光输入口位置. 记录入射距离 L.

(1) 从低到高调节电压, 记录电流从零到非零点所对应的电压值作为第一组数据, 以后电压每变化一定值记录一组数据于表 4-8-2 中.

换上孔径 $\Phi = 4$ mm 的光阑及 546.1 nm 的滤色片, 重复(1)测量步骤.

表 4-8-2 I-U_{AK} 关系 $L =$ mm

435.8 nm 光阑 2 mm	U_{AK}/V								
	$I/10^{-11}$ A								
546.1 nm 光阑 4 mm	U_{AK}/V								
	$I/10^{-11}$ A								

(2) 在 U_{AK} 为 30 V 时(为避免所加电压过高从而加速光电管老化, 建议 U_{AK} 电压为 25 V), 将"电流量程"选择开关置于适当挡位, 将仪器按照前面方法调零. 在同一谱线同一入射距离 L 下, 记录光阑分别为 2 mm, 4 mm, 8 mm 时对应的电流值于表 4-8-3 中.

由于照到光电管上的光强与光阑面积成正比, 用表 4-8-3 数据验证光电管的饱和光电流与入射光强成正比.

表 4-8-3 I_M-P 关系 $U_{AK} =$ V, $L =$ mm

435.8 nm	光阑孔径 Φ/mm			
	$I/10^{-10}$ A			
546.1 nm	光阑孔径 Φ/mm			
	$I/10^{-10}$ A			

也可以在 U_{AK} 为 30 V 时, 将"电流量程"选择开关置于适当挡位并调零, 测量并记录在同一谱线同一光阑下, 光电管与入射光不同距离(如 300 mm, 400 mm 等)对应的电流值于表 4-8-4 中, 同样验证饱和光电流与入射光强度成正比.

表 4-8-4 I_M-P 关系 $U_{AK} =$ V, $\Phi =$ mm

435.8 nm	入射距离 L/mm			
	$I/10^{-10}$ A			
546.1 nm	入射距离 L/mm			
	$I/10^{-10}$ A			

数据处理

1. 计算普朗克常数.

可用以下 3 种方法之一处理表 4-8-1 的实验数据, 得出 U_0-ν 直线的斜率 k.

(1) 根据线性回归理论, U_0-ν 直线的斜率 k 的最佳拟合值为

$$k = \frac{\overline{\nu \cdot U_0} - \overline{\nu} \cdot \overline{U_0}}{\overline{\nu^2} - \overline{\nu}^2},$$

其中:

$\overline{\nu} = \frac{1}{n} \sum_{i=1}^{n} \nu_i$ 表示频率 ν 的平均值;

$\overline{\nu^2} = \frac{1}{n}\sum_{i=1}^{n}\nu_i^2$ 表示频率 ν 的平方的平均值;

$\overline{U_0} = \frac{1}{n}\sum_{i=1}^{n}U_{0i}$ 表示截止电压 U_0 的平均值;

$\overline{\nu \cdot U_0} = \frac{1}{n}\sum_{i=1}^{n}\nu_i \cdot U_{0i}$ 表示频率 ν 与截止电压 U_0 的乘积的平均值.

（2）根据 $k = \frac{\Delta U_0}{\Delta \nu} = \frac{U_{0m} - U_{0n}}{\nu_m - \nu_n}$，可用逐差法从表 4-8-1 相邻 4 组数据中求出两个 k，将其平均值作为所求斜率 k 的数值.

（3）可用表 4-8-1 数据在坐标纸上作 $U_0 - \nu$ 直线，由图求出直线斜率 k.

求出直线斜率 k 后，可用 $h = ek$ 求出普朗克常数，并与 h 的公认值 h_0 作比较，求出相对误差 $E = \frac{|h - h_0|}{h_0}$，式中 $e = 1.602 \times 10^{-19}$ C，$h_0 = 6.626 \times 10^{-34}$ J·s.

2.用表 4-8-2 数据在坐标纸上作对应于表中两种波长及光强的伏安特性曲线.

3.用表 4-8-3 和表 4-8-4 数据，验证光电管的饱和光电流与入射光强成正比.

注意事项

1.在仪器的使用过程中，汞灯不宜直接照射光电管，也不宜长时间连续照射加有光阑和滤光片的光电管，以免减少光电管的使用寿命.实验完成后，请将光电管用光电管暗盒盖遮住光电管暗盒入射光口存放.

2.仪器面板上"电流量程"是倍率.

预习思考题

1.当加在光电管两极间的电压为零时，光电流却不为零，为什么？

2.什么是截止电压？影响截止电压测量的因素有哪些？

拓展训练

1.除了利用光电效应测量普朗克常数的方法外，还有哪些途径可以测量普朗克常数？

2.如何利用 MATLAB 处理光电效应法测量普朗克常数的实验数据？

拓展阅读

[1] 黄勇.测普朗克常量实验数据处理[J].物理实验,2011,31(3):25-28.

[2] 杨际青.改进的光电效应测普朗克常量外推法实验[J].大学物理,2003,22(12):38-41.

[3] 穆翠玲.光电效应实验的计算机采集与数据处理[J].实验室研究与探索,2010,29(8):226-229.

附录

光电效应伏安特性曲线的说明

光电效应具有如下的实验事实：

1.截止电压与频率呈线性关系，光子频率越高，截止电压越高.

2.对同一频率的光，饱和光电流的大小与入射光强成正比，如实验原理中图 4-8-2 所示.

3. 对不同频率的光,饱和光电流的大小取决于入射光强与光电管阴极材料在该频率的光谱灵敏度.饱和光电流大小与频率无直接的必然联系.

对于光电管常用的阴极材料,365 nm ~ 577 nm 的光谱灵敏度相差不大,作 5 条谱线的伏安特性曲线时,谱线位置的高低主要取决于该条谱线的入射光强度.

应该说明,实验原理中图 4-8-3 是用于说明对于不同频率的光,截止电压不同.图中频率高的光饱和光电流大,是因为在用于举例的两条谱线中,频率高的谱线光强较大.如果频率低的光强较大,则频率低的光的饱和光电流当然会大于频率高的光的饱和光电流.

在光阑大小一致时,不同波长的光强由汞灯光源在该波长处的相对强度及该波长滤光片的透射率共同决定.

图 4-8-8 为光电效应用汞灯谱线典型的相对强度,表 4-8-5 为滤色片的透射率.

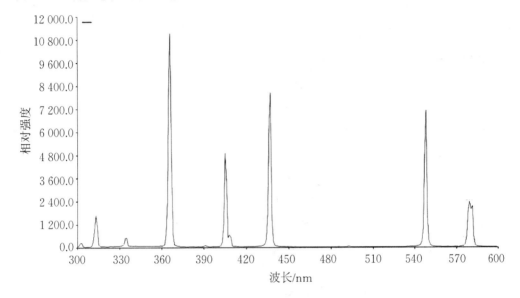

图 4-8-8　汞灯谱线的相对强度

表 4-8-5　各滤光片的透射率

滤光片	365.0 nm	404.7 nm	435.8 nm	546.1 nm	577.0/579.0 nm
透射率	35%	38%	53%	15%	20%

综合考虑汞灯谱线强度和滤色片透射率,光电管接收到的谱线强度依次是 365.0 nm,435.8 nm,404.7 nm,546.1 nm,577.0 nm.典型情况下各谱线的高低也依此排序.

需要说明的是,由于汞灯在生产中的差别或使用过程中发生条件改变,同一批次的各汞灯,或同一只汞灯在使用一段时间后,光谱都可能不一样,可能导致不同频率伏安特性曲线的高低排序发生改变.

无论各条谱线高低如何排序,只要证明饱和光电流大小与光强成正比,就与光电效应的基本实验事实相符合,而实验正好证明了这点.

4.9 弗兰克-赫兹实验

引言

弗兰克-赫兹实验是物理学史上一个著名的实验.1913年玻尔发表了原子结构的量子理论,第二年弗兰克和赫兹用慢电子与稀薄汞蒸气原子碰撞的方法,发现原子吸收能量是不连续的,并测定了汞原子的第一激发电位,从而直接地证明了原子能级的存在,为玻尔的原子模型提供了实验证据.因此,他们获得了1925年的诺贝尔物理学奖.

实验目的

1. 学习测定原子第一激发电位的方法.
2. 通过实验证明原子能级的存在.
3. 进一步学习示波器的使用.

实验原理

玻尔的氢原子理论指出:① 原子只能较长久地停留在一些稳定状态(定态),这些定态的能量 $E_1, E_2, \cdots$ 是不连续的,原子状态发生改变时,只能从一个定态跃迁到另一个定态;② 原子从一个定态跃迁到另一个定态时,要吸收或发射一定频率(ν)的电磁辐射,频率的大小取决于原子所处两定态之间的能量差,且满足如下关系:

$$h\nu = E_m - E_n,$$

式中 $h = 6.63 \times 10^{-34}$ J·s,是普朗克常数.

当原子本身吸收或发出电磁辐射时,或当原子与其他离子发生碰撞交换能量时,原子状态会发生改变.弗兰克-赫兹实验就是利用慢电子与汞原子发生碰撞,研究碰撞前后电子能量的改变,测定汞原子第一激发电位,从而证明原子内部存在不连续的定态.

根据玻尔理论,处于基态的原子状态发生改变时,所需能量不能小于从基态跃迁到第一激发态所需的能量(称为临界能量).设原子基态能量为 E_1,第一激发态能量为 E_2,初速度为零的电子在电势差为 U 的加速电场作用下获得能量 eU.当 eU 小于临界能量 $E_2 - E_1$ 时,电子与原子只能发生弹性碰撞,由于电子的质量远远小于原子质量,电子在碰撞后几乎没有能量损失;当 eU 大于临界能量时,电子与原子发生非弹性碰撞,原子将从电子攫取 $E_2 - E_1$ 的能量用于从基态到第一激发态的跃迁.对应于使电子恰好具有 $E_2 - E_1$ 能量的加速电势差 U_0 称为原子的第一激发电位(或称中肯电位),因而有

$$eU_0 = E_2 - E_1.$$

原子处于激发态是不稳定的,它可通过自发辐射跃迁回到基态,辐射光子的频率为

$$\nu = \frac{E_2 - E_1}{h} = \frac{eU_0}{h}.$$

弗兰克-赫兹实验的原理如图4-9-1所示,在弗兰克-赫兹(F-H)管中充有稀薄待测原

子气体,阴极 K 被加热后发射的电子在阴极 K 与帘栅极 G2 之间的正向电压 U_{G2K}(简写为 U_{G2})作用下被加速.在帘栅极 G2 与屏极 A 之间加有反向的拒斥电压 U_{G2A},如果电子能量较大,它就能克服拒斥电压的作用到达屏极,形成屏极电流 I_A 并为电流计所指示,否则,就到达不了屏极 A.

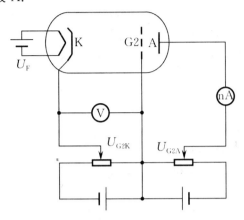

图 4-9-1 弗兰克-赫兹实验原理图

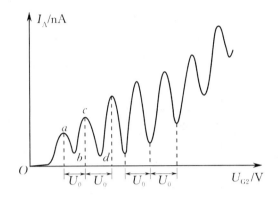

图 4-9-2 I_A-U_{G2} 实验曲线

实验中,采用充氩 F-H 管测定氩原子的第一激发电位.当加速电压 U_{G2} 逐渐增大时,可观察到屏极电流 I_A 随 U_{G2} 变化的规律,I_A-U_{G2} 曲线如图 4-9-2 所示,它反映了氩原子在 K,G2 空间与电子进行能量交换的情况.

在 U_{G2}(加速电压)≤U_{G2A}(拒斥电压)时,屏极电流为零,当 U_{G2}>U_{G2A}(这里强调">",是考虑了发射电子需要的逸出功)并继续增加时,屏极电流 I_A 出现并随之升高(如曲线 Oa 段). 当加速电压 U_{G2} 再增大到等于或大于氩原子的第一激发电位时,在帘栅极 G2 附近,由于电子与氩原子发生非弹性碰撞,几乎把全部能量都传给了氩原子并使之激发,而电子本身因损失了能量不能克服拒斥电场到达屏极,会出现屏极电流 I_A 显著减少,如曲线中 ab 段.继续增加 U_{G2},电子能量也随之增加,在与氩原子碰撞后仍有足够的能量克服拒斥电场而到达屏极 A,这时电流又开始上升(曲线中 bc 段),直到 U_{G2} 是氩原子激发电位的 2 倍($2U_0$)时,电子在栅极 G2 附近又会因两次与氩原子碰撞损失能量而不能克服拒斥电场的作用到达屏极,屏极电流 I_A 第二次下跌(cd 段).同理,只要在 $U_{G2} = nU_0(n=1,2,\cdots)$ 处,屏极电流都会下跌,形成有规则起伏的 I_A-U_{G2} 曲线.曲线中相邻峰(或谷)所对应的加速电压之差,就是氩原子的第一激发电位 U_0. 其公认值 $U_0 = 11.55$ V.

若在 F-H 管中充以汞蒸气,同样可以测定其第一激发电位为 4.9 V,而氖原子为 16.7 V,钠原子为 2.12 V,钾原子为 1.63 V,镁原子为 3.2 V.

实验仪器 ▶▶▶

FH-05 型弗兰克-赫兹实验仪,TDS1002 型数字存储示波器(或 FH-Ⅱ型弗兰克-赫兹实验仪,见附录).FH-05 型弗兰克-赫兹实验仪面板如图 4-9-3 所示.

仪器面板上给出了实验线路原理图.F-H 管是充氩四极真空电子管,具有阴极 K,两个网状栅极 G1,G2 和屏极 A.第一栅极 G1 靠近阴极 K,G1 和 K 之间加正向电压 U_{G1}(调节范围 1~5 V),主要用以清除空间电荷对阴极发射电子的影响,提高阴极发射电子的能力.栅压太小,对提高电子发射作用不大;栅压过大,栅极吸收的电子过多,穿越栅极的电子反而减少.第二栅极 G2

靠近屏极 A,G1,G2 间距离相对 G1,K 间的距离来说很大,保证在常温下电子与气体原子有足够大的碰撞概率.G2,K 间有正向加速电压 U_{G2}(0～100 V 范围可调),经 U_{G2} 加速而有一定能量的电子主要是在 G1,G2 空间与氩原子发生碰撞交换能量,栅极 G2 与屏极 A 之间有反向拒斥电压 U_{G2A}(范围 7～11 V).屏流 I_A 很弱,经运算放大器放大后由电流表显示,又作为示波器的 Y 轴信号.U_{G2} 除直通电压表外还经运算放大器衰减 10 倍作为示波器的 X 轴信号,以显示 I_A-U_{G2} 曲线.

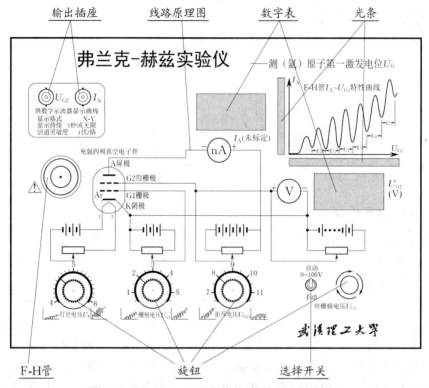

图 4-9-3　FH-05 型弗兰克-赫兹实验仪面板图

实验内容

1.调节弗兰克-赫兹实验仪.

将 U_F,U_{G1},U_{G2A} 旋钮置于电压调节范围 $\frac{1}{3}$ 处,U_{G2} 选择开关扳上,置于"自动 0～100 V",如图 4-9-3 所示.打开仪器电源开关(在仪器箱背面),立即看到表示 U_{G2} 的光条在周期性地由左向右"伸长-熄灭-伸长-熄灭 ……"同时,测量 U_{G2} 的数字电压表随着 U_{G2}"自动 0～100 V"的变化其显示值也在不断地变化,而测量 I_A 的电流表要过几十秒钟以后才开始由 0.00 出现变化,同时指示 I_A 的光条发光高度也出现起伏.

几分钟后,如果 I_A 电流表出现超量程的现象(最大显示为 19.99,超出,则后三位数 9.99 熄灭,只显示高位的 1),则应调小 U_F;如果 I_A 电流表显示的数字太小,则稍调大 U_F,直至 I_A 显示数值最大为 15.00 左右.注意,由于温度响应的滞后性,调节必须缓慢进行,即多观察一段时间电流的变化,等最大值稳定后再酌情调节电压.

2.从示波器上观察 I_A 与 U_{G2} 的波形和 I_A-U_{G2} 特性曲线.

将弗兰克-赫兹仪的 U_{G2},I_A 输出分别接示波器 CH1,CH2 输入端.打开示波器电源.

(1) 观察 I_A 与 U_{G2} 的波形:按照表 4-9-1 对示波器进行设置(所有设置不分先后).

第4章　近代与综合性实验

表 4-9-1　观察 I_A 与 U_{G2} 波形示波器操作设置

按 DISPLAY 键 ↓	按 TRIGGER 键 ↓	按 CH1 键 ↓	按 CH2 键 ↓
【菜单】【选项】	【菜单】【选项】	【菜单】【选项】	【菜单】【选项】
类型:矢量		偶合:直流	偶合:直流
持续:关闭		带宽限制:关	带宽限制:关
格式:YT		伏/格:粗调	伏/格:粗调
	触发方式:自动	探头:10×	探头:1×
		反向:关闭	反向:关闭
旋转 →	秒/格	CH1 伏/格	CH2 伏/格	CH1 位置	CH2 位置
设置 →	2.50 s	50.0 V	2.00 V	−4.00 div	−2.00 div

说明:CH1 菜单中探头选 10×,是由于仪器输出的 U_{G2} 信号,经过运放衰减 10 倍后取得的.

设置完毕后,"自动 0~100 V"的 U_{G2} 波形出现在屏上 −4~−2 两格之间,I_A 波形出现在屏上 −2~+4 六格之间.因用于放大 I_A 的芯片工作在 ±12 V 电源下,如果其输出达到约 11 V 时 I_A 还在增大,放大将失真,屏上 I_A 波形将在 +3.5 格处被"切顶".

(2) 观察 I_A-U_{G2} 特性曲线:按照表 4-9-2 对示波器进行设置(所有设置不分先后).

表 4-9-2　观察 I_A-U_{G2} 特性曲线示波器操作设置

操作	改设	说明
按 DISPLAY 键	显示持续:5 s	痕迹保留 5 s 再消失,可感觉曲线运动轨迹
	显示格式:XY	U_{G2}(CH1) 作 X 信号,I_A(CH2) 作 Y 信号
旋转 CH1 位置钮	CH1 位置:−5.00 div	坐标原点移至最左边
旋转 CH2 位置钮	CH2 位置:−4.00 div	坐标原点移至最下边
旋转 CH1 伏/格钮	CH1 伏/格:10.0 V/div	横向 10 格正好 100 V
旋转 CH2 伏/格钮	CH2 伏/格:1.00 V/div	纵向 8 格允许"I_A"输出小于 8 V 时显示完整曲线

有兴趣有时间者可以再次调节 U_{G2},U_{G2A},U_F,通过观察示波器曲线变化,评价它们对 I_A 的影响,将特性曲线调至最佳状态,保证有 7 个以上峰值以便测量.

3. 测定氩原子第一激发电位 U_0.

将 U_{G2} 选择开关切换为"手动",调节 U_{G2} 电位器使加速电压从最小(此前可将示波器显示持续改为无限,在屏幕上保留特性曲线,以供参考.)缓慢增大,当电流表示值刚反向变化时,依次记录 I_A 出现谷(第一个峰不记)、峰、谷、峰……时加速电压 U_{G2} 的值共 12 个.然后适当增大 U_{G2} 后再使之缓慢减小,依次记录 I_A 出现峰、谷、峰、谷……时加速电压 U_{G2} 的值共 12 个.记录于表 4-9-3.

表 4-9-3　测量数据表

谷峰序号	谷对应的加速电压 /V		峰对应的加速电压 /V	
	电压增大时	电压减小时	电压增大时	电压减小时
1				
2				
3				
4				
5				
6				

数据处理

用逐差法计算峰、谷各自的 $3U_0$，再算 U_0，求平均值及其不确定度（不考虑 B 类），并与公认值 u_0（11.55 V）比较，求实验相对误差。计算结果填入表 4-9-4。

表 4-9-4　计算结果列表

序号	谷峰对应的加速电压 /V		逐差法计算 $3U_{0i} = (U_{i+3} - U_i)/V$	计算 U_{0i}/V	实验结果
	平均峰 U_i	平均谷 U_i			
1			峰	1	$\overline{U}_0 = \dfrac{1}{6}\sum_{i=1}^{6} U_{0i} = $ _____
2				2	$u_A = S_{\overline{U}_0}$ $= \sqrt{\dfrac{1}{n(n-1)}\sum_{i=1}^{n}(U_{0i}-\overline{U}_0)^2}$ $= $ _____
3				3	
4			谷	4	不计"B 类", $u_B = 0$ $u_C = \sqrt{u_A^2 + u_B^2} = u_A$ $= $ _____
5				5	$U(U_0) = 2u_C = $ _____
6				6	$U_0 = [\overline{U}_0 + U(U_0)]$ $= $ _____ V

$$\text{相对误差 } E = \frac{|\overline{U}_0 - u_0|}{u_0} = \frac{|\overline{U}_0 - 11.55|}{11.55} \times 100\% = \underline{\qquad} \%$$

讨论思考题

试根据测量结果计算处于第一激发态的氩原子返回基态时所产生的光辐射的波长。

拓展阅读

[1] 王丽香，李宝胜. 弗兰克-赫兹实验最佳工作参量的确定[J]. 物理实验，2006，26(10)：38-40.

[2] 陈廷侠，冯绍亮，刘保福. 温度对弗兰克-赫兹实验的影响[J]. 河南师范大学学报：

自然科学版,2004,32(03):127-130.

[3] 侯春,朱雯兰,梅振林.弗兰克-赫兹实验装置的优缺点比较与改进[J].大学物理实验,2004,17(01):61-64.

[4] 王梅生.弗兰克-赫兹实验中的峰间距问题[J].物理实验,2001,21(11):40-43.

附录

FH-Ⅱ型弗兰克-赫兹实验仪的使用

一、准备工作

1.按照图4-9-4,连接好各组工作电源线,仔细检查,确定无误.

连接示波器,直观观察 I_A-U_{G2} 的波形变化情况.

2.打开电源,将实验仪预热 20～30 min.

3.检查开机后的初始状态,确认仪器工作正常.

(1) 实验仪的"1 mA"电流挡位指示灯亮,电流显示值为 0000.(10^{-7}A).

(2) 实验仪的"灯丝电压"挡位指示灯亮,电压显示值为 000.0(V).

(3) "手动"指示灯亮.

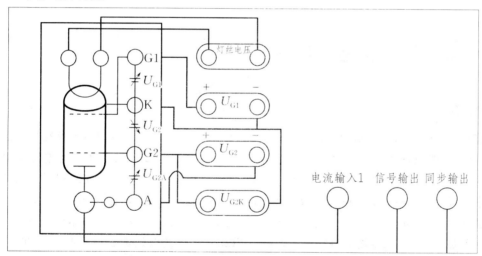

图 4-9-4　FH-Ⅱ型弗兰克-赫兹实验仪示意图

二、手动测试

1.按"手动/自动"键,将仪器设置为"手动"工作状态.

2.按下相应电流量程键,设定电流量程(电流量程可参考机箱盖上提供的数据).

3.用电压调节键←→调节电位,↑↓调节值的大小,设定灯丝电压 U_F、第一加速电压 U_{G1}、拒斥电压 U_{G2A} 的值(设定值可参考机箱盖上提供的数据).

4.按下"启动"键和"U_{G2}"挡位键,实验开始.

用电压调节键↑↓←→,从 0.0 V 开始,按步长 1 V(0.5 V)的电压值调节电压源 U_{G2},并记录下 U_{G2} 的值和对应的电流值 I_A.同时可用示波器观察屏极电流 I_A 随电压 U_{G2} 的变化情况.

注:为保证实验数据的唯一性,U_{G2} 的值必须从小到大单向调节,不可在过程中反复;记录完成最后一组数据后,立即将 U_{G2} 电压快速归零.

5.测试结束,依据记录的数据作出 I_A-U_{G2} 图像.

三、自动测试

1.按"手动/自动"键,将仪器设置为"自动"工作状态.

2. 参考机箱上提供的数据设置 U_F, U_{G1}, U_{G2A}, U_{G2}.

注:U_{G2} 设定终止值建议不超过 85 V.

3. 按面板上"启动"键,自动测试开始,同时用示波器观察屏极电流 I_A 随电压 U_{G2} 的变化情况.

4. 自动测试结束后,用电压调节键 ← → ↑ ↓ 键改变 U_{G2} 的值,查阅并记录本次测试过程中 I_A 的峰值、谷值和对应的 U_{G2} 值.

5. 根据记录的数据作出 I_A-U_{G2} 图像.

6. 自动测试或查询过程中,按下"手动/自动"键,则手动测试指示灯亮,实验仪原设置的电压状态被清除,面板按键全部开启,此时可进行下一次测试.

注:可变化 U_F, U_{G1}, U_{G2} 的值,进行多次 I_A-U_{G2} 测试.各电压设置参数在参考数据附近变化,灯丝电压不宜过高.

四、注意事项

1. 先不要开电源,连接好各组工作电源线,反复确认无误或老师检查后再打开电源.

2. 在加各电压过程中,如听到报警声(长笛声或断续笛声)应立即关断主机电源,待找到原因(很可能是面板连线错误)解决后再开机实验.

3. 灯丝电压不宜过高,否则加快 F-H 管老化;U_{G2} 不宜超过 85 V,否则管子易被击穿.

4.10 核 磁 共 振

引言

核磁共振(nuclear magnetic resonance,NMR)是指核磁矩不为零的原子核在恒定磁场作用下,核自旋能级发生塞曼分裂(Zeeman splitting),共振吸收某一特定频率的电磁辐射而引起的共振跃迁现象. 1946 年美国科学家珀塞尔和布洛赫两个小组分别独立地用吸收法和感应法在水和石蜡中观察到对电磁波吸收和色散的核磁共振信号,他们也因此获得了 1952 年诺贝尔物理学奖. 20 世纪 70 年代以来,随着计算机技术的飞速进步,核磁共振技术的发展与应用进入了一个新时代. 1974 年瑞士科学家恩斯特等用脉冲核磁共振技术和傅里叶变换方法,成功获得了高分辨二维核磁共振谱,并因其在 NMR 波谱方法、傅里叶变换、多维谱技术的杰出贡献获得了 1991 年的诺贝尔化学奖. 1973 年美国科学家劳特布尔发明了核磁共振成像技术,英国科学家曼斯菲尔德进一步发展了 NMR 梯度成像方法,他们因在核磁共振成像技术方面的突破性成就获得了 2003 年诺贝尔医学奖.核磁共振是测定原子的核磁矩和研究核结构的直接而准确的方法,也是精确测量磁场的一种重要方法,自问世以来核磁共振技术已成为物理、化学、生物学研究中的重要实验手段,同时也是医学、遗传学、石油分析等应用科学研究中的重要工具.

实验目的

1. 了解核磁共振的基本原理和实验方法.

2. 观察氢核 ^{1}H 的核磁共振现象,测量稳恒磁场强度,测量氟核 ^{19}F 的旋磁比和朗德因子.

实验原理

1. 量子力学观点.

核自旋量子数不为零($I>0$)的原子核在恒定磁场中产生塞曼分裂,当在垂直于该恒定磁场方向上施加的高频磁场振荡频率(ν)满足 $h\nu$ 等于塞曼分裂的两能级间能量差(ΔE)时,原子核就会吸收电磁场能量在上、下能级之间跃迁,这就是核磁共振现象.

下面以氢核为研究对象,介绍核磁共振的基本原理.核磁共振的发生是因为原子核具有磁矩,而核磁矩又源于原子核具有自旋角动量.磁矩 $\boldsymbol{\mu}$ 和角动量 $\boldsymbol{P}$ 的关系为

$$\boldsymbol{\mu} = \gamma \boldsymbol{P}, \tag{4-10-1}$$

式中 $\gamma = g_N \dfrac{e}{2m_p}$ 为旋磁比,其中 e 为质子电荷,m_p 为质子质量,g_N 为核的朗德因子.按照量子力学,原子核角动量的大小为

$$P = \sqrt{I(I+1)}\,\hbar, \tag{4-10-2}$$

其中 $\hbar$ 为约化普朗克常数 $\hbar = \dfrac{h}{2\pi}$,I 为核自旋量子数.对于氢核,$I = \dfrac{1}{2}$.

将原子核放入恒定磁场 $\boldsymbol{B}$ 中,取 z 轴正方向为 $\boldsymbol{B}$ 的方向,核角动量在 $\boldsymbol{B}$ 方向的投影值为

$$P_z = m\hbar, \tag{4-10-3}$$

式中 m 为核的磁量子数,可取 $I, I-1, \cdots, -I$.核磁矩在 $\boldsymbol{B}$ 方向的投影值

$$\mu_z = \gamma P_z = g_N \frac{e}{2m_p} m\hbar = g_N \left(\frac{e\hbar}{2m_p}\right) m = g_N \mu_N m, \tag{4-10-4}$$

其中 $\mu_N = \dfrac{e\hbar}{2m_p}$.磁矩为 $\boldsymbol{\mu}$ 的原子核在恒定磁场中具有势能

$$E = -\boldsymbol{\mu} \cdot \boldsymbol{B} = -\mu_z B = -g_N \mu_N m B. \tag{4-10-5}$$

由 m 的取值可知,该能级将在该磁场中分裂出 $2I+1$ 个塞曼子能级.对氢核而言,其自旋量子数 $I = 1/2$,所以磁量子数 m 只能取两个值,即 $m = -\dfrac{1}{2}, \dfrac{1}{2}$,磁矩在外场方向的投影也只能取两个值,如图 4-10-1(a) 所示,与此对应的能级如图 4-10-1(b) 所示.

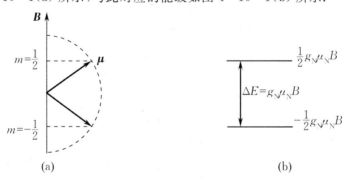

图 4-10-1 氢核磁矩在外磁场 B 中的取向和能级示意图

根据量子力学选择定则,只有 $\Delta m = \pm 1$ 的两个能级间才能发生跃迁,其能量差为

$$\Delta E = g_N \mu_N B. \tag{4-10-6}$$

若实验时恒定外磁场为 B_0,用频率为 ν_0 的电磁波照射原子核,如果 $h\nu_0$ 恰好等于氢原子核两能级的能量差,即

$$h\nu_0 = g_N \mu_N B_0, \tag{4-10-7}$$

则氢原子核就会吸收电磁波的能量,由 $m = \dfrac{1}{2}$ 能级跃迁到 $m = -\dfrac{1}{2}$ 能级,这就是核磁共振吸

收现象. (4-10-7)式为核磁共振产生条件,可写为 $\nu_0 = \left(\dfrac{g_N \mu_N}{h}\right) B_0$,即 $\omega_0 = \gamma B_0$.

2. 核磁共振信号强度.

实验所用样品可理解为大量同类核的集合. 尽管低能级上的核数目比高能级上的核数目略微多些,但由于低能级上参与核磁共振吸收未被共振辐射抵消的核数目很少,因此核磁共振信号非常微弱. 在热平衡状态下,每个能级上的粒子数服从玻尔兹曼分布,即

$$\frac{N_2}{N_1} = \exp\left(-\frac{\Delta E}{kT}\right) = \exp\left(-\frac{g_N \mu_N B_0}{kT}\right), \quad (4-10-8)$$

式中 N_1 为低能级上的核数目, N_2 为高能级上的核数目, ΔE 为上下两个能级间的能量差, k 为玻尔兹曼常量, T 是绝对温度. 当 $g_N \mu_N B_0 \ll kT$ 时,上式可近似写成

$$\frac{N_2}{N_1} = 1 - \frac{g_N \mu_N B_0}{kT}. \quad (4-10-9)$$

由上式可知, T 越低, B_0 越高,高、低能级的核数目相差越大,使得核磁共振信号越强,因此实际应用中的核磁共振实验通常要求强磁场和低温环境. 另外,核磁共振实验中还需磁场在样品范围内分布均匀,若磁场不均匀,则信号被噪声淹没,将难以观测到核磁共振信号.

3. 磁矩的拉莫尔进动.

下面我们从经典力学的角度来描述核磁共振现象. 具有磁矩 $\boldsymbol{\mu}$ 的粒子,在外磁场 $\boldsymbol{B}_0$ 中受到一个力矩 $\boldsymbol{L}$ 的作用,

$$\boldsymbol{L} = \boldsymbol{\mu} \times \boldsymbol{B}_0. \quad (4-10-10)$$

该力矩使粒子角动量 $\boldsymbol{P}$ 发生变化,即

$$\frac{\mathrm{d}\boldsymbol{P}}{\mathrm{d}t} = \boldsymbol{L}. \quad (4-10-11)$$

由于 $\boldsymbol{\mu} = \gamma \boldsymbol{P}$,故

$$\frac{\mathrm{d}\boldsymbol{\mu}}{\mathrm{d}t} = \gamma \boldsymbol{\mu} \times \boldsymbol{B}_0. \quad (4-10-12)$$

若 $\boldsymbol{B}_0$ 是稳恒的且沿 z 轴正方向,可求解上述方程,得

$$\begin{cases} \mu_z = C, \\ \mu_x = \mu_0 \sin(\omega_0 t + \delta), \\ \mu_y = \mu_0 \cos(\omega_0 t + \delta), \end{cases} \quad (4-10-13)$$

上式表示 $\boldsymbol{\mu}$ 绕 $\boldsymbol{B}_0$ 做进动,角频率为 $\omega_0 = \gamma B_0$,如图 4-10-2 所示.

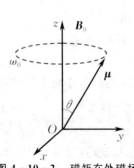

图 4-10-2 磁矩在外磁场中进动示意图

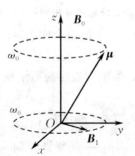

图 4-10-3 Oxy 平面内加入 $\boldsymbol{B}_1$ 场示意图

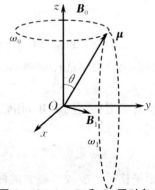

图 4-10-4 $\boldsymbol{B}_0$ 和 $\boldsymbol{B}_1$ 同时存在时磁矩进动示意图

若在 Oxy 平面施加一个旋转磁场 $\boldsymbol{B}_1$,其旋转频率为 ω_0,旋转方向与 $\boldsymbol{\mu}$ 进动方向一致,因而 $\boldsymbol{B}_1$ 对 $\boldsymbol{\mu}$ 的作用相当于一个恒定磁场,$\boldsymbol{\mu}$ 也会绕 $\boldsymbol{B}_1$ 进动,如图 4-10-3 和图 4-10-4 所示,其结果使 $\boldsymbol{\mu}$ 与 $\boldsymbol{B}_0$ 间的夹角 θ 发生变化.当 θ 增大时,粒子从 $\boldsymbol{B}_1$ 中获得能量,共振条件是

$$\omega_1 = \omega_0 = \gamma B_0. \tag{4-10-14}$$

4. 弛豫过程与弛豫时间.

由于实际研究的样品是由许多元磁矩 $\boldsymbol{\mu}$ 组成的系统,这里引入磁化强度 $\boldsymbol{M}$ 表示单位体积内元磁矩的矢量和,即

$$\boldsymbol{M} = \sum_i \boldsymbol{\mu}_i. \tag{4-10-15}$$

在外磁场 $\boldsymbol{B}_0$ 中,

$$\frac{\mathrm{d}\boldsymbol{M}}{\mathrm{d}t} = \gamma \boldsymbol{M} \times \boldsymbol{B}_0. \tag{4-10-16}$$

$\boldsymbol{M}$ 以角频率 $\omega_0 = \gamma B_0$ 绕 $\boldsymbol{B}_0$ 进动.

用上述方程描述系统的运动是不完全的,还必须考虑与周围环境的相互作用.处于恒定外磁场内的粒子,其元磁矩 $\boldsymbol{\mu}$ 都绕 $\boldsymbol{B}_0$ 进动,但它们进动的初始相位是随机的,因而从(4-10-13)式可得

$$\begin{cases} M_z = \sum_i \mu_{iz} = M_0, \\ M_x = \sum_i \mu_{ix} = 0, \\ M_y = \sum_i \mu_{iy} = 0, \end{cases} \tag{4-10-17}$$

即磁化强度只有纵向分量,横向分量相互抵消,当 Oxy 平面内加进 $\boldsymbol{B}_1$ 时,各 $\boldsymbol{\mu}_i$ 也绕 $\boldsymbol{B}_1$ 进动,使 $M_z \neq M_0, M_x \neq 0, M_y \neq 0$,去掉 $\boldsymbol{B}_1$ 后,这种不平衡的状态不能维持下去,而要自动地向平衡状态恢复,称为弛豫过程.

设 M_z 和 M_{xy} 向平衡状态恢复的速度与它们离开平衡状态的程度成正比,则

$$\begin{cases} \dfrac{\mathrm{d}M_z}{\mathrm{d}z} = -\dfrac{M_z - M_0}{T_1}, \\ \dfrac{\mathrm{d}M_{xy}}{\mathrm{d}t} = -\dfrac{M_{xy}}{T_2}, \end{cases} \tag{4-10-18}$$

T_1 称为纵向弛豫时间,是描述自旋粒子系统与周围物质晶格交换能量使 M_z 恢复平衡状态的时间常数,故又称为自旋-晶格弛豫时间. T_2 称为横向弛豫时间,是描述自旋粒子系统内部能量交换使宏观磁化强度 M_{xy} 在 Oxy 平面消失的时间常数,故又称为自旋-自旋弛豫时间.

同时考虑磁场 $\boldsymbol{B} = \boldsymbol{B}_0 + \boldsymbol{B}_1$ 和弛豫过程对磁化强度 $\boldsymbol{M}$ 的作用,如果假设各自的规律性不受另一因素的影响,则可简单地得到描述核磁共振现象的基本运动方程:

$$\frac{\mathrm{d}\boldsymbol{M}}{\mathrm{d}t} = \gamma \boldsymbol{M} \times \boldsymbol{B} - \frac{1}{T_2}(M_x \boldsymbol{i} + M_y \boldsymbol{j}) - \frac{1}{T_1}(M_z - M_0)\boldsymbol{k}, \tag{4-10-19}$$

该方程称为布洛赫方程,其中 $\boldsymbol{B} = \boldsymbol{i}B_1\cos\omega t - \boldsymbol{j}B_1\sin\omega t + \boldsymbol{k}B_0$. (4-10-19)式的分量形式为

$$\begin{cases} \dfrac{\mathrm{d}M_x}{\mathrm{d}t} = \gamma(M_y B_0 + M_z B_1 \sin\omega t) - \dfrac{M_x}{T_2}, \\ \dfrac{\mathrm{d}M_y}{\mathrm{d}t} = \gamma(M_z B_1 \cos\omega t - M_x B_0) - \dfrac{M_y}{T_2}, \\ \dfrac{\mathrm{d}M_z}{\mathrm{d}t} = -\gamma(M_x B_1 \sin\omega t + M_y B_1 \cos\omega t) - \dfrac{1}{T}(M_z - M_0). \end{cases} \tag{4-10-20}$$

建立旋转坐标系 $Ox'y'z'$，B_1 与 x' 重合，$M_\perp$ 为 M 在 Oxy 平面内的分量，u 和 $-v$ 分别为 $M_\perp$ 在 x' 和 y' 轴方向上的分量．推导可知，M_z 的变化是 v 的函数而非 u 的函数，而 M_z 的变化表示核磁化强度的能量变化，所以 v 的变化反映了系统能量的变化．如果磁场或频率的变化十分缓慢，可得稳态解

$$\begin{cases} u = \dfrac{\gamma B_1 T_2^2 (\omega_0 - \omega) M_0}{1 + T_2^2 (\omega_0 - \omega)^2 + \gamma^2 B_1^2 T_1 T_2}, \\ v = \dfrac{\gamma B_1 M_0 T_2}{1 + T_2^2 (\omega_0 - \omega)^2 + \gamma^2 B_1^2 T_1 T_2}, \\ M_z = \dfrac{[1 + T_2^2 (\omega_0 - \omega)] M_0}{1 + T_2^2 (\omega_0 - \omega)^2 + \gamma^2 B_1^2 T_1 T_2}, \end{cases} \quad (4-10-21)$$

从而可得 u,v 随 ω 变化的函数关系曲线，图 4-10-5(a) 所示为色散信号，图 4-10-5(b) 所示为吸收信号．当外加旋转磁场 B_1 的角频率 ω 等于在磁场 B_0 中进动的角频率 ω_0 时，吸收信号最强，即出现共振吸收．

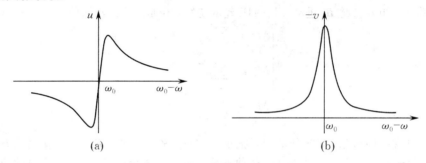

图 4-10-5　色散信号与吸收信号

此外，在核磁共振实验中，观察到的共振信号出现"尾波"，这是由于频率调制速度太快，通过共振点的时间比弛豫时间小得多，这时共振吸收信号的形状会发生很大的变化，在通过共振点之后，会出现衰减振荡，这个衰减的振荡称为尾波．这种尾波非常有用，因为磁场越均匀，尾波越大，所以应调节匀场线圈使尾波达到最大．在本实验中则是尽可能将样品置于磁场中心磁场最均匀处．

实验仪器

本实验仪器主要包括磁铁、探头、磁场调制系统、核磁共振实验仪、频率计及示波器．

1. 核磁共振实验仪主机

核磁共振实验仪主机（下文简称"主机"）的前面板、后面板和侧面板示意图分别如图 4-10-6(a),(b) 和 (c) 所示，主机由边限振荡器、扫场单元和毫特计等多个功能单元组成．

边限振荡器具有与一般振荡器不同的输出特性，其输出幅度随外界吸收能量的轻微增加而明显下降，当吸收能量大于某一阈值时即停振，因此通常被调节至振荡与不振荡的边缘．本实验中，样品放置在边限振荡器的振荡线圈中，振荡线圈位于固定磁场 B_0 中，当样品吸收能量不同（即线圈 Q 值改变）时，振荡器的振幅将有较大变化．边限振荡器既可避免产生饱和效应，也使样品中少量的能量吸收引起振荡器振幅较大的相对变化，提高检测共振信号的灵敏度．当共振时样品吸收增强，振荡变弱，经过二极管的倍压检波，在示波器上就可显示出反映振荡器振幅变化的共振信号．

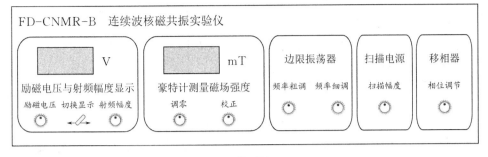

(a) 前面板

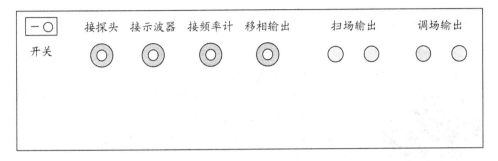

(b) 后面板

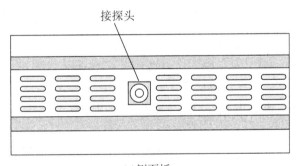

(c) 侧面板

图 4-10-6　FD-CNMR-B 连续波核磁共振实验仪示意图

观察核磁共振信号有两种方法:扫场法和扫频法.扫场法即射频场 B_1 的角频率 ω_1 固定而让磁场 B 连续变化通过共振区域;扫频法即磁场 B 固定,让射频场 B_1 的角频率 ω_1 连续变化通过共振区域.二者完全等效.对于本实验仪器,稳恒磁场 B_0 上叠加了一个低频调制磁场 $B' = B'_m \sin \omega' t$,这个低频调制磁场就是由扫场单元(实际上是一对亥姆霍兹线圈)产生的.扫场电源用于调节扫场单元产生的低频调制射频场幅值,样品所在区域的磁场为 $B_0 + B'_m \sin \omega' t$,由于 B'_m 很小,总磁场方向保持不变,只是磁场幅值按调制频率在 $B_0 - B'_m \sim B_0 + B'_m$ 范围内发生周期性变化,相应的拉莫尔进动角频率为 $\gamma(B_0 + B'_m \sin \omega' t)$.只要射频场角频率 ω_1 调在 ω_0 附近,同时 $B_0 - B'_m \leqslant B \leqslant B_0 + B'_m$,则在调制场的一个周期内满足两次共振条件,在示波器上将观察到共振吸收信号.当射频场角频率 ω_1 与拉莫尔进动角频率 ω_0 相等时,谱线为等间隔分布(见图 4-10-7),此时 $B' = 0$;而当 $\omega_1 \neq \omega_0$,$\omega_1 = \gamma(B_0 + B'_m \sin \omega' t)$ 时,谱线为不等间隔分布(见图 4-10-8).

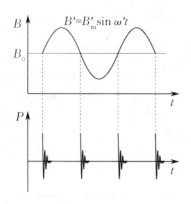
图 4-10-7　等间隔共振信号

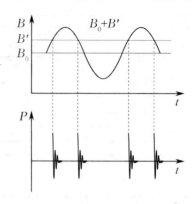
图 4-10-8　不等间隔共振信号

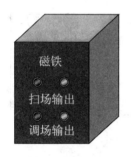
图 4-10-9　磁铁前面板示意图

2．磁铁．

磁铁的作用是产生稳恒磁场，它是核磁共振实验装置的核心，要求磁铁能够产生尽量强的、非常稳定、非常均匀的磁场．核磁共振实验装置中的磁铁有三类：永久磁铁、电磁铁和超导磁铁．本实验中的磁场主要由永久磁铁产生，其前面板示意图如图 4-10-9 所示．

3．实验样品．

本实验配备了 5 种样品：溶硫酸铜的水（1#），溶三氯化铁的水（2#），氢氟酸（3#），丙三醇（4#），纯水（5#）．

1．观察氢核 ^{1}H 的核磁共振吸收信号．

（1）首先将探头旋进核磁共振实验仪主机侧面板指定位置，并将 1 号样品（掺有硫酸铜的水，封装在实验样品管中）插入探头内．

（2）将主机后面板上"扫场输出"和"调场输出"分别与磁铁面板上的"扫描电源"和"调场电源"用红黑手枪插连接线连接，主机后面板"移相输出"用 Q9 连接线接示波器"CH1"通道，主机后面板上"接示波器"用 Q9 连接线接示波器"CH2"通道，"接频率计"用 Q9 线连接至频率计，5 芯航空插接毫特计探头（频率计的通道选择：A 通道，即 1 Hz～100 MHz；FUNCTION 选择：100 MHz；GATE TIME 选择：1 s）．

（3）移动探头连同样品放入磁场中，并调节主机机箱底部 4 个调节螺丝，使探头放置的位置能保证内部线圈产生的射频磁场方向与稳恒磁场方向垂直．

（4）打开主机电源预热一段时间．

（5）将磁场扫描电源的"扫描幅度"旋钮顺时针调节至接近最大（旋至最大后，再往回旋半圈，因为最大时电位器电阻为零，输出短路，对仪器有一定的损伤），这样可以加大捕捉信号的范围．

（6）将主机上"励磁电压"调节至零（可以通过中间白色波段开关左转指示"励磁电压"，右转指示"射频幅度"），因为励磁电压通过改变磁铁上两个线圈上的电压来小范围改变磁场（叠加在永磁场之上），一开始调制时应先将该电磁场调零，利于共振信号的调节．

（7）"切换显示"开关右拨，调节"射频幅度"电位器使射频幅度显示 4 V 左右．

(8) 调节边限振荡器的"频率粗调"电位器,将频率调节至磁铁上标志的氢核共振频率附近,然后旋动调节"频率细调"旋钮,在此附近捕捉信号,当满足共振条件 $\omega_0 = \gamma B_0$ 时,可以观察到共振信号.调节旋钮时要尽量缓慢,因为共振范围非常小,很容易跳过.

注:因为磁铁的磁感应强度随温度的变化而变化(成反比关系),所以应在标志频率附近 ± 1 MHz 的范围内进行信号的捕捉!

(9) 调出大致共振信号后,降低"扫描幅度",调节"频率细调"至信号等宽,同时调节样品在磁铁中的空间位置以得到尾波最多的共振信号.读取此时频率计上显示的频率数值.

2. 观察氟核 ^{19}F 的核磁共振现象,测定其旋磁比和朗德因子.

将3号样品氢氟酸放入探头中,将频率调节至磁铁上标志的氟核共振频率值,由于氟核的共振信号比较小,故此时应适当降低扫描幅度(一般不大于3 V),这是因为样品的弛豫时间过长导致饱和现象而引起信号变小.按照调节氢核磁共振信号的方法调节得到共振信号.注意测量不同样品的核磁共振信号时,应尽量不改变样品在磁场中的位置以保证样品所在处的磁场强度相同.

3. 李萨如图形的观测.

以上采用示波器内扫法,观察到的是等间隔的共振吸收信号.在前面信号调节的基础上,示波器切换到 X - Y 模式,当磁场扫描到共振点时,就可以在示波器上观察到两个形状对称的信号波形,它对应于调制磁场一个周期内发生的两次核磁共振.调节频率及磁场扫描电源上的"扫描幅度"及"相位调节"旋钮,使共振信号波形处于中间位置并使两峰完全重合,这时共振角频率和磁场满足条件 $\omega_0 = \gamma B_0$.

4. 改变共振磁场,观察信号.

调节"励磁电压"电位器,改变共振磁场强度,可以观察到原来调好的共振信号马上消失,这是因为共振磁场改变了,根据共振条件 $\omega_0 = \gamma B_0$,相应的共振角频率也要改变,此时仔细调节边限振荡器"频率粗调"和"频率细调"电位器,又可以调节出核磁共振信号.可见,对同一种样品,旋磁比一定,频率和磁场满足共振条件才能产生核磁共振现象.将测得的数据记录于表 4 - 10 - 1 中.

表 4 - 10 - 1 共振频率-励磁电压关系测量数据表

励磁电压 /V	0.0	0.5	1.0	1.5	2.0	2.5	3.0	3.5	4.0	4.5	5.0
共振频率 /MHz											

5. 毫特计的校准与磁场测量.

根据共振条件 $\omega_0 = \gamma B_0$,已知氢原子核的旋磁比,通过频率计测量共振频率,就可以精确计算共振磁场的强度,此时可以用来精确校准毫特计.首先将探头放在磁场为零的地方,调节"调零"电位器使主机上示数为零,然后将探头放入核磁共振磁铁中,根据计算出的磁场值,调节"校正"电位器使主机显示值等于计算值.注意要将探头放在样品位置附近(考虑到磁场均匀性的问题),因为精度较高,核磁共振法已成为非常重要的磁场校准方法.校准好的毫特计可以用来精确测量其他固定磁场强度.

6. 研究顺磁离子对核磁共振信号的增强作用.

观察纯水(5号样品)的核磁共振信号,以及溶三氯化铁等顺磁离子的水(2号样品)的核磁共振信号,比较信号幅度,研究顺磁离子对核磁共振信号的增强作用.

数据处理

1. 确定氢核 ^{1}H 的共振频率,并计算样品所在位置处磁场强度(注:已知氢核 ^{1}H 的旋磁比 $\gamma_H = 2.675\,22 \times 10^2\,\text{MHz/T}$).

2. 根据所测的氟核 ^{19}F 的共振频率,求出 ^{19}F 的旋磁比 γ_F 和朗德因子 g_N. 氟核 ^{19}F 旋磁比标准值 $\gamma_{F0} = 2.516\,7 \times 10^2\,\text{MHz/T}$,计算相对误差.

3. 根据表 4-10-1 中的测量数据,作励磁电压与共振频率的关系曲线,分析其规律性.

注意事项

1. 实验所用样品溶液请勿直接与皮肤接触,尤其是 3# 氢氟酸样品. 若有接触,应立即用大量清水冲洗并做好后续安全措施,以防中毒.

2. 实验过程中必须保持实验台、仪器和样品的稳定,避免震动,以使核磁共振波形稳定.

预习思考题

1. 产生核磁共振的条件是什么?
2. 核磁共振信号为什么很微弱?为了提高信号强度,应采取哪些措施?
3. 怎样利用核磁共振测量磁场强度?

讨论思考题

1. 本实验中,为什么在稳恒磁场 B_0 上叠加了一个低频调制磁场 $B' = B'_m \sin \omega' t$?它对于捕捉核磁共振信号有何作用?调出大致共振信号后,为何要继续细调频率至信号等宽?

2. 请比较纯水和加入少许顺磁离子($CuSO_4$ 或 $FeCl_3$) 水溶液样品的共振信号,并解释顺磁离子对共振信号的影响.

拓展阅读

[1] 高汉宾,张振芳. 核磁共振原理与实验方法[M]. 武汉:武汉大学出版社,2008.
[2] 黄永仁. 核磁共振理论原理[M]. 上海:华东师范大学出版社,1992.

4.11 塞曼效应

引言

1896 年,荷兰物理学家塞曼(P. Zeeman,1865—1943)发现当光源放在足够强的磁场中时,原来的一条光谱线分裂成几条光谱线,分裂的谱线成分是偏振的,分裂的条数随能级的类别而不同,后人称此现象为塞曼效应. 塞曼效应是继英国物理学家法拉第(M. Faraday, 1791—1863)1845 年发现磁致旋光效应、克尔(John Kerr)1876 年发现磁光克尔效应之后的又一个磁光效应.

磁致旋光效应和克尔效应的发现在当时引起了众多物理学家的兴趣. 1862 年法拉第出于"磁力和光波彼此有联系"的信念,曾试图探测磁场对钠黄光的作用,但因仪器精度欠佳未果.

塞曼在法拉第的信念的激励下,经过多次的失败,最后当时分辨本领最高的罗兰凹面光栅和强大的电磁铁,终于在 1896 年发现了钠黄线在磁场中变宽的现象,后来又观察到了镉蓝线在磁场中的分裂.

塞曼在洛伦兹的指点及其经典电子论的指导下，解释了正常塞曼效应和分裂后的谱线的偏振特性，并且估算出的电子荷质比与几个月后汤姆逊从阴极射线得到的相同.

塞曼效应不仅证实了洛伦兹电子论的准确性，而且为汤姆逊发现电子提供了证据，还证实了原子具有磁矩并且空间取向是量子化的. 1902 年，塞曼与洛伦兹因这一发现共同获得了诺贝尔物理学奖. 直至今日，塞曼效应仍是研究原子能级结构的重要方法.

早年将谱线分裂为三条而裂距按波数计算正好等于一个洛伦兹单位的现象叫作正常塞曼效应（洛伦兹单位 $L = eB/4\pi mc$）. 正常塞曼效应用经典理论就能给予解释. 实际上大多数谱线的塞曼分裂不是正常塞曼分裂，分裂的谱线多于三条，谱线的裂距可以大于也可以小于一个洛伦兹单位，人们称这类现象为反常塞曼效应. 反常塞曼效应只有用量子理论才能得到满意的解释. 对反常塞曼效应以及复杂光谱的研究，促使朗德于 1921 年提出 g 因子概念，乌伦贝克和哥德斯密特于 1925 年提出电子自旋的概念，推动了量子理论的发展.

实验目的

1. 掌握观测塞曼效应的实验方法，加深对原子磁矩及空间量子化等概念的理解.
2. 观察汞原子 546.1 nm 谱线的分裂现象以及它们的偏振状态，由塞曼裂距计算电子的荷质比.
3. 学习法布里-珀罗标准具和 CCD 器件在光谱测量中的应用.

实验原理

1. 原子的总磁矩和总角动量的关系.

原子中的电子由于做轨道运动产生轨道磁矩，电子还具有自旋运动产生自旋磁矩，根据量子力学的结果，电子的轨道角动量 $\boldsymbol{P}_L$ 和轨道磁矩 $\boldsymbol{\mu}_L$ 以及自旋角动量 $\boldsymbol{P}_S$ 和自旋磁矩 $\boldsymbol{\mu}_S$ 在数值上有下列关系：

$$\begin{cases} \mu_L = \dfrac{e}{2mc} P_L, & P_L = \sqrt{L(L+1)}\hbar, \\ \mu_S = \dfrac{e}{mc} P_S, & P_S = \sqrt{S(S+1)}\hbar, \end{cases} \quad (4-11-1)$$

式中 e, m 分别表示电子电荷和电子质量，L, S 分别表示轨道量子数和自旋量子数. 轨道角动量和自旋角动量合成原子的总角动量 $\boldsymbol{P}_J$，轨道磁矩和自旋磁矩合成原子的总磁矩 $\boldsymbol{\mu}$（见图 4-11-1），由于 $\boldsymbol{\mu}$ 绕 $\boldsymbol{P}_J$ 的运动只有 $\boldsymbol{\mu}$ 在 $\boldsymbol{P}_J$ 方向的投影 $\boldsymbol{\mu}_J$ 对外平均效果不为零，可以得到 $\boldsymbol{\mu}_J$ 与 $\boldsymbol{P}_J$ 数值上的关系为

$$\mu_J = g \frac{e}{2m} P_J, \quad (4-11-2)$$

其中 $g = 1 + \dfrac{J(J+1) - L(L+1) + S(S+1)}{2J(J+1)}$，称为朗德因子，它表征原子的总磁矩与总角动量的关系，而且决定了能级在磁场中分裂的大小.

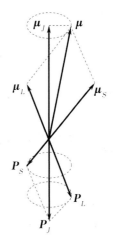

图 4-11-1　原子磁矩与角动量的矢量模型

2. 外磁场对原子能级的作用.

在外磁场中，原子的总磁矩在外磁场中受到力矩 $\boldsymbol{L}$ 的作用

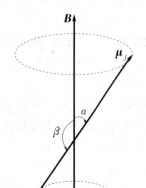

图 4-11-2 μ_J 和 P_J 的进动

$$L = \mu_J \times B, \quad (4-11-3)$$

式中 B 表示磁感应强度. 力矩 L 使角动量 P_J 绕磁场方向进动(见图 4-11-2), 进动引起附加的能量 ΔE 为

$$\Delta E = -\mu_J B \cos\alpha.$$

将(4-11-2)式代入上式,得

$$\Delta E = g\frac{e}{2m}P_J B\cos\beta. \quad (4-11-4)$$

由于 μ_J 和 P_J 在磁场中取向是量子化的,也就是 P_J 在磁场方向的分量是量子化的, P_J 的分量只能是 $\hbar$ 的整数倍,即

$$P_J\cos\beta = M\hbar, \quad M = J,(J-1),\cdots,-J, \quad (4-11-5)$$

磁量子数 M 共有 $2J+1$ 个值. 将(4-11-5)式代入(4-11-4)式,得

$$\Delta E = Mg\frac{e\hbar}{2m}B. \quad (4-11-6)$$

这样,无外磁场时的一个能级,在外磁场的作用下分裂成 $2J+1$ 个子能级,每个能级附加的能量由(4-11-6)式决定,它正比于外磁场 B 和朗德因子 g.

3. 塞曼效应的选择定则.

设未加磁场时跃迁前后的能级为 E_2 和 E_1,则谱线的频率 ν 满足下式:

$$\nu = \frac{1}{h}(E_2 - E_1).$$

在磁场中上下能级分别分裂为 $2J_2+1$ 和 $2J_1+1$ 个子能级,附加的能量分别为 ΔE_2 和 ΔE_1, 新的谱线频率 ν' 决定于

$$\nu' = \frac{1}{h}(E_2 + \Delta E_2) - \frac{1}{h}(E_1 + \Delta E_1). \quad (4-11-7)$$

分裂谱线的频率差为

$$\Delta\nu = \nu' - \nu = \frac{1}{h}(\Delta E_2 - \Delta E_1) = (M_2 g_2 - M_1 g_1)\frac{e}{4\pi m}B. \quad (4-11-8)$$

用波数表示为

$$\Delta\tilde{\nu} = \frac{\Delta\nu}{c} = (M_2 g_2 - M_1 g_1)\frac{e}{4\pi mc}B. \quad (4-11-9)$$

令 $L = \frac{eB}{4\pi mc}$,称为洛伦兹单位,将有关参数代入得

$$L = \frac{eB}{4\pi mc} = 0.467B,$$

式中 B 的单位用 T(特斯拉),波数 L 的单位为 cm^{-1}.

并非任何两个能级间的跃迁都是可能的,跃迁必须满足选择定则: $\Delta M = 0, \pm 1$. 当 $J_2 = J_1$ 时, $M_2 = 0 \to M_1 = 0$ 禁戒.

(1) 当 $\Delta M = 0$,垂直于磁场的方向观察时,能观察到线偏振光,线偏振光的振动方向平行于磁场,称为 π 成分,平行于磁场方向观察时 π 成分不出现.

(2) 当 $\Delta M = \pm 1$,垂直于磁场观察时,能观察到线偏振光,线偏振光的振动方向垂直于磁

场,叫作 σ 线.平行于磁场方向观察时,能观察到圆偏振光,圆偏振光的转向依赖于 ΔM 的正负号、磁场方向以及观察者相对磁场的方向. $\Delta M=1$,偏振转向是沿磁场方向前进的螺旋转动方向,磁场指向观察者时,为左旋圆偏振光,称作 σ^+; $\Delta M=-1$,偏振转向是沿磁场方向倒退的螺旋转动方向,磁场指向观察者时,为右旋圆偏振光,称作 σ^-.

4. 汞绿线在外磁场中的塞曼效应.

本实验所观察到的汞绿线(即 546.1 nm 谱线)是能级 7^3S_1 到 6^3P_2 之间的跃迁.与这两能级及其塞曼分裂能级对应的量子数和 g,M,Mg 值以及偏振态如表 4-11-1 和表 4-11-2 所示.

表 4-11-1 汞 7^3S_1 到 6^3P_2 跃迁对应的量子数和 g,M,Mg 值

原子态符号	7^3S_1	6^3P_2
L	0	1
S	1	1
J	1	2
g	2	3/2
M	1, 0, −1	2, 1, 0, −1, −2
Mg	2, 0, −2	3, 3/2, 0, −3/2, −3

表 4-11-2 各光线的偏振态

选择定则	$K \perp B$(横向)	$K \,/\!/\, B$(纵向)
$\Delta M = 0$	线偏振光 π 成分	无光
$\Delta M = +1$	线偏振光 σ 成分	右旋圆偏振光
$\Delta M = -1$	线偏振光 σ 成分	左旋圆偏振光

表 4-11-2 中 K 为光波矢量; B 为磁感应强度矢量; σ 表示光波电矢量 $E \perp B$; π 表示光波电矢量 $E \,/\!/\, B$.

在外磁场的作用下,能级间的跃迁如图 4-11-3 所示.

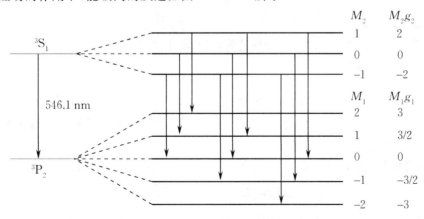

图 4-11-3 汞 546.1 nm 谱线的塞曼效应示意图

说明:

$M_2g_2 - M_1g_1$: −2, 3/2, −1; −1/2, 0, 1/2; 1, 3/2, 2.

$\Delta M = M_2 - M_1$: $\Delta M = -1$; $\Delta M = 0$; $\Delta M = +1$.

$\sigma(E \perp B)$; $\pi(E \,/\!/\, B)$; $\sigma(E \perp B)$.

垂直 B 方向观察：都是线偏振光．
平行 B 方向观察：左旋圆偏振光，无光，右旋圆偏振光．

5. 法布里-珀罗标准具的原理和波长差或波数差的测量．

塞曼分裂的波长差是很小的，普通的棱镜摄谱仪不能胜任，应使用分辨本领高的光谱仪器．本实验使用法布里-珀罗标准具（以下简称 F-P 标准具）．F-P 标准具由平行放置的两块平面玻璃板和夹在中间的一个间隔圈组成．平面玻璃内表面必须是平整的，其加工精度要求优于 1/20 中心波长．内表面上镀有高反射膜，膜的反射率高于 90%．间隔圈用膨胀系数很小的石英材料制作，精加工成有一定的厚度，用来保证两块平面玻璃板之间有很高的平行度和稳定的间距．再用三个螺丝调节玻璃上的压力来达到精确平行．当单色平行光束 s_0 以某一小角度 θ 入射到标准具的平面上时，光束在两块平面玻璃板内表面 M 和 M′ 间经多次反射和透射，分别形成一系列相互平行的反射光束 $1, 2, 3, \cdots$ 及透射光束 $1', 2', 3', \cdots$．这些相邻光束之间有一定的光程差 Δl，而且有

$$\Delta l = 2nh\cos\theta,$$

式中 h 为两块平面玻璃板之间的距离，θ 为光束在 M 和 M′ 界面上的入射角，n 为两块平面玻璃板之间介质的折射率（空气折射率 n 近似为 1）．这一系列互相平行并有一定光程差的光束将在无限远处或在透镜的焦平面上发生干涉．当光程差为波长的整数倍时产生相长干涉，得到光强极大值，即

$$2h\cos\theta = K\lambda, \tag{4-11-10}$$

式中 K 为整数，称为干涉级次．由于 F-P 标准具间距是固定的，对波长一定的光，不同的干涉级次 K 出现在不同的入射角 θ 处．如果采用扩展光源照明，F-P 标准具产生等倾干涉，它的干涉条纹是一组同心圆环，如图 4-11-4 所示．

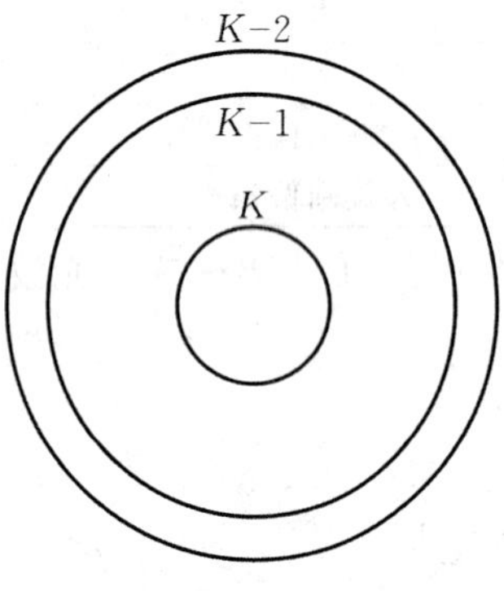

用透镜把 F-P 标准具的干涉条纹成像在焦平面上，与明环相应的光线入射角 θ 与明环的直径 D 有如下关系：

$$\cos\theta = \frac{f}{\sqrt{f^2 + (D/2)^2}} \approx 1 - \frac{1}{8}\frac{D^2}{f^2}, \tag{4-11-11}$$

式中 f 为透镜的焦距．将上式代入（4-11-10）式得

图 4-11-4 等倾干涉条纹

$$2h\left(1 - \frac{1}{8}\frac{D^2}{f^2}\right) = K\lambda. \tag{4-11-12}$$

由上式可见，干涉级次 K 与明环直径的平方成线性关系，随着明环直径的增大明环越来越密（见图 4-11-4）．（4-11-12）式等号左边第二项的负号表明干涉明环的直径越大，干涉级次 K 越小．中心明环干涉级次最大．

对同一波长的相邻两干涉级次 K 和 $K-1$，明环的直径平方差用 ΔD^2 表示，得

$$\Delta D^2 = D_{K-1}^2 - D_K^2 = \frac{4f^2\lambda}{h}, \tag{4-11-13}$$

ΔD^2 是与干涉级次 K 无关的常数．对同一干涉级次，不同波长 λ_a 和 λ_b 的波长差为

$$\Delta\lambda_{ab} = \lambda_a - \lambda_b = \frac{h}{4f^2 K}(D_b^2 - D_a^2) = \frac{\lambda}{K}\frac{D_b^2 - D_a^2}{D_{K-1}^2 - D_K^2}, \tag{4-11-14}$$

测量时所用的干涉条纹只是在中心明环附近的几个干涉级次．考虑到标准具间隔圈的长度比波长大得多，中心明环的干涉级次是很大的，因此用中心明环的干涉级次代替被测明环的干涉级次引入的误差可以忽略不计，即 $K = 2h/\lambda$，将它代入（4-11-14）式，得

$$\Delta\lambda_{ab} = \lambda_a - \lambda_b = \frac{\lambda^2}{2h}\frac{D_b^2 - D_a^2}{D_{K-1}^2 - D_K^2}. \quad (4-11-15)$$

波数差 $\Delta\tilde{\nu} = \Delta\lambda/\lambda^2$，则

$$\Delta\tilde{\nu}_{ab} = \frac{1}{2h}\frac{\Delta D_{ab}^2}{\Delta D^2}, \quad (4-11-16)$$

其中 $\Delta D_{ab}^2 = D_a^2 - D_b^2$. 由上两式可知波长差或波数差与相应明环的直径平方差成正比. 故应用(4-11-16)式，在测出相应的环的直径后，就可以算出塞曼分裂的裂距.

将(4-11-16)式代入(4-11-9)式，便得到电子荷质比的公式：

$$\frac{e}{m} = \frac{2\pi c}{(M_2 g_2 - M_1 g_1)Bh}\frac{D_b^2 - D_a^2}{D_{K-1}^2 - D_K^2}. \quad (4-11-17)$$

6. CCD 摄像器件.

CCD 是电荷耦合器件(charge coupled device)的简称. 它是一种金属氧化物-半导体结构的新型器件，具有光电转换、信息存储和信号传输功能，在图像传感、信息处理和存储等方面有广泛的应用.

CCD 摄像器件是 CCD 在图像传感领域中的重要应用. 在本实验中，经由 F-P 标准具出射的多光束，经透镜会聚相干，多光束干涉条纹成像于 CCD 光敏面，利用 CCD 的光电转换功能，将其转换为电信号"图像"，由荧光屏显示. 因为 CCD 是对弱光极为敏感的光放大器件，所以能够呈现明亮、清晰的干涉图样.

实验仪器

FD-ZM-A 型永磁塞曼效应实验仪.

永磁塞曼效应实验仪主要由控制主机、笔形汞灯、毫特计探头、永磁电磁铁、会聚透镜、干涉滤光片、F-P 标准具、偏振片、成像透镜、测量望远镜、纵向可调滑座组成. 另外还可配 CCD 摄像器件(含镜头)、USB 接口外置图像采集盒以及塞曼效应实验分析软件.

(1) 永磁电磁铁：电磁铁间隙可调，磁场强度最大可达 1.300 T.

(2) 纵向可调滑座：滑座置于导轨上，沿着光轴方向可调，由导轨及 6 个滑块组成.

(3) 光源：采用汞灯为光源，将汞灯管固定于两磁极之间的灯架上(装灯时可取下灯架)，接通变压器，灯管便发出很强的光谱线.

(4) F-P 标准具：中心波长 $\lambda = 546.1$ nm，分辨率 $\lambda/\Delta\lambda \geqslant 1\times 10^5$，反射率 $\geqslant 90\%$，能观察到 9 个明显的塞曼分裂谱线. 间隔块：2 nm.

(5) 偏振片：用以观察偏振性质不同的 π 成分和 σ 成分.

(6) 测量望远镜：测量望远镜是该仪器的关键部件，干涉光束通过测量物镜成像于分划板上，通过测量望远镜的读数装置可直接测得各级干涉圆环的直径 D 或分裂宽度. 读数鼓轮格值为 0.01 mm. 测量望远镜与 F-P 标准具相匹配、成像清晰，便于观测.

实验内容

1. 调整光路. 如图 4-11-5 所示，调节光路上各光学元件使其等高共轴，点燃汞灯，使光束通过每个光学元件的中心. 调节透镜 3 的位置，使尽可能强的均匀光束落在 F-P 标准具上. 调节 F-P 标准具上 3 个压紧弹簧螺丝，使两平行面达到严格平行，从测量望远镜中可观察到清晰明亮的一组同心干涉圆环.

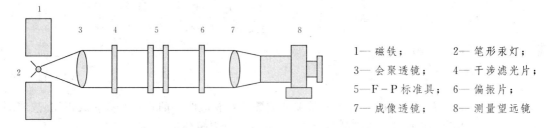

图 4-11-5　直读法测量塞曼效应实验装置图

1— 磁铁；　　　2— 笔形汞灯；
3— 会聚透镜；　4— 干涉滤光片；
5— F-P 标准具；　6— 偏振片；
7— 成像透镜；　　8— 测量望远镜

2. 从测量望远镜中可观察到细锐的干涉圆环逐渐变粗，然后发生分裂。随着磁场 B 的增大，谱线的分裂宽度也在不断增宽，当励磁电流达到 2 A 时，谱线由 1 条分裂成 9 条，而且很细。当旋转偏振片为 0°，45°，90° 各不同位置时，可观察到偏振性质不同的 π 成分和 σ 成分。图 4-11-6 为 π 成分的干涉条纹读数示意图。

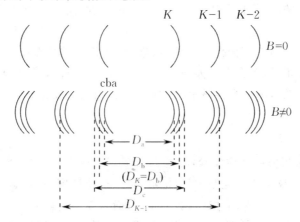

图 4-11-6　π 成分的干涉条纹读数示意图

3. 测量。旋转测量望远镜读数鼓轮，用测量分划板的铅垂线依次与被测圆环相切，从读数鼓轮上读出相应的一组数据，它们的差值即为被测的干涉圆环直径。用特斯拉计测出磁场 B。

4. 如果采用 CCD 摄像器件、USB 外置图像采集卡和塞曼效应实验分析软件进行测量，如图 4-11-7 所示，可以在前面直读测量的基础上，将测量望远镜和成像透镜去掉，装上 CCD 摄像器件，并连接 USB 外置图像采集卡，安装驱动程序以及塞曼效应实验分析 VCH 4.0 软件，进行自动测量。注意，这时偏振片上应该加装小孔光阑。具体软件的操作可以参考附录中的软件操作说明，也可以安装软件后阅读软件使用说明。

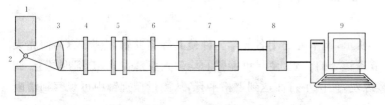

图 4-11-7　电脑自动测量塞曼效应实验装置

1— 磁铁；　　2— 笔形汞灯；
3— 会聚透镜；4— 干涉滤光片；
5— F-P 标准具；
6— 偏振片；
7— CCD 摄像器件（配调焦镜头）；
8— USB 外置图像采集卡；
9— 电脑

数据处理

由测得的实验数据,根据(4-11-17)式计算电子荷质比的值,并计算相对误差(电子荷质比参考值 $e/m = 1.758\,8 \times 10^{11}$ C/kg).

注意事项

1. 汞灯电源电压为 1 500 V,要注意高压安全.
2. F-P 标准具及其他光学器件的光学表面都不能用手或其他物体接触.
3. 本实验中测量使用的 F-P 标准具已调好,另备仪器供练习使用.
4. 笔形汞灯工作时辐射出较强的 253.7 nm 紫外线,实验时操作者不要直接观察汞灯光,如果需要直接观察灯光,请佩戴防护眼镜.

思考题

1. 什么叫塞曼效应、正常塞曼效应、反常塞曼效应?
2. 反常塞曼效应中光线的偏振性质如何?并加以解释.
3. 试画出汞的 435.8 nm 光谱线($^3S_1$—$^3P_1$)在磁场中的塞曼分裂图.
4. 垂直于磁场观察时,怎样鉴别分裂谱线中的 π 成分和 σ 成分?
5. 画出观察塞曼效应现象的光路图,写出各光学器件所起的作用.
6. 如何判断 F-P 标准具已调好?
7. 什么叫 π 成分、σ 成分?在本实验中哪几条是 π 线?哪几条是 σ 线?
8. 写出测量电子荷质比的方法.
9. 在实验中,如果要求沿磁场方向观察塞曼效应,在实验装置的安排上应作什么变化?观察到的干涉条纹将是什么样子?
10. 如何测准干涉圆环的直径?

拓展阅读

[1] 王正行. 近代物理学[M]. 2版. 北京:北京大学出版社,2010.
[2] 杨福家. 原子物理学[M]. 4版. 北京:高等教育出版社,2008.
[3] 苏汝铿. 量子力学[M]. 2版. 上海:复旦大学出版社,2002.
[4] 姚启钧. 光学教程[M]. 5版. 北京:高等教育出版社,2014.
[5] 潘笃武,贾玉润,陈善华. 光学[M]. 上海:复旦大学出版社,1997.
[6] 戴乐山,戴道宣. 近代物理实验[M]. 2版. 北京:高等教育出版社,2006.

附录

"塞曼效应实验分析 VCH 4.0" 软件使用说明

1. 在"开始/所有程序"中运行"塞曼效应实验分析 VCH 4.0"软件.
2. 单击左上窗口即得到"CCD CAPTURE"窗口(或者单击快捷键中的"视频"键），单击"视频"按钮,即可以看到动态的图像,单击"捕捉",在右上窗口中捕捉到单帧的塞曼图像.
3. 选择合适的偏转角度和间隔角度,然后单击"搜索"按钮，即可以找出圆心坐标及4个圆的直径,单击"扫描曲线"按钮，即在右下窗口中扫描出通过圆心的水平线上各点的像素曲线. 输入磁场强度和标准具间隔(2 mm),即可以自动测量电子荷质比以及测量误差. 其余快捷键以及菜单功能不再一一介绍,使用者请自行学习使用.

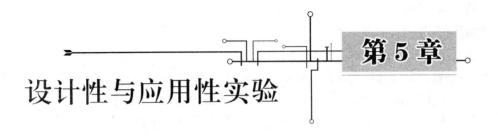

第5章

设计性与应用性实验

5.1 用谐振法测电感

引言

电感是电子电路中常用的元器件之一. 在电子制作和设计中,经常会用到不同参数的电感线圈. 用一般万用电表最小电阻挡只能测量电感通断大概是否正常,电感量的精确测量需要用专门的仪器仪表、电桥电路等. 谐振法测电感是电感精确测量中较常用的一种方法. 电感是储能元件,可利用它与电容器组成 LC 振荡电路,由于 LC 振荡器可产生较高的振荡频率,从而可获得较高精度的电感测量值.

实验目的

1. 认识 LC 电路谐振现象.
2. 学会一种测量电感的方法.

实验原理

当电容 C 和电感 L 同时接入交流电路中时,会产生谐振现象,通常把这种电路称为 LC 谐振电路. 图 5-1-1(a),(b) 分别为 LC 串联谐振电路和并联谐振电路,其中 r 为电感 L 的直流内阻,R 为取样电阻.

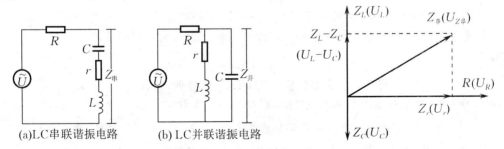

图 5-1-1　LC 谐振电路　　　　图 5-1-2　阻抗和相位关系矢量图

1. 串联谐振.

如图 5-1-1(a) 所示的 LC 串联谐振电路,阻抗 $Z_串$ 的复数为

$$\tilde{Z}_串 = r + j\left(\omega L - \frac{1}{\omega C}\right). \tag{5-1-1}$$

阻抗和相位关系可用矢量图 5-1-2 表示. 由图可知, $Z_串$ 的模为

$$Z_串 = \sqrt{Z_r^2 + (Z_L - Z_C)^2} = \sqrt{r^2 + \left(\omega L - \frac{1}{\omega C}\right)^2}, \tag{5-1-2}$$

式中 ω 为正弦电压 U 的圆频率($\omega = 2\pi f$).

当 $\omega^2 = \omega_0^2 = \frac{1}{LC}$, 即 $\omega_0 L = \frac{1}{\omega_0 C}$ 时, $Z_串 = r$, LC 串联电路谐振, 此时阻抗最小, $Z_串$ 两端有最小值, R 上电压 U_R, $Z_串$ 上电压 $U_{Z串}$ 与电源电压 U 同相.

2. 并联谐振.

如图 5-1-1(b) 所示的 LC 并联谐振电路, 复导纳为

$$\widetilde{Y} = \frac{1}{\widetilde{Z}_并} = \frac{1}{r + j\omega L} + \frac{1}{\frac{1}{j\omega C}} = \frac{r}{r^2 + (\omega L)^2} + j\left[\omega C - \frac{\omega L}{r^2 + (\omega L)^2}\right]. \tag{5-1-3}$$

电路发生谐振时, 复导纳的虚部应为零, 即

$$\omega C - \frac{\omega L}{r^2 + (\omega L)^2} = 0, \tag{5-1-4}$$

解得谐振角频率

$$\omega_0 = \sqrt{\frac{1}{LC} - \left(\frac{r}{L}\right)^2} \quad \left(\sqrt{\frac{L}{C}} > r\right). \tag{5-1-5}$$

谐振时, $Z_并 = \frac{r^2 + (\omega_0 L)^2}{r} = \frac{L}{rC}$, 此时阻抗最大, $Z_并$ 两端电压有最大值, R 上电压 U_R, $Z_并$ 上电压 $U_{Z并}$ 与电源电压 U 同相.

实际电感线圈的电阻 r 很小, 接近谐振时, $\omega L \gg r$, 有

$$\widetilde{Y} \approx \frac{r}{(\omega L)^2} + j\left(\omega C - \frac{1}{\omega L}\right). \tag{5-1-6}$$

当 $\omega_0 C = \frac{1}{\omega_0 L}$ 时, LC 并联电路谐振.

在实验中可用适当的方法测出电路谐振时的频率 f_0. 在电容 C 已知的条件下, 根据

$$f_0 = \frac{1}{2\pi \sqrt{LC}}, \tag{5-1-7}$$

可计算出电感

$$L = \frac{1}{(2\pi f_0)^2 C}. \tag{5-1-8}$$

实验仪器

标准电容箱, 待测(标准)电感箱, 电阻箱, 信号发生器, 双踪示波器.

实验要求

1. 明确实验原理, 拟定测量方案, 画出实验电路图, 绘制数据记录表.
2. 根据实验室提供的元器件, 选择适当的测量参数.
3. 列出实验步骤, 进行测量与数据处理, 得出实验结果 $\overline{L}$ 及扩展不确定度 $U(L)$.

拓展阅读

[1] 宦强, 王文颖, 周嘉源, 等. LRC 电路谐振法应用的设计性实验[J]. 物理实验, 2002,

22(07):6-9.

[2] 闵安东,杨薇薇.一种高精度电感测量方法[J].电子测量与仪器学报,1996,10(03):40-45.

[3] 曾天海,徐加勤,谢路平.用示波器粗测电容电感值[J].大学物理实验,1996,9(04):26-28.

5.2 热敏电阻特性测量及应用

引言

热敏电阻器是一种电阻值随温度变化的电子元件,它可以将温度值直接转换为电学量值.在工作温度范围内,其电阻值随温度升高而增加的电阻器称为正温度系数热敏电阻器,简称 PTC 热敏电阻器;反之称为负温度系数热敏电阻器,简称 NTC 热敏电阻器.热敏电阻器广泛应用于温度测控、现代电子仪器及家用电器(如电视机消磁电路、电子驱蚊器)中.

实验目的

1. 了解热敏电阻的电阻-温度特性特性.
2. 学会测量热敏电阻的参数.
3. 通过制作温控开关学习热敏电阻的应用.

实验原理

NTC 热敏电阻值 R 随温度 T 变化的规律由(5-2-1)式表示:

$$R = R_{25} e^{B_n \left(\frac{1}{298} - \frac{1}{T} \right)}, \qquad (5-2-1)$$

其中,R_{25} 为 25 ℃ 时的电阻值;B_n 为材料常数;T 为热敏电阻的温度,单位为 K.

实验中通过测定两个特定温度下 NTC 热敏电阻的阻值,确定其参数 R_{25} 与 B_n,那么,可通过测出某一温度下对应的电阻值,然后由(5-2-1)式计算得出该温度值.

实验仪器

数字万用表,保温瓶,冰块,电炉,烧杯,试管,直流稳压电源,实验电路板,集成运算放大器(LM324),电阻及发光二极管等电子元件.

实验内容

1. 拟订测量待测参数 R_{25} 与 B_n 的实验方案.
2. 写出电阻与温度的关系式.
3. 测环境温度.
4. 用热敏电阻为测温元件,制作一个温控开关.

参考资料

集成运算放大器是一种电子元件,用来放大电压,但输出电压不大于电源电压.如用 A_{DV} 表示运算放大器的直流开环电压增益,则放大器的输出电压 $U_{\circ}$ 为

$$U_{\circ} = A_{DV}(U_+ - U_-).$$

在电子电路中,常利用运算放大器高电压增益的特性,将其用作电压比较器输出开关信息.当 U_+ 大于 U_- 时就输出高电平,相反则输出低电平.

LM324 是一种四运算放大器,其典型开环电压增益 $A_{DV} > 10^5$,最高电源电压 32 V,最高

输出电压略小于电源电压,引脚排列如图 5-2-2 所示.

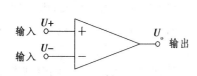

图 5-2-1　集成运放的表示符号

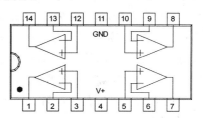

图 5-2-2　LM324 引脚排列图

注意事项

LM324 引脚 4 接电源正极,引脚 11 接电源负极,否则该元件会被烧坏.

拓展阅读

［1］　电子爱好者实用资料大全[M].北京:电子工业出版社,1989.
［2］　中国集成电路大全编写委员会.中国集成电路大全.集成运算放大器分册.北京:国防工业出版社出版,1985.

5.3　电磁感应与磁悬浮

引言

磁悬浮技术是一系列技术的统称,包括借助磁力的方法悬浮、导引、驱动和控制等,其大规模应用主要集中在磁悬浮列车和磁悬浮轴承上.轨道交通作为现代社会中一种重要的客运交通,因其容量大、速度快、安全性好,发展备受关注.传统铁路发展到现在,由于受到轮轨黏着、高速阻力和机械磨损等条件的限制,进一步提速的难度较大;磁悬浮列车打破传统铁路限制,借助磁铁同性相斥、异性相吸的原理悬浮于轨道上,运行时只需克服空气带来的阻力,速度可达到 500 km/h 以上,具有速度高、稳定安全、污染小、能耗低等特点,成为行驶于轨道上的飞机.

磁悬浮的主要方式分为电磁吸引悬浮(EMS)、永磁斥力悬浮(PRS)、感应斥力悬浮(EDS).其中 EMS 和 EDS 使用较多,其代表分别为德国的 TR 系列列车和日本的 MLU 系列列车.许多发达国家正在竞相开发磁悬浮列车技术,我国第一条磁悬浮示范运营线于 2002 年在上海建成.

实验目的

1. 了解磁悬浮基本原理.
2. 研究导体在磁场中运动而产生的磁悬浮力、磁牵引力等磁悬浮现象的规律性,通过数据拟合给出经验公式.
3. 根据磁悬浮原理,进行磁悬浮的应用设计.

实验原理

1831 年,英国科学家法拉第在实验中发现,当通过一闭合回路所包围面积的磁通量(磁感应强度的通量)发生变化时,回路中就产生电流,这种电流称为感应电流.法拉第在 1831 年 11

月 24 日向英国皇家学院报告了电磁学的实验研究结果——《电学实验研究》,他将电磁感应的条件概括如下:① 变化的电流;② 变化的磁场;③ 运动的稳恒电流;④ 运动的磁铁;⑤ 在磁场中运动的导体. 电磁感应定律的发现,在科学和技术上都具有划时代的意义,电磁感应定律使人类找到机械能与电能之间的转换方法,为生产部门和各行各业广泛使用电力创造了条件,大大地促进了生产力的发展和人类文明的进步,开创了电气时代的新纪元.

感应电流的方向可以用右手定则或楞次定律确定. 楞次定律表述如下:闭合回路中感应电流的方向,总是企图使感应电流本身所产生的通过回路面积的磁通量反抗引起感应电流的磁通量的改变,或者说感应电流产生的磁场总是阻碍原来的磁场的变化.

通过回路面积的磁通量发生变化时,回路中产生的感应电动势 ε_i 与磁通量 Φ 对时间的变化率成正比,即

$$\varepsilon_i = -k \frac{d\Phi}{dt}, \qquad (5-3-1)$$

(5-3-1)式称为法拉第电磁感应定律,式中负号表示感应电动势的方向,k 为比例系数,其值取决于式中各物理量所用的单位. 如果使用国际单位制,则 $k = 1$. 如果感应回路是 N 匝串联,那么在磁通量的变化时,每匝线圈都将产生感应电动势,若每匝中通过的磁通量相同,则有

$$\varepsilon_i = -N \frac{d\Phi}{dt} = -\frac{d(N\Phi)}{dt}. \qquad (5-3-2)$$

习惯上把 $N\Phi$ 称为线圈的磁通量匝数.

对本实验装置,在铝盘与永磁体做相对运动时,产生的"磁悬浮力"和"磁牵引力"可以理解为运动导体切割磁力线产生的感应电流在磁场中受安培力所致. 安培力的方向可由右手定则判断.

实验仪器

本实验的基本装置由电磁感应与磁悬浮实验仪、力传感器、带光电门(牵引光电门和直驱光电门)的轮轴、直流发动机、步进电机、步进电机控制器、铝盘、永磁铁(两种型号)、多定位孔底座和传感器支架等组成. 装置的主体如图 5-3-1 所示.

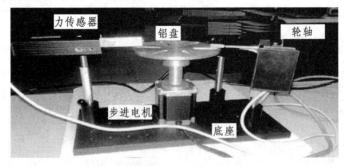

图 5-3-1 实验装置图

一、步进电机控制器操作说明

步进电机控制器控制步进电机的转速、启动和停止. 步进电机可以将电脉冲转化为角位移,每当步进电机接收到一个脉冲信号,就按设定的方向转动一个固定的角度(即步进角),在非超载的情况下,电机的转速不受负载变化的影响.

电机转速与频率关系为

$$\omega = \frac{f \times 1.8}{16 \times 360} \times 2\pi = \frac{\pi}{1\,600}f,$$

式中 f 的单位为 Hz,ω 的单位为 rad/s.

步进电机控制器面板图如图 5-3-2 所示.

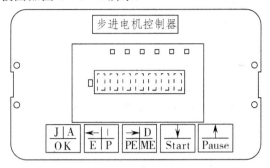

图 5-3-2　步进电机控制器面板图

操作方法如下：

(1) 打开控制器电源开关,按一下 $\boxed{\frac{J|A}{OK}}$ 按键,进入到自动状态,这时 auto 灯(图中未标注)亮,数码管显示"SP 20000"；

(2) 按一下 $\boxed{\frac{\downarrow}{Start}}$ 按键,电机即按照当前设置速度开始运转；

(3) 按一下 $\boxed{\frac{\uparrow}{Pause}}$ 按键,电机即停止运转；

(4) 速度可由 $\boxed{\frac{\leftarrow|}{E\,P}}$ 实现减速, $\boxed{\frac{|\rightarrow}{PE\,ME}}$ 实现加速,加减步长约为 1 000 Hz,调整范围为 20 000～32 000 Hz.

二、电磁感应与磁悬浮实验仪操作说明

实验仪电源部分在后面板,如图 5-3-3 所示.AC 220V 电源接入,由电源开关控制通断,有 3 个四芯航空插座,分别连接牵引光电门(接轮轴光电门)、直驱光电门(可选择使用)和力传感器.

前面板为力传感器和转速的显示,如图 5-3-4 所示.左边显示力的大小,右边显示转速,REF 按键(图中未标注)用来清零.

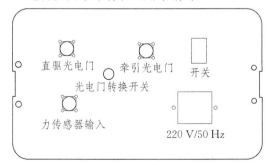

图 5-3-3　电源部分面板图　　图 5-3-4　电磁感应与磁悬浮实验仪前面板图

实验内容

1. 观察磁牵引力,测量磁牵引力大小与铝盘转速的关系.

(1) 调节底座,使之水平.将磁铁安装到力传感器测臂端头朝向铝盘的磁铁槽内,将力传感器、步进电机、铝盘、直驱光电门分别安装到底座上.

（2）力传感器测臂需水平安装并指向铝盘中心,磁铁应与铝盘尽量接近又不接触,固定螺丝须拧紧.

（3）组装好仪器后,将各仪器数据线连接到相应插座.

（4）打开电源的开关,等待电磁感应与磁悬浮实验仪示数稳定,在铝盘静止情况下按"REF"键将示数清零.

（5）从最大到最小调节控制器输出频率（即调节铝盘的转速）,观察磁牵引力随铝盘转速的改变,每个频率下读力3次,记录数据到表5-3-1.

表5-3-1 实验数据记录一

电机频率/Hz							
磁牵引力/N							
磁牵引力/N							
磁牵引力/N							

2.观察磁悬浮力,测量磁悬浮力与铝盘转速的关系.

步骤同1,力传感器竖直安装并移动磁铁到朝向铝盘的磁铁槽,观察磁悬浮力随铝盘转速变化规律并测量.记录数据到表5-3-2.

表5-3-2 实验数据记录二

电机频率/Hz							
磁悬浮力/N							
磁悬浮力/N							
磁悬浮力/N							

3.设计方案,测定磁牵引力与磁悬浮力随磁铁距离变化的曲线.

要求：参考上述两个基本实验,利用所提供元件,测量磁牵引力与磁悬浮力随铝盘与磁铁距离变化的曲线.自拟数据记录表格记录测量数据.磁铁与铝盘间的距离用已知厚度的垫片改变,每个垫片厚度为0.8 mm.

4.设计磁悬浮传动系统,测量传动比.

要求：参考上述两个基本实验,利用所提供元件,设计磁悬浮传动系统,自拟数据记录表格记录测量数据,确定传动比.

5.设计发电系统,测量输出电压.

要求：参考上述两个基本实验,利用所提供元件,设计发电系统,自拟数据记录表格记录测量数据,测量输出电压随铝盘转速变化的曲线.

数据处理

1.根据表5-3-1中的数据,寻找铝盘不同转速与磁牵引力的对应关系,用数学公式进行拟合,确定其函数形式和相关系数,并作图.

2.根据表5-3-2中的数据,寻找铝盘不同转速与磁悬浮力的对应关系,用数学公式进行拟合,确定其函数形式和相关系数,并作图.

3.对实验内容3所测得的数据进行拟合,确定磁牵引力（磁悬浮力）随磁铁与铝盘间的距离变化的函数关系,并绘制关系曲线.

4. 对实验内容 4 所测得的数据进行拟合,确定磁悬浮传动系统的传动比,并绘制该系统特性曲线.

5. 对实验内容 5 所测得的数据进行拟合,确定输出电压随铝盘转速变化的函数关系,并绘制关系曲线.

注意事项

1. 力传感器安装时方向不要弄错,从测臂端头向立柱方向看,传感器上标注的箭头表示测力方向.

2. 各项测量前,确保磁铁与铝盘无摩擦、碰撞并固定牢固,以免磁铁碎屑飞出伤人,造成事故.

3. 为了防止在铝盘高速转动时的牵引力导致传感器测臂转动. 立柱上的固定螺丝一定要拧紧!

4. 为避免磁场的相互干扰,不可多个实验同时进行.

预习思考题

1. 磁牵引力是如何产生的?与铝盘转速关系如何?

2. 磁铁在转动的铝盘附近既受牵引力又受悬浮力,测力传感器测到的是牵引力还是悬浮力?

3. 在进行实验内容 1 和 2 时,磁体为什么要尽量靠近铝盘?

讨论思考题

1. 本实验中哪一项测量数据的离散最大?主要原因是什么?如何改进?

2. 本实验测出的磁牵引力与磁悬浮力有正、负之分,如何理解?

拓展阅读

[1] 赵凯华.电磁学[M].2 版.北京:高等教育出版社,2006.

[2] 田晓岑,张萍.磁悬浮列车原理简介[J].大学物理,2000,19(8):42-46.

[3] 王延安,陈世元,苏战排.EMS 式与 EDS 式磁悬浮列车系统的比较分析[J].铁道车辆,2001,39(10):17-20.

5.4 巨磁阻效应及其应用

引言

1988 年,法国物理学家阿尔贝·费尔在铁、铬相间的多层膜电阻中发现,微弱的磁场变化可以导致电阻大小的急剧变化,其变化的幅度比普通的高十几倍,他把这种效应命名为巨磁阻效应(giant magneto-resistance,GMR). 就在同一时期,德国的彼得·格林贝格尔教授领导的研究小组在具有层间反平行磁化的铁、铬、铁三层膜结构中也发现了完全同样的现象. 两位科学家也因此共同获得 2007 年诺贝尔物理学奖. 得益于巨磁阻效应在读写硬盘数据技术的应用,硬盘的容量一跃提高了几百倍.

实验目的

1. 了解巨磁阻效应的原理和相关特性.

(1) 学习巨磁阻和巨磁阻效应产生的原理.

(2) 了解巨磁阻传感器的结构,测绘巨磁阻传感器的磁电转换特性曲线 U-B 和磁阻特性曲线 R-B.

2. 通过实验了解巨磁阻的相关应用.

测绘磁电转换开关特性曲线、电流测量曲线 U-I、梯度传感器特性曲线 U-θ,了解巨磁阻在磁记录与读取方面的应用.

实验原理

1. 巨磁阻效应的原理.

(1) 自旋散射.

根据微观电子学理论,电子在导电时并不是沿电场直线前进,而是不断和晶格中的原子产生碰撞(又称散射),每次散射后电子都会改变运动方向,总的运动是电场对电子的定向加速与这种无规则散射的叠加. 电子在两次散射之间走过的平均路程称为平均自由程. 电子散射概率小,则平均自由程长、电阻率低. 在欧姆定律中,

$$R = \rho \frac{l}{S}. \tag{5-4-1}$$

一般将电阻率 ρ 视为常数,与材料的几何尺度无关,这是忽略了边界效应的结果. 当材料的几何尺度小到纳米量级(即只有几个原子的厚度)时,电子在边界上的散射概率将大大增加,就可以明显观察到随着材料的厚度减小,电阻率增加的现象.

电子除携带电荷外,还具有自旋特性,自旋方向有平行或反平行于外磁场两种取向. 早在 1936 年,就有理论指出,在过渡金属中,自旋方向与材料的磁场方向平行的电子,所受散射概率远大于自旋方向与材料的磁场方向反平行的电子. 总电流是两类自旋电流之和,总电阻是两类自旋电流的并联电阻,这就是所谓的两电流模型.

(2) 巨磁阻效应.

巨磁阻效应是指磁性材料的电阻率在有外磁场作用时较之无外磁场作用时存在巨大变化的现象. 它是一种量子力学效应,产生于层状的磁性薄膜结构. 这种结构是由铁磁材料和非铁磁材料薄层交替叠合而成,外面两层为铁磁材料,中间夹层是非铁磁材料. 无外磁场时,外面两层磁性材料的磁化方向是反平行(反铁磁)耦合的,此时与自旋有关的散射最强,材料的电阻最大. 施加足够强的外磁场后,两层铁磁膜的磁化方向都与外磁场方向一致,外磁场使两层铁磁膜的磁化方向从反平行耦合变成了平行耦合,此时载流子与自旋有关的散射最小,材料有最小的电阻. 铁磁材料磁矩的方向是由加到材料的外磁场控制的,因而较小的磁场也可以得到较大电阻变化的材料.

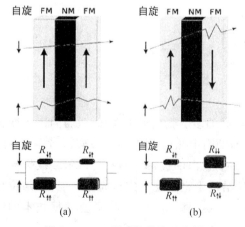

图 5-4-1 巨磁阻效应示意图

上述过程如图 5-4-1 所示,左边和右边的

材料结构相同,FM(ferromagnetic)表示铁磁材料(灰色),NM(nonmagnetic)表示非磁性材料(黑色),FM中的箭头表示磁化方向.自旋的箭头表示通过电子的自旋方向,自旋与材料磁化方向相同散射概率大,自旋与材料磁化方向相反散射概率小.

图 5-4-1(b)所示的结构处于无外磁场环境中,两层磁性材料的磁化方向相反.当一束自旋方向与第一层磁性材料磁化方向相反的电子通过时,电子较容易通过,呈现小电阻;但较难通过第二层磁化方向与电子自旋方向相同的磁性材料,呈现大电阻.当一束自旋方向与第一层磁性材料磁化方向相同的电子通过时,电子较难通过,呈现大电阻;但较容易通过第二层磁化方向与电子自旋方向相反的磁性材料,呈现小电阻.等效电路图相当于两个阻值大小相同的电阻并联.

而图 5-4-1(a)的结构处于有外磁场的环境中,两层磁性材料受外磁场作用磁化方向相同.当一束自旋方向与磁性材料磁化方向都相反的电子通过时,电子较容易通过两层磁性材料,都呈现小电阻.当一束自旋方向与磁性材料磁化方向都相同的电子通过时,电子较难通过两层磁性材料,都呈现大电阻.等效电路图相当于小电阻和大电阻并联.

显而易见,图 5-4-1(a)的并联电阻比(b)的并联电阻要小.因而得出结论:随外磁场变大,巨磁阻是变小的.

图 5-4-2为某巨磁材料的磁阻特性曲线,无论磁场方向如何,随着外磁场的增大,磁阻减小.需要注意的是,图中所示的不重合的两条曲线,分别对应磁场矢量增大和磁场矢量减小,这是由于磁性材料都具有磁滞特性.

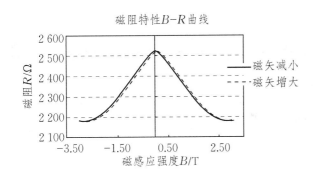

图 5-4-2 巨磁材料的磁阻特性

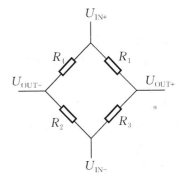

图 5-4-3 巨磁阻传感器桥式结构

2. 巨磁阻传感器.

利用巨磁阻原理制成的传感器,为了消除温度变化等环境因素对传感器输出稳定性的影响,增加传感器的灵敏度,一般采用4个相同巨磁电阻的桥式结构(见图 5-4-3).

对于这种结构,如果4个巨磁电阻对磁场的响应完全同步,就不会有信号输出.因此将处在电桥对角位置的两个电阻 R_3,R_4 覆盖一层高磁导率的材料(如坡莫合金),以屏蔽外磁场对它们的影响(但在用以测量角位移的梯度传感器中不屏蔽),而 R_1,R_2 阻值随外磁场改变.设无外磁场时4个巨磁电阻的阻值均为 R,R_1,R_2 在外磁场作用下电阻减小 ΔR,输入电压为 U_{IN},简单分析表明,输出电压为

$$U_{OUT} = \frac{U_{IN}\Delta R}{2R - \Delta R}. \tag{5-4-2}$$

巨磁阻效应实验仪及组件如图 5-4-4 所示.

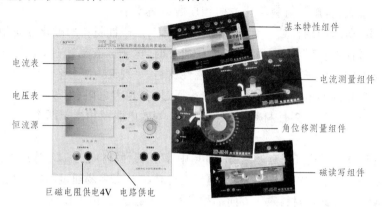

图 5-4-4　巨磁阻效应实验仪及组件

1. 巨磁阻效应实验仪.

电流表部分:作为一个独立的电流表使用,具有 2 mA 和 200 mA 两种挡位.

电压表部分:作为一个独立的电压表使用,具有 2 V 和 200 mV 两种挡位.

恒流源部分:可变恒流源.

实验仪还提供各组件巨磁阻传感器工作所需的 4 V 电源和某些组件电路供电所需的 ±8 V 电源.

2. 基本特性组件.

由巨磁阻传感器、螺线管线圈和比较电路组成,用以对巨磁阻的磁电转换特性和磁阻特性进行测量.

3. 电流测量组件.

将导线置于巨磁阻传感器近旁,用巨磁阻传感器测量导线通过不同大小的电流时导线周围的磁场变化.

4. 角位移测量组件.

用巨磁阻梯度传感器作传感元件,铁磁性齿轮转动时,齿牙干扰了梯度传感器上偏置磁场的分布,每转过一齿,就输出类似正弦波一个周期的波形.

5. 磁读写组件.

用于演示磁记录与读出的原理.磁卡作记录介质,可通过写磁头写入数据,又可通过巨磁阻传感器将写入的数据读出来.

实验内容

1. 测巨磁电阻的磁电转换特性及其开关特性.

该实验用到基本特性组件.

(1) 巨磁电阻的磁电转换特性.

如图 5-4-5 所示,巨磁阻传感器位于螺线管磁场中.

实验步骤:

① 实验仪上功能切换按钮切换至"传感器测量".实验仪的"巨磁电阻供电 4 V"电压接至

基本特性组件"巨磁电阻供电",实验仪的"恒流源输出"接至"螺线管电流输入",实验仪的电压表接至基本特性组件"模拟信号输出".

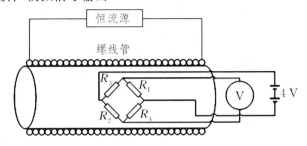

图 5-4-5　巨磁阻传感器磁电转换特性实验原理图

② 按数据记录表 5-4-1 的"励磁电流"数据来调节恒流源旋钮.先从 100 mA 的数值开始,逆时针调节恒流源旋钮以减小励磁电流,记录相应的电压表数据于表"磁场矢量减小"列中.由于恒流源本身不能提供负向电流,当电流减至 0 后,交换励磁电流接线柱的极性使电流反向,然后顺时针调节恒流源旋钮以增大励磁电流,此时励磁电流(磁场)方向为负.注意,在励磁电流反向的小范围区域内,需找到输出电压最小时的励磁电流值,并将此时电压和电流均记入表格.

③ 按步骤 ② 记录完数据后,接着从 100 mA(实际为 -100 mA)调节恒流源,同理步骤 ② 记录相应的电压表数据于表 5-4-1"磁场矢量增大"列中.

表 5-4-1　巨磁电阻的磁电转换特性

磁场矢量减小			磁场矢量增大		
励磁电流 I /mA	磁感应强度 B /T	输出电压 U /mV	励磁电流 I /mA	磁感应强度 B /T	输出电压 U /mV
100			-100		
80			-80		
60			-60		
40			-40		
20			-20		
10			-10		
-10			10		
-20			20		
-40			40		
-60			60		
-80			80		
-100			100		

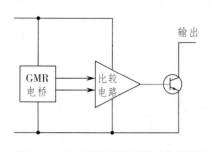

图 5-4-6 巨磁阻开关传感器结构图

(2)巨磁阻磁电转换开关特性.

将巨磁阻传感器(GMR 电桥)与比较电路、晶体管放大电路集成在一起,即可构成巨磁阻开关(数字)传感器,结构如图 5-4-6 所示.

实验步骤:

① 实验仪"电路供电"接口接至基本特性组件对应的"电路供电"插孔,实验仪的电压表接至基本特性组件"开关信号输出",其他接线与实验(1)一致.

② 先记录表 5-4-2"磁场矢量减小"列数据. 从 30 mA 开始调节恒流源电流,逆时针调节恒流源旋钮以减小励磁电流,当电压表示数从 1(高电平)转变为 −1(低电平)时记录相应的临界电流值;当电流减至 0 后,交换励磁电流极性使电流反向,然后顺时针调节恒流源旋钮以增大励磁电流,当电压表示数从 −1(低电平)转变为 1(高电平)时记录相应的临界电流值.

③ 按步骤②记录完数据后,接着从 30 mA(实际为 −30 mA)调节恒流源,同理步骤②记录相应的临界电流值于表 5-4-2"磁场矢量增大"列.

表 5-4-2 巨磁阻磁电转换开关特性

磁场矢量减小			磁场矢量增大		
励磁电流 I /mA	电压表显示	电平	励磁电流 I /mA	电压表显示	电平
30	1	高	−30	1	高
临界值:	1 变 −1	高变低	临界值:	1 变 −1	高变低
0	−1	低	0	−1	低
临界值:	−1 变 1	低变高	临界值:	−1 变 1	低变高
−30	1	高	30	1	高

2. 测巨磁电阻磁阻特性.

该实验用到基本特性组件.

如图 5-4-7 所示,将被磁屏蔽的两个电桥电阻 R_3,R_4 短路,而 R_1,R_2 并联. 将电流表串联进电路中,测量不同磁场时回路中电流的大小,就可计算磁阻.

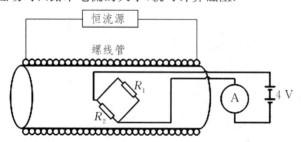

图 5-4-7 巨磁阻传感器磁阻特性实验原理图

实验步骤:

① 功能切换按钮切换为"巨磁阻测量". 将实验仪电流表串联进巨磁阻供电电路(实验仪的"巨磁电阻供电 4 V"电压的正极接至基本特性组件"巨磁电阻供电"的正极,而基本特性组

件"巨磁电阻供电"的负极接至实验仪电流表正极,电流表负极接至实验仪"巨磁电阻供电 4 V"电压的负极).实验仪的"恒流源输出"接至"螺线管电流输入".

② 按表 5-4-3 的"励磁电流"数据来调节恒流源旋钮,记录相应的电流表数据(磁阻电流)于表格中.操作方法与实验 1 中(1)一致.注意在励磁电流反向的小范围区域内,需找到磁阻电流最小时的励磁电流值,并将此时的两个电流均记入表格.

表 5-4-3 测巨磁电阻磁阻特性

磁场矢量减小				磁场矢量增大			
励磁电流 I /mA	磁感应强度 B /T	磁阻电流 I_R /mA	磁阻 R /Ω	励磁电流 I /mA	磁感应强度 B /T	磁阻电流 I_R /mA	磁阻 R /Ω
100				−100			
80				−80			
60				−60			
40				−40			
20				−20			
10				−10			
−10				10			
−20				20			
−40				40			
−60				60			
−80				80			
−100				100			

3. 利用巨磁阻传感器测量电流.

该实验用到电流测量组件.

在通有电流的直导线附近,与导线距离不变的一点磁感应强度与电流成正比.如图 5-4-8 所示,将巨磁阻(GMR)传感器靠近导线一侧来测量导线电流与传感器输出电压的关系.在实验中,为了使巨磁阻传感器工作在线性区,提高测量精度,需给传感器施加一固定已知磁场,称为磁偏置,其原理类似于电子电路中的直流偏置.与一般测量电流需将电流表接入电路相比,这种非接触测量不干扰原电路的工作,具有特殊的优点.

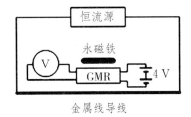

图 5-4-8 巨磁阻传感器测量电流实验原理图

实验步骤:

① 实验仪"巨磁电阻供电 4 V"电压接至电流测量组件"巨磁电阻供电",实验仪"恒流源输出"接至电流测量组件"待测电流输入",电流测量组件"信号输出"接至实验仪电压表.

② 将恒流源电流调节至 0. 观察电压表示数,调节传感器背后的偏置磁铁与传感器的距离,使电压表示数约为 25 mV,然后固定偏置磁铁,此时作为低磁偏置进行实验.

③ 先记录表 5-4-4"电流矢量减小"列数据.从 300 mA 的数值开始,逆时针调节恒流源

旋钮以减小导线电流,当电流减至 0 后,交换电流接线柱的极性使电流反向,然后顺时针调节恒流源旋钮以增大导线电流,记录各挡电流相应的电压表示数.

④ 按步骤③记录完数据后,接着从 300 mA(实际为 －300 mA)调节恒流源,同理步骤③记录相应的电压表数据于表"电流矢量增大"列中.

⑤ 将恒流源电流再次调节至 0.观察电压表示数,调节传感器背后的偏置磁铁与传感器的距离,使电压表示数约为 125 mV,然后固定偏置磁铁,此时作为高磁偏置进行实验.

⑥ 按照步骤③,④测得相应数据记录于表格中.

表 5－4－4　利用巨磁阻传感器测量电流

低磁偏置(约 25 mV)				高磁偏置(约 125 mV)			
电流矢量减小		电流矢量增大		电流矢量减小		电流矢量增大	
导线电流 I /mA	输出电压 U /mV	导线电流 I /mA	输出电压 U /mV	导线电流 I /mA	输出电压 U /mV	导线电流 I /mA	输出电压 U /mV
300		－300		300		－300	
200		－200		200		－200	
100		－100		100		－100	
0		0		0		0	
－100		100		－100		100	
－200		200		－200		200	
－300		300		－300		300	

4.测量巨磁阻梯度传感器的特性.

该实验用到角位移测量组件.

将巨磁阻传感器电桥的 4 个电阻都不加磁屏蔽,即构成梯度传感器.这种传感器若置于均匀磁场中,由于 4 个桥臂电阻阻值变化相同,电桥输出为零.如果磁场存在一定的梯度,各GMR 电阻感受到的磁场不同,磁阻变化不一样,就会有信号输出.

如图 5－4－9 所示,铁磁性齿轮转动时,齿牙干扰了梯度传感器上偏置磁场的分布,每转过一齿就输出一个周期的波形.这一原理已普遍应用于转速(速度)与位移监控,并在汽车及其他工业领域得到广泛使用.

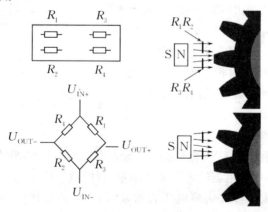

图 5－4－9　巨磁阻梯度传感器应用

实验步骤：

① 将实验仪"巨磁电阻供电 4 V"电压接至角位移测量组件"巨磁电阻供电"，角位移测量组件"信号输出"接至实验仪电压表.

② 将齿轮标线对准刻度盘 0 刻度线后开始测量，按照表 5-4-5"转动角度"栏所列数据逆时针慢慢转动齿轮，每转动 3°记录一次相应电压表数据于表格中.

表 5-4-5　测量巨磁阻梯度传感器的特性

转动角度 $\theta/(°)$	0	3	6	9	12	15	18	21
输出电压 U/mV								
转动角度 $\theta/(°)$	24	27	30	33	36	39	42	45
输出电压 U/mV								

5. 通过巨磁阻传感器了解磁记录与读取.

该实验用到磁读写组件.

写磁头是绕线的磁芯，线圈中通过电流时产生磁场，在磁性记录材料上记录信息. 巨磁阻读磁头利用磁记录材料上不同磁场时电阻的变化读出信息.

实验步骤：

① 实验仪"电路供电"接口接至磁读写组件对应的"电路供电"插孔，实验仪"巨磁电阻供电 4 V"电压接至磁读写组件"巨磁电阻供电"，磁读写组件"读出数据"接至实验仪电压表.

② 同时按住"0/1 转换"和"写确认"按键将读写组件初始化（按住按键直至蜂鸣声消失）.

③ 将进入实验室后签到时姓名前的序号填入表 5-4-6 第一行，并将其转换成二进制数后填入第二行.

④ 将磁卡有区域编号的一面朝向自己，沿着箭头标识的方向插入划槽，将转换好的二进制数对应磁卡上编号 8～1 区域依次写入"1"（高电平）或"0"（低电平）. 按"0/1 转换"按键，当状态指示灯显示为红色表示当前为"写 1"状态，绿色表示当前为"写 0"状态，写入数据的操作通过长按"写确认"2 s 来实现. 要写入数据的磁卡相应区域需对准"写组件"，注意磁卡槽左端有清除永磁体，写完数据的区域不可往回退出.

⑤ 写完全部 8 位数据后，将磁卡移至"读组件"通过实验仪电压表示数依次读出 8～1 区域的电压并记入表格"读出电压"栏.

表 5-4-6　磁记录与读取

签到的序号								
序号转二进制数								
磁卡区域	8	7	6	5	4	3	2	1
读出电压 /V								

数据处理

1. 根据巨磁电阻的磁电转换特性实验数据，螺线管内的磁感应强度 B 可由下式计算得出：

$$B = \mu n I, \qquad (5-4-3)$$

其中 $\mu = 4\pi \times 10^{-7}$ H/m，$n = 24\,000$ 匝/m.

以磁感应强度 B 为横坐标，所记录的输出电压 U 为纵坐标作出磁电转换特性 U-B 曲线.

2. 根据巨磁阻的磁电转换开关特性实验数据,以励磁电流 I 为横坐标,电平变化(高或低)为纵坐标作出磁电转换开关特性曲线.

3. 根据巨磁电阻的磁阻特性实验数据,按(5-4-3)式计算出磁感应强度 B,由下式计算磁阻:

$$R = \frac{U}{I_R}, \qquad (5-4-4)$$

其中 $U = 4$ V. 以磁感应强度 B 为横坐标,磁阻 R 为纵坐标作出磁阻特性 R-B 曲线.

4. 根据利用巨磁阻传感器测量电流实验数据,以导线电流 I 为横坐标,输出电压 U 为纵坐标作出测量电流的 U-I 曲线.

5. 根据测量巨磁阻梯度传感器的特性实验数据,以转动角度 θ 为横坐标,输出电压 U 为纵坐标作出表示梯度传感器特性的 U-θ 曲线.

注意事项

1. 由于巨磁阻传感器具有磁滞现象,在实验中,恒流源应单方向调节,不可大范围回调,否则测得的实验数据将不准确.

2. 各组件上的"巨磁电阻供电"只能接入来自实验仪上的"巨磁电阻供电 4 V",接错可能会烧毁组件电路.

3. 测试卡组件不能长期处于"写"状态.

4. 实验过程中,实验环境不得处于强磁场中.

预习思考题

1. 根据巨磁阻效应原理可知,外磁场增大,磁阻减小,那么磁阻最后会减小到零吗?

2. 在图 5-4-2 所示某巨磁阻材料的磁阻特性中,为什么会有两条并不重叠的曲线?

3. 在测量巨磁阻磁电转换特性曲线实验中,怎样确定磁场 B 的大小?

讨论思考题

1. 巨磁阻传感器测量电流的实验中为什么要设置偏置磁场?通过两种偏置磁场的测量结果能够得出什么结论?

2. 列举并简述几种巨磁阻效应的实际应用(不少于两种).

拓展阅读

[1] 邢定钰. 自旋输运和巨磁电阻 —— 自旋电子学的物理基础之一[J]. 物理, 2005, 34(5):348-361.

[2] 颜冲,于军,周文利,等. 巨磁电阻传感器[J]. 电子元件与材料, 2000, 19(5):32-33.

[3] 庄明伟,王小安,徐图,等. 基于巨磁电阻效应的多功能测量仪[J]. 物理实验, 2012, 32(1):18-24.

5.5 超声定位和形貌成像

引言

超声波是频率高于 20 000 Hz 的声波,因其频率下限大约等于人的听觉上限而得名.

超声波的波长比一般声波要短,具有较好的方向性,能量易于集中,而且能透过不透明物质,这一特性被广泛用于超声波探伤、测厚、测距、遥控和超声成像技术.利用超声的机械作用、空化作用、热效应和化学效应,可进行超声焊接、钻孔、固体的粉碎、乳化、脱气、除尘、去垢、清洗、灭菌、化学反应的促进和生物学研究等.超声波已在工矿业、农业、医疗、环境保护等日常生活和生产实践各个部门获得了极其广泛的应用.

实验目的

1. 了解脉冲回波型超声成像的原理.
2. 掌握脉冲回波型超声成像实验仪的使用方法.
3. 观察脉冲回波波形.
4. 利用脉冲回波测量水中声速.
5. 应用脉冲回波法对目标物体进行定位.
6. 应用脉冲回波法研究物体的运动状态.
7. 利用脉冲回波型超声成像实验仪对给定目标物体进行扫描成像.

实验原理

1. 超声定位的基本原理.

超声定位的基本原理是由超声波发生器向目标物体发射脉冲波,然后接收回波信号.当超声波发生器正对着目标物体时,接收到的回波信号强度将最大,这时得到发射波与接收波之间的时间差为 Δt,再根据脉冲波在介质中的传播速度 v 而得到目标物体离脉冲波发射点的距离.这样就可以得出目标物体离脉冲波发射点的方位和距离,即图 5-5-1 中的 θ 和 S,$S = v\Delta t/2$.

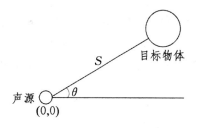

图 5-5-1 超声定位的基本原理

2. 水中声速的测量.

用脉冲回波法测量水中声速的原理如下:改变目标物体与脉冲声源的距离得到不同的接收回波时间差,用时差法测量水中声速.如图 5-5-2 所示,假设目标物体到声源的垂直距离为 S_1(单位:cm)时,脉冲发射波到接收波的时间为 t_1(单位:s),改变目标物体到声源的垂直距离为 S_2(单位:cm),此时脉冲发射波到接收波的时间为 t_2(单位:s),这样,水中的声源传播速度为 $v = 2\dfrac{|S_2 - S_1|}{|t_2 - t_1|} = 2\dfrac{\Delta S}{\Delta t}$(单位:cm/s).

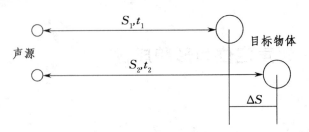

图 5-5-2 时差法测量水中声速

3. 超声成像的基本原理.

超声成像(ultrasonic imaging)是使用超声波的声成像. 它包括脉冲回波型声成像(pulse echo acoustical imaging)和透射型声成像(transmission acoustical imaging). 前者是利用发射脉冲声波,接收其回波而获得物体图像的一种声成像方法;后者是利用透射声波获得物体图像的声成像方法. 目前,在临床应用的超声诊断仪都是采用脉冲回波型声成像. 透射型声成像的一些成像方法仍处于研究之中,如某些类型的超声 CT 成像(computed tomography by ultrasound). 目前研究较多的有声速 CT 成像(computed tomography of acoustic velocity)和声衰减 CT 成像(computed tomography of acoustic attenuation).

本实验以脉冲回波型超声成像(也称反射式超声成像)为对象,来介绍和研究超声成像. 也就是利用超声波照射物体,通过接收和处理载有物体组织或结构性质特征信息的回波,获得物体组织与结构的可见图像的方法和技术. 与其他成像技术相比,它有独特的优点,如装置较为简明、直观,容易理解成像的原理;没有放射性,实验者可以进行不同物体的形貌成像实验.

4. 超声成像的一般规律.

所有脉冲回波型声成像凭借回声反映物体组织的信息,而回声则来自组织界面的反射和散射体的后散射. 回声的强度取决于界面的反射系数、粒子的后散射强度和组织的衰减.

组成界面的物体组织之间声阻抗(介质密度与超声波在介质中传播速度的乘积称为阻抗,一般情况下,固体的声阻抗＞液体的声阻抗＞气体的声阻抗)差异越大,则反射的回声越强. 反射声强还和声束的入射角度有关,入射角越小,反射声强越大,声束垂直于入射界面时,即入射角为 0° 时,反射声强最大,而入射角为 90° 时,反射声强为 0.

物体组织对声能的衰减取决于该组织对声强的衰减系数和声束的传播距离(即检测深度). 物体衰减特征主要表现在后方的回声.

超声遇强反射界面,在界面后出现一系列的间隔均匀的依次减弱的影像,称为多次反射,这是由声束在探头与界面之间往返多次而形成的.

实验仪器

DH6001 超声定位综合实验仪.

DH6001 超声定位综合实验仪由 DH6001 超声定位与形貌综合实验仪、超声换能器、水槽与测试架、VC++ 电脑数据处理软件、数据线以及电脑等部分组成.

实验内容

1. 观察水中物体的回波波形.

(1) 如图 5-5-3 所示,换能器安装在测试架上固定座 11 处并放在水槽 22 中,载物台 21 上放置表面不规则的有机玻璃样品(不规则面朝向换能器);调整换能器头,使之对准水槽正面的载物台上的物体.

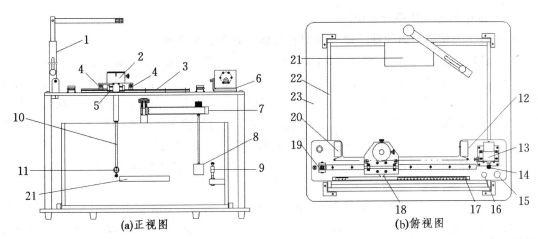

1—撑线杆;2—角度旋转座;3—导轨;4—行程撞块;5—滑块;6—电机座;7—旋转梁;8—定位物体;9—固定座(用于放置超声换能器或目标物体);10—吊杆;11—固定座(用于放置超声换能器或运动目标物体);12—右行程开关;13—直流减速电机;14—主动轮;15—电机控制插座;16—限位插座;17—标尺;18—指针;19—从动轮;20—左行程开关;21—载物台;22—水槽;23—底板

图 5-5-3 测试架

(2) 连接换能器与信号源前面板上的"传感器"插座,并把仪器后面板上的串口与电脑相连,开启电源(注意:通电工作时,确保换能器置于水中).

(3) 打开电脑软件,用鼠标左键单击显控画面右下角的"串口通信"按钮,串口状态框上出现"OK!!",然后变成"END",说明计算机的串口已打开,可以与实验仪进行数据和命令通信. 否则应改变"串口选择".

(4) 用鼠标左键单击显控画面上 工作方式 框中的"波形"按钮,工作状态下面显示红色的"波形显示",点击"信号放大""信号缩小"改变信号大小,画面上将显示实时波形.

(5) 观察回波波形及调零:松开角度旋转座 2 下方螺丝,旋转角度盘至 0° 后锁紧螺丝;松开角度旋转座 2 上方螺丝,旋转吊杆 10 使换能器对准水槽正面载物台上的物体,观察回波波形,仔细调整至回波波形最大后锁紧螺丝.

2. 水中声速的测量.

(1) 把超声换能器放置在固定座 11 上,目标物块放在水槽右侧面的固定座 9 上.

(2) 启动电源,打开串口,用鼠标左键单击显控画面上 工作方式 框中的"波形"按钮,工作状态下面显示红色的"波形显示",松开角度旋转座下方螺丝,旋转角度盘使换能器的方向与导轨 3 方向一致,正对固定座 9 处目标物块,此时显控画面上的反射波形应最大,同时将显示实时波形以及发射脉冲波到接收回波之间的时间,即显控画面上的"回波时间".

(3) 启动电机控制系统,使带着换能器一起运动的滑块到 S_1(单位:cm)的位置后停止,记录此时发射波到接收波之间的时间 t_1(单位:μs);再启动电机,改变滑块到位置 S_2(单位:cm),记录此时发射波到接收波之间的时间 t_2(单位:μs).

(4) 计算声速:$v = 2 \dfrac{|S_2 - S_1| \times 10^{-2}}{|t_2 - t_1| \times 10^{-6}}$ (m/s).

(5) 用同样的方法测量 6 次,并将数据记录在表 5-5-1 中. 求声速平均值 $\bar{v}$,并与水温 20 ℃ 时水中声速理论值 $v_{理} = 1483$ m/s 比较,忽略温度影响.

3. 对水中目标物体进行定位.

(1) 转动测试架后面的悬挂梁 7,使目标物体 8 处在某个位置.

(2) 启动电机控制系统,使滑块 5 移动到导轨 3 中间位置(标尺 230 mm).

(3) 保持波形工作方式,通过传感器吊杆 10 和角度旋转座 2,缓慢旋转超声换能器,当换能器对准目标物体后,电脑界面上将显示最大的回波值,此时记录角度旋转座 2 上的物体方位角度 θ 值;然后切换到定位工作方式,记录电脑上显示的目标物体距离换能器之间的距离 Y(单位:cm)(超声传感器正对着前方载物台上物体时为 0°,实验前要调节好,见实验内容 1 中(5)).

(4) 转动旋转梁 7,改变目标物体的位置,重新测量目标物体离超声换能器的距离和方位.

4. 测量水中物体的运动状态.

(1) 把超声换能器放置在水槽右侧面的固定座 9 上,运动物块放在固定座 11 上,换能器的方向与导轨 3 方向一致,并对准微小运动目标物体(注意:实验中为避免拆装换能器,换能器、运动反射物块可仍装在 11,9 上不动).

(2) 用鼠标左键单击显控画面上 工作方式 框中的"测速"按钮,工作状态下面显示红色的"测速"两字, 工作方式 框中的数据显示框显示目标运动的速度(单位:cm/s),同时画面上显示成像图,X 轴代表时间 t,Y 轴代表物体离超声换能器的距离 S.运行速度较小时,速度的动态显示误差将会比较大,必须通过 S-t 曲线来分析物体的运动状态.

(3) 启动直流电机,让电机带动吊杆上的物体运动起来,就可以看见 S-t 曲线, 工作方式 框中的数据显示框显示目标物体的运动速度.

(4) 分析 S-t 曲线,可以通过 $\Delta S/\Delta t$ 得到物体运动的平均速度.具体方法如下:在 S-t 曲线上单击两个坐标点,对应的坐标点坐标以及两坐标点间的平均速度将在界面中显示出来.将数据记录于表 5-5-2 中.

(5) 通过直流电机控制器,改变物体的运动速度和方向,再次测量观察物体的运动曲线并计算运动物体平均速度.

5. 扫描成像物体组织结构剖面图或表面形貌.

(1) 操作步骤同"实验内容 1. 观察成像物体的回波波形"的步骤(1).

(2) 成像操作.用鼠标左键单击显控画面上 工作方式 框中的"成像采集"按钮,"工作状态"下面显示洋红色的"成像"两字,画面上有成像图显示.采集结束后,用鼠标左键单击显控画面上 成像操作 框中的相应成像处理按钮,显示处理后的成像画面.根据显示效果,用鼠标滑动"调整门限"按钮,可对其进行后置处理,得到相对较好的成像图(门限改变后,需再点击成像按钮).在采集的过程中,可以按"信号放大"和"信号缩小"来改变接收信号的强度.

(3) 拨动"方向控制"开关,使滑块 5 从导轨一侧向另一侧移动,同时用鼠标左键单击电脑画面上 工作方式 框中的"成像采集"按钮,"工作状态"下面显示红色的"成像"两字,画面上有成像图显示.采集结束后,点击"串口通信"断开信号,固定画面,用鼠标左键单击"轮廓成像"按钮,显示处理后的表面成像.

(4) 该成像不仅可以显示物体表面轮廓图(形貌),对于超声透射效果比较好的物体,点击"剖面成像",还可以清晰地观察二维剖面图.

(5) 要使成像效果好,需要选择合适的扫描距离,也就是被成像物体离超声传感器的距离要合适,可以通过点击"信号放大"或"信号缩小"来选择合适的信号大小;还可以通过"速度调节",使滑块(扫描)速度恰当.扫描完成以后,可以用鼠标滑动"调整门限"按钮,对其进行处理,得到较好的成像图.

数据处理

1. 计算水中声速.

(1) 根据表 5-5-1,填入对水中声速所做 6 次测量的实验数据.

表 5-5-1 测量水中超声波波速实验数据表 $v_{理} = 1\,483$ m/s

次数	S_1/cm	S_2/cm	$t_1/\mu s$	$t_2/\mu s$	v/(m/s)
1					
2					
3					
4					
5					
6					

$\bar{v} =$ _____ m/s (表中 $v = 2\dfrac{|S_2 - S_1| \times 10^{-2}}{|t_2 - t_1| \times 10^{-6}}$ (m/s))

(2) 计算水中声速的算术平均值、不确定度、扩展不确定度及相对不确定度,并报告测量结果(不考虑 B 类不确定度).

2. 对水中目标物体进行定位.

$S_1 =$ _____ cm, $\theta_1 =$ _____ °; $S_2 =$ _____ cm, $\theta_2 =$ _____ °.

3. 计算水中物体的运动速度.

观察不同运动速度的水中物体的 S-t 曲线,将实验数据填入表 5-5-2 中,并计算运动物体平均速度.

表 5-5-2 测量物体的运动状态实验数据表

次数	坐标点一		坐标点二		平均速度 v_w/(cm/s)
	时间/s	距离/cm	时间/s	距离/cm	
1					
2					
3					

4. 描绘扫描成像物体组织结构剖面图或表面形貌(比例图).

注意事项

1. 超声换能器探头在通电工作时确保置于水中.
2. 点击"信号放大"和"信号缩小"调节波形时反馈较慢,不要快速点击.

预习思考题

1. 实验中,换能器与被测物体是否应处于同一水深?为什么?
2. 水中声速测量实验中,能否使用定位实验中的距离数据代替标尺数据?为什么?

讨论思考题

1. 如何区别回波信号中的二次反射波和杂散波？
2. 超声成像实验中，哪些操作调节会影响到成像效果？为什么？
3. 超声成像实验中，对比扫描图与有机玻璃实物，是否完全一致？如果不一致，请分析原因.

拓展阅读

［1］ 刘凤然.基于单片机的超声波测距系统[J].传感器世界,2001,5.
［2］ 陈建,孙晓颖,林琳,等.一种高精度超声波到达时刻的检测方法[J].仪器仪表学报,2012,33(11):2422-2428.

附录

软件界面功能介绍

数据读写：对采集数据进行读取和存储.
工作方式：共提供成像采集、定位、测速以及波形等4种工作方式.
工作状态：窗口显示当前的工作方式.
清除显示：用于清除显示的波形或成像图.
成像操作：对采集的数据进行成像处理,处理的时候可以滑动"调整门限"来调整成像图.
信号放大／信号减小：对接收信号的显示强度进行放大和缩小.
串口通信：用于启动和关闭通信口,启动后串口状态显示"END",关闭后显示"Close!!".
坐标点一／坐标点二：显示坐标点的具体坐标,分别对应时间和距离,表示该时刻超声传感器扫过物体时对应的垂直距离.
平均速度：两坐标点之间的平均速度.
回波时间：显示发射脉冲波到接收回波之间的时间.

5.6 液晶的电光效应及其应用

引言

液晶是介于液体与晶体之间的一种物质状态.一般的液体内部分子排列是无序的,而液晶既具有液体的流动性,其分子又按一定规律有序排列,使它呈现晶体的各向异性.当光通过液晶时,会产生偏振面旋转、双折射等效应.液晶分子是含有极性基团的极性分子,在电场作用下,偶极子会按电场方向取向,导致分子原有的排列方式发生变化,液晶的光学性质也随之发生改变,这种因外电场引起的液晶光学性质的改变称为液晶的电光效应.

1888年,奥地利植物学家Reinitzer在做有机物溶解实验时,在一定的温度范围内观察到液晶.1961年美国RCA公司的Heimeier发现了液晶的一系列电光效应,并制成了显示器件.从20世纪70年代开始,日本公司将液晶与集成电路技术结合,制成了一系列的液晶显示器件,至今日本仍在这一领域保持领先地位.液晶显示器件由于具有驱动电压低(一般为几伏)、功耗极小、体积小、寿命长、环保无辐射等优点,在当今各种显示器件的竞争中独领风骚.

目前已合成液晶材料超过1万种,每种材料光学性质都不相同.常用的液晶显示材料有上千种,生物体内有大量液晶物质,肥皂水也是液晶的一种.

实验目的

1. 学习液晶光开关的基本工作原理.
2. 了解液晶光开关的电光特性、时间响应特性和视角特性.
3. 应用图像矩阵了解液晶显示器的显示原理.

实验原理

1. 液晶光开关的工作原理.

液晶的种类很多,本实验以常用的扭曲向列(twisted nematic,TN)型液晶为例,其光开关的结构如图 5-6-1 所示. 在两块玻璃板之间夹有正性向列相液晶分子,其形状如同火柴棍一样,长度在十几埃(1 Å = 10^{-10} m),直径为 4~6 Å,液晶层厚度一般为 5~8 μm. 玻璃板的内表面涂有透明电极,电极的表面预先作了定向处理(可用软绒布朝一个方向摩擦,也可在电极表面涂取向剂),这样液晶分子在透明电极表面就会躺倒在摩擦所形成的微沟槽里;电极表面的液晶分子按一定方向排列,且上、下电极上的定向方向相互垂直. 上、下电极之间的那些液晶分子因范德瓦耳斯力的作用,趋向于平行排列. 由于上、下电极上液晶的定向方向相互垂直,从俯视方向看,液晶分子的排列从上电极到下电极均匀扭曲了 90°,如图 5-6-1(a) 所示.

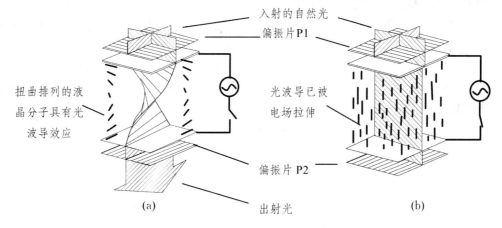

图 5-6-1 液晶光开关的工作原理

理论和实验都证明,上述均匀扭曲排列起来的结构具有光波导的性质,即偏振光从上电极表面透过扭曲排列的液晶分子传播到下电极表面时,偏振方向会旋转 90°. 取两张偏振片 P1,P2 贴在玻璃的两面,其透光轴分别与上、下电极的定向方向相同,于是 P1 和 P2 的透光轴相互正交.

在未加驱动电压的情况下,来自光源的自然光经过偏振片 P1 后只剩下平行于透光轴的线偏振光,该线偏振光到达输出面时,其偏振面旋转了 90°,这时光的偏振面与 P2 的透光轴平行,因而有光通过.

当施加足够电压时(一般为 1~2 V),在静电场的作用下,除了基片附近的液晶分子被基片"锚定"以外,其他液晶分子趋向平行于电场方向排列. 于是原来的扭曲结构被破坏,变成均匀结构,如图 5-6-1(b) 所示. 从 P1 透射出来的偏振光的偏振方向在液晶中传播时不再旋转,保持原来的偏振方向到达下电极. 这时光的偏振方向与 P2 的透光轴正交,因而光被关断.

上述液晶光开关在无电场的情况下让光透过,加上电场的时候光被关断,因此叫作常通型光开关,又叫作常白模式.若 P1 和 P2 的透光轴相互平行,则构成常黑模式.

2. 液晶光开关的特性.

(1) 电光特性.

图 5-6-2 为光线垂直液晶面入射时本实验所用液晶的相对透射率(以不加电场时的透射率为 100%)与外加电压的关系.

由图可见,对于常白模式的液晶,其透射率随外加电压的升高而逐渐降低,在一定电压下达到最低点,此后略有变化.可以根据此电光特性曲线图得出液晶的阈值电压(透射率为 90%

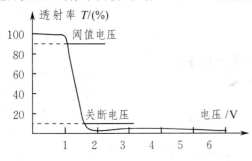

图 5-6-2 液晶光开关的电光特性曲线

时的驱动电压)和关断电压(透射率为 10% 时的驱动电压).

液晶的电光特性曲线越陡,即阈值电压与关断电压的差值越小,由液晶开关单元构成的显示器件允许的驱动路数就越多.TN 型液晶最多允许 16 路驱动,故常用于数码显示.在电脑、电视等需要高分辨率的显示器件中,常采用超扭曲向列(supper twisted nematic,STN)型液晶,以改善电光特性曲线的陡度,增加驱动路数.

(2) 时间响应特性.

加上(或去掉)驱动电压能使液晶的开关状态发生改变,是因为液晶的分子排序发生了改变,这种重新排序需要一定时间,反映在时间响应曲线上,用上升时间 τ_r 和下降时间 τ_d 描述.给液晶开关加上一个如图 5-6-3(a) 所示的周期性变化的电压,就可以得到图 5-6-3(b) 所示液晶的时间响应曲线、上升时间(透射率由 10% 升到 90% 所需时间)和下降时间(透射率由 90% 降到 10% 所需时间).

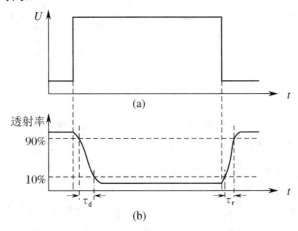

图 5-6-3 液晶光开关时间响应特性曲线

液晶的响应时间越短,显示动态图像的效果越好,这是液晶显示器的重要指标.早期的液晶显示器在这方面逊色于其他显示器,现已通过结构方面的技术改进达到了很好的效果.

(3) 视角特性.

液晶光开关的视角特性表示对比度与视角的关系.对比度定义为光开关打开和关断时透射光强度之比,对比度大于 5 时,可以获得满意的图像,对比度小于 2,图像就模糊不清了.

图 5-6-4 表示了某种液晶的视角特性,如图(a)所示,入射光线方向与液晶屏法线方向的

夹角 θ 为垂直视角，入射光线在液晶屏上的投影与 x 轴的夹角 φ 为水平视角；图(b)所示同心圆分别对应垂直视角 30°，60° 和 90°. 90° 同心圆外面标注的数字表示水平视角；图中的闭合曲线为不同对比度时的等对比度曲线.

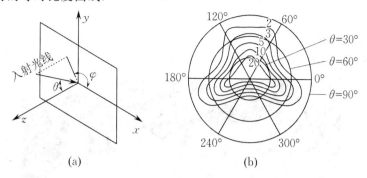

图 5-6-4　液晶光开关视角特性

可以看出，液晶的对比度与垂直视角和水平视角都有关，而且具有非对称性. 若将具有图 5-6-4 所示视角特性的液晶开关逆时针旋转，对比度大于 5 时，可以获得满意的图像；对比度小于 2 时，图像模糊不清.

3. 液晶光开关图像显示矩阵的原理.

液晶显示器通过对外部光源的开关控制来完成信息显示任务，为非主动发光型显示，其最大的优点在于能耗极低. 正因为如此，液晶显示器在便携式装置的显示方面（如电子表、万用表、手机、传呼机等）具有不可代替地位.

利用液晶光开关来形成图形和图像的矩阵型显示器，是将图 5-6-5(a) 所示的横条形状的透明电极做在一块玻璃片上，为行电极，而把竖条形状的电极制在另一块玻璃片上，为列电极. 两块玻璃片面对面组合起来，将液晶灌注于这两片玻璃之间构成液晶盒. 为了表示方便，将电极玻璃片抽象为横线和竖线，如图 5-6-5(b) 所示.

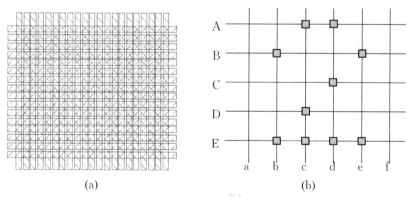

图 5-6-5　液晶光开关组成的矩阵型显示器

矩阵型显示器的工作方式为扫描式. 若要显示图 5-6-5(b) 的那些有方块的像素，首先在第 A 行加上高电平，其余行加上低电平，同时在列电极的对应电极 c，d 上加上低电平，并通过锁存器锁定对应像素点电平，于是 A 行的那些带有方块的像素就被显示出来了. 然后重新在第 B 行加上高电平，其余行加上低电平，同时在列电极的对应电极 b，e 上加上低电平，再次锁存，因而 B 行的那些带有方块的像素被显示出来了. 然后是第 C 行、第 D 行……以此类推，最后显示出一整场的图像.这种工作方式称为扫描式.

这种分时间扫描每一行的方式是平板显示器的共同的寻址方式,依这种方式,可以让每一个液晶光开关按照其上的电压的幅值让外界光关断或通过,从而显示出任意文字、图形和图像.

实验仪器

1.液晶光开关电光特性综合实验仪.

该仪器外部结构如图5-6-6所示,下面介绍各个部分的功能.

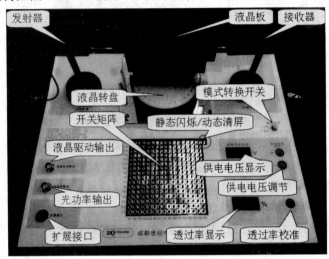

图5-6-6 液晶光开关电光特性综合实验仪

(1)模式转换开关:切换液晶的静态和动态(图像显示)两种工作模式.在静态模式下,所有的液晶单元所加电压相同;在动态模式下,每个单元所加的电压由开关矩阵控制.同时,当开关处于静态模式时发射器光源会自动打开,动态模式时关闭.

(2)静态闪烁/动态清屏切换开关:在静态时,此开关可以切换到闪烁和静止两种方式;在动态时,此开关可以清除液晶屏幕因按动开关矩阵而产生的斑点.

(3)供电电压显示:显示加在液晶板上的电压,范围在 0.00～7.60 V 之间.

(4)供电电压调节按键:改变加在液晶板上的电压,调节范围在 0～7.6 V 之间.单击+按键(或-按键)可以增大(或减小)0.01 V.长按+按键(或-按键)2 s 以上可以快速增大(或减小)供电电压,但当电压大于或小于一定范围时需要单击按键才可以改变电压.

(5)透射率显示:显示光透过液晶板后光强的相对百分比.

(6)透射率校准按键:当供电电压为 0.00 V 时,透射率显示如果大于"250",则长按该键3 s 可以将透射率校准为100%;如果供电电压不为 0.00 V,或显示小于"250",则该按键无效,不能校准透射率.

(7)液晶驱动输出:接存储示波器,一般接 CH1 通道,显示液晶的驱动电压.

(8)光功率输出:接存储示波器,一般接 CH2 通道,显示液晶的时间响应曲线.

(9)发射器:为仪器提供较强的光源.

(10)液晶板:本实验仪器的测量样品.

(11)接收器:将透过液晶板的光强信号转换为电压信号.

(12)开关矩阵:此为 16×16 的按键矩阵,用于液晶的显示功能实验.

(13)液晶转盘:承载液晶板一起转动,用于液晶的视角特性实验.

2.数字存储示波器.

在进行液晶光开关时间响应特性实验时需要用到数字存储示波器,其操作面板如图 5-6-7 所示.

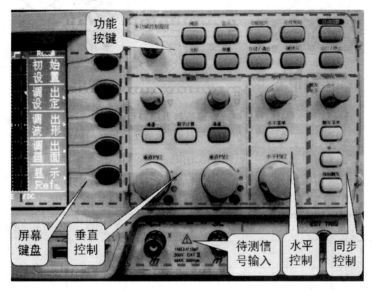

图 5-6-7　数字存储示波器

在测量液晶光开关的时间响应特性的实验中将用到该示波器的光标测量功能,其基本操作如下:

(1)调出光标:通过功能按键的"光标"切换光标显示或不显示.

(2)光标模式:通过屏幕按键的"X → Y"切换 X 光标模式或 Y 光标模式.

(3)选择通道:通过屏幕按键的"信源"切换测量 CH1 或 CH2 信号.

(4)选中光标:通过屏幕按键对应的选择选中光标 1、光标 2 或同时选中两个.

(5)移动光标:通过功能按键左侧的"多功能控制"旋钮移动当前选中的光标.

(6)读取数据:在屏幕右侧所对应的光标窗口下显示某光标与所选择通道信号交点的坐标值(时间、电压)以及两个交点的坐标差值.

实验内容

1.实验前准备工作.

(1)将液晶板金手指 1(见图 5-6-8)即水平方向插入转盘上的插槽,液晶凸起面必须正对光源发射方向,将角度盘对准 0 刻度.

(2)打开电源开关,选择模式开关为静态模式,使光源预热 10 min 左右.

(3)请勿调整发射器和接收器方向,如发现方向没对准请报告老师.

(4)在静态 0.00 V 供电电压条件下,将透射率校准为"100%".

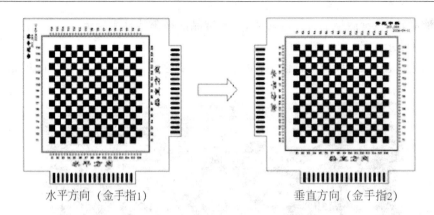

水平方向（金手指1）　　　　　垂直方向（金手指2）

图 5-6-8　液晶板方向示意图（视角为正视液晶凸起面）

2. 液晶光开关电光特性实验.

按表 5-6-1 的数据改变供电电压，记录相应电压下的透射率数值，重复实验 3 次.

表 5-6-1　液晶光开关的电光特性

电压 U/V		0	0.5	0.8	1.0	1.2	1.3	1.4	1.5	1.6	1.7	1.8	1.9	2.0	3.0	4.0	5.0
透过率 T /(%)	1																
	2																
	3																
	平均																

3. 液晶光开关的时间响应特性实验.

（1）将液晶实验仪的液晶驱动输出接入示波器的 CH1 通道，光功率输出接入 CH2 通道.

（2）重新校准透射率，然后再将电压调到 2.00 V，通过开关矩阵右上角的按键使液晶变为闪烁状态.

（3）打开示波器电源，依次按下功能按键的"存储/调出"、屏幕按键的"初始设置"并调整"水平挡位"旋钮为 250 ms（屏幕下方显示），通过功能按键的"运行/停止"来捕获波形（显示完整的上升沿、下降沿）.

（4）用 X 光标模式描点测绘曲线.

① 测量驱动信号上升沿、下降沿的横坐标并填入表 5-6-2.

表 5-6-2　驱动信号上升沿和下降沿数据

上升沿横坐标 /ms	下降沿横坐标 /ms

② 按 10 ms 一个步距移动光标测量响应信号上升沿、下降沿坐标值（电压、时间），要求覆盖响应信号完整的上升沿、下降沿，将数据填入表 5-6-3（可根据需要酌情扩展表格）.

（5）测量响应信号的上升时间和下降时间.

① 通过功能按键的"运行/停止"使波形重新运行.

② 取消光标显示，按下功能按键的"测量"，在屏幕右下角"上升时间（或下降时间）"读出通道 2 的数据；按下该屏幕按键，切换显示之后按下屏幕按键的"时间设置"，通过"多功能控

制"选择"FallTime(或 RiseTime)",返回"上页"读取数据.

③ 重复3次测量,将数据填入表5-6-4.

表 5-6-3 响应信号上升沿和下降沿描点数据

上升沿	横坐标 t/ms							……
	纵坐标 U/mV							……
下降沿	横坐标 t/ms							……
	纵坐标 U/mV							……

表 5-6-4 示波器测得的响应时间

	上升时间/ms	下降时间/ms
1		
2		
3		
平均		

4. 液晶光开关的视角特性实验.

(1) 水平方向视角特性.

① 重新校准透射率为100%.

② 在0 V电压下按表5-6-5的角度调节液晶转盘,依次记录对应的透射率到 T_{max} 行.

③ 将供电电压调到2.00 V,按照同样的步骤依次记录数据到 T_{min} 行.

④ 完成表中对比度 $R\left(=\dfrac{T_{max}}{T_{min}}\right)$ 的计算.

表 5-6-5 水平方向视角特性数据

角度 φ/(°)	−70	−60	−50	−40	−30	−20	−10	0	10	20	30	40	50	60	70
T_{max}/(%)															
T_{min}/(%)															
对比度 R															

(2) 垂直方向视角特性.

① 关闭液晶实验仪总电源,更换液晶板为垂直方向插入插槽(参见图5-6-8),再次校准透射率为100%.

② 参照水平方向的测量方法,记录数据到表5-6-6中.

③ 完成表中对比度 $R\left(=\dfrac{T_{max}}{T_{min}}\right)$ 的计算.

表 5-6-6 垂直方向视角特性数据

角度 φ/(°)	−60	−50	−40	−30	−20	−10	−5	0	5	10	20	30	40	50	60
T_{max}/(%)															
T_{min}/(%)															
对比度 R															

5. 液晶的图像显示原理实验.

将模式转换开关置于动态模式,液晶供电电压调到 5.00 V,转动液晶面板转盘使液晶板正面朝向实验者.通过矩阵按键关断(或打开)液晶板上某个光开关来组合成图像或文字.

按授课老师的要求在液晶板上显示出图像并请老师检查.

数据处理

1. 根据液晶光开关电光特性实验数据计算各平均值,以透射率 T 平均值为纵坐标,供电电压 U 为横坐标绘制电光特性 $T-U$ 曲线.

2. 根据液晶光开关的时间响应特性实验中表 5-6-2 和表 5-6-3 数据绘制驱动信号和响应信号的 $U-t$ 曲线.

在 $U-t$ 曲线上读出响应曲线的上升时间和下降时间(以响应曲线的高电平为 100% 计算)填入表 5-6-7;计算表 5-6-4 的响应时间平均值;比较两种方式测得的响应时间.

表 5-6-7 曲线测得的响应时间

上升时间 /ms	下降时间 /ms

3. 根据液晶光开关的视角特性实验所测得的数据分别绘制水平视角、垂直视角的特性曲线.

注意事项

1. 校准透射率 100% 时,必须将液晶供电电压显示调到 0.00 V,且不要长时间按住"透射率校准"按钮.

2. 在首次调节透射率 100% 时,如果透射率显示不稳定,则可能是光源预热时间不够.

3. 更换液晶板方向时,务必断开总电源后再进行插取,否则将会损坏液晶板.

4. 液晶板凸起面必须要朝向光源发射方向,否则实验记录的数据为错误数据.

5. 切勿调节光发射器和接收器,如需调节请报告老师.

预习思考题

1. 利用液晶光开关的工作原理分析,当给一块液晶板上的所有光开关都加上足够电压时,液晶板看上去是深色的还是浅色的?为什么?

2. 液晶响应的上升时间和下降时间是指什么?这两个时间的大小和液晶板的性能有何关系?

3. 在测量液晶视角特性的实验中,为什么要更换液晶面板的方向测两组数据?

讨论思考题

1. 时间响应特性实验中驱动信号高电平为 2 V,若增大到 5 V,响应曲线及其响应时间会有哪些变化?为什么?

2. 通过两种测量响应时间的方法可以看出其结果大小存在差异,请分析造成这种差异的主要原因.

拓展阅读

[1] 王庆凯,吴杏华,王殿元,等.扭曲向列相液晶电光效应的研究[J].物理实验,2007,12.

[2] 靳鹏飞.液晶电光特性研究[J].应用光学,2013,1.

5.7 混沌通信

引言

牛顿力学最显著的特征之一就是确定性,即只要给出系统的初始条件,描述系统的运动方程就有唯一确定的一组解.与确定论系统的行为方式显著不同的是随机性运动,如液体中花粉颗粒的无规则运动.然而自然界中最常见的运动形态,往往既不是完全确定的,也不是完全随机的,而是介于两者之间.对于这类运动,人们在很长时间内都没有给出恰当的描述体系.1963年,美国气象学家洛伦兹在分析天气预报模型时,首先发现空气动力学中的混沌现象.混沌现象的理论为更好地了解自然界提供了一个很好的框架.20世纪混沌的发现和混沌学的建立,与相对论和量子论一样,是对牛顿确定性经典理论的重大突破,为人类观察物质世界打开了一个新的窗口.

混沌现象是指在确定论系统中产生的随机性行为.随着混沌理论研究的不断深入,混沌保密通信成为现代通信技术中的前沿课题.混沌同步是混沌通信的关键问题,混沌系统的同步已成为非线性复杂性科学研究的重要内容.由于混沌信号具有非周期性、类噪声、宽频带和长期不可预测等特点,特别适用于保密通信领域.混沌保密通信的基本思想是把要传送的信息按照某种方式加载到一个由混沌系统产生的混沌信号上,实现对信息的隐藏.信号经信道发送到接收端后,由一相同的混沌系统重构出混沌信号,进而解调出混合信号所携带的信息.

本实验将通过蔡氏电路,观察振动周期的分岔与混沌现象,测量非线性电阻的伏安特性曲线,从而了解非线性电路中的混沌现象.通过混沌同步电路实验、混沌键控实验、混沌掩盖与解密实验了解混沌在通信中的应用.

实验目的

1. 测量非线性电阻的伏安特性曲线.
2. 调节并观察非线性电路振荡周期分岔现象和混沌现象.
3. 调试并观察混沌同步波形.
4. 用混沌电路方式传输键控信号.
5. 用混沌电路方式实现传输信号的掩盖与解密.

实验原理

1. 非线性电路中的混沌现象.

蔡氏电路原理图如图 5-7-1 所示,电感 L_1 和电容 C_2 组成一个损耗可以忽略的谐振回路.采用电位器 W_1 与电容 C_1 组成的移相器将振荡器产生的正弦信号移相输出,是为了使示波器两个通道输入信号可以叠加作图,从而在相图中观察到倍周期分岔现象.NR_1 是有源非线性负阻元件,电路的非线性动力学方程为

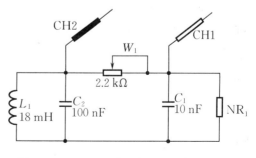

图 5-7-1 混沌波形发生实验的原理框图

$$\begin{cases} C_2 \dfrac{dU_{C_2}}{dt} = G(U_{C_1} - U_{C_2}) + i_{L_1}, \\ C_1 \dfrac{dU_{C_1}}{dt} = G(U_{C_2} - U_{C_1}) - gU_{C_1}, \\ L_1 \dfrac{di_{L_1}}{dt} = -U_{C_2}, \end{cases} \quad (5-7-1)$$

式中 U_{C_1}，U_{C_2} 分别是电容 C_1，C_2 上的电压，i_{L_1} 是流过电感 L_1 的电流，$G = \dfrac{1}{W_1}$ 是电导，g 为 NR_1 的伏安特性函数. 如果 NR_1 是线性的，g 是常数，电路就是一般的正弦振荡电路. 电位器 W_1 的作用是调节 U_{C_1} 和 U_{C_2} 的相位差. 实际电路中 NR_1 是非线性元件，其伏安特性曲线如图 5-7-2 所示，NR_1 呈分段线性电阻的特性，整体上呈现出非线性. 由于 g 总体是非线性函数，三元非线性方程组(5-7-1)没有解析解. 当选取合适的电路参数，通过数值计算可模拟电路的混沌现象.

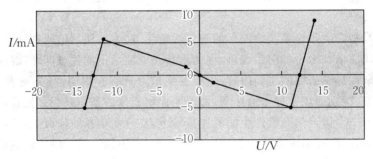

图 5-7-2　非线性电阻 NR_1 的伏安特性曲线图

实验中，可用示波器来观察电路的混沌现象. 调节电位器 W_1，即改变电导值 G，示波器上观察的 U_{C_1}，U_{C_2} 李萨如图形发生变化，G 值取最小，李萨如图形表现为一个光点，随着 G 值的增加，李萨如图形接近一个斜椭圆，表明电路系统开始自激振荡，其振荡频率取决于电感与非线性电阻组成的回路特性. 继续增加电导 G，此时示波器上显示两相交的椭圆，原先的一倍周期变为两倍周期，即系统需两个周期才恢复原状. 这在非线性理论中称为倍周期分岔，如图 5-7-3 所示. 继续增加电导 G 值，依次出现四倍周期、八倍周期、多周期分岔. 随着 G 值的进一步增加，系统完全进入了混沌，运动轨迹呈现随机性和非周期性，并对初始条件十分敏感，系统的状态无法确定，但类似"线圈"的轨迹有一个复杂但明确的边界，在边界内部具有无穷嵌套的自相似结构，显然有某种规律，把这时的解集称为奇异吸引子或混沌吸引子.

有源非线性负阻元件 NR_1 是本实验电路的关键，它主要是一个正反馈电路，能够输出电流维持振荡器不断振荡，其作用是使振动周期产生分岔和混沌等一系列现象.

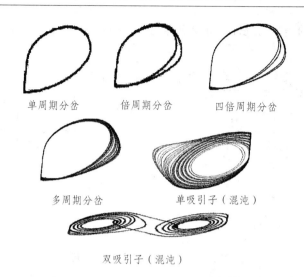

图 5-7-3 混沌相图

2. 混沌电路的同步.

1990 年,Pecora 和 Carroll 首次提出了混沌同步的概念,从此研究混沌系统的完全同步以及广义同步、相同步、部分同步等问题成为混沌领域中非常活跃的课题,利用混沌同步进行保密通信也成为混沌理论研究的一个重要的应用方向.

如果两个或多个混沌动力学系统,除了自身随时间的演化外,还有相互耦合作用,这种作用既可以是单向的,也可以是双向的. 当满足一定条件时,在耦合的影响下,这些系统的状态输出就会逐渐趋于相近进而完全相等,称之为混沌同步. 实现混沌同步的方法很多,本实验利用驱动-响应方法实现混沌同步.

本实验中的混沌同步原理图如图 5-7-4 所示. 电路由三部分组成,混沌单元 2 为驱动系统,混沌单元 3 为响应系统,信道一为单向耦合电路,由运算放大器组成的隔离器和耦合电阻实现单向耦合和耦合强度的控制. 当耦合电阻无穷大时,驱动和响应系统为独立的两个蔡氏电路. 当混沌同步实现时,两个混沌电路振荡波形组成的相图为一条通过原点的 45° 直线. 影响这两个混沌系统同步的主要因素是两个混沌电路中元件的选择和耦合电阻的大小. 在实验中当两个系统的各元件参数基本相同时(相同标称值的元件也有 ±10% 的误差),同步态实现较容易.

其工作原理如下:

(1) 由于混沌单元 2 与混沌单元 3 的电路参数基本一致,它们自身的振荡周期也具有很大的相似性,只是因为它们的相位不一致,所以看起来都杂乱无章,看不出它们的相似性.

(2) 如果能让它们的相位同步,将会发现它们的振荡周期非常相似. 特别是将 W_2 和 W_3 做适当调整,会发现它们的振荡波形不仅周期非常相似,幅度也基本一致. 整个波形具有相当大的等同性.

(3) 让它们相位同步的方法之一就是让其中一个单元接受另一个单元的影响. 受影响大,则能较快同步;受影响小,则同步较慢,或不能同步. 为此,在两个混沌单元之间加入了"信道一".

(4) "信道一"由一个射随器、一只电位器及一个信号观测口组成.

射随器的作用是单向隔离,它让前级(混沌单元 2)的信号通过,再经 W_4 后去影响后级(混沌单元 3)的工作状态,而后级的信号却不能影响前级的工作状态.

混沌单元 2 的信号经射随器后,其信号特性基本可认为没发生改变,等于原来混沌单元 2

的信号,即 W_4 左方的信号为混沌单元 2 的信号,右方的信号为混沌单元 3 的信号.

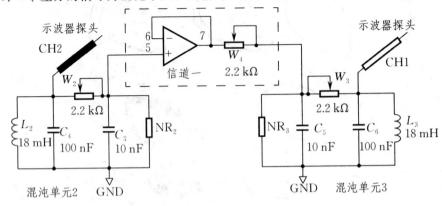

图 5-7-4　混沌同步原理框图

电位器 W_4 的作用:调整它的阻值可以改变混沌单元 2 对混沌单元 3 的影响程度.

3.用混沌电路方式传输键控信号.

　　混沌键控方法属于混沌数字通信技术,是利用所发送的数字信号调制发送端混沌系统的参数,使其在两个值中切换,将信息编码在两个混沌吸引子中;接收端则由与发送端相同的混沌系统构成,通过检测发送与接收混沌系统的同步误差来判断所发送的消息.实验原理框图如图 5-7-5 所示.

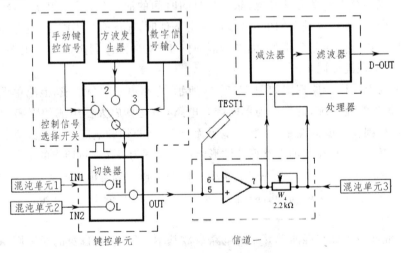

图 5-7-5　混沌键控实验原理框图

键控单元主要由三个部分组成:

(1) 控制信号部分:控制信号有三个来源.

① 手动按键产生的键控信号.低电平 0 V,高电平 5 V.

② 电路自身产生的方波信号,周期约 40 ms.低电平 0 V,高电平 5 V.

③ 外部输入的数字信号.要求最高频率小于 100 Hz,低电平 0 V,高电平 5 V.

(2) 控制信号选择开关:

① 开关拨到"1"时,选择手动按键产生的键控信号.按键不按时输出低电平,按下时输出

高电平.

② 开关拨到"2"时,选择电路自身产生的方波信号.

③ 开关拨到"3"时,选择外部输入的数字信号.

(3) 切换器:利用选择开关送来的信号控制切换器的输出选通状态.当送来的控制信号为高电平时,选通混沌单元1,低电平选通混沌单元2.

使发送端混沌单元1和混沌单元2产生等幅的混沌信号1和混沌信号2,当控制信号为低电平时,端口OUT传来的混沌信号2与接收端的混沌信号3差异较小,同步作用可使混沌信号3与混沌信号2同步,减法器输出为零,D-OUT端输出为低电平0 V;当控制信号为高电平时,端口OUT传来的混沌信号1与混沌信号3差异较大,不能使混沌信号与之同步,减法器输出不为零,D-OUT端输出高杂波电平.

4. 用混沌电路方式实现传输信号的掩盖与解密.

混沌掩盖是较早提出的一种混沌加密通信方式,其基本思想是在发送端利用混沌信号作为载体来隐藏信号或遮掩所要传送的信息.由于混沌信号的宽频带类噪声的特点,将信息信号叠加到混沌信号上发送出去,别人很难从混合信号中提取信息信号,从而达到保密的效果.在接收端则利用与发送端同步的混沌信号解密,恢复发送端发送的信息.混沌信号和消息信号结合的主要方法有相乘、相加或加乘结合.本实验采用消息信号和混沌信号直接相加的掩盖方法.

实验原理如图5-7-6所示,在混沌同步的基础上,接通图中的开关S_1,S_2,可以进行加密通信实验.

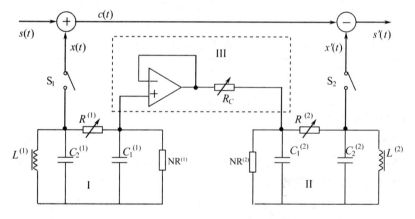

图5-7-6 用蔡氏电路实现混沌同步和加密通信实验的参考图

假设$x(t)$是发送端产生的混沌信号,$s(t)$是要传送的消息信号,实验中消息信号由信号发生器输出,为方波或正弦信号.经过混沌掩盖后,传输信号为$c(t) = x(t) + s(t)$.接收端产生的混沌信号为$x'(t)$,当接收端和发送端同步时,有$x'(t) = x(t)$,由$c(t) - x'(t) = s(t)$,可知$s'(t) = s(t)$,即可恢复消息信号.用示波器观察传输信号,并比较要传送的消息信号和恢复的消息信号.实验中,信号的加法运算及减法运算可以通过运算放大器来实现.

需要指出的是,在实验中采用的是信号直接相加进行混沌掩盖,当消息信号幅度比较大,而混沌信号相对比较小时,消息信号不能被掩蔽在混沌信号中,传输信号中就能看出消息信号的波形.因此,实验中要求信号发生器输出的消息信号比较小.

实验仪器

混沌原理及应用实验仪 1 台,双通道数字示波器 1 台,信号发生器 1 台.

实验内容

1. 测量非线性电阻的伏安特性曲线.

实验原理框图如图 5-7-7 所示.

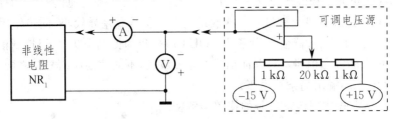

图 5-7-7 非线性电阻伏安特性原理框图

(1) 在混沌原理及应用实验仪面板上插上跳线 J1,J2,并将可调电压源处电位器旋钮逆时针旋转到头,在混沌单元 1 中插上非线性电阻 NR_1.

(2) 连接混沌原理及应用实验仪电源,打开机箱后侧的电源开关.面板上的电流表应有电流显示,电压表也应有显示值.

(3) 按顺时针方向慢慢旋转可调电压源上电位器,并观察混沌面板上的电压表上的读数,每隔 0.2 V 记录面板上电压表和电流表上的读数,直到旋钮顺时针旋转到头,将数据记录于表 5-7-1 中.

表 5-7-1 非线性电阻的伏安特性测量

电压 /V	…	0.0	0.2	0.4	0.6	0.8	1.0	1.2	1.4	…
电流 /mA										

2. 调节并观察非线性电路振荡周期分岔现象和混沌现象.

(1) 拔除跳线 J1,J2(本次和接下来的实验内容均不需要用跳线 J1,J2),在混沌原理及应用实验仪面板的混沌单元 1 中插上电位器 W_1、电感 L_1、电容 C_1、电容 C_2、非线性电阻 NR_1,并将电位器 W_1 上的旋钮顺时针旋转到头.

(2) 用两根电缆线分别连接示波器的 CH1 和 CH2 端口到混沌原理及应用实验仪面板上标号 Q8 和 Q7 处.打开机箱后侧的电源开关.

(3) 把示波器的时基挡切换到"X-Y".调节示波器通道 CH1 和 CH2 的电压挡位使示波器显示屏上能显示整个波形,逆时针旋转电位器 W_1 直到示波器上的混沌波形变为一个点,然后慢慢顺时针旋转电位器 W_1 并观察示波器,示波器上应该逐次出现单周期分岔、倍周期分岔、四倍周期分岔、多周期分岔、单吸引子、双吸引子现象(见图 5-7-3).

注:在调试出双吸引子图形时,注意感觉调节电位器的可变范围,即在某一范围内变化,双吸引子都会存在.最终应该将调节电位器调节到这一范围的中间点,这时双吸引子最为稳定,并易于观察清楚.

3. 调试并观察混沌同步波形.

(1) 插上面板上混沌单元 1、混沌单元 2 和混沌单元 3 的所有电路模块,即在混沌原理及应用实验仪面板的 3 个混沌单元中对应插上电位器 W_1,W_2,W_3,电感 L_1,L_2,L_3,电容 C_1,C_2,C_3,

C_4,C_5,C_6,非线性电阻 NR_1,NR_2,NR_3.按照实验内容 2 的方法将混沌单元 1、混沌单元 2 和混沌单元 3 分别调节到混沌状态,即双吸引子状态.电位器调节到保持双吸引子状态的中点.

调试混沌单元 2 时示波器接到 Q5,Q6 座处.

调试混沌单元 3 时示波器接到 Q3,Q4 座处.

(2) 插上信道一和键控单元,键控单元上的开关置"1".用电缆线连接面板上的 Q3 和 Q5 到示波器上的 CH1 和 CH2,调节示波器 CH1 和 CH2 的电压挡位到 0.5 V.

(3) 细心微调混沌单元 2 的 W_2、混沌单元 3 的 W_3 和键控单元的 W_5,直到示波器上显示的波形成为过中点约 45°的细斜线,如图 5-7-8 所示.

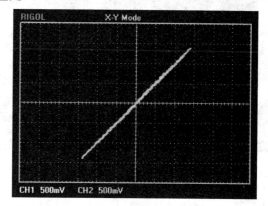

图 5-7-8 混沌同步调节好后示波器上波形状态示意图

这幅图形表达的含义是:若两路波形完全相等,这条线将是一条 45°的非常干净的直线.45°表示两路波形的幅度基本一致.线的长度表示波形的振幅,线的粗细代表两路波形的幅度和相位在细节上的差异.这条线的优劣表达了两路波形的同步程度,所以应尽可能地将这条线调细,但同时必须保证混沌单元 2 和混沌单元 3 处于混沌状态.

(4) 用电缆线将示波器的 CH1 和 CH2 分别连接 Q6 和 Q5,观察示波器上是否存在混沌波形,如不存在混沌波形,调节 W_2 使混沌单元 2 处于混沌状态.再用同样的方法检查混沌单元 3,确保混沌单元 3 也处于混沌状态,显示出双吸引子.

(5) 用电缆线连接面板上的 Q3 和 Q5 到示波器上的 CH1 和 CH2,检查示波器上显示的波形为过中点约 45°的细斜线.

(6) 在使 W_4 尽可能大(逆时针旋转为增大)的情况下调节 W_2,W_3,使示波器上显示的斜线尽可能最细.在调整到示波器中显示 45°细斜线后,需检查混沌单元,应处于双吸引子混沌状态.

4. 用混沌电路方式传输键控信号.

(1) 在面板上插上混沌单元 1、混沌单元 2 和混沌单元 3(即在混沌原理及应用实验仪面板的 3 个混沌单元中对应插上电位器 W_1,W_2,W_3,电感 L_1,L_2,L_3,电容 C_1,C_2,C_3,C_4,C_5,C_6,非线性电阻 NR_1,NR_2,NR_3)、键控单元以及信号处理,按照实验内容 2 的方法分别将混沌单元 1,2 和 3 调节到混沌状态,键控单元开关掷"1"(这里需要注意的是调节混沌单元 2 和 3 的状态时,信道一模块必须取下).

(2) 将 CH1 与 Q6 连接,示波器时基切换到"Y-T",在混沌单元 2 的混沌状态内,调整 W_2 以挑选一个峰-峰值(例如选择 9 V 左右),然后保证 W_2 不动.

(3) 将 CH1 与 Q4 连接,在混沌单元 3 的混沌状态内,调整 W_3 使输出波形峰-峰值与(2)中一样,然后保证 W_3 不动.

(4) 在面板上将信道一插上(本次实验暂未用到其他模块),旋钮 W_4 置中或更大,将 CH1 与信道一上的测试插座"TEST1"连接好.此时按住键控单元上的蓝色按键,示波器上将显示混沌单元 1 的输出波形.松开键控单元上的蓝色按键,示波器上将显示混沌单元 2 的输出

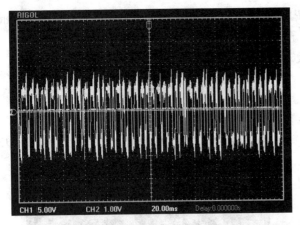

图 5-7-9　混沌单元 1 与混沌单元 2 交替输出的波形

波形.

（5）按下蓝色按键,在混沌单元 1 的混沌状态内,调整 W_1,使此时混沌单元 1 的峰-峰值为 V_{pp}（例如调到 10 V 左右）；然后松开按键,调整 W_5 使混沌单元 2 的峰-峰值也为 V_{pp} 左右．然后将键控单元开关掷"2",此时示波器上显示的波形为混沌单元 1 与混沌单元 2 的交替输出的波形,如图 5-7-9 所示,此波形的峰-峰值应看不出交替的痕迹．最后保证 W_1 和 W_5 不动．

（6）时基切换到"X-Y",将键控单元上的控制信号选择开关拨到"1",CH1 换接 Q4,CH2 接 Q6,示波器上将显示一条约 45°的过中心的斜线（见图 5-7-10）．

（7）CH2 换接 Q8,按住键控单元上的蓝色按键,也将出现一条约 45°的过中心的斜线（见图 5-7-11）．若保证前面步骤调整过程中仔细正确,可以发现图 5-7-11 中的斜线粗细明显大于图 5-7-10 中的斜线（否则按该部分内容下方"注"操作）．

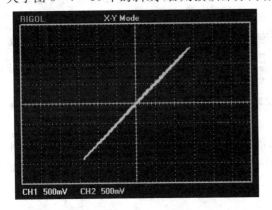

图 5-7-10　混沌单元 3 与混沌单元 2 同步图形

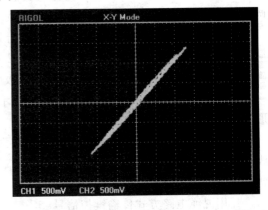

图 5-7-11　混沌单元 3 与混沌单元 1 不同步图形

（8）将示波器时基切换到"Y-T",CH1 接 Q1,将开关掷"2",示波器将显示解密波形（见图 5-7-12）．要得到图 5-7-12,可调整 W_4,使低电平尽可能的低,高电平尽可能的高．

（9）将键控单元上的控制信号开关掷于"1",快速敲击按键,观测示波器波形随按键的变化．

（10）控制信号为外部输入波形的情况下混沌加解密波形的观察．

将键控单元上的控制信号选择开关拨向"3",此时的控制信号为外部接入信号．接入信号的位置为"Q9",外接输入信号幅值须为 0 V 到 +5 V,频率须小于 100 Hz．输出到示波器上的信号如下:当外输入为高电平时为高杂波电平,当外输入为低电平时波形幅度约为 0 V．观察输出信号周期与输入信号周期的关系,以及输入波形改变时占空比的变化．

（11）用示波器探头测量信道一上面的测试座"TEST1"的输出信号波形,该波形即键控加密波形,比较该波形与外部接入信号,解调输出信号,观察键控混沌的效果.

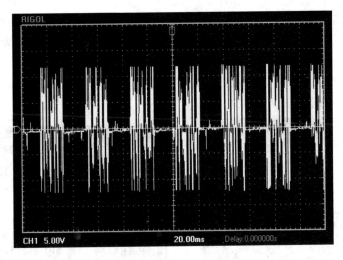

图 5-7-12　控制信号为方波的混沌解密波形

注:① 按上述步骤进行实验的过程中,可能出现图 5-7-10 与图 5-7-11 中斜线粗细对比不明显而导致后续结果很难得到的情况,这时可以通过返回步骤(5),改变 W_1 与 W_5,使混沌单元 1 和混沌单元 2 的 V_{pp} 改变到一个新的值(需仍保证处于混沌状态).

② 通过以上实验步骤和注 ①,仍有很小概率难以得到所需的实验结果,此时是步骤(2),(3)设定的峰-峰值过大或过小造成的,需根据情况重新设定.

5. 用混沌电路方式实现传输信号的掩盖与解密.

实验原理框图如图 5-7-13 所示.

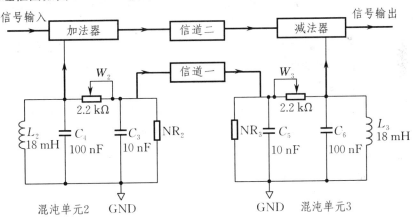

图 5-7-13　混沌掩盖与解密原理框图

(1) 在混沌原理及应用实验仪的面板上插上混沌单元 1、混沌单元 2 和混沌单元 3 的所有电路模块,即在混沌原理及应用实验仪面板的 3 个混沌单元中对应插上电位器 W_1,W_2,W_3,电感 L_1,L_2,L_3,电容 C_1,C_2,C_3,C_4,C_5,C_6,非线性电阻 $NR_1、NR_2、NR_3$. 按照实验内容 2 的方法将混沌单元 2 和 3 调节到混沌状态.

(2) 插上键控单元模块、信号处理模块、信道一模块,按照实验内容 3 的步骤将混沌单元 2 和 3 调节到混沌同步状态.

(3) 插上减法器模块、信道二模块、加法器模块,示波器 CH1 端口连接到 Q2 处.

(4) 把示波器的时基切换到"Y-T"并将电压挡旋转到 500 mV 位置、时间挡旋转到 10 ms 位置、耦合挡切换到交流位置,Q10 处连接信号发生器的输出口,调节信号发生器的输出信号的频率为 100～200 Hz、输出幅度为 50 mV 左右的正弦信号.

(5) 逆时针调节电位器 W_4 上的旋钮,直到示波器上出现频率为输入频率、幅度约为 0.7 V 左右叠加有一定噪声的正弦信号,细心调节 W_2 和 W_3,使噪声最小,如图 5-7-14 所示.

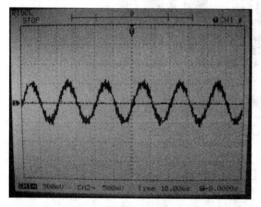

图 5-7-14　混沌解密波形

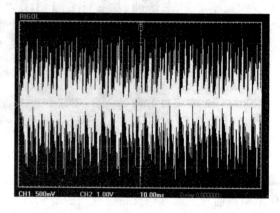

图 5-7-15　正弦信号的混沌掩盖波形

(6) 用示波器探头测量信道二上面的测试口"TEST2"的输出波形(见图 5-7-15). 观察外输入信号被混沌信号掩盖的效果,并比较输入信号波形与解密后的波形的差别.

数据处理

1. 根据表 5-7-1 的实验数据,以电压为横坐标、电流为纵坐标绘制非线性电阻的伏安特性曲线,找出曲线拐点,分别计算 5 个区间的等效电阻值.
2. 记录单周期分岔、倍周期分岔、四倍周期分岔、多周期分岔、单吸引子和双吸引子 6 个相图以及相应的 U_{C_1},U_{C_2} 输出的波形.
3. 记录混沌同步时混沌单元 2 与混沌单元 3 的相图.
4. 记录混沌键控实验中控制信号为方波信号时示波器上显示的解密波形.
5. 记录混沌掩盖与解密实验中的输入信号波形与解密后的波形.

预习思考题

1. 非线性电阻元件在本实验中的作用是什么?
2. 调节混沌同步时,为什么要将 W_4 尽可能调大呢?如果 W_4 很小,或者为零,代表什么意义?会出现什么现象?

拓展阅读

[1]　ZKY-HD 混沌原理及应用实验仪实验指导及操作说明书.成都世纪中科仪器有限公司.2014.
[2]　郝柏林.分岔、混沌、奇怪吸引子、湍流及其他[J].物理学进展,1983,3(3):329-416.
[3]　高金峰.非线性电路与混沌[M].北京:科学出版社.2005.
[4]　杨晓松,李清都.混沌系统与混沌电路[M].北京:科学出版社.2007.
[5]　黄秋楠,陈菊芳,彭建华.离散混沌电路的实现[J].物理实验,2003,23(7):10-12.

附录 1

离散混沌系统的电路实验原理提示

一般说来,非线性离散系统可以写成

$$\boldsymbol{X}_{n+1} = G(\boldsymbol{X}_n, \mu), \tag{5-7-2}$$

这里 $\boldsymbol{X} \in \mathbf{R}^N$($N$ 维空间的矢量),μ 为系统的参量集合,G 为非线性函数.构造离散系统的电路大致可以分两步进行:首先由方程(5-7-2)的 G 函数形式建立对应的模拟电路,为了简便起见,假设 G 函数是多项式的形式,且最高次幂是二阶的,这样只需用运放和乘法器以及电阻和电容等器件就可以组成相应的模拟电路;然后再利用采样保持电路实现连续状态量的离散化.下面以一种最典型的离散映象——Logistic 映象为例说明具体的电路实现过程.

Logistic 映像也称为虫口模型,可以描述某些昆虫世代繁衍的规律,方程为

$$x_{n+1} = \mu x_n (1 - x_n), \quad \mu \in [0, 4], \quad x_n \in [0, 1], \tag{5-7-3}$$

其中 μ 是系统的可调参量,x_n 是第 n 年昆虫的数目.Logistic 映象简单,只有二次项,在时间上离散,状态上连续,是一个很好的研究混沌基本特性的模型.理论研究表明,随着 μ 值由小至大变化,系统出现倍周期分岔,并通过倍周期分岔通向混沌.

实现 Logistic 映象的电路如图 5-7-16 所示,虚线框 I 内为使连续信号离散化的电路,它由采样保持器 S/H(1) 和 S/H(2) 组成,它们的工作状态分别受相位相反的脉冲电压的控制,使得 S/H(1) 的采样、保持状态与 S/H(2) 的采样、保持状态恰好相反,从而实现既离散化了连续信号,又将其作时间延迟,完成离散系统的迭代过程;虚线框 II 内是模拟电路部分,由它实现方程(5-7-3)的右端函数形式,电路中的运放 A_1 和 A_2 分别构成反向器和反向加法器,乘法器 M 用来实现非线性平方项.

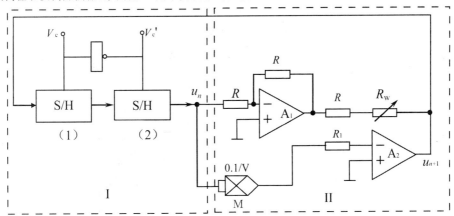

图 5-7-16 离散 Logistic 系统电路

电路的状态方程为

$$u_{n+1} = \frac{R_w}{R} u_n \left(1 - \frac{0.1R}{R_1} u_n \right), \tag{5-7-4}$$

作如下标度变换

$$x_n = \varepsilon u_n, \quad \varepsilon = \frac{0.1R}{R_1}, \quad \mu = \frac{R_w}{R}, \tag{5-7-5}$$

方程(5-7-4)变为方程(5-7-3).实验中,固定 $R = 10\ \text{k}\Omega$,$R_1 = 5\ \text{k}\Omega$,标度变换因子 $\varepsilon = 0.2$,引入这个因子是为了保证实验的观测值在一个合适的范围.R_w 为可调节电位器,调节它相当于改变方程(5-7-3)中的参量 μ.

实验结果表明:当 R_w 的值从小到大改变,即 μ 由小到大变化时,可以通过示波器观察到这个电路出现了倍周期分岔现象以及混沌现象.

原理说明

HD_混沌原理及应用实验仪工作原理图.

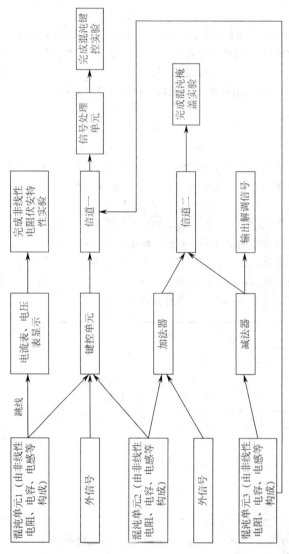

 空气热机

引言

热机是将热能转换为机械能的机器. 历史上对热机循环过程及热机效率的研究, 曾为热力学第二定律的确立起了奠基性的作用. 斯特林于1816年发明的空气热机, 以空气作为工作介质, 是最古老的热机之一. 虽然现在已发展了内燃机、燃气轮机等新型热机, 但空气热机结构简单, 有助于理解热机原理与卡诺循环等热力学中的重要内容, 是很好的热学实验教学仪器.

实验目的

1. 理解热机原理及循环过程.
2. 测量不同冷热端温度时的热功转换值,验证卡诺定理.
3. 测量热机输出功率随负载及转速的变化关系,计算热机实际效率.

实验原理

1. 仪器的构造及热机工作原理.

本实验采用电加热型热机实验仪,热机主机由高温区、低温区、工作活塞及汽缸、位移活塞及汽缸、飞轮、热源等部分组成,其构造如图 5-8-1 所示.

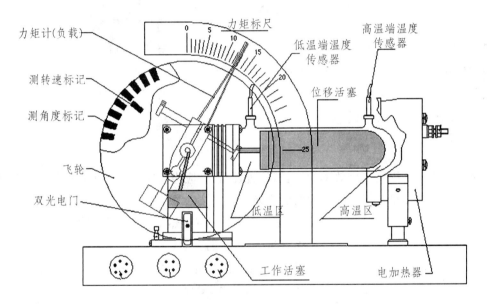

图 5-8-1 空气热机工作原理

热机左边为飞轮与连杆机构,工作活塞与位移活塞通过连杆与飞轮连接,三者一起运动.飞轮的下方为工作活塞与工作汽缸,飞轮的右方为位移活塞与位移汽缸,工作汽缸与位移汽缸之间用通气管连接.位移汽缸的右边是高温区,采用电热方式加热,位移汽缸左边有散热片,构成低温区.

工作活塞使汽缸内气体封闭,并在气体的推动下对外做功.位移活塞是非封闭的占位活塞,其作用是在循环过程中使气体在高温区与低温区间不断交换,气体可通过位移活塞与位移汽缸间的间隙流动.工作活塞与位移活塞的运动是不同步的,当某一活塞处于位置极值时,它本身的速度最小,而另一个活塞的速度最大.

为方便理解热机工作原理,将实验装置简化,如图 5-8-2 所示.当工作活塞处于最底端时,位移活塞迅速左移,使位移汽缸内气体向高温区流动,如图 5-8-2(a)所示;进入高温区的气体温度升高,使位移汽缸内压强增大并推动工作活塞向上运动,如图 5-8-2(b)所示,在此过程中热能转换为飞轮转动的机械能;工作活塞在最顶端时,位移活塞迅速右移,使位移汽缸内气体向低温区流动,如图 5-8-2(c)所示;进入低温区的气体温度降低,使汽缸内压强减小,同时工作活塞在飞轮惯性力的作用下向下运动,完成循环,如图 5-8-2(d)所示.在一次循环过程中气体对外所做净功等于 p-V 曲线所围的面积.

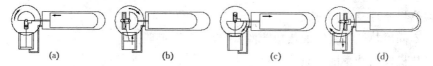

图 5-8-2　空气热机工作原理

2. 卡诺定理验证.

根据卡诺对热机效率的研究而得出的卡诺定理,对于循环过程可逆的理想热机,热功转换效率

$$\eta = \frac{A}{Q_1} = \frac{Q_1 - Q_2}{Q_1} = \frac{T_1 - T_2}{T_1} = \frac{\Delta T}{T_1},$$

式中 A 为每一循环中热机做的功,Q_1 为热机每一循环从热源吸收的热量,Q_2 为热机每一循环向冷源放出的热量,T_1 为热源的绝对温度,T_2 为冷源的绝对温度.

实际的热机都不可能是理想热机,卡诺定理指出,循环过程不可逆的实际热机,其效率不可能高于理想热机,此时热机效率

$$\eta \leqslant \frac{\Delta T}{T_1}.$$

卡诺定理指出了提高热机效率的途径,就过程而言,应当使实际的不可逆机尽量接近可逆机. 就温度而言,应尽量地提高冷热源的温度差.

热机每一循环从热源吸收的热量 Q_1 正比于 $\Delta T/n$,n 为热机转速,则 η 正比于 $nA/\Delta T$. 只需测量不同冷热端温度时的 $nA/\Delta T$,观察它与 $\Delta T/T_1$ 的关系,即可验证卡诺定理. 如图 5-8-1 所示,飞轮转速 n 可由光电门测量,功 A 由热机实验仪输出信号至双踪示波器显示的 p-V 图进行测量,高温 T_1 由高温端温度传感器测量,温差 ΔT 为高低温端传感器所测温度的差值.

此实验中,工作气缸内的压强和容积可由热机测试仪测出,而功 A 的值即为工作气缸内 p-V 曲线所围的面积再乘以转换系数. 示波器可将热机测试仪输入的压强和容积信号转换为电压信号显示出来,其转换关系如下:容积(X 通道),$1\text{ V} = 1.333 \times 10^{-5}\text{ m}^3$;压力(Y 通道),$1\text{ V} = 2.164 \times 10^4\text{ Pa}$.

图 5-8-3 为示波器显示的热机运行中某一时刻的 p-V 图. 本实验测量 p-V 图的面积的方法:将如图 5-8-3 所示的 p-V 图从图形左右两边最远点分成上下两条曲线,利用示波器读取两条曲线上若干点的横纵坐标值,将这些值输入电脑中,利用 Excel 拟合出两条曲线的方程,用积分求出两条曲线所围的面积. 上、下两条曲线所需读取坐标的点为曲线的端点和曲线与示波器背景竖线相交的点.

3. 热机实际效率的测量.

当热机带负载时,热机实际效率可用热机向负载输出的功率与电加热器端输入功率的比值来计算. 其中,热机输出功率 $P_0 = 2\pi nM$,n 为热机转速,M 为飞轮摩擦力矩;电加热器的输入功率 $P_i = UI$,U 为输入电压,I 为输入电流. 热机实际输出功率的大小随负载的变化而变化.

如图 5-8-1 所示,力矩计悬挂在飞轮轴上,由力矩计所指位置可直接在标尺上读出摩擦力矩 M;电加热器的输入电压 U 和电流 I 可由仪器面板直接读取. 调节力矩计锁紧螺钉的松

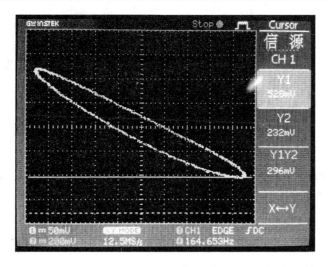

图 5-8-3 示波器显示的 p-V 图

紧,即可改变力矩计与轮轴之间的摩擦力,测量计算出不同负载大小时的热机实际效率.

实验仪器

空气热机测试仪(ZKY-RJ),电加热器及电源(ZKY-RJDY),数字双踪示波器(GDS-1102A-U).

实验内容

1. 理解空气热机原理及热循环过程.

不用力矩计,将电加热器的加热电压加到第 11 挡(36 V 左右),等待约 6~10 min,加热电阻丝已发红后,用手顺时针拨动飞轮,热机即可运转(若运转不起来,可看看空气热机测试仪显示的温度,冷热端温度差在 100 K 以上时易于启动),结合图 5-8-2 仔细观察热机循环过程中工作活塞与位移活塞的运动情况,理解空气热机的工作原理.

2. 测量不同输入功率下热功转换效率,验证卡诺定理.

(1) 用 Q9 线将空气热机测试仪的压力和体积信号输出口分别与示波器 Y 和 X 通道连接,减小加热电压至第 1 挡(24 V 左右).

(2) 调节示波器观察容积与压强信号波形. 首先点击"自动设置(Autoset)"按钮,然后点击"CH1"按钮,观察容积信号;点击"CH2"按钮观察压力信号. 同时点击"CH1"和"CH2"按钮可同时观察压力和容积信号及它们之间的相位关系等.

(3) 调节示波器显示 p-V 图. 顺序点击"自动设置(Autoset)"按钮、"水平菜单(Menu)"按钮、"X-Y"按钮,调节出 p-V 图. 旋转"CH1"和"CH2"旋钮上的上下调节旋钮,改变 p-V 图显示位置;旋转"CH1"和"CH2"旋钮下的通道灵敏度旋钮,改变 p-V 图显示大小. 将 p-V 图调节到最适合观察的位置(即示波器屏幕能完整显示的最大 p-V 图:一般为一通道 50 mV,二通道 200 mV).

(4) 等待一段时间,待温度和转速基本平衡后,点击"运行/停止(Run/Stop)"按钮,将 p-V 图固定在示波器显示窗,同时从测试仪面板读取当前加热电压、热端温度、温差和转速,记入表 5-8-1 中.

(5) 调节示波器读取待测点坐标:先点击"光标(Cursor)"按钮,再点击"X1"(或"Y1")按钮,调出水平（或竖直）测量线.转动"调节(Variable)"旋钮,将测量线与待测点重合,从示波器读取待测点的坐标,并记入表 5-8-2；点击"X-Y"按钮,可在屏幕切换显示水平或竖直测量线.

(6) 逐步加大加热功率,等待温度和转速平衡后,重复以上测量 4 次以上,将数据记入表 5-8-1、表 5-8-2.

(7) 本热机实验仪有转速保护,如果热机转速超过 15 r/s,会报警并自动切断电源.为了保证实验的连续性,建议选择较小的 5 个加热电压进行实验.

表 5-8-1 测量不同冷热端温度时的热功转换值

加热电压 U /V	热端温度 T_1 /K	温度差 ΔT /K	$\Delta T/T_1$	功 A/J	热机转速 n /(r/s)	$nA/\Delta T$

表 5-8-2 测量 p-V 曲线所围面积

V/V				
p_1/V				
p_2/V				

3.测量热机输出功率随负载及转速的变化关系.

(1) 调节加热电压至 36 V,用手轻触飞轮让热机停止运转,然后将力矩计装在飞轮轴上,拨动飞轮,让热机继续运转.调节力矩计的摩擦力(不要停机),待输出力矩、转速、温度稳定后,读取并记录各项参数于表 5-8-3 中.

(2) 保持输入功率不变,逐步增大输出力矩,重复以上测量 4 次.

注意：此实验测量时应尽量快.

表 5-8-3 测量热机输出功率随负载及转速的变化关系

输入功率 $P_i = UI = $ ___ W

热端温度 T_1/K	温度差 ΔT /K	输出力矩 M /(N·m×10^{-3})	热机转速 n /(r/s)	输出功率 $P_o = 2\pi nM$/W	输出效率 $\eta = (P_o/P_i)/(\%)$

数据处理

1. 测量不同输入功率下热功转换效率,验证卡诺定理.

使用 Excel 作 p-V 图,并计算功 A,填入表 5-8-1.表 5-8-2 中,容积 V、压强 p 与示波器输出电压的关系如下:容积(X 通道),$1\ \text{V} = 1.333 \times 10^{-5}\ \text{m}^3$;压力(Y 通道),$1\ \text{V} = 2.164 \times 10^4\ \text{Pa}$. 以 $\Delta T/T_1$ 为横坐标,$nA/\Delta T$ 为纵坐标,作 $nA/\Delta T$ 与 $\Delta T/T_1$ 的关系图,验证卡诺定理.

2. 测量热机输出功率随负载及转速的变化关系.

使用 Excel,以 n 为横坐标,P_o 为纵坐标,在电脑上作 P_o 与 n 的关系图,表示同一输入功率下,输出耦合不同时输出功率随耦合的变化关系.

注意事项

1. 加热端在工作时温度很高,而且在停止加热后 1 h 内仍然会有很高温度,请小心操作,不要触摸,否则会被烫伤.

2. 热机在没有运转状态下,严禁长时间大功率加热.若热机运转过程中因各种原因停止转动,必须用手拨动飞轮帮助其重新运转或立即关闭电源,否则会损坏仪器.

3. 记录测量数据前须保证已基本达到热平衡,避免出现较大误差.等待热机稳定读数的时间一般在 10 min 左右.

4. 在读取力矩的时候,力矩计可能会摇摆,这时可以用手轻托力矩计底部,缓慢放手后可以稳定力矩计.如还有轻微摇摆,读取中间值.

5. 飞轮在运转时,应谨慎操作,避免被飞轮边沿割伤.

预习思考题

1. 为什么 p-V 曲线所围的面积即等于热机在一次循环过程中将热能转换为机械能的数值?

2. 示波器能够将输入信号转换为电压信号显示出来,其中 X(或 Y) 通道灵敏度的值(单位:V/div)表示示波器显示的每一小方格沿 X(或 Y) 轴的边长表示的电压值. 现在已知容积(X 通道):$1\ \text{V} = 1.333 \times 10^{-5}\ \text{m}^3$,压强(Y 通道):$1\ \text{V} = 2.164 \times 10^4\ \text{Pa}$,若示波器显示的 X,Y 通道灵敏度分别为 0.1 V/div,0.1 V/div,则示波器一个小方格代表的输出功率为多少焦耳?

讨论思考题

通过本实验,试分析如何提高空气热机输出效率.

拓展阅读

[1] 滨口和洋.斯特林引擎模型制作[M].上海:上海交通大学出版社,2010.

[2] 李海伟,石林锁,李亚奇.斯特林发动机的发展与应用[J].能源技术,2010,31(4):228-231.

5.9　太阳能电池和燃料电池的特性测量

引言

随着经济和技术的发展以及人口的增长,人们对能源的需求越来越大,由此产生的能源问题也愈加突出.为了解决当今世界严重的环境污染问题以及煤、石油和天然气等石化燃料的枯竭问题,新能源的探索和研发势在必行.太阳能的研究和利用是 21 世纪新型能源开发的重点课题之一,太阳能电池把太阳光中包含的能量转化为电能,自 1954 年,美国贝尔实验室 G. L. Pearson 等人首次报道了能量转换效率为 6% 的单晶硅太阳能电池后,太阳能电池得到了越来越广泛和深入的研究和应用,例如太阳能汽车、太阳能 GPS 系统、太阳能航天器、太阳能空间站和太阳能计算机等.燃料电池是一种将存在于燃料和氧化剂中的化学能直接转化成电能的发电装置,1839 年英国律师兼物理学家 W. R. Grove 提出了燃料电池的基本原理,其工作过程是电解水的逆过程.直至 1959 年,英国剑桥大学的 F. T. Bacon 用高压氢氧制成了具有实用功率水平的燃料电池后,燃料电池的研究和应用才有了实质性的进展,其以发电效率高、环境污染小等优点在航天、军事、交通等各个领域中得到广泛的应用.

实验目的

1. 了解太阳能电池的工作原理,测量伏安特性.

2. 了解质子交换膜电解池(proton exchange membrane water electrolyzer,PEMWE)和质子交换膜燃料电池(proton exchange membrane fuel cell,PEMFC)的工作原理,测量燃料电池的输出特性,验证电解法拉第定律.

3. 观察能量转换过程:光能→太阳能电池→电能→电解池→氢能→燃料电池→电能.

实验原理

1. 太阳能电池原理.

太阳能电池的工作原理是光伏效应.首先介绍两种类型的杂质半导体及 pn 结的形成.

在本征半导体中掺入微量的杂质,就会使半导体的导电性能发生显著的改变.因掺入杂质性质不同,杂质半导体可分为空穴(p)型半导体和电子(n)型半导体两大类.如图 5-9-1 所示,若在硅(或锗)的晶体内掺入少量三价元素杂质,如硼(或铟)等,因硼原子只有三个价电子,它与周围硅原子组成共价键时,因缺少一个电子,在晶体中便产生一个空位,当相邻共价键上的电子受到热振动或在其他激发条件下获得能量时,就有可能填补这个空位,使硼原子成为不能移动的负离子,而原来硅原子的共价键则因缺少一个电子,形成了空穴.这种半导体称为 p 型半导体,在这种半导体中,以空穴导电为主,空穴为多数载流子.将少量磷、砷或锑等施主原子掺杂入硅(或锗)的晶体内,施主原子在掺杂半导体的共价键结构中多余一个电子,这个多余的电子易于受热激发而挣脱共价键的束缚成为自由电子,如图 5-9-2 所示.这种半导体称为 n 型半导体,在这种半导体中,以电子导电为主,电子为多数载流子.

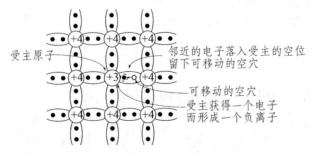

图 5-9-1 p 型半导体的共价键结构

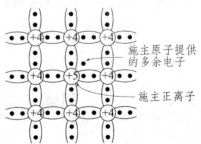

图 5-9-2 n 型半导体的共价键结构

当 p 型半导体和 n 型半导体结合后,在它们的交界处就出现了电子和空穴浓度的差别,n 区内电子很多而空穴很少,p 区内则相反,空穴很多而电子很少.这样,电子和空穴都要从浓度高的地方向浓度低的地方扩散.这时,有一些电子要从 n 区向 p 区扩散,也有一些空穴要从 p 区向 n 区扩散,扩散的结果使得 p 区和 n 区中原来保持的电中性被破坏了,p 区一边失去空穴,留下带负电的杂质离子,n 区一边失去电子,留下了带正电的杂质离子.半导体中的离子虽然也带电,但由于物质结构关系,它们不能任意移动,因此并不参与导电.这些不能移动的带电粒子称为空间电荷,它们集中在 p 区和 n 区的交界面附近,形成了一个很薄的空间电荷区,即 pn 结.pn 结的内电场方向从带正电的 n 区指向带负电的 p 区,如图 5-9-3 所示.

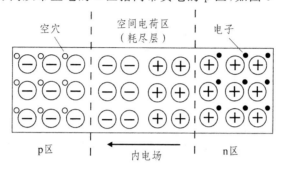

图 5-9-3 pn 结的形成

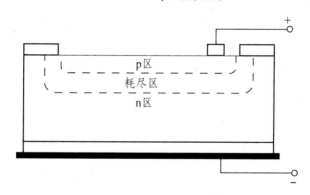

图 5-9-4 太阳能电池结构示意图

如图 5-9-4 所示的太阳能电池的结构示意图,设太阳光照射在 pn 结的 p 区,当入射光子能量大于材料的禁带宽度时,处于价带中的束缚电子激发到导带,在 p 区表面附近将产生电子-空穴对,若 p 区厚度小于载流子的平均扩散长度,则电子和空穴能够扩散到 pn 结附近.在结区内电场的作用下,空穴只能留在 pn 结区的 p 区一侧,电子则被拉向 pn 结区的 n 区一侧,这样 pn 结两端形成了光生电动势(光生电压).若将 pn 结与外电路连通,只要光照不停止,就会有电流通过电路,pn 结起到电源的作用,这就是太阳能电池的工作原理.

太阳能电池在没有光照时其特性可视为一个二极管,其正向偏压 U 与通过电流 I 的关系式为

$$I = I_0 \left[\exp\left(\frac{eU}{nk_BT}\right) - 1 \right], \tag{5-9-1}$$

其中 I_0 是二极管的反向饱和电流,e 为电子电荷,k_B 为玻尔兹曼常量,T 为温度,n 是一常数因子.太阳能电池的理论模型可由一个理想电流源(光照产生光电流的电流源)、一个理想二极

管、一个并联电阻 R_{sh} 与一个电阻 R_s 所组成,假定 $R_{sh}=\infty$ 和 $R_s=0$,太阳能电池可简化为图 5-9-5 所示电路,其中 I_{ph} 为太阳能电池在光照时其等效电源输出电流,I_d 为通过太阳能电池内部二极管的电流.

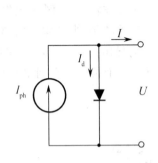
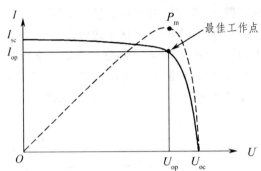

图 5-9-5 太阳能电池的简化模型   图 5-9-6 太阳能电池的伏安特性曲线及电压-功率曲线图

由基尔霍夫定律,得

$$I = I_{ph} - I_d = I_{ph} - I_0\left[\exp\left(\frac{eU}{nk_BT}\right) - 1\right], \quad (5-9-2)$$

即为太阳能电池的输出电流和输出电压的关系式.

图 5-9-6 为太阳能电池的伏安特性曲线及其对应的电压-功率曲线图,U_{oc} 为开路电压,I_{sc} 为短路电流,图中虚线所示为电压-功率曲线,P_m 是太阳能电池的最大输出功率.太阳能电池的光电转换效率是指电池受光照射时的最大输出功率与照射到电池上的入射光功率的比值,用来衡量电池质量和技术水平,与电池的结构、结特性、材料性质、工作温度和环境变化等有关.太阳能电池的填充因子 FF 定义为

$$FF = \frac{P_m}{U_{oc}I_{sc}}. \quad (5-9-3)$$

填充因子是评价太阳能电池输出特性好坏的一个重要参数,其值取决于入射光强、材料的禁带宽度、理想系数、串联电阻和并联电阻等.填充因子的值越高,表明太阳能电池输出特性越趋近于矩形,电池的性能就越好.

2. 质子交换膜燃料电池.

质子交换膜燃料电池技术是一种能将氢气与空气中的氧气化合成洁净水并释放出电能的技术,其工作原理如图 5-9-7 所示.

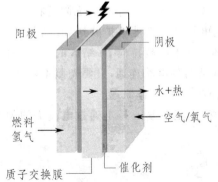

图 5-9-7 质子交换膜燃料电池工作原理

(1)氢气通过管道到达阳极,在阳极催化剂作用下,氢分子解离为带正电的氢离子(即质子)并释放出带负电的电子.

$$H_2 = 2H^+ + 2e. \quad (5-9-4)$$

(2)氢离子穿过质子交换膜到达阴极;电子则通过外电路到达阴极.电子在外电路形成电流,通过适当连接可向负载输出电能.

(3)在电池另一端,氧气通过管道到达阴极;在阴极催化剂作用下,氧与氢离子及电子发生反应

生成水.

$$O_2 + 4H^+ + 4e = 2H_2O. \quad (5-9-5)$$

总的反应方程式:

$$2H_2 + O_2 = 2H_2O. \quad (5-9-6)$$

在质子交换膜燃料电池中,阳极和阴极之间有一极薄的质子交换膜作为电解质,H^+离子从阳极通过这层膜到达阴极,并且在阴极与 O_2 原子结合生成水分子 H_2O. 当质子交换膜的湿润状况良好时,由于电池的内阻低,燃料电池的输出电压高,负载能力强. 反之,当质子交换膜的湿润状况变坏时,电池的内阻变大,燃料电池的输出电压下降,负载能力降低. 在大的负荷下,燃料电池内部的电流密度增加,电化学反应加强,燃料电池阴极侧水的生成也相应增多. 此时,如不及时排水,阴极将会被淹,正常的电化学反应被破坏,致使燃料电池失效. 由此可见,保持电池内部适当湿度,并及时排出阴极侧多余的水,是确保质子交换膜电池稳定运行及延长工作寿命的重要手段. 因此,解决好质子交换膜燃料电池内的湿度调节及电池阴极侧的排水控制,是研究大功率、高性能质子交换膜燃料电池系统的重要课题.

在一定的温度与气体压力下,改变负载电阻的大小,测量燃料电池的输出电压与输出电流之间的关系,即燃料电池的静态特性,如图 5-9-8 所示. 该特性曲线分为三个区域:活化极化区(又称电化学极化区)、欧姆极化区和浓差极化区,燃料电池正常工作在欧姆极化区. 在实际工作过程中,由于有电流流过,电极的电位会偏离平衡电位,实际电位与平衡电位的差称为过电位,燃料电池的过电位主要包括活化过电位、欧姆过电位、浓差过电位.

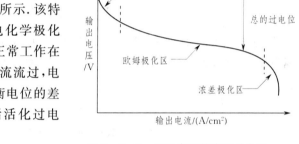

图 5-9-8 燃料电池静态特性曲线

因此,燃料电池的输出电压可以表示为

$$U = U_r - U_{act} - U_{ohm} - U_{com}, \quad (5-9-7)$$

其中,U 为燃料电池输出电压,U_r 为燃料电池理论电动势,其公认值为 1.229 V. U_{act} 是活化过电位,分为阴极活化过电位和阳极活化过电位,主要由电极表面的反应速度过慢导致,在驱动电子传输到或传输出电极的化学反应时,产生的部分电压被损耗掉. U_{ohm} 是欧姆过电位,是由电解质中的离子导电阻力和电极中的电子导电阻力引起的. U_{com} 是浓差过电位,由电极表面反应物的压强发生变化而导致的,而电极表面压强的变化主要是由电流的变化引起的. 输出电流过大时,燃料供应不足,电极表面的反应物浓度下降,使输出电压迅速降低,而输出电流基本不再增加.

3. 质子交换膜电解池.

如图 5-9-9 所示为质子交换膜电解池原理图,其核心是一块涂覆了贵金属催化剂铂(Pt)的质子交换膜和两块钛网电极. 电解池将水电解产生氢气和氧气,与燃料电池中氢气和氧气反应生成水互为逆过程,其具体工作原理如下:

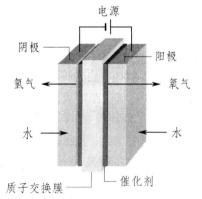

图 5-9-9 质子交换膜电解池工作原理

(1) 外加电源向电解池阳极施加直流电压,水在阳极发生电解,生成氢离子、电子和氧原子,氧原子从水分子中分离出来生成氧气,从氧气通道溢出.

$$2H_2O = O_2 + 4H^+ + 4e. \quad (5-9-8)$$

(2) 电子通过外电路从电解池阳极流动到电解池阴极,氢离子透过聚合物膜从电解池阳极转移到电解池阴极,在阴极还原成氢分子,从氢气通道中溢出,完成整个电解过程.

$$2H^+ + 2e = H_2. \quad (5-9-9)$$

总的反应方程式:

$$2H_2O = 2H_2 + O_2. \quad (5-9-10)$$

水的理论分解电压为 $U_0 = 1.23$ V,如果不考虑电解器的能量损失,在电解器上加 1.23 V 电压就可使水分解为氢气和氧气,实际上由于各种损失,输入电压在 $U_{in} = (1.5 \sim 2)U_0$ 时电解器才能开始工作.根据法拉第电解定律,电解生成物的量与输入电量成正比.在标准状态下(1 个标准大气压,温度为零摄氏度),设电解电流为 I,经过时间 t 产生的氢气和氧气体积的理论值为

$$V_{H_2} = \frac{It}{2F} \times 22.4 \text{ (L)}, \quad (5-9-11)$$

$$V_{O_2} = \frac{1}{2} \times \frac{It}{2F} \times 22.4 \text{ (L)}, \quad (5-9-12)$$

式中:法拉第常数 $F = e \times N_A = 9.648 \times 10^4$ C/mol(元电荷 $e = 1.602 \times 10^{-19}$ C);阿伏伽德罗常数 $N_A = 6.022 \times 10^{23}$ mol^{-1};$It/2F$ 为产生的气体分子的摩尔数;22.4 L 为标准状态下气体的摩尔体积.

实验仪器

1. 新能源电池综合特性测试仪(见图 5-9-10).

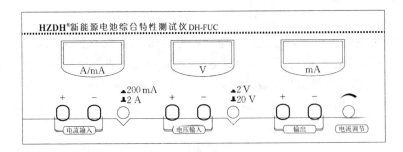

图 5-9-10 新能源电池综合特性测试仪面板

图 5-9-11 太阳能电池测试架

2. 太阳能电池测试架(见图 5-9-11).

测试仪由电流表、电压表以及恒流源组成.

(1) 电流表:2 A 和 200 mA 两挡,三位半数显.

(2) 电压表:20 V 和 2 V 两挡,三位半数显.

(3) 恒流源:0~400 mA,三位半数显.

主要技术参数如下:

(1) 太阳能电池参数:18 V/5 W,短路电流 0.3 A.

(2) 卤钨灯光源功率:300 W,位置上下可调,改变光强.

3. 燃料电池测试架(见图 5-9-12).

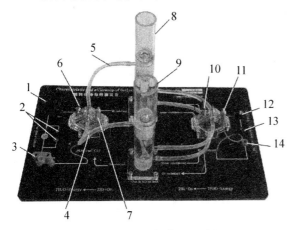

1,3—短接插；2—燃料电池电压输出；4—氧气连接管；5—氢气连接管；6—燃料电池负极；7—燃料电池正极；8—储水储氢罐；9—储水储氧罐；10—电解池负极；11—电解池正极；12—保险丝座(0.5 A)；13—电解池电源输入负极；14—电解池电源输入正极

图 5-9-12　燃料电池测试架

主要技术参数如下：

(1) 燃料电池功率：50~100 mW.

(2) 燃料电池输出电压：500~1 000 mV.

(3) 电解池工作状态：电压<2.5 V，电流<500 mA.

4. 电阻负载(见图 5-9-13).

图 5-9-13　ZX21s 电阻箱

5. 止水止气夹(见图 5-9-14).

(a) 关闭　　　　　　　　　(b) 打开

图 5-9-14　止水止气夹

实验内容

1. 太阳能电池特性测量.

(1) 按图 5-9-15 所示接线,电阻箱调到 9 999.9 Ω,插上卤钨灯电源,等待太阳能电池温度达到稳定即电压表示数稳定后开始测量.

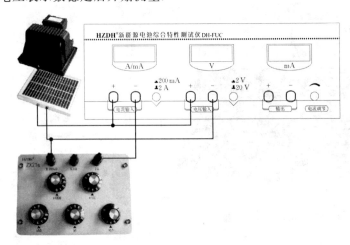

图 5-9-15　太阳能电池特性测试实验连线图

(2) 断开电阻箱接头连线,读取开路电压填入表 5-9-1(负载∞列).

(3) 再次接上电阻箱连线,按表 5-9-1 改变负载电阻 R 的大小(注意:9.9 Ω 及以下需换电阻箱接线柱),记录太阳能电池的输出电压 U 和输出电流 I,填入表 5-9-1 中.

表 5-9-1　太阳能电池特性测量

负载电阻 R/Ω	∞	9 999.9	7 999.9	5 999.9	3 999.9	1 999.9	999.9	899.9	799.9
输出电压 U/V									
输出电流 I/mA									
输出功率 P/mW									
负载电阻 R/Ω	699.9	599.9	499.9	399.9	299.9	199.9	99.9	89.9	86.9
输出电压 U/V									
输出电流 I/mA									
输出功率 P/mW									
负载电阻 R/Ω	83.9	79.9	76.9	73.9	69.9	59.9	49.9	39.9	29.9
输出电压 U/V									
输出电流 I/mA									
输出功率 P/mW									
负载电阻 R/Ω	19.9	9.9	7.9	5.9	3.9	1.9	0.9	0.5	0
输出电压 U/V									
输出电流 I/mA									
输出功率 P/mW									

2. 质子交换膜电解池的特性测量.

(1) 将测试仪的恒流源输出接到电解池上(注意正负极),将电压表并联到电解池两端,打开燃料电池下部的排气口止气夹,燃料电池输出端不要接负载.

(2) 调节恒流源调节输出到最大,让电解池迅速产生气体,等待约 1 min(排出储水储气罐中的气体).

(3) 调节输入电流为 300 mA,待电解池输出气体稳定(约 1 min),用止水止气夹关闭氢气连接管,观察氢气储气罐液面,当液面下降到临近的整刻度线时开始计时(利用手机秒表软件),等待液面下降 5 格(5 ml)时停止计时,读出电压表和秒表示数并填入表 5-9-2 中.打开氢气连接管上的止水止气夹使液面回位,重复步骤测量 3 组数据.

(4) 按步骤(3)分别测量输入电流为 200 mA 和 100 mA 的数据.

表 5-9-2 质子交换膜电解池的特性测量

输入电流 I /mA	电压/V	时间 t/s	电量 It/C	电量平均值 /C	氢气量测量值/L	氢气量理论值/L
300						0.005 0
200						0.005 0
100						0.005 0

3. 质子交换膜燃料电池的特性测量.

(1) 把测试仪的恒流输出连接到电解池供电输入端,调节电解电流 I_{WE} 到 300 mA,使电解池快速产生氢气和氧气,用电压表测量燃料电池的开路输出电压(表 5-9-3 负载 ∞ 列)和电解池的输入电压 U_{WE}.

(2) 将电阻箱调到 9 999.9 Ω,参照图 5-9-16,连接燃料电池、电压表、电流表以及电阻箱.

(3) 按表 5-9-3 数据改变负载电阻 R 的大小(注意 9.9 Ω 及以下需换电阻箱接线柱),测量燃料电池的输出特性,即记录燃料电池的输出电压 U 和输出电流 I 填入表中.

注意:

① 测量开始时应确保已排出储水储气罐中的空气.

② 在负载调节过程中,依次减小电阻值,不可突变.

③ 若负载电阻很小时输出稳定性降低,则可在测量开始时,关闭燃料电池下部氢气排气口止气夹;测试时间要尽可能短(快速读数);测量过程中注意监测储水储氧罐液面上升高度,防止水通过连接管注入燃料电池导致其损坏.

④ 200 mA 挡电流表内阻为 1 Ω,2 A 挡电流表的内阻为 0.1 Ω,在负载电阻较小时换挡,需考虑电流表内阻变化的影响.因此,建议根据燃料电池的最大输出电流值选择某一合适量程并在测量过程中不改变量程.

表 5-9-3 燃料电池的特性测量

$I_{WE} = $ _____ mA 　　$U_{WE} = $ _____ V

负载电阻 R/Ω	∞	999.9	100.9	50.9	30.9	20.9	15.9	10.9	8.9
输出电压 U/V									
输出电流 I/mA	0								
输出功率 P/mW	0								
负载电阻 R/Ω	6.9	5.9	5.0	4.5	4.0	3.5	3.0	2.8	2.6
输出电压 U/V									
输出电流 I/mA									
输出功率 P/mW									
负载电阻 R/Ω	2.4	2.2	2.0	1.8	1.6	1.4	1.2	1.0	0.8
输出电压 U/V									
输出电流 I/mA									
输出功率 P/mW									

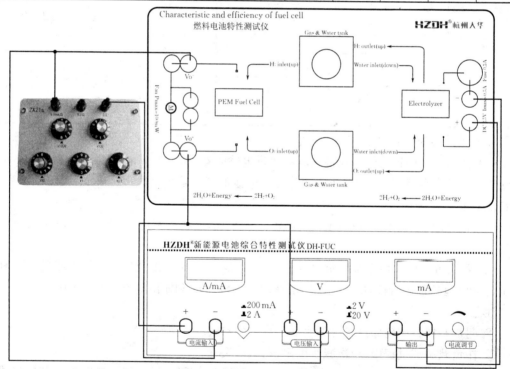

图 5-9-16 燃料电池特性测试实验连线图

4. 观察太阳能-燃料电池能量转换过程(选做).

(1) 断开实验 3 所有连线,将太阳能电池输出接到电解池上(注意正负极),插上卤钨灯电源.

(2) 待稳定产生氢气和氧气后,用止水止气夹关闭氢气连接管和氧气连接管,观察氢气储气罐液面,当液面下降约 5 格(5 ml)时断开卤钨灯电源,此时能量已被储存在储气罐内.

(3) 将小风扇接燃料电池电压输出口,关闭燃料电池下部的排气口止气夹.

(4) 同时打开氢气和氧气连接管,小风扇在燃料电池的供电下开始运转,观察能持续运转的时长.

数据处理

1. 根据表 5-9-1 数据,绘制太阳能电池伏安特性曲线图和电压-功率曲线图(双纵坐标),读取开路电压 U_{oc} 和短路电流 I_{sc},在功率曲线中找出最大输出功率 P_m,计算太阳能电池的填充因子 FF,填入表 5-9-4 中.

表 5-9-4

U_{oc}/V	I_{sc}/mA	P_m/mW	FF

2. 计算电解输入电量和氢气产生量的理论值,填入表 5-9-2 中.

3. 根据表 5-9-3 数据,作出燃料电池伏安特性及电流-功率曲线(双纵坐标).在功率曲线上找出燃料电池最大输出功率 P_{max};计算电解池燃料电池系统的最大效率: $\eta_{max} = \dfrac{P_{max}}{I_{WE} \times U_{WE}} \times 100\%$;$I_{WE}$ 为水电解器电解电流(300 mA),U_{WE} 为电解池的输入电压值.

注意事项

1. 禁止在储水储气罐中无水的情况下接通电解池电源,以免烧坏电解池.
2. 电解池用水必须为去离子水或者蒸馏水,否则将严重损坏电解池.
3. 电解池禁止正负极反接,以免烧坏电解池.
4. 禁止在燃料电池输出端外加直流电压,禁止燃料电池输出短路.
5. 光源和太阳能电池在工作时,表面温度会很高,禁止触摸;禁止用水打湿光源和太阳能电池防护玻璃,以免发生破裂.
6. 实验完毕须打开燃料电池下部排气口.
7. 小风扇额定工作电压低,禁止接到太阳能电池上.

预习思考题

1. 如何理解太阳能电池的转换效率?
2. 质子交换膜燃料电池的性能和膜的湿润状况有怎样的关系?研究大功率、高性能质子交换膜燃料电池需解决什么问题?

讨论思考题

1. 为什么在燃料电池特性测量实验中负载电阻很小时输出稳定性会降低?
2. 请简述能量转换过程实验中,能量从太阳能电池→电解池→燃料电池输出的过程和原理.

拓展阅读

[1] 李怀辉,王小平,王丽军,等.硅半导体太阳能电池进展[J].材料导报,2011,25(10):49-53.

[2] 任学佑.质子交换膜燃料电池的研究进展[J].中国工程科学,2005,7(1):86-94.

5.10 电阻式传感器实验

引言

电阻式传感器的基本原理是将被测的非电量转化为电阻值的变化,通过测量电阻的变化达到测量非电量的目的.利用传感器可测量形变、压力、力、位移、加速度等参数.电阻式传感器具有结构简单、灵敏度高、性能稳定、体积小、适于动态和静态测量等特点,是应用最广泛的传感器之一.电阻式传感器的种类很多,本实验将介绍金属箔式应变片和扩散硅压阻式压力传感器.

5.10.1 金属箔式应变片:单臂、半桥、全桥比较

实验目的

1. 了解金属箔式应变片.
2. 掌握应变片直流电桥的工作原理和特性,比较单臂、半桥和全桥性能.
3. 掌握三种电桥 U-X 特性测量方法.

实验原理

金属电阻丝在外力作用下发生机械变形时,其电阻值发生变化,这就是金属的电阻应变效应.依据这种效应制成的应变片粘贴于被测材料上,被测材料受外界作用时所产生的应变就会传送到应变片上,从而使应变片的电阻值发生变化,通过测量应变片阻值的变化就可以得知受力的大小.

以一根长为 L、截面积为 S、电阻率为 ρ 的金属丝为例,未受力时电阻 R 可表示为

$$R = \rho \frac{L}{S}. \tag{5-10-1}$$

当金属丝受到轴向拉力作用时,将伸长 ΔL,截面积相应减小 ΔS,电阻率因晶格变化等因素的影响而改变 $\Delta \rho$,故引起电阻值变化 ΔR. 对(5-10-1)式全微分并用相对变化量表示,得到

$$\frac{\Delta R}{R} = \frac{\Delta L}{L} - \frac{\Delta S}{S} + \frac{\Delta \rho}{\rho}, \tag{5-10-2}$$

其中 $\frac{\Delta L}{L}$ 为电阻丝的轴向应变,用 ε 表示. 若径向应变为 $\frac{\Delta r}{r}$,电阻丝的纵向伸长和横向收缩的关系用泊松比 μ 表示,即 $\frac{\Delta r}{r} = -\mu\left(\frac{\Delta L}{L}\right)$,由于 $\frac{\Delta S}{S} = 2\left(\frac{\Delta r}{r}\right)$,(5-10-2)式可写为

$$\frac{\Delta R}{R} = \frac{\Delta L}{L}(1+2\mu) + \frac{\Delta \rho}{\rho} = \left[(1+2\mu) + \frac{\Delta \rho/\rho}{\Delta L/L}\right]\frac{\Delta L}{L} = K_0 \varepsilon, \tag{5-10-3}$$

(5-10-3)式为应变效应的表达式,K_0 称为金属电阻的灵敏系数.由(5-10-3)式可见,它受两个因素影响,一个是$(1+2\mu)$,它是由材料的几何尺寸变化引起的;另一个是 $\frac{\Delta \rho}{\rho \varepsilon}$,它是由材料的电阻率变化引起的.对金属材料而言,以前者为主,$K_0 \approx 1+2\mu$;对半导体,K_0 值主要由电阻率的相对变化所决定.实验也表明,在金属电阻丝拉伸比例极限内,电阻相对变化与轴向

应变成正比.

金属应变片有丝式应变片、箔式应变片和薄膜应变片等类型.其基本结构大体相同,由敏感栅、基底、引线和覆盖层构成.金属箔式应变片的敏感栅是用很薄的金属箔通过光刻、腐蚀等工艺制成.

电阻应变片的测量电路通常采用电桥电路,把电阻的相对变化 $\Delta R/R$ 转换为电压或电流的变化. 图 5-10-1 是由一个应变片和三个固定电阻组成的单臂直流电桥电路,工作臂 R_1 为电阻应变片,该应变片在无形变和有形变时的阻值分别为 R_1 和 $R_1 + \Delta R_1$,而 R_2, R_3, R_4 均为固定电阻.无形变时电桥平衡,即 $R_1 R_4 = R_2 R_3$,电桥输出电压 $U_\circ = 0$. 当应变片发生形变时,电桥输出电压 $U_\circ$ 在满足 $\Delta R_1 \ll R_1$,且 $R_1 = R_2, R_3 = R_4$ 时为

$$U_\circ = \frac{1}{4} E \frac{\Delta R_1}{R_1}. \quad (5-10-4)$$

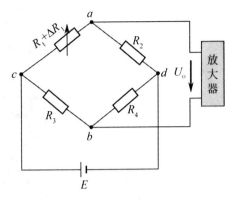

图 5-10-1 应变片单臂直流电桥

电桥电压灵敏度为

$$S_V = \frac{U_\circ}{\Delta R_1 / R_1} = \frac{1}{4} E. \quad (5-10-5)$$

将图 5-10-1 中 R_2 换成与 R_1 受力方向相反的应变片,若 $\Delta R_1 = \Delta R_2$,同时 $R_1 = R_2$, $R_3 = R_4$,组成半桥差动电路,无形变时电桥平衡,形变时电桥输出 $U_\circ = \frac{1}{2} E \frac{\Delta R_1}{R_1}$,电压灵敏度 $S_V = \frac{1}{2} E$.

若电桥的 4 个桥臂全部是相同的应变片,即 $R_1 = R_2 = R_3 = R_4$,使对臂应变片的受力方向相同,邻臂应变片的受力方向相反,形变时 $\Delta R_1 = \Delta R_2 = \Delta R_3 = \Delta R_4$,组成全桥差动电路,无形变时电桥平衡,形变时电桥输出 $U_\circ = E \frac{\Delta R_1}{R_1}$,电压灵敏度 $S_V = E$.

实验仪器

直流恒压源 DH-VC2,差动放大器,电桥模块,万用表,测微头及连接件,传感器实验台,应变片和九孔板接口平台.

(1) 直流恒压源 DH-VC2:直流±15 V,主要给放大器提供电源;±2 V,±4 V,±6 V 分三挡输出,提供给实验时的直流激励源(本实验电桥连接±4 V);0~12 V,Max 1 A 作为电机或其他设备电源.

(2) 电桥模块:350 Ω 电阻 3 个,1 kΩ 电阻 1 个,电位器 W_1(22 kΩ)1 个.

(3) 箔式应变片阻值:350 Ω,应变系数为 2.

(4) 差动放大器:通频带 0~10 kHz,可接成同相、反相、差动结构,增益为 1~100 倍的直流放大器,如图 5-10-2 所示.

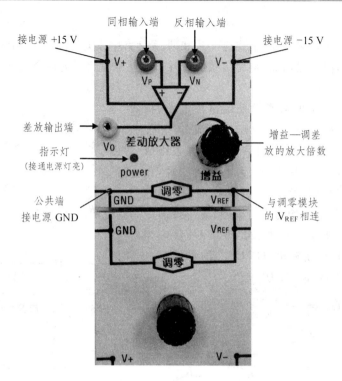

说明：在盒子的四个角上（V_+，V_-，GND，V_{REF}）均从下面的铜柱引出．

图 5-10-2　差动放大器组合

（5）传感器实验台，如图 5-10-3 所示．

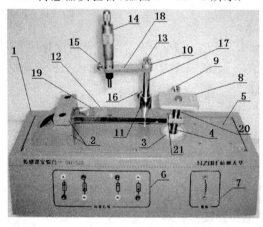

1—机箱；2—平行梁压块及座；3—激励线圈及螺母；4—磁棒；5—器件固定孔；6—应变片组信号输出端；7—激励信号输入端；8—振动盘；9—振动盘锁紧螺钉；10—垫圈；11—测微头座；12—双平行梁；13—支杆锁紧螺钉；14—测微头；15—连接板锁紧螺钉；16—支杆锁紧螺钉；17—支杆；18—连接板；19—应变片；20—磁棒锁紧螺钉（在隔块后面）；21—隔块及固定螺钉

图 5-10-3　传感器实验台

实验内容

1. 了解所需模块和器件设备，观察梁上的应变片，应变片为棕色衬底箔式结构小方薄片．上、下两片梁的外表面各贴两片受力应变片．测微头在双平行梁后面的支座上，可以上、下、前、后、左、右调节．应注意观察测微头是否到达磁钢中心位置．

2. 差动放大器调零：V_+ 端接至直流恒压源的 +15 V，V_- 端接至 -15 V，调零模块的 GND

与差动放大器模块的 GND 相连,并与电源接地柱相连,V_{REF} 与 V_{REF} 相连,再用导线将差动放大器的输入端同相端 $V_P(+)$、反相端 $V_N(-)$ 与地短接.用万用表测差动放大器输出端的电压,开启直流恒压源,选择适当的增益,调节调零旋钮使万用表显示为零(注意:万用表量程初始可置 20 V 挡,调零后减小量程再次调零,直至在 200 mV 挡万用表示数为零).之后关闭电源.

3. 按图 5-10-4 接线,图中 R_1,R_2,R_3 为电桥模块的固定电阻(350 Ω),R_X 为应变片电阻,r 及 W_1 为可调平衡网络.

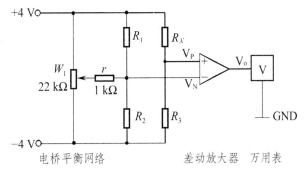

图 5-10-4　金属箔式应变片传感器线路图

4. 安装和调整测微头到磁钢中心位置并使双平行梁处于水平位置(目测),记下该刻度值,再将直流恒压源打到 ±4 V 挡,万用表量程置于 20 V,开启电源.然后调节电桥平衡电位器 W_1,使万用表显示为零.接着减小万用表量程细调电位器 W_1 使万用表显示为零.

5. 旋转测微头,使梁移动,每隔 0.5 mm 读一个数,将测得数值填入表 5-10-1,然后关闭直流恒压源.

表 5-10-1　数据记录表一(单臂)

X /mm							
U /mV							

6. 保持差动放大器增益不变,将 R_3 固定电阻换为与 R_X 工作状态相反的另一应变片即取两片受力方向不同应变片,形成半桥,调节测微头使梁到水平位置(目测),调节电位器 W_1 使万用表显示为零,重复步骤 5 过程同样测得读数,填入表 5-10-2.

表 5-10-2　数据记录表二(半桥)

X /mm							
U /mV							

7. 保持差动放大器增益不变,将 R_1,R_2 两个固定电阻换成另两片受力应变片,组桥时只要掌握对臂应变片的受力方向相同,邻臂应变片的受力方向相反即可,否则相互抵消没有输出.接成一个直流全桥,调节测微头使梁到水平位置,调节电位器 W_1 同样使万用表显示为零.重复步骤 5 过程,将读出数据填入表 5-10-3.

表 5-10-3　数据记录表三(全桥)

X /mm							
U /mV							

在同一坐标纸上描出 U-X 曲线,计算并比较三种接法的灵敏度($S = \Delta U/\Delta X$).

注意事项

1. 确认连线正确之前勿接通电源,在更换应变片时应将直流恒压源关闭.
2. 在实验过程中如有发现万用表发生过载,应将电压量程扩大.
3. 在本实验中只能将放大器接成差动形式,否则系统不能正常工作.
4. 直流恒压源为±4 V,不能过大,以免损坏应变片或造成严重自热效应.
5. 接全桥时请注意区别各应变片的工作状态方向.

预习思考题

半桥测量时,两片不同受力状态的应变片接入电桥时应放在_____(对臂或邻臂),为什么?

讨论思考题

1. 本实验电路对直流恒压源和放大器有何要求?
2. 三种电桥的灵敏度和非线性误差有何区别?

5.10.2 扩散硅压阻式压力传感器实验

实验目的

了解扩散硅压阻式压力传感器的工作原理和传感特性.

实验原理

半导体材料在受到外力作用产生应变时,引起能带发生变化,从而导致其电阻率变化,用此材料制成的电阻也就出现变化,这种现象称为压阻效应.与金属应变传感器相比,半导体传感器的应变灵敏系数 K_s 主要由电阻率的变化决定,K_s 的值可达 $50 \sim 100$.一般来说,半导体材料的灵敏度是金属材料的 $40 \sim 100$ 倍.

扩散硅压阻式压力传感器是利用单晶硅的压阻效应制成的器件,也就是在单晶硅的基片上用集成电路工艺方法制作扩散电阻,形成平衡的电桥.当硅片受到压力作用时,电阻值将改变,打破电桥平衡状态,从而使输出电压发生变化.

实验仪器

九孔板接口平台,直流恒压源,差动放大器,万用表,压阻式传感器和压力表.

旋钮初始位置:直流恒压源±4 V挡,万用表 2 V 挡,差放增益合适位置.

实验内容

1. 先检查压力表指针是否处于零位,如果没有对准,可以通过工具校准或以某一个值为基准(如 4 kPa),并记下该值.
2. 按照图 5-10-5 接线,注意接线正确,否则易损坏元器件,差动放大器接成同相反相均可.
3. 供压回路如图 5-10-6 所示.
4. 将加压皮囊上单向调节阀的锁紧螺丝拧松.
5. 打开直流恒压源,将差动放大器的增益调至最大,并适当调节调零旋钮,使万用表指示尽可能为零,记下此时万用表读数.

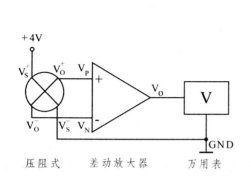
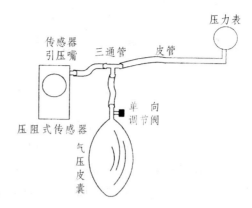

图 5-10-5　压阻式压力传感器线路图　　　图 5-10-6　供压回路图

6. 拧紧皮囊上单向调节阀的锁紧螺丝,轻按加压皮囊,注意不要用力太大,每隔一个压力差,记下万用表的示数,并将数据填入表 5-10-4.

表 5-10-4　数据记录表四

P /kPa					
U /V					

数据处理

根据所得的结果作出 U-P 关系曲线,计算系统灵敏度 $S = \Delta U/\Delta P$,并找出线性范围.

注意事项

1. 实验中压力不稳定,应检查加压气体回路是否有漏气现象.气囊上单向调节阀的锁紧螺丝是否拧紧.

2. 如读数误差较大,应检查气管是否有折压现象,造成传感器与压力表之间的供气压力不均匀.

3. 如觉得差动放大器增益不理想,可调整其增益旋钮,不过此时应重新调整零位,调好后在整个实验过程中不得再改变其位置.

4. 实验完毕必须关闭直流恒压源后再拆去实验连接线(拆去实验连接线时要注意手要拿住连接线头部拉起,以免拉断实验连接线).

讨论思考题

压阻式压力传感器是否可用作真空度以及负压测试?

实验设计

如何实现测量人的肺活量?请给出设计方案、原理图和必要的文字说明.

拓展阅读

俞阿龙.传感器原理及其应用[M].南京:南京大学出版社,2010.

5.11 微 波 光 学

引言

1864年，英国科学家麦克斯韦在总结前人研究电磁现象的基础上建立了完整的电磁波理论，并且断定了电磁波的存在；1887年，德国物理学家赫兹利用实验证实了电磁波的存在；后人又进行了很多实验，发现有很多形式的电磁波，它们的波长和频率有很大的差别，但本质完全相同. 常见的电磁波按频率从低到高列举如下：无线电波、微波、红外线、可见光、紫外线、X射线、γ射线.

根据美国电气和电子工程师协会(IEEE)的定义，微波是频率在$0.3\sim300\,\text{GHz}$之间的电磁波，波长为$1\,\text{mm}\sim1\,\text{m}$. 作为电磁波的一种，微波被广泛应用，从雷达到电磁炉，从电脑显示器到电视信号都是微波. 随着科学技术的发展，微波正在信息技术、通信、医疗、军事、勘测等领域发挥着越来越重要的作用.

微波作为一种电磁波，具有波粒二象性. 微波和光波一样，都具有波动性，能产生反射、折射、干涉和衍射等现象，因此用微波作波动实验与用光作波动实验所说明的波动现象及规律是一致的. 由于微波的波长比光波的波长在数量级上至少相差一万倍，因此用微波来做波动实验比光学实验更直观、方便和安全. 比如在验证晶格的组成特征时，布拉格衍射就非常形象和直观. 微波的基本性质通常还呈现为穿透、吸收、反射三个特性. 对于玻璃、塑料和瓷器，微波几乎是穿透而不被吸收；水和食物等物质会吸收微波而使自身发热；而金属类物质则会反射微波.

本实验系统包含12个子实验，它们各自原理、仪器均不同，以下将对这12个子实验分别进行介绍.

实验目的

1. 理解波的反射、折射、干涉、衍射、偏振等物理原理.
2. 观察微波的反射、折射、干涉、衍射、偏振等现象，并通过测量相应物理量来验证相应定律.

5.11.1 系统初步认识

实验目的

了解微波光学系统，通过测量认识系统基本特性.

实验原理

1. 微波发射器组件.

组成部分：缆腔换能器、谐振腔、隔离器、衰减器、喇叭天线、支架及微波信号源. 微波信号源输出微波中心频率为$10.5\,\text{GHz}\pm20\,\text{MHz}$，波长为$2.855\,17\,\text{cm}$，功率为$15\,\text{mW}$，频率稳定度可达$2\times10^{-4}$，幅度稳定度为$10^{-2}$. 这种微波源相当于光学实验中的单色光束，将电缆中的微波电流信号转换为空中的电磁场信号. 喇叭天线的增益大约是$20\,\text{dB}$，波瓣的理论半功率点宽度大约为：H面20°，E面16°. 当发射喇叭口面的宽边与水平面平行时，发射信号电矢量的偏振方向是垂直的.

调节"微波强弱"旋钮可改变微波发射功率;调节发射器的喇叭止动旋钮可改变发射信号电矢量的偏振方向.

2. 微波接收器组件.

组成部分:喇叭天线、检波器、支架、放大器和电流表.检波器将微波信号变为直流或低频信号.放大器分 3 个挡位,分别为 ×1 挡、×0.1 挡和 ×0.02 挡,可根据实验需要来调节放大器倍数,以得到合适的电流表读数.在读数时,实际电流值等于读数值乘以所在挡位的系数.

接收器只能收到与接收喇叭口宽边相垂直的电场矢量(对平行的电场矢量有很强的抑制,认为它接收为零),所以当两喇叭的朝向(宽边)相差 θ 度时,它只能接收一部分信号.调节接收器喇叭止动旋钮即可改变 θ 值大小.

3. 平台.

组成部分:中心平台和 4 根支撑臂等.中心平台上刻有角度,直径为 20 cm,3 号臂为固定臂,用于固定微波发射器,1 号臂为活动臂,可绕中心做 ±160° 旋转,用于固定微波接收器,剩下两臂可以拆除.

4. 支架.

组成部分:一个中心支架和两个移动支架,不用时可以拆除.中心支架一般放置在中心平台上,移动支架一般固定在支撑臂上.

实验仪器

发射器组件,接收器组件,平台,支架.

实验内容

1. 将发射器和接收器分别安置在固定臂和活动臂上,发射器和接收器的喇叭口正对,宽边与地面平行,活动臂刻线与 180° 对齐.打开电源开关.

2. 调节发射器和接收器之间的距离,间距初始值设置为 41 cm 左右(可根据实际情况自行调整).将电流表上的挡位开关置于"×0.1"挡,调节发射器上的衰减器强弱旋钮,使接收器上的电流表的指针在 1/2 量程左右(约 5 μA).

3. 将接收器沿着活动臂缓慢向右移动 30 cm,每隔 1 cm 观察并记录对应电流表上的数值,将数值记录在表 5-11-1 中(实验过程中电流表读数值过大、过小时可通过调节挡位来读数).

表 5-11-1 接收电流与距离的关系

初始条件:发射器到中心位置距离____cm,接收器到中心位置距离____cm

ΔX/cm	0	1	2	3	4	5	6	7	8	9	10	11	12	13	14	15
I/μA																
ΔX/cm	16	17	18	19	20	21	22	23	24	25	26	27	28	29	30	
I/μA																

注:ΔX 表示接收器在初始位置的基础上向右移动的距离.

4. 将发射器和接收器之间的间距调节为 70 cm(建议发射器和接收器到中心的距离各 35 cm),调节衰减器的强弱使电流表在"×0.1"挡时的电流值居中.

5. 松开接收器上面的手动螺栓,慢慢转动接收器,同时观察电流表上读数的变化,将对应的数据记录在表 5-11-2 中.

表 5-11-2　接收电流与转角的关系

θ/(°)	0	10	20	30	40	50	60	70	80	90
I/μA										

5.11.2　反射

理解波的反射原理,通过测量验证反射定律.

光从一种均匀物质射向另一种均匀物质时,会在它们的分界面上改变传播方向,入射光线、反射光线、法线在同一平面内,反射光线和入射光线分居在法线的两侧,反射角与入射角相等.这一结论称为反射定律.

微波与光波一样,都是电磁波,都能产生反射.本实验用一块金属铝板作为反射板来研究微波在不同入射角下的反射现象,从而验证反射定律.反射角的位置由电流表读数最大处确定.

如图 5-11-1 所示,入射波轴线与反射板法线之间的夹角为入射角,接收器轴线和法线之间的夹角为反射角.

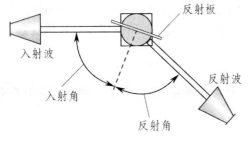

图 5-11-1　反射原理图

发射器组件,接收器组件,平台,中心支架,反射板.

实验内容

1.将发射器和接收器分别置于固定臂和活动臂上,喇叭宽边水平.发射器和接收器距离中心平台中心约 35 cm.电流表置于"×0.02"挡,打开电源,调节微波强弱,使电流表的读数适中.

2.将入射角分别设定为 20°,30°,40°,50°,60°,70°(中心支架上白色刻线的方向代表反射板法线的方向),通过逆时针转动活动支架找到对应的反射角,记录于表 5-11-3 中.比较入射角和反射角之间的关系.

表 5-11-3　微波反射表

入射角 /(°)	反射角 /(°)	误差度数 /(°)	误差百分比 /(%)
20			
30			
40			
50			
60			
70			

5.11.3 折射

实验目的

理解波的折射原理,测量塑料棱镜的折射率.

实验原理

折射定律(斯涅耳定律)表述如下:当光由第一介质(折射率为 n_1)射入第二介质(折射率 n_2)时,在平滑界面上,部分光由第一介质进入第二介质后即发生折射(见图 5-11-2):

(1) 折射光线、入射光线和法线位于同一平面内;
(2) 折射线和入射线分别在法线的两侧;
(3) 入射角 θ_1 和折射角 θ_2 之间满足:

$$n_1 \sin \theta_1 = n_2 \sin \theta_2. \quad (5-11-1)$$

微波也是电磁波的一种,同样满足折射定律.介质的折射率是电磁波在真空中的传播速率与在介质中的传播速率之比,用 n 表示.一般而言,分界面两边介质的折射率不同,分别用 n_1 和 n_2 表示.两种介质折射率的不同(即波速不同)导致了波的偏转,也就是说当波入射到两个不同介质的分界面时发生了折射.

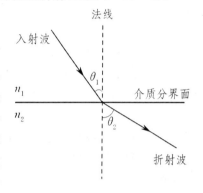

图 5-11-2　$n_1 > n_2$ 时折射原理图

本实验将利用折射定律测量塑料棱镜(电磁波能够穿透塑料)的折射率,空气的折射率近似为 1.

实验仪器

发射器组件,接收器组件,平台,中心支架,反射板.

实验内容

1. 将发射器和接收器分别置于固定臂和活动臂上,喇叭宽边水平.发射器和接收器距离中心平台中心约 35 cm.打开电源,电流表置于"×1"挡,调节微波强弱,使电流表的读数适中.

2. 棱镜一直角边正对发射器,绕中心轴缓慢转动活动支架,读出电流表读数最大时活动支架对应的角度,并通过微波折射路线计算折射角,将数值记录于表 5-11-4.

3. 设空气的折射率 n_1 为 1,根据折射定律,计算塑料棱镜的折射率.

4. 转动棱镜,改变入射角,重复前 3 步实验.

表 5-11-4　测量塑料棱镜的折射率

次数	入射角 $\theta_1/(°)$	折射角 $\theta_2/(°)$	棱镜的折射率 n_2
1			
2			
3			

5.11.4 偏振

实验目的

1. 了解微波经喇叭极化后的偏振现象,验证马吕斯定律.

2. 研究偏振板对微波偏振方向改变的规律.

实验原理

平面电磁波是横波,它的电场强度矢量 E 和波的传播方向垂直.在与传播方向垂直的二维平面内,电矢量 E 可能具有各方向的振动.如果 E 在该平面内的振动只限于某一确定方向(偏振方向),这样的电磁波称为极化波,在光学中也称为偏振波.用来检测偏振状态的元件叫作偏振器,它只允许沿某一方向振动的电矢量 E 通过,该方向叫作偏振器的偏振轴.强度为 I_0 的偏振波通过偏振器时,透射波的强度 I 与夹角 θ(偏振波的偏振方向与偏振器的偏振轴之间的夹角)遵循马吕斯定律:

$$I = I_0 \cos\theta. \qquad (5-11-2)$$

本信号源输出的电磁波经喇叭后,电场矢量方向是与喇叭的宽边垂直的,相应磁场矢量是与喇叭的宽边平行的,垂直极化.接收器由于其物理特性,只能接收到与接收喇叭口宽边相垂直的电场矢量(对平行的电场矢量有很强的抑制,认为它接收为零),所以当两喇叭的朝向(宽边)相差 θ 度时,它只能接收一部分信号.

偏振板对入射波具有遮蔽和透过的作用,只让偏振方向与其透射轴方向一致的微波通过.本实验将研究微波的偏振现象,找出偏振板是如何改变微波偏振的规律.

实验仪器

发射器组件,接收器组件,平台,中心支架,偏振板.

实验内容

1. 将发射器和接收器分别置于固定臂和活动臂上,喇叭宽边水平,活动臂刻线与 180°刻线对齐.发射器和接收器距离中心平台中心约 35 cm.打开电源,电流表置于"×1"挡,调节微波强弱,使电流表的读数最大(100 μA).

2. 松开接收器上的喇叭止动旋扭,以 10°(或其他角度)增量旋转接收器,记录每个位置上电流表的读数于表 5-11-5 中.

3. 偏振板放置在中心支架上,中心支架上的白色刻线与转盘的 0°刻线或 180°刻线对齐,偏振板的栅条方向与竖直方向分别为 45°,90°时,重复步骤 2.

4. 将理论值、不加偏振板时的实验值及偏振板与竖直方向成 90°时的实验值做比较,分析比较各组数据.试分析若偏振板栅条方向与竖直方向成 0°时的实验结果.

表 5-11-5 微波偏振现象的研究

初始条件:发射器、接收器距中心点____cm											
接收器转角 /(°)		0	10	20	30	40	50	60	70	80	90
理论 $I/\mu A$		100	97.0	88.3	75	58.7	41.3	25	11.7	3.0	0
无偏振板实验 $I/\mu A$											
偏振板栅条与竖直方向夹角为 45°和 90°时的电流表读数	$I/\mu A(45°)$										
	$I/\mu A(90°)$										

注:上表中理论 I 的值为根据马吕斯定律计算出的理论电流值.

5.11.5 双缝衍射

实验目的

理解微波的双缝衍射原理,测量微波波长.

实验原理

当微波经过开有双缝的板时,若板上所开缝的宽度与微波波长在数值上很接近,则会发生很明显的衍射现象,在板后的空间会出现衍射波强从极小到极大的分布.

双缝板后衍射波的强度随探测角度的变化而变化.若两缝之间的距离为 d,接收器距双缝屏的距离大于 $10d$,则当探测角 θ 满足 $d\sin\theta = N\lambda$ 时会出现衍射极大值(λ 为入射波的波长,N 为整数).仪器设置如图 5-11-3 所示.

实验中用到的双缝板的两条缝宽均为 15 mm,中间缝屏的宽度为 50 mm.

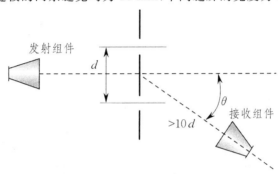

图 5-11-3　双缝衍射示意图

实验仪器

发射器组件,接收器组件,平台,中心支架,双缝板.

实验内容

1. 如图 5-11-3 布置实验仪器,将发射器和接收器分别安置在固定臂和活动臂上,发射器和接收器都处于水平偏振状态(喇叭宽边与地面平行),初始位置时活动臂刻线与 180° 对齐. 发射器距离中心平台中心约 35 cm,接收器到中心平台距离大于 650 mm. 打开电源,电流表调节在合适挡位,记录初始位置的电流值.

2. 缓慢转动活动支架,找出电流表取最大、最小值时对应的角度并每隔 5°(或其他角度,可自己设定)记录对应电流值于表 5-11-6 中,绘制接收电流随转角变化的曲线图,分析实验结果,计算微波的波长及误差.

表 5-11-6　微波的双缝衍射

初始条件:接收器距离中心点位置为____cm;顺时针为正,逆时针为负											
活动臂转角/(°)	0	5	10	15	20	25	30	35	40	45	50
电流值/μA											
活动臂转角/(°)	0	−5	−10	−15	−20	−25	−30	−35	−40	−45	−50
电流值/μA											

5.11.6 驻波

实验目的

了解微波的驻波现象,应用驻波原理来测量微波波长.

实验原理

微波喇叭既能接收微波,同时也会反射微波.发射器发射的微波在发射喇叭和接收喇叭之间来回反射,振幅逐渐减小.当发射源到接收检波点之间的距离等于 $N\lambda/2$ 时(N 为整数,λ 为波长),经多次反射的微波与最初发射的波同相,此时信号振幅最大,电流表读数最大.

$$\Delta d = N \frac{\lambda}{2}, \quad (5-11-3)$$

上式中的 Δd 表示发射器不动时接收器从某电流最大位置开始移动的距离,N 为出现接收到信号幅度最大值的次数.

实验仪器

发射器组件,接收器组件,平台.

实验内容

1. 发射器和接收器处于同一轴线上,喇叭口宽边与地面平行,活动臂中心与 180° 刻线对齐.接通电源,调整发射器和接收器使两者距离中心平台中心的位置(约 20 cm,可自行调整).电流表置于"×0.1"挡,调节发射器衰减器强弱,使电流表的显示电流值在 3/4 量程左右.

2. 将接收器沿活动支架缓慢滑动远离发射器(发射器和接收器始终处于同一轴线上),观察电流表的显示变化.

3. 当电流表在某一位置出现极大值时,记下接收器所处位置刻度 X_1,然后继续将接收器沿远离发射器方向缓慢滑动,当电流表读数出现 N(至少 10 次)个极小值后再次出现极大值时,记下接收器所处位置刻度 X_2,将记录的数据填入表 5-11-7 中.

多次测量,根据(5-11-3)式计算微波的波长,并与理论值比较.

表 5-11-7 微波的驻波现象

测量次数	X_1/cm	X_2/cm	$\Delta d = \|X_1 - X_2\|$/cm	N	λ/cm	$\bar{\lambda}$/cm	与理论值的误差
1							绝对误差:_____
2							相对误差:_____
3							

5.11.7 劳埃德镜

实验目的

了解劳埃德镜原理,应用劳埃德镜原理测量微波波长.

实验原理

劳埃德镜是干涉现象的又一个例子.

如图 5-11-4 所示,从发射器发出的微波一路直接到达接收器,另一路经反射镜反射后再到达接收器.由于两列波的波程及方向不一样,它们必然发生干涉.在交会点,若两列波同相,电流值达到最大;若反向,电流最小.

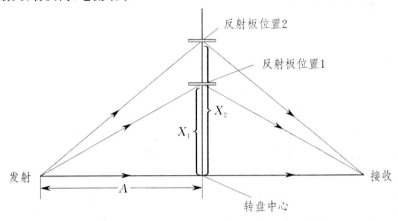

图 5-11-4　劳埃德镜示意图

发射器和接收器距离转盘中心的距离应相等(均为 A),反射板从位置 $1(X_1)$ 移到位置 $2(X_2)$ 的过程中,电流表出现了 N 个极小值后再次达到极大值.由光程差,根据图 5-11-4 可以得到计算波长公式:

$$\sqrt{A^2+X_2^2}-\sqrt{A^2+X_1^2}=N\frac{\lambda}{2}. \quad (5-11-4)$$

发射器组件,接收器组件,平台,移动支架,反射板.

1. 将发射器和接收器分别置于固定臂和活动臂上,且到中心平台中心的距离相等(均为 35 cm 左右).发射器和接收器的喇叭口正对,宽边与地面平行,活动臂刻线与 180°对齐.反射板固定在移动支架上,反射板面平行于两喇叭的轴线.接通电源,电流表置于"×0.1"挡,调节衰减器强弱,使电流表显示的电流值为 3/4 量程左右.

2. 沿移动支架缓慢移动反射板,观察电流的变化.当出现一个极大值时,记录此时的位置 X_1.继续移动反射板,当出现 N 个极小值后再次出现极大值,记录此时的位置 X_2.将数据记录于表 5-11-8 中.

3. 改变发射器和接收器之间的距离(注意:发射器和接收器到中心的位置相等),重复步骤 2 三次.按照(5-11-4)式计算波长及误差.

表 5-11-8　应用劳埃德镜原理测量微波波长

测量次数	距离 A/cm	极小值个数 N	X_1/cm	X_2/cm	λ/cm	$\bar{\lambda}$/cm	与理论值误差
1							绝对误差:_____
2							相对误差:_____
3							

5.11.8 法布里-珀罗干涉

实验目的

了解法布里-珀罗干涉原理,并应用此原理测量微波波长.

实验原理

当电磁波入射到透射板(部分反射)表面时,入射波将被分割为反射波和透射波.法布里-珀罗干涉在发射波源和接收探测器之间放置了两块相互平行并与轴线垂直的透射板.

发射器发出的电磁波有一部分将在两块透射板之间来回反射,同时还有一部分透射出去被探测器接收.若两块透射板之间的距离为 $N\lambda/2$,则所有入射到探测器的波都是同相位的,接收器探测到的信号最大.若两块透射板之间的距离不为 $N\lambda/2$,则信号变小.

因此,可以通过改变两块透射板之间的距离来计算微波波长,计算公式为

$$\Delta d = N \frac{\lambda}{2}, \tag{5-11-5}$$

式中的 Δd 表示两块透射板改变的距离,N 为出现接收到信号幅度最大值的次数.

实验仪器

发射器组件,接收器组件,平台,透射板(2个),移动支座(2个).

实验内容

1. 在发射器和接收器之间,放上两块透射板.接通电源,调节衰减器和电流表挡位开关,使电流表的显示值在 3/4 量程左右.
2. 调节两块透射板之间的距离,观察电流值的变化.
3. 调节两块透射板之间的距离,使接收到的信号最强(电流表读数在不超过满量程的条件下达到最大),记下两块透射板之间的距离 d_1.
4. 使一块透射板向远离另一块透射板的方向移动,直到电流表读数出现至少 10 个最小值并再次出现最大值时,记下经过最小值的次数 N 及两块透射板之间的距离 d_2.
5. 改变两块透射板之间的距离,重复以上步骤,记入表 5-11-9 中.

表 5-11-9

测量次数	d_1/cm	d_2/cm	$\Delta d = \|d_1 - d_2\|$/cm	N	λ/cm	$\bar{\lambda}$/cm	与理论值误差
1							
2							绝对误差:_____
3							相对误差:_____
4							
5							

5.11.9 迈克耳孙干涉

实验目的

了解迈克耳孙干涉的工作原理,并测量微波波长.

实验原理

迈克耳孙干涉仪的结构如图 5-11-5 所示. A 和 B 是反射板(全反射),C 是透射板(部分反射). 从发射源发出的微波经两条不同的光路入射到接收器:一部分经 C 透射后射到 A,经 A 反射后再经 C 反射进入接收器;另一路分波从 C 反射到 B,经 B 反射回 C,最后透过 C 进入接收器. 两列波在接收器处发生干涉.

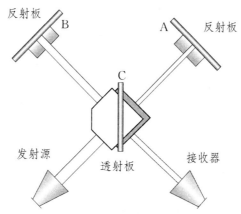

图 5-11-5 迈克耳孙干涉结构图

若两列波同相位,接收器将探测到信号的最大值. 移动任一块反射板,改变其中一路光程,使两列波不再同相,接收器探测到信号就不再是极大值. 若反射板移过的距离为 $\lambda/2$,光程将改变一个波长,相位改变 $360°$,在这过程中接收器探测到的信号幅值将交替出现一次极小和极大,即接收信号幅值降低到极小值后又重新达到极大值.

因此,可以通过反射板(A 或 B)改变的距离来计算微波波长,计算公式为

$$\Delta d = N\frac{\lambda}{2}, \tag{5-11-6}$$

上式中的 Δd 表示反射板改变的距离,N 为接收信号幅度交替出现极小值和极大值的次数.

实验仪器

发射器组件,接收器组件,平台,中心平台,透射板,反射板(2 个),移动支架(2 个).

实验内容

1. 按照图 5-11-5 布置实验仪器,C 与各支架成 $45°$ 关系. 接通电源,调节电流表挡位及衰减器强弱,使电流表的显示电流值适中.

2. 移动反射板 A,观察电流表读数变化,当电流表上数值最大时,记下反射板 A 所处位置刻度 X_1.

3. 向外(或内)缓慢移动 A,注意观察电流表读数变化,当电流表读数交替出现 N(要求 $N \geqslant 10$)次极小值和极大值的变化并达到极大值时,记录这时反射板 A 所处位置刻度 X_2 以及电流表读数交替出现极小值和极大值变化的次数 N.

4. A 不动,移动 B,重复以上步骤,记录数据于表 5-11-10 中.

表 5-11-10　微波的迈克耳孙干涉现象

改变方式	测量次数	X_1/cm	X_2/cm	$\Delta d = \|X_1 - X_2\|$/cm	N	λ/cm	$\bar{\lambda}$/cm	与理论值误差
A动， B不动	1							
	2							
	3							绝对误差：_____
	4							相对误差：_____
A不动， B动	1							
	2							
	3							
	4							

5.11.10　纤维光学

实验目的

了解微波在纤维中的传播特性，观察实验现象．

实验原理

光波除了能在真空中传播外，在有些物质中的穿透率也很好，比如玻璃．玻璃光纤是由很细且柔软的玻璃丝组成的，对激光起传输的作用，就像铜线对电脉冲的传输作用一样．微波也一样，除了能在空气中传播外，还能在纤维中传输．

实验仪器

发射器组件，接收器组件，平台，塑料颗粒袋（聚苯乙烯丸）．

实验内容

1. 发射器和接收器置于中心平台的两侧并正对，两喇叭口距离约 15 cm，调节衰减器强弱和电流表挡位，使电流表读数适中．并记录．

2. 把装有聚苯乙烯丸的布袋的一端放入发射器喇叭，观察并记录电流表读数的变化．再把布袋的另一端放入接收器喇叭，再次观察并记录电流表读数的变化．

3. 移开管状布袋，转动装有接收器的活动臂，使电流表读数为零，再把布袋的一端放入发射器喇叭，把布袋的另一端放入接收器喇叭，注意电流表的读数．

4. 改变管状布袋的弯曲度，观察对信号强度有什么影响．随着径向曲率的变化，信号是逐渐变化还是突然变化？曲率半径为多大时信号开始明显减弱？

5.11.11　布儒斯特角

实验目的

了解微波的偏振特性，测量布儒斯特角．

实验原理

当自然光以一特殊的角度入射到介质表面，反射光是偏振光，这个角称为布儒斯特角，此时反射光线与折射光线垂直．

电磁波从一种介质进入另一种介质时，在介质的表面通常有一部分波被反射．在本实验中将看到反射信号的强度和电磁波的偏振有关．实际上，在某一入射角（即布儒斯特角）时，有一个角度的偏振波其反射率为零.

实验仪器

发射器组件,接收器组件,平台,中心支架,透射板.

实验内容

1. 按照图 5-11-6 布置实验仪器.接通电源,使发射器和接收器都处于水平偏振(两喇叭的宽边水平).将电流表置于"×1"挡,调节衰减器强弱,使电流表的显示值为 3/4 量程左右.

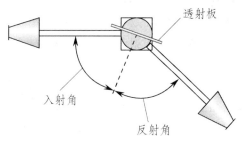

图 5-11-6 布儒斯特角原理图

2. 调节透射板,使微波入射角为 80°,转动活动支架,使接收器反射角等于入射角.再调整衰减器强弱,使电流表的显示值约为 1/2 量程.

3. 松开喇叭止动旋钮,旋转发射器和接收器的喇叭,使它们垂直偏振(两喇叭的窄边水平),记录电流表的读数于表 5-11-11 中.

4. 根据表 5-11-11 设置入射角,分别记录各入射角度下水平偏振和垂直偏振条件下的电流值(表格中设置的角度可能没有布儒斯特角,需要实验者在实验中根据测试数据,自行寻找).

观察表格数据,在垂直偏振方向上,找出布儒斯特角.

表 5-11-11 布儒斯特角的测量

入射角度 /(°)	电流计读数 /μA (水平偏振)	电流计读数 /μA (垂直偏振)	入射角度 /(°)	电流计读数 /μA (水平偏振)	电流计读数 /μA (垂直偏振)
80			55		
75			50		
70			45		
65			40		
60			35		

5.11.12 布拉格衍射

实验目的

了解布拉格衍射实验原理,测量立方晶阵晶面间距.

实验原理

由结晶物质构成的、其内部的构造质点(如原子、分子)呈平移周期性规律排列的固体叫作晶体.任何真实晶体都具有自然外形和各向异性,这与晶体的离子、原子或分子在空间按一定几何规律的排列密切相关. 晶体内的离子、原子或分子占据着点阵的结构, 两相邻结点的距离称为晶体的晶格常数 d. 真实晶体的晶格常数约为 10^{-8} cm 的数量级. X 射线的波长与晶格常数属于同一数量级, X 射线通过晶体时能产生明显的衍射现象, 实际上晶体起着衍射光栅的作用, 因此可以利用 X 射线在晶体点阵上的衍射现象来研究晶体点阵的间距和相互位置的排列, 以达到对晶体结构的了解.

1913 年, 布拉格父子提出了一种解释 X 射线衍射的方法, 并做了定量计算. 他们将晶体看成是由一系列彼此相互平行的原子层(亦称晶面)所组成的晶体点阵. 如图 5-11-7 所示, 小圆点表示晶体点阵中的原子, 当 X 射线照射晶体时, 晶体中每一个原子就成为一个子波波源(或子波中心), 向各方向发出子波, 也就是说入射波被原子散射了. 在图 5-11-7 中, 设两相邻原子层的间隔为 d, 当一束波长为 λ 的单色的平行 X 射线以掠射角 θ 入射到晶面上时, 在符合反射定律的方向上可以得到光强最大的散射 X 射线, 而不同晶面散射中心所发出的反射 X 射线之间会产生干涉, 来自相邻两晶面反射 X 射线的光程差为 $\delta = 2d\sin\theta$. 所以, 相邻两个晶面反射的 X 射线干涉加强的条件为 $2d\sin\theta = n\lambda$ (n 为整数), 此即为著名的布拉格公式.

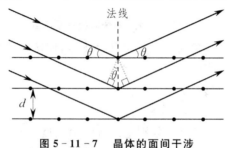

图 5-11-7　晶体的面间干涉

本实验是仿照 X 射线入射真实晶体发生衍射的基本原理, 用直径 1 cm 的金属球制作了一个立方点阵以模拟简立方晶体点阵, "晶格常数" d 设定为 5 cm, 用微波代替 X 射线, 将微波射向模拟晶体点阵, 观察微波的面间干涉现象, 以验证布拉格定律.

实验仪器 ▶▶▶

发射器组件, 接收器组件, 平台, 晶阵座, 模拟晶阵.

实验内容 ▶▶▶

1. 将模拟晶阵放于晶阵座上, 并放于平台中央, 打开电源.

2. 首先让晶体平行于微波光轴, 即接收器置于 180° 处, 晶阵座上的指示线与 90° 对齐, 此时的掠射角 θ 为 0°.

3. 顺时针旋转晶体, 使掠射角增大到 20°, 反射方向的掠射角也对应改变为 20°(此时晶体座对应刻度为 70°, 活动臂中心刻度线对应为同方向 140°). 调节衰减器强弱及电流表的挡位开关, 使电流表的显示值适中(1/2 量程, 可自行调整), 记录该值.

4. 顺时针旋转晶体座 1°(即掠射角增加 1°), 接收器活动臂顺时针旋转 2°(使反射角等于入射角), 记录掠射角角度和对应电流表读数.

5. 重复步骤 4, 记录掠射角从 20° 到 70° 之间的数值于表 5-11-12 中.

6. 作接收信号强度-掠射角的函数曲线, 根据曲线找出极大值对应的角度. 根据布拉格公式计算模拟晶阵的晶面间距, 比较测量值与实际值, 并计算它们之间的误差.

表 5-11-12 微波的布拉格衍射

掠射角/(°)	20	21	22	...	68	69	70
I/μA							

数据处理

1. 完成表 5-11-1 到表 5-11-12.
2. 利用计算机等工具,对所得数据进行图形拟合,并计算相对误差.

注意事项

1. 微波无法穿过人体.实验调节过程中,不要让手臂遮挡住微波,造成实验误差.
2. 透射板为玻璃制品,使用时请轻拿轻放,避免造成仪器损坏.

预习思考题

1. 微波和光波有何相似性?又有何区别?
2. 微波反射实验中,为什么电流表读数达到最大时的角度我们认为是反射角?

讨论思考题

1. 微波反射实验中,不同入射角时反射信号大小是否一样?为什么?
2. 微波折射实验中,为什么入射角越大,折射信号越弱?
3. 偏振实验中,为什么偏振方向与铝板开孔方向垂直的信号才可通过?
4. 偏振实验中,信号通过铝板后,最大电流值为什么明显变小?
5. 双缝干涉实验中,极大值为什么会从中心开始依次明显递减?
6. 驻波实验中,为什么随着接收器与发射器间的距离越大,最大电流值越小?
7. 布儒斯特角实验中,为什么找不到反射电流完全消失的角度?
8. 布拉格衍射实验中,立方晶体的其他晶面也会出现衍射现象吗?

拓展阅读

[1] 黄宏嘉.从微波到光[J].电子学报,1979,3:1-22.
[2] 张宇.大学物理[M].北京:高等教育出版社,2015.

5.12 热辐射与红外扫描成像

引言

热辐射是 19 世纪发展起来的新学科,至 19 世纪末该领域的研究达到顶峰,量子论就从这里诞生.黑体辐射实验是量子论得以建立的关键性实验之一,也是物理实验教学中一个重要实验.物体由于具有温度而向外辐射电磁波的现象称为热辐射.热辐射的光谱是连续谱,波长覆盖范围理论上可从 0 到 ∞,而一般的热辐射主要辐射波长较长的可见光和红外线.物体在向外辐射的同时,还将吸收从其他物体辐射来的能量,且物体辐射或吸收的能量与它的温度、表面积、黑度等因素有关.

实验目的

1. 研究物体的辐射面、辐射体温度对物体辐射能力大小的影响,并分析原因.

2. 测量改变测试点与辐射体距离时,物体辐射强度 P 和距离 s 以及距离的平方 s^2 的关系,并描绘 P - s^2 曲线.

3. 根据维恩位移定律,测绘物体辐射能量与波长的关系图.

4. 测量不同物体的防辐射能力,可从中得到哪些启发(选做)?

5. 了解红外成像原理,根据热辐射原理测量发热物体的形貌(红外成像).

实验原理

1. 了解热辐射的基本定律.

热辐射的真正研究是从基尔霍夫(G. R. Kirchhoff)开始的. 1859 年,他从理论上引入了辐射本领、吸收本领和黑体概念,利用热力学第二定律证明了一切物体的热辐射本领 $r(\nu,T)$ 与吸收本领 $\alpha(\nu,T)$ 成正比,比值仅与频率 ν 和温度 T 有关,其数学表达式为

$$\frac{r(\nu,T)}{\alpha(\nu,T)} = F(\nu,T), \qquad (5-12-1)$$

式中 $F(\nu,T)$ 是一个与物质无关的普适函数. 1861 年他进一步指出,在一定温度下用不透光的壁包围起来的空腔中的热辐射等同于黑体的热辐射. 1879 年,斯特藩(J. Stefan)从实验中总结出了黑体辐射的辐射本领 R 与物体绝对温度 T 的四次方成正比的结论;1884 年,玻尔兹曼对上述结论给出了严格的理论证明,其数学表达式为

$$R_T = \sigma T^4, \qquad (5-12-2)$$

即斯特藩-玻尔兹曼定律,其中 $\sigma = 5.670\,51 \times 10^{-8}$ W/($m^2 \cdot K^4$),称为玻尔兹曼常量.

1888 年,韦伯(H. F. Weber)提出了波长与绝对温度之积是一定的. 1893 年,维恩(W. Wien)从理论上进行了证明,其数学表达式为

$$\lambda_{\max} T = b, \qquad (5-12-3)$$

式中 $b = 2.897\,8 \times 10^{-3}$ m·K,为一普适常数. 随着温度的升高,黑体光谱亮度最大值对应的波长向短波方向移动,即维恩位移定律. 图 5-12-1 给出了黑体不同色温(单位:K)的频谱亮度随波长的变化曲线.

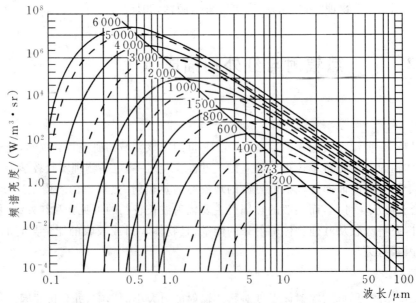

图 5-12-1 频谱亮度与波长的关系

1896 年，维恩推导出黑体辐射谱的函数形式：

$$r(\lambda, T) = \frac{\alpha c^2}{\lambda^5} e^{-\beta c/\lambda T}, \quad (5-12-4)$$

式中 α, β 为常数.(5-12-4)式与实验数据比较，在短波区域符合得很好，但在长波部分出现系统偏差.维恩因在热辐射研究方面的卓越贡献获得了 1911 年的诺贝尔物理学奖.

1900 年，英国物理学家瑞利(Lord Rayleigh)从能量按自由度均分定理出发，推出了黑体辐射的能量分布公式：

$$r(\lambda, T) = \frac{8\pi}{\lambda^4} kT, \quad (5-12-5)$$

上式称为瑞利-金斯公式.此式在长波部分与实验数据较相符，但在短波部分却出现了无穷值，而实验结果是趋于零.波短部分严重的背离在物理史上被称为"紫外灾难".

1900 年，德国物理学家普朗克(M. Planck)在总结前人工作的基础上，采用内插法将适用于短波的维恩公式和适用于长波的瑞利-金斯公式衔接起来，得到了在所有波段都与实验数据很好符合的黑体辐射公式：

$$r(\lambda, T) = \frac{c_1}{\lambda^5} \cdot \frac{1}{e^{\frac{c_2}{\lambda T}} - 1}, \quad (5-12-6)$$

式中 c_1, c_2 均为常数，但该公式的理论依据尚不清楚.

这一研究的结果促使普朗克进一步去探索(5-12-6)式所蕴含的更深刻的物理本质.他发现，如果要获得(5-12-6)式，必须做如下"量子"假设：对一定频率 ν 的电磁辐射，物体只能以 $h\nu$ 为单位吸收或发射它，即吸收或发射电磁辐射只能以"量子"的方式进行.每个"量子"的能量为 $E = h\nu$，称为能量子，式中 h 是一个用实验来确定的比例系数，称为普朗克常数，它的数值是 6.62559×10^{-34} J·s；(5-12-6)式中 c_1, c_2 可表述为 $c_1 = 2\pi hc^2, c_2 = ch/k$，它们均与普朗克常数相关，分别称为第一辐射常数和第二辐射常数.

2.红外扫描成像实验.

热成像技术是以红外探测、成像技术和图像处理为基础的高新技术分支学科，目前广泛地应用于国防、科研以及工农业生产等各个领域.本实验的红外扫描成像系统用装在扫描平台上的红外热辐射传感器对成像物体进行扫描，以接收成像物体表面的辐射强度并转换成电信号，经过数据采集、图像分析及数据处理后将物体辐射强度分布转换成人眼可见的图像.

【实验仪器】

DHRH-Ⅰ测试仪，黑体辐射测试架，红外成像测试架，红外热辐射传感器，半自动扫描平台，光学导轨(60 cm)，计算机软件以及专用连接线等.

【实验内容】

1.物体温度以及物体表面对物体辐射能力的影响.

(1)将黑体辐射测试架、红外热辐射传感器安装在光学导轨上，调整红外热辐射传感器的高度，使其正对模拟黑体(辐射体)中心，然后再调整黑体辐射测试架和红外热辐射传感器的距离为一较合适的距离，并通过光具座上的紧固螺丝锁紧.

(2)如图 5-12-2 所示，将黑体辐射测试架上的加热电流输入端口和控温传感器端口分别通过专用连接线与 DHRH-Ⅰ测试仪面板上的相应端口相连；用专用连接线将红外传热辐射感器和 DHRH-Ⅰ测试仪面板上的专用接口相连；检查连线是否无误，确认无误后，开通电源,对辐射体进行加热.

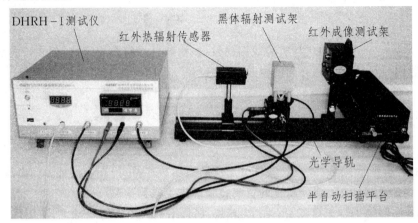

图 5-12-2　热辐射实验装置

(3)记录各辐射面不同温度时的辐射强度,填入表 5-12-1 中.设置温控器控温温度,等温度稳定灯熄灭时记录该温度下辐射强度值,不同辐射面应保持与传感器距离相同.

表 5-12-1　黑体温度与辐射强度记录表

辐射面类型						
	辐射面一	温度 $t/℃$	30	35	40	⋯	80
		辐射强度 P/V					
	辐射面二	温度 $t/℃$	30	35	40	⋯	80
		辐射强度 P/V					
	⋮	温度 $t/℃$	30	35	40	⋯	80
		辐射强度 P/V					

(4)将红外热辐射传感器移开,控温表设置在 60 ℃,待温度控制好后,将红外热辐射传感器移至靠近辐射体处,转动辐射体(辐射体较热,请戴上手套进行旋转,以免烫伤)测量不同辐射表面上的辐射强度(实验时,保证红外热辐射传感器与待测辐射面距离相同,便于分析和比较),记录于表 5-12-2 中.

表 5-12-2　黑体表面与辐射强度记录表

黑体面	黑面	粗糙面	光面 1	光面 2(带孔)
辐射强度 P/V				

注:光面 2 上有通光孔,实验时可以分析光照对实验的影响.

(5)黑体温度与辐射强度微机测量.

用计算机动态采集黑体温度与辐射强度之间的关系时,先按照步骤(2)连好线,然后把黑体辐射测试架上的测温传感器 PT100Ⅱ连至测试仪面板上的"PT100Ⅱ传感器",用 USB 电缆连接电脑与测试仪面板上的 USB 接口.

具体实验界面的操作以及实验案例详见安装软件上的帮助文档.

2.探究黑体辐射和距离的关系.

(1)按照实验 1 的步骤(2)把线连接好,连线图如图 5-12-2 所示.

(2) 将黑体辐射测试架紧固在光学导轨左端某处,红外热辐射传感器探头紧贴且对准辐射体中心,稍微调整辐射体和红外热辐射传感器的位置,直至红外热辐射传感器底座上的刻线对准光学导轨标尺上的一个整刻度,并以此刻度为两者之间距离零点.

(3) 将红外热辐射传感器移至导轨另一端,并将辐射体的黑面转动至正对红外热辐射传感器.

(4) 将控温表头设置在 80 ℃,待温度控制稳定后,移动红外热辐射传感器的位置,每移动一定的距离后,记录测得的辐射强度,并记录于表 5-12-3 中.

表 5-12-3 黑体辐射与距离关系记录表

距离 s/mm	400	380	…	0
辐射强度 P/mV				

注:实验过程中,辐射体温度较高,禁止触摸,以免烫伤.

3. 依据维恩位移定律,测绘物体辐射强度 P 与波长的关系图.

(1) 按实验 1 测量不同温度时辐射体辐射强度和辐射体温度的关系并记录.

(2) 根据(5-12-3)式,求出不同温度时的 λ_{max}.

(3) 根据不同温度下的辐射强度和对应的 λ_{max},描绘 P-λ_{max} 曲线图.

*4. 不同物体的防辐射能力(选做).

(1) 测量在辐射体和红外热辐射传感器之间放入物体板前后辐射强度的变化.

(2) 放入不同的物体板时,辐射体的辐射强度有何变化?分析原因,你能得出哪种物质的防辐射能力较好?从中可以得到什么启发?

5. 红外成像实验(使用计算机).

(1) 将红外成像测试架放置在导轨左边,半自动扫描平台放置在导轨右边,将红外成像测试架上的加热输入端口和传感器端口分别通过专用连线与测试仪面板上的相应端口相连;将红外热辐射传感器安装在半自动扫描平台上,并用专用连接线将红外热辐射传感器和面板上的输入接口相连,用 USB 连接线将测试仪与电脑连接起来.

(2) 将一红外成像体放置在红外成像测试架上,设定温度控制器的控温温度为 60 ℃ 或 70 ℃ 等,检查连线是否无误;确认无误后,开通电源,对红外成像体进行加热.

(3) 温度控制稳定后,将红外成像测试架向半自动扫描平台移近,使成像物体尽可能接近红外热辐射传感器(不能紧贴,防止高温烫坏传感器测试面板),并将红外热辐射传感器前端面的白色遮挡物旋转至与传感器的中心孔位置一致.

(4) 开启采集器,启动扫描电机,采集成像物体横向辐射强度数据;手动调节红外成像测试架的纵向位置(每次向上移动相同坐标距离,调节杆上有刻度),再次开启电机,采集成像物体横向辐射强度数据;电脑上将会显示全部的采集数据点以及成像图,软件具体操作详见软件界面上的帮助文档.

数据处理

1. 根据表 5-12-1 中数据,作各辐射面辐射强度与温度关系图,分析曲线以及表 5-12-2 中数据,研究物体温度以及物体表面对物体辐射能力的影响.

2. 根据表 5-12-3 中数据,作 P-s 图和 P-s^2 图,分析图形,你能从中得出什么结论?黑体辐射是否具有类似光强和距离的平方成反比的规律?

3. 作物体辐射强度与波长的关系图,分析图形并说明原因(见实验内容 3).

4. 测量不同物体的防辐射能力(选做). 放入不同的物体板时,辐射体的辐射强度有何变化? 分析原因.

注意事项

1. 实验过程中,当辐射体温度很高时,禁止触摸辐射体,以免烫伤.

2. 测量不同辐射表面对辐射强度的影响时,辐射温度不要设置太高,转动辐射体时,应戴手套.

3. 实验过程中,计算机在采集数据时不要触摸测试架,以免造成对传感器的干扰.

4. 辐射体的光面 1 光洁度较高,应避免受损.

预习思考题

温度相同的物体,其辐射能力是否相同?

讨论思考题

1. 扫描成像实验中,为什么要求成像物体尽量接近红外热辐射传感器并在传感器前加上光阑?

2. 试分析本实验中影响红外扫描成像质量的因素.

3. 利用辐射强度和温度关系设计简易红外温度计,并说明应用条件.

拓展阅读

[1] 邓泽微,熊永红. 热辐射扫描成像系统的实验研究[J]. 大学物理实验,2005,18(1):1-4.

[2] 李相迪. 红外成像系统及其应用[J]. 激光与红外,2014,44(3):229-234.

[3] 曾强. 红外测温仪——工作原理及误差分析[J]. 传感器世界,2007,2:32-35.

附录

温控表操作说明

第5章 设计性与应用性实验

仪器操作说明:

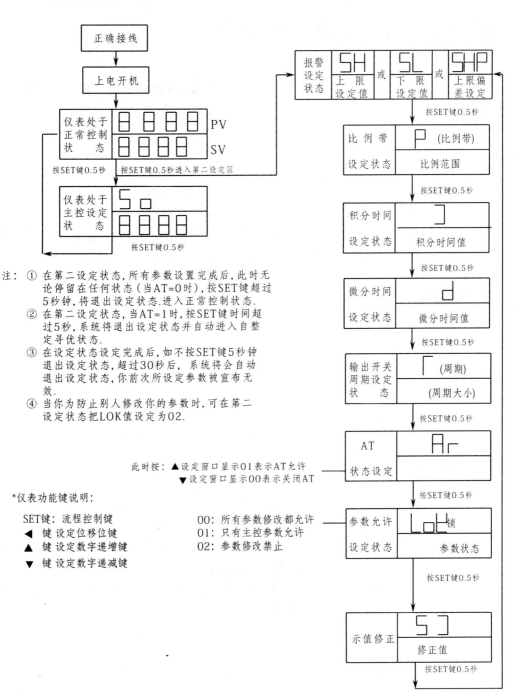

注：① 在第二设定状态,所有参数设置完成后,此时无论停留在任何状态(当AT=0时),按SET键超过5秒钟,将退出设定状态.进入正常控制状态.
② 在第二设定状态,当AT=1时,按SET键时间超过5秒,系统将退出设定状态并自动进入自整定寻优状态.
③ 在设定状态设定完成后,如不按SET键5秒钟退出设定状态,超过30秒后,系统将会自动退出设定状态,你前次所设定参数被宣布无效.
④ 当你为防止别人修改你的参数时,可在第二设定状态把LOK值设定为02.

*仪表功能键说明:
SET键：流程控制键
◀ 键设定位移位键
▲ 键设定数字递增键
▼ 键设定数字递减键

5.13 比热和导热系数的测定

热传导是热传递三种基本方式之一.导热系数定义为单位温度梯度下每单位时间内由单位面积传递的热量,单位为 W/(m·K).它表征物体导热能力的大小.

比热是单位质量物质的热容量.单位质量的某种物质,在温度升高(或降低)1 K 时所吸收(或放出)的热量,叫作这种物质的比热,单位为 J/(kg·K).

以往测量导热系数和比热的方法通常用稳态法.使用稳态法要求温度和热流量均要稳定,但学生在实验操作中实现上述条件比较困难,因而测量的重复性、稳定性、一致性差,导致误差大.

为了克服稳态法测量的误差,本实验采用一种新的测量方法——准稳态法.使用准稳态法只要求温差恒定和温升速率恒定,而不必通过长时间的加热达到稳态,就可通过简单计算得到导热系数和比热.

实验目的

1. 了解准稳态法测量导热系数和比热的原理.
2. 学习热电偶测量温度的原理和使用方法.
3. 用准稳态法测量不良导体的导热系数和比热.

实验仪器

ZKY-BRDR 型准稳态法比热导热系数测定仪,样品测试架一个,实验样品两套(橡胶和有机玻璃,每套四块),加热板两块,热电偶两副,导线若干,保温杯一个.

实验原理

1. 准稳态法测量原理.

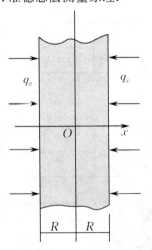

图 5-13-1 理想无限大不良导热体

考虑如图 5-13-1 所示的无限大平板的一维导热模型:一无限大不良导体平板厚度为 $2R$,初始温度为 t_0,现在平板两侧同时施加均匀的指向中心面的热流密度 q_c,则平板各处的温度 $t(x,\tau)$ 将随加热时间 τ 而变化.

以试样中心为坐标原点,上述模型的数学描述可表达如下:

$$\begin{cases} \dfrac{\partial t(x,\tau)}{\partial \tau} = a\dfrac{\partial^2 t(x,\tau)}{\partial x^2}, \\ \dfrac{\partial t(R,\tau)}{\partial x} = \dfrac{q_c}{\lambda}, \dfrac{\partial t(0,\tau)}{\partial x} = 0, \\ t(x,0) = t_0 \end{cases}$$

式中 $a = \lambda/\rho c$,λ 为材料的导热系数,ρ 为材料的密度,c 为材料的比热.此方程的解为(参见附录1)

$$t(x,\tau) = t_0 + \frac{q_c}{\lambda}\left(\frac{a}{R}\tau + \frac{1}{2R}x^2 - \frac{R}{6} + \frac{2R}{\pi^2}\sum_{n=1}^{\infty}\frac{(-1)^{n+1}}{n^2}\cos\frac{n\pi}{R}x \cdot e^{-\frac{an^2\pi^2}{R^2}\tau}\right). \qquad (5-13-1)$$

考察 $t(x,\tau)$ 的解析式(5-13-1)可以看到,随加热时间的增加,样品各处的温度将发生变化,而且注意到式中的级数求和项由于指数衰减的原因会随加热时间的增加而逐渐变小,直至所占份额可以忽略不计.

定量分析表明,当 $\frac{a\tau}{R^2} > 0.5$ 时,上述级数求和项可以忽略.这时(5-13-1)式变成

$$t(x,\tau) = t_0 + \frac{q_c}{\lambda}\left(\frac{a\tau}{R} + \frac{x^2}{2R} - \frac{R}{6}\right). \qquad (5-13-2)$$

试件中心面处 $x=0$,因而有

$$t(0,\tau) = t_0 + \frac{q_c}{\lambda}\left(\frac{a\tau}{R} - \frac{R}{6}\right), \qquad (5-13-3)$$

试件加热面处 $x=R$,因而有

$$t(R,\tau) = t_0 + \frac{q_c}{\lambda}\left(\frac{a\tau}{R} + \frac{R}{3}\right). \qquad (5-13-4)$$

由(5-13-3)和(5-13-4)两式可见,当加热时间满足条件 $\frac{a\tau}{R^2} > 0.5$ 时,在试件中心面和加热面处温度与加热时间成线性关系,温升速率同为 $\frac{aq_c}{\lambda R}$,该值是一个与材料导热性能、实验条件有关的常数.此时加热面和中心面间的温度差为

$$\Delta t = t(R,\tau) - t(0,\tau) = \frac{1}{2}\frac{q_c R}{\lambda}. \qquad (5-13-5)$$

由(5-13-5)式可以看出,此时加热面和中心面间的温度差 Δt 与加热时间 τ 无关,保持恒定.系统各处的温度和时间是线性关系,温升速率也相同,我们称此状态为准稳态.

当系统达到准稳态时,由(5-13-5)式得到

$$\lambda = \frac{q_c R}{2\Delta t}. \qquad (5-13-6)$$

根据(5-13-6)式,只要测得进入准稳态后加热面和中心面间的温度差 Δt,并由实验条件确定相关参量 q_c 和 R,就可以得到待测材料的导热系数 λ.

另外,在进入准稳态后,由(5-13-3)式或(5-13-4)式求温度随时间的变化率,可以得到下列关系式:

$$\frac{\mathrm{d}t}{\mathrm{d}\tau} = \frac{q_c a}{\lambda R} = \frac{q_c}{\alpha R}. \qquad (5-13-7)$$

由(5-13-7)式,比热可表示为

$$c = \frac{q_c}{\rho R \frac{\mathrm{d}t}{\mathrm{d}\tau}}, \qquad (5-13-8)$$

式中 $\frac{\mathrm{d}t}{\mathrm{d}\tau}$ 为准稳态条件下试件中心面(或加热面)的温升速率(进入准稳态后各点的温升速率是相同的).

由以上分析可以得到结论:只要在上述模型进入准稳态后,测得系统加热面与中心面间的温度差和中心面的温升速率,即可由(5-13-6)式和(5-13-8)式得到待测材料的导热系数和比热.

2. 热电偶温度传感器.

热电偶结构简单,具有较高的测量准确度,可测温度范围为 $-50\sim1\,600\,℃$,在温度测量中应用极为广泛.它通常是利用两种不同金属材料焊接起来制作而成.如图 5-13-2(a) 所示,A(单线表示) 和 B(双线表示) 为两种不同金属材料的导体,它们的两端相互紧密的连接在一起,组成一个闭合回路.当两接点温度不等($T>T_0$)时,回路中就会产生电动势,从而形成电流,这一现象称为热电效应,回路中产生的电动势称为热电势.两个接点,一个称为工作端或热端(T),测量时将它置于被测温度场中;另一个称为自由端或冷端(T_0),一般要求测量过程中恒定在某一温度.在材料 A,B 组成的热电偶回路中接入第三个导体 C,只要引入的第三个导体两端温度相同,则对回路的总热电势没有影响.在实际测温过程中,需要在回路中接入导线和测量仪表,相当于接入第三个导体,常采用图 5-13-2(b) 或 (c) 所示的接法.

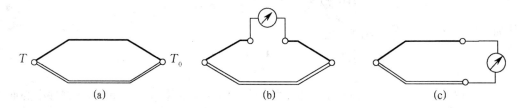

图 5-13-2 热电偶原理及接线示意图

热电偶的输出电压与温度并非线性关系,但在小温度范围内基本成线性关系.对于常用的热电偶,其热电势与温度的关系由热电偶特性分度表给出.测量时,若冷端温度为 0 ℃,由测得的电压,通过对应分度表,即可查得所测的温度.若冷端温度不为 0 ℃,则通过一定的修正,也可得到温度值.

仪器设计必须尽可能满足理论模型.

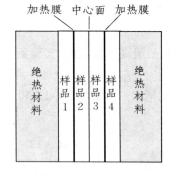

图 5-13-3 被测样品安装图

1. 设计考虑.

无限大平板是无法实现的,实验中总是要用有限尺寸的试件来代替.根据实验分析,当试件的横向尺寸大于试件厚度的 6 倍以上时,可以认为传热方向只在试件的厚度方向进行.

为了精确地确定加热面的热流密度 q_c,我们利用超薄型加热器作为热源,其加热功率在整个加热面上均匀并可精确控制,加热器本身的热容可忽略不计.为了在加热器两侧得到相同的热阻,采用 4 个样品块的配置(见图 5-13-3),可认为热流密度为功率密度的一半.

为了精确地测量出温度和温差,用两个分别放置在加热面和中心面中心部位的热电偶作为传感器来测量温差和温升速率.

实验仪主要包括主机和样品测试架,另有一个保温杯用于保证热电偶的冷端温度在实验中保持一致.

2. 主机.

主机是控制整个实验操作并读取实验数据的装置,主机前、后面板分别如图 5-13-4 和图 5-13-5 所示.

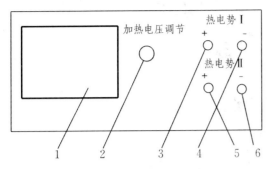

1— 多功能触摸显示屏;
2— 加热电压调节(范围:0.00~20.90 V);
3— 热电势Ⅰ+输入(将传感器感应的热电势输入主机);
4— 热电势Ⅰ-输入(将传感器感应的热电势输入主机);
5— 热电势Ⅱ+输入(将传感器感应的热电势输入主机);
6— 热电势Ⅱ-输入(将传感器感应的热电势输入主机)

图 5-13-4　主机前面板

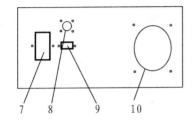

7— 电源开关(打开或关闭实验仪器电源,接插座"220 V,1.25 A"交流电源);
8— 提供放大盒及加热薄膜的工作电压;
9— USB数字化接口;
10— 机箱内散热风扇

图 5-13-5　主机后面板

3.样品测试架.

样品测试架是安放实验样品和通过热电偶测温的装置.样品测试架采用了卧式插拔组合结构,直观、稳定,便于操作,易于维护,如图 5-13-6 所示.

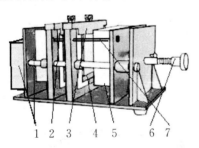

1— 转接盒:温差电动势放大后连接至主机;
2— 中心面横梁:承载中心面的热电偶;
3— 加热面横梁:承载加热面的热电偶;
4— 加热薄膜:涂有均匀电阻的绝缘膜,通电后给样品加热;
5— 隔热层:防止加热时样品散热,从而保证实验精度;
6— 螺杆旋钮:推动隔热层压紧或松动实验用品的热电偶;
7— 锁定杆:实验时锁定横梁,防止未松动螺杆就取出热电偶导致的热电偶损坏

图 5-13-6　样品测试架

4.热电偶测温接线原理图.

本实验利用温差热电势效应实现温度的测量,将两只热电偶的热端分别置于样品的加热面和中心面,冷端(恒温端)置于保温杯中,接线原理如图 5-13-7 所示.

实验内容

1.安装样品并连接各部分电路.

连接线路前,请先用万用表检查两只热电偶冷端和热端的电阻值大小(一般在 3 Ω 内),如果偏差较大,则可能是热电偶有问题,遇到此情况应请指导教师帮助解决.

戴好手套(手套自备),以尽量地保证 4 个实验样品初始温度保持一致.将冷却好的样品放进样品测试架中.热电偶的测温端应保证置于样品的中心位置,防止由于边缘效应影响测量精

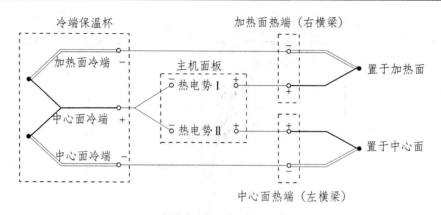

图 5-13-7　热电偶测温电路连接原理

度. 根据图 5-13-3, 中心面横梁的热电偶应该置于样品 2 和样品 3 之间, 加热面热电偶应该置于样品 3 和加热膜之间. 然后旋动螺杆旋钮, 压紧样品.

注意: 保温杯中有水时, 可提高冷端温度稳定性, 但会腐蚀热电偶, 从而影响其性能和使用寿命. 可以使用变压器油代替水, 如此可不腐蚀热电偶. 环境温度较稳定时, 保温杯中可不加任何液体.

2. 设定加热电压.

按图 5-13-8 检查各部分接线, 确保无误后开机. 主机启动后, 应该先设定所需要的加热电压, 通过旋转光电编码器调节加热电压(参考加热电压: 16～19 V).

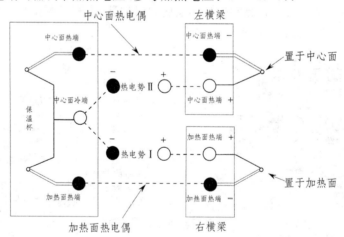

○: 实验装置上红色接线孔　　●: 实验装置上黑色接线孔

图 5-13-8　实验典型接线图

3. 测定样品的温度差和温升速率.

在调整加热电压后, 两加热膜即开始加热工作了, 同时显示屏上实时显示出加热面、中心面的热电势值. 点击"记录"按钮, 则屏幕显示温差电动势随时间变化的曲线, 红色为加热面热电势曲线, 蓝色为中心面热电势曲线, 绿色为两面热电势的差值曲线, 纵轴为热电势(单位: mV), 横轴为时间(单位: min). 同时, 每分钟在屏幕下方记录加热面和中心面的温差电动势值.

根据记录的数据,分析加热面与中心面电动势的差值和中心面(或加热面)每 5 分钟的热电势升高值,找出最接近准稳态的 10 组数据填入表 5-13-1. 准稳态的判定原则是加热面与中心面热电势差值恒定,中心面(加热面)热电势升高速率恒定.

表 5-13-1　导热系数及比热测定

加热电压 $V =$ ___ V,加热膜电阻 $r =$ ___ Ω,试样厚度 $R =$ ___ m

时间 τ/min	1	2	3	4	5	6	7	8	9	10	平均
加热面热电势 V_h/mV											
中心面热电势 V_c/mV											
两面热电势之差 V_t/mV											
5 分钟热电势升高 $\Delta V_h = (V_{i+5} - V_i)/\text{mV}$							—	—	—	—	—

由于实验条件不能完全满足理想模型,如边缘效应随试样温度升高而加剧等,试样温度不可能保持理想的准稳态. 延长测量时间也无益,实验最多持续 35 min.

如果操作不当,如出现热电偶没有置于试样中心或试样没有靠紧加热膜等问题,都观察不到准稳态. 如果重做实验,必须用充分冷却的试样. 充分冷却的试样,内部和表面都有相同的温度.

当测完一种样品需要更换样品进行下一次实验时,其操作顺序是:关闭主机电源开关 → 旋螺杆以松开实验样品 → 取出实验样品 → 取下热电偶传感器 → 等待加热薄膜冷却.

注意:在取样品的时候,必须先将中心面横梁热电偶取出,再取实验样品. 严禁以热电偶弯折的方法取出实验样品,这样极易损坏热电偶.

数据处理

有了准稳态时两面热电势差值 V_t 和每 5 分钟热电势升高值 ΔV,就可以由(5-13-6)式和(5-13-8)式计算导热系数和比热数值. (5-13-6)式和(5-13-8)式中各参量如下:

样品厚度 $R = 0.010$ m,有机玻璃密度 $\rho = 1\,196$ kg/m³,橡胶密度 $\rho = 1\,374$ kg/m³,

热流密度 $q_c = \dfrac{AV^2}{2Fr}(\text{W/m}^2)$,

式中 V 为加热器的工作电压,加热面积 $F = 0.090$ m×0.090 m,A 为考虑边缘效应后的修正系数. 对于有机玻璃和橡胶,$A = 0.85$,r 为加热面横梁下加热膜的电阻.

铜-康铜热电偶的热电常数为 $S = 0.040$ mV/K,即在实验温差范围内,热电势与温差成线性关系,温度每差 1 K,温差热电势为 0.040 mV.

温度差 $\Delta t = \dfrac{V_t}{S} = \dfrac{V_t}{0.040}$ (K),　　温升速率 $\dfrac{dt}{d\tau} = \dfrac{\Delta V}{5 \times 60 \times 0.040}$ (K/s).

注意事项

1. 实验过程中请务必保证两次实验之间样品、加热膜已经充分自然冷却.

2. 实验过程中注意观察实际加热电压,若加电压后,电压实时显示结果较低且接近 0 V,则说明该路加热膜可能存在短路问题,此时应停止实验并检查.

3. 实验中,有机玻璃一般在 20~40 min 处于准稳定状态,橡胶一般在 15~35 min 处于准稳态状态. 记数时,一次实验时间最好在 60 min 之内完成,一般在 30～40 min 为宜.

预习思考题

1. 请简述比热和导热系数的概念.
2. 本实验中,如何判断系统进入了准稳态,即准稳态的条件是什么?

讨论思考题

1. 实验过程中环境温度的变化对实验有无影响?为什么?
2. 请举例说明比热和导热系数的测定在实际生产应用中的意义.

拓展阅读

[1] 卢建航,孙宏,尹海山. 用准稳态法测定橡胶及橡胶基复合材料的导热系数和比热容[J]. 轮胎工业,2001,21(5):305-309.

[2] 吴江涛,潘江,张可,等. 一种全自动的准稳态法导热系数测量装置[J]. 自动化仪表,2005,26(5):23-25.

附录 1

热传导方程的导出和求解

如图 5-13-9 所示,无限大平板试样厚 $2R$,初始温度 t_0,两表面施以热流密度 q_c. 以试样中心为坐标原点,试样内各点温度 t 随位置 x 和时间 τ 的变化函数设为 $t(x,\tau)$. 在试样中 x 处取厚度为 Δx,面积为 S 的薄片.

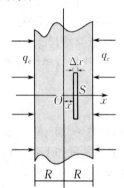

由导热系数公式 $\Delta Q = -\lambda S \dfrac{\mathrm{d}t}{\mathrm{d}x}\Delta\tau$ 或 $q_c = -\lambda \dfrac{\mathrm{d}t}{\mathrm{d}x}$,其中 $q_c = \dfrac{\Delta Q}{S\Delta\tau}$ 为热量密度,时间 $\Delta\tau$ 内传到薄片的净热量为

$$\Delta Q = \lambda S\left[\frac{\partial t(x+\Delta x,\tau)}{\partial x} - \frac{\partial t(x,\tau)}{\partial x}\right]\Delta\tau, \qquad (5-13-9)$$

这一热量使薄片温度改变,由比热公式 $\Delta Q = mc\Delta t$,有

$$\Delta Q = c\rho S[t(x,\tau+\Delta\tau) - t(x,\tau)]\Delta x. \qquad (5-13-10)$$

联立(5-13-9)和(5-13-10)两式并整理,得热传导微分方程

$$\frac{\partial t(x,\tau)}{\partial \tau} = a\frac{\partial^2 t(x,\tau)}{\partial x^2}, \qquad (5-13-11)$$

其中 $a = \dfrac{\lambda}{\rho c}$.

图 5-13-9 物理模型

考虑到中心面 $x=0$ 处因对称性温度梯度为零,以及表面热量密度给定,热传导方程及边界条件、初始条件为

$$\begin{cases} \dfrac{\partial t(x,\tau)}{\partial \tau} = a\dfrac{\partial^2 t(x,\tau)}{\partial x^2}, \\ \dfrac{\partial t(R,\tau)}{\partial x} = \dfrac{q_c}{\lambda}, \dfrac{\partial t(0,\tau)}{\partial x} = 0, \\ t(x,0) = t_0, \end{cases} \qquad (5-13-12)$$

式中 $a = \lambda/\rho c$,λ 为材料的导热系数,ρ 为材料的密度,c 为材料的比热,q_c 为从边界向中间施加的热流密度,t_0 为初始温度.

为求解方程(5-13-12),应先作变量代换,将(5-13-12)式的边界条件换为齐次的,同时使新变量的方程尽量简洁,故此设

$$t(x,\tau) = u(x,\tau) + \frac{aq_c}{\lambda R}\tau + \frac{q_c}{2\lambda R}x^2, \qquad (5-13-13)$$

第 5 章 设计性与应用性实验

将(5-13-13)式代入(5-13-12)式,得到 $u(x,\tau)$ 满足的方程及边界、初始条件:

$$\begin{cases} \dfrac{\partial u(x,\tau)}{\partial \tau} = a\dfrac{\partial^2 u(x,\tau)}{\partial x^2}, \\ \dfrac{\partial u(R,\tau)}{\partial x} = 0, \dfrac{\partial u(0,\tau)}{\partial x} = 0, \\ u(x,0) = t_0 - \dfrac{q_c}{2\lambda R}x^2. \end{cases} \quad (5-13-14)$$

用分离变量法解方程(5-13-14),设

$$u(x,\tau) = X(x)T(\tau), \quad (5-13-15)$$

代入(5-13-14)中第一个方程后得出变量分离的方程

$$T'(\tau) + a\beta^2 T(\tau) = 0, \quad (5-13-16)$$

$$X''(x) + \beta^2 X(x) = 0, \quad (5-13-17)$$

式中 β 为待定常数.

方程(5-13-16)的解为

$$T(\tau) = e^{-a\beta^2 \tau}, \quad (5-13-18)$$

方程(5-13-17)的通解为

$$X(x) = c\cos\beta x + c'\sin\beta x. \quad (5-13-19)$$

为使(5-13-15)式是方程(5-13-14)的解,(5-13-19)式中的 c, c', β 的取值必须使 $X(x)$ 满足方程(5-13-14)的边界条件,即必须 $c' = 0, \beta = n\pi/R$.

由此得到 $u(x,\tau)$ 满足边界条件的一组特解:

$$u_n(x,\tau) = c_n \cos\dfrac{n\pi}{R}x \cdot e^{-\dfrac{an^2\pi^2}{R^2}\tau}, \quad (5-13-20)$$

将所有特解求和,并代入初始条件,得

$$\sum_{n=0}^{\infty} c_n \cos\dfrac{n\pi}{R}x = t_0 - \dfrac{q_c}{2\lambda R}x^2. \quad (5-13-21)$$

为满足初始条件,令 c_n 为 $t_0 - \dfrac{q_c}{2\lambda R}x^2$ 的傅氏余弦展开式的系数

$$c_0 = \dfrac{1}{R}\int_0^R \left(t_0 - \dfrac{q_c}{2\lambda R}x^2\right)dx = t_0 - \dfrac{q_c R}{6\lambda}, \quad (5-13-22)$$

$$c_n = \dfrac{2}{R}\int_0^R \left(t_0 - \dfrac{q_c}{2\lambda R}x^2\right)\cos\dfrac{n\pi}{R}x\, dx = (-1)^{n+1}\dfrac{2q_c R}{\lambda n^2 \pi^2}, \quad (5-13-23)$$

将 c_0, c_n 的值代入(5-13-20)式,并将所有特解求和,得到满足方程(5-13-14)条件的解为

$$u(x,\tau) = t_0 - \dfrac{q_c R}{6\lambda} + \dfrac{2q_c R}{\lambda \pi^2}\sum_{n=1}^{\infty}\dfrac{(-1)^{n+1}}{n^2}\cos\dfrac{n\pi}{R}x \cdot e^{-\dfrac{an^2\pi^2}{R^2}\tau}. \quad (5-13-24)$$

将(5-13-24)式代入(5-13-13)式可得

$$t(x,\tau) = t_0 + \dfrac{q_c}{\lambda}\left(\dfrac{a}{R}\tau + \dfrac{1}{2R}x^2 - \dfrac{R}{6} + \dfrac{2R}{\pi^2}\sum_{n=1}^{\infty}\dfrac{(-1)^{n+1}}{n^2}\cos\dfrac{n\pi}{R}x \cdot e^{-\dfrac{an^2\pi^2}{R^2}\tau}\right),$$

上式即为正文中的(5-13-1)式.

测量数据及处理示例

1. 已知参量.

样品厚度 $R=0.010$ m,有机玻璃密度 $\rho=1\,196$ kg/m³,橡胶密度 $\rho=1\,374$ kg/m³,

热流密度 $q_c = \dfrac{AV^2}{2Fr}$ (W/m²),

式中 V 为加热器的工作电压,加热面积 $F=0.090$ m$\times$0.090 m,A 为考虑边缘效应后的修正系数.对于有机玻璃和橡胶,$A=0.85$,r 为加热面横梁下加热膜的电阻.

铜-康铜热电偶的热电常数为 $S=0.040$ mV/K,即在实验温差范围内,热电势与温差成线性关系,温度每差 1 K,温差热电势为 0.040 mV.

2. 测量数据.

表 5-13-2　有机玻璃导热系数及比热测定(供参考)

加热电压:17.715 V,加热器电阻:113.1 Ω

时间 τ/min	7	8	9	10	11	12	13	14	15	16	平均
加热面热电势 V_h/mV	0.242	0.267	0.292	0.316	0.341	0.364	0.388	0.411	0.434	0.457	——
中心面热电势 V_c/mV	0.058	0.083	0.108	0.132	0.156	0.180	0.204	0.228	0.251	0.274	——
两面热电势之差 V_t/mV	0.184	0.184	0.184	0.184	0.185	0.184	0.184	0.183	0.183	0.183	0.183 8
5 分钟热电势升高 $\Delta V_h=(V_{i+5}-V_i)$/mV	0.122	0.121	0.119	0.118	0.116	——	——	——	——	——	0.119 2

表 5-13-3　橡胶导热系数及比热测定(供参考)

加热电压:17.363 V,加热器电阻:115.3 Ω

时间 τ/min	6	7	8	9	10	11	12	13	14	15	平均
加热面热电势 V_h/mV	0.210	0.225	0.240	0.254	0.269	0.284	0.297	0.311	0.324	0.338	——
中心面热电势 V_c/mV	0.108	0.123	0.137	0.152	0.167	0.182	0.195	0.209	0.223	0.237	——
两面热电势之差 V_t/mV	0.102	0.102	0.103	0.102	0.102	0.102	0.102	0.102	0.101	0.101	0.101 9
5 分钟热电势升高 $\Delta V_h=V_{i+5}-V_i$/mV	0.074	0.072	0.071	0.070	0.069	——	——	——	——	——	0.071 2

3.测量结果计算.

(1)有机玻璃样品.

热流密度 $q_c = \dfrac{AV^2}{2Fr} = \dfrac{0.85 \times (17.715 \text{ mV})^2}{2 \times 0.090 \text{ m} \times 0.090 \text{ m} \times 113.1 \text{ Ω}} = 145.6 \text{ W/m}^2$;

导热系数 $\lambda = \dfrac{q_c R}{2\Delta t} = \dfrac{q_c R S}{2V_t} = \dfrac{145.6 \text{ W/m}^2 \times 0.010 \text{ m} \times 0.040 \text{ mV/K}}{2 \times 0.1838 \text{ mV}} = 0.16 \text{ W/(m·K)}$;

比热 $c = \dfrac{q_c}{\rho R \dfrac{\Delta t}{\Delta \tau}} = \dfrac{q_c S \Delta \tau}{\rho R \Delta V} = \dfrac{145.6 \text{ W/m}^2 \times 0.040 \text{ mV/K} \times 5 \text{ min} \times 60 \text{ s/min}}{1196 \text{ kg/m}^3 \times 0.01 \text{ m} \times 0.1192 \text{ mV}} = 1.2 \times 10^3 \text{ J/(kg·K)}$.

(2)橡胶样品.

热流密度 $q_c = \dfrac{AV^2}{2Fr} = \dfrac{0.85 \times (17.363 \text{ mV})^2}{2 \times 0.090 \text{ m} \times 0.090 \text{ m} \times 115.3 \text{ Ω}} = 137.2 \text{ W/m}^2$;

导热系数 $\lambda = \dfrac{q_c R}{2\Delta t} = \dfrac{q_c R S}{2V_t} = \dfrac{137.2 \text{ W/m}^2 \times 0.010 \text{ m} \times 0.040 \text{ mV/K}}{2 \times 0.1019 \text{ mV}} = 0.27 \text{ W/(m·K)}$;

比热 $c = \dfrac{q_c}{\rho R \dfrac{\Delta t}{\Delta \tau}} = \dfrac{q_c S \Delta \tau}{\rho R \Delta V} = \dfrac{137.2 \text{ W/m}^2 \times 0.040 \text{ mV/K} \times 5 \text{ min} \times 60 \text{ s/min}}{1374 \text{ kg/m}^3 \times 0.01 \text{ m} \times 0.0712 \text{ mV}} = 1.7 \times 10^3 \text{ J/(kg·K)}$.

5.14　LED 综合特性实验

引言

1962年,通用电气公司的尼克·何伦亚克开发出第一只发光二极管LED(light-emitting diode),LED早期主要作为指示灯使用.20世纪80年代,LED的亮度有了很大提高,开始广泛应用于各种大屏幕显示.1994年,日本科学家中村秀二在氮化镓(GaN)基片上研制出第一只蓝光LED,1997年诞生了蓝光芯片加荧光粉的白光LED,使LED的发展和应用进入了全彩应用及普通照明阶段.

LED是一种固态的半导体器件,它可以直接把电转化为光,具有体积小、耗电量低、易于控制、坚固耐用、寿命长、环保等优点.照明、大屏幕显示、液晶显示的背光源、装饰工程,以及其他如交通信号灯、光纤通信的光源、仪器上的数码显示管等,都大量采用LED.

随着人们对LED的应用(尤其是大面积照明)提出越来越高的要求,LED在迅猛发展的同时,也暴露出了一些问题.

与白炽灯、荧光灯等传统照明光源的发光机理不同,LED属于电致发光(EL)器件,其热量不能辐射散热,从而导致器件温度过高,严重影响LED的光通量、寿命及可靠性,并会导致LED发光红移,尤其是目前白光实现的方式是荧光粉加蓝光芯片的方案,其中的荧光粉对温度特别敏感,最终会引起波长的漂移,造成颜色不纯等一系列问题.据有关资料统计,大约70%的故障来自LED温度过高.因此,研究温度对LED的影响有着重要的现实意义.

研究温度对LED的影响主要是研究LED的pn结的温度(即结温)对LED的影响.通常使用的是经过封装了的LED,温度传感器的热探头只能探测LED的表面温度,而无法探测到LED的pn结的温度.那么,如何能够比较准确、快速地测量LED的结温呢?

LED综合特性实验内容可分为三个部分:第一部分研究LED的伏安特性、电光转换特性、输出光空间分布特性;第二部分研究如何测量LED的结温和热阻,以及在此基础上研究结温对LED电学、光学性能的影响;第三部分利用LED发出的三基色光观察混色现象,验证色光混合的相关定律.

实验目的

1. 了解LED的发光原理.
2. 测量LED的伏安特性.
3. 测量LED的电光转换特性.
4. 测量LED输出光空间分布特性.
5. 了解电学参数法测量LED结温的理论基础.
6. 学会筛选合适的脉冲电流源.
7. 了解结温对LED正向伏安特性曲线的影响.
8. 理解并掌握各电流下LED的电压与结温的关系.
9. 了解电流大小对LED结温测量的影响.
10. 了解结温对LED发光性能的影响.
11. 测量LED的稳态热阻.
12. 了解混色原理及相关定律.
13. 验证代替律.
14. 验证补色律.
15. 验证中间色律.
16. 验证亮度相加律.
17. 了解实现白光LED的方法.

实验原理

1. LED的发光原理.

LED是由p型和n型半导体组成的二极管(见图5-14-1).p型半导体中有相当数量的空穴,几乎没有自由电子.n型半导体中有相当数量的自由电子,几乎没有空穴.当两种半导体结合在一起形成pn结时,n区的电子(带负电)向p区扩散,p区的空穴(带正电)向n区扩散,在pn结附近形成空间电荷区与势垒电场.势垒电场会使载流子向扩散的反方向做漂移运动,最终扩散与漂移达到平衡,使流过pn结的净电流为零.在空间电荷区内,p区的空穴被来自n区的电子复合,n区的电子被来自p区的空穴复合,使该区内几乎没有能导电的载流子,所以又称为结区或耗尽层.

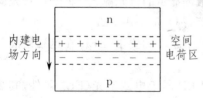

图 5-14-1 半导体 pn 结示意图

当加上与势垒电场方向相反的正向偏压时,结区变窄,在外电场作用下,p区的空穴和n区的电子就向对方扩散运动,从而在pn结附近产生电子与空穴的复合,并以热能或光能的形式释放能量. 采用适当的材料, 使复合能量以发射光子的形式释放, 就构成 LED. LED 发射光谱的中心波长由组成 pn 结的半导体材料的禁带宽度所决定, 采用不同的材料及材料组分, 可以获得发射不同颜色的 LED.

LED 的光谱线宽度一般有几十纳米, 可见光的光谱范围是 380～780 nm. 白光 LED 一般采用三种方法形成. 第一种是在蓝光 LED 管芯上涂敷荧光粉, 蓝光与荧光粉产生的宽带光谱合成白光. 第二种是将几种发不同色光的管芯封装在一个组件外壳内, 通过色光的混合构成白光 LED. 第三种是紫外 LED 加三基色荧光粉, 三基色荧光粉的光谱合成白光.

2. LED 的伏安特性.

LED 的伏安特性测试原理如图 5-14-2 所示.

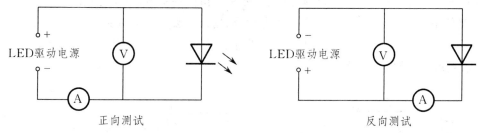

图 5-14-2 伏安特性测试原理图

伏安特性反映了在 LED 两端加电压时, 电流与电压的关系, 如图 5-14-3 所示.

在 LED 两端加正向电压, 当电压较小不足以克服势垒电场时, 通过 LED 的电流很小. 当正向电压超过死区电压 U_{th}(图 5-14-3 中的正向拐点)后, 电流随电压迅速增长.

正向工作电流是指 LED 正常发光时的正向电流值, 根据不同 LED 的结构和输出功率的大小, 其值在几十毫安到 1 A 之间. 正向工作电压是指 LED 正常发光时加在二极管两端的电压. 允许功耗是指加于 LED 的正向电压与电流乘积的最大值. 超过此值, LED 会因过热而损坏.

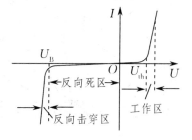

图 5-14-3 LED 的伏安特性曲线

LED 的伏安特性与一般二极管相似. 在 LED 两端加反向电压, 只有微安级反向电流. 反向电压超过击穿电压 U_B 后, LED 被击穿损坏. 为安全起见, 激励电源提供的最大反向电压应低于击穿电压.

3. LED 的电光转换特性.

LED 的电光转换特性测试原理如图 5-14-4 所示.

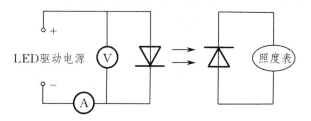

图 5-14-4 LED 电光转换特性测试原理图

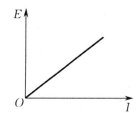

图 5-14-5 LED 电光转换特性曲线

图 5-14-5 反映 LED 发出的光在某截面处的照度与驱动电流的关系,其照度值 E 与驱动电流近似呈线性关系,这是因为驱动电流与注入 pn 结的电荷数成正比,在复合发光的量子效率一定的情况下,输出光通量与注入电荷数成正比,其照度正比于光通量.

4. LED 输出光空间分布特性.

由于 LED 的芯片结构及封装方式不同,输出光的空间分布也不一样,图 5-14-6 给出其中两种不同封装的 LED 的空间分布特性(实际 LED 的空间分布特性可能与图示存在差异). 图 5-14-6 中的发射强度是以最大值为基准,此时方向角定义为零度,发射强度定义为 100%. 当方向角改变时,发射强度(或照度)相应改变. 发射强度降为峰值的一半时,对应的角度称为方向半值角. LED 出光窗口附有透镜,可使其指向性更好. 如图 5-14-6(a) 的曲线所示,方向半值角大约为 $\pm 7°$ 左右,可用于光电检测、射灯等要求出射光束能量集中的应用环境;图 5-14-6(b) 所示为未加透镜的 LED,方向半值角大约为 $\pm 50°$,可用于普通照明及大屏幕显示等要求视角宽广的应用环境.

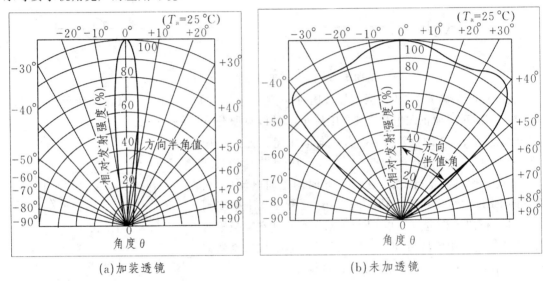

(a) 加装透镜   (b) 未加透镜

图 5-14-6   两种 LED 输出光的空间分布特性曲线图

5. LED 结温及结温测量方法介绍.

研究 LED 热特性的主要内容是测量 LED 的结温和热阻,而测量热阻的前提是准确测量结温,所以准确测量 LED 的结温是研究 LED 热特性的基础.

LED 的基本结构是一个半导体的 pn 结,pn 结的温度就是 LED 的结温,由于元件芯片尺寸很小,因此也可把 LED 芯片的温度视为结温.

目前测量 LED 结温的方法包括:电学参数法、管脚法、蓝白比法、红外热成像法、光谱法等,其中电学参数法被认为是目前结温测量最准确的方法而广泛采用. 电学参数法又包括小电流 K 系数法和脉冲法,两者都是利用 LED 电压与结温的关系,通过测量电压来求结温. 关于这两种方法的具体实现将在后面的内容中进行详细介绍.

6. LED 正向电压与结温的关系.

根据二极管的肖克利(Shockley) 模型,LED 的伏安特性为

$$I = I_S\left[\exp\left(\frac{eU}{kT}\right)-1\right] \approx I_S\exp\left(\frac{eU}{kT}\right), \tag{5-14-1}$$

式中 I,U 为流过 LED 的 pn 结的电流和 pn 结的端电压;I_S 为反向饱和电流;$e = 1.6 \times 10^{-19}$ C,为电子电量;$k = 1.38 \times 10^{-23}$ J/K,为玻尔兹曼常量;T 为绝对温度.I_S 是温度的函数,在半导体材料杂质全部电离、本征激发可以忽略的条件下,有

$$I_S = Ae\left(\sqrt{\frac{D_n}{\tau_n}}\frac{n_i^2}{N_A} + \sqrt{\frac{D_p}{\tau_p}}\frac{n_i^2}{N_D}\right), \tag{5-14-2}$$

式中 A 是结面积;D_n,D_p 是电子和空穴的扩散系数;τ_n,τ_p 是少数电子寿命和少数空穴寿命;N_A,N_D 分别是掺入的受主浓度和施主浓度;n_i 为本征半导体浓度,且

$$n_i^2 = N_C N_V \exp\left(-\frac{eU_{g0}}{kT}\right), \tag{5-14-3}$$

$$N_C = 2\left(\frac{m_n^* kT}{2\pi\hbar^2}\right)^{\frac{3}{2}}, \quad N_V = 2\left(\frac{m_p^* kT}{2\pi\hbar^2}\right)^{\frac{3}{2}}, \tag{5-14-4}$$

其中 N_C,N_V 分别为导带和价带的有效态密度;m_n^*,m_p^* 分别为电子和空穴的有效质量;U_{g0} 是绝对零度时 pn 结材料的导带底和价带顶的电势差.因为(5-14-2)式中两项的情况相似,所以只需考虑第一项即可.因 D_n 与温度 T 有关,设 D_n/τ_n 与 T^γ 成正比,γ 为一常数,则有

$$I_S = Ae\left(\sqrt{\frac{D_n}{\tau_n}}\frac{n_i^2}{N_A} + \sqrt{\frac{D_p}{\tau_p}}\frac{n_i^2}{N_D}\right) \propto T^{3+\frac{\gamma}{2}}\exp\left(-\frac{eU_{g0}}{kT}\right), \tag{5-14-5}$$

所以有

$$I_S = CT^\beta\exp\left(-\frac{eU_{g0}}{kT}\right), \tag{5-14-6}$$

式中 C,β 为常数.由上式可得

$$U = U_{g0} - \frac{k}{e}\ln\left(\frac{C}{I}\right) \cdot T - \frac{k\beta T}{e}\ln T. \tag{5-14-7}$$

(5-14-7)式表示一般 pn 结的电压与电流和温度的函数关系,从中可以看出,当电流 I 一定时,U 仅随 T 的变化而变化,且结温越大,电压越低,于是可以通过测量电压得到结温,这就是电学参数法的理论基础.定义电压温度系数 K 为

$$K = \frac{dU}{dT} = -\frac{k}{e}\ln\left(\frac{C}{I}\right) - \frac{\beta k}{e} - \frac{\beta}{e}\ln T. \tag{5-14-8}$$

由上式可知,影响 K 的因素有电流 I 和温度 T,但当 I 很小时,K 的值取决于上式右边第一项,而在一定温度范围内,末项中 T 的影响较小,所以当电流为很小的恒定电流时,电压温度系数 K 近似为常数.于是(5-14-8)式就可以表示为

$$T = \frac{U - U_0}{K} + T_0, \tag{5-14-9}$$

U_0,T_0 为初始时的电压和结温,这就是小电流 K 系数法的理论基础.

应当指出,由于实际 LED 样品不可能是一个理想的 pn 结,因此(5-14-8)式所描写的并不是严格的定量关系.

利用小电流 K 系数法测量 LED 结温要分两步进行:

(1) 标定 K.给 LED 通一小的测量电流 I_M,在不同的环境温度下,测量对应的电压 U_M,求得系数 K.

(2) 测结温. 在规定的环境温度条件下,给被测 LED 施加小的测量电流 I_M,得到正向电压 U_M,用加热电流 I_H 替代 I_M,待达到热稳定并建立热平衡后,快速用测量电流 I_M 替代 I_H,测得正向电压 $U_{M'}$,根据标定的 K,求得此时的结温 T_{Ji}.

K 系数的确定要考虑的因素有很多,其中最关键的是选择测量电流 I_M 必须足够大,以便获得一个不被表面漏电流影响的可靠的正向电压读数,但也要足够小,不会引起器件产生明显的自热行为,这就给测量电流 I_M 的选择带来难度. 一般测量电流 I_M 的大小取决于被测 LED 的额定电流或功率大小,通常取 $0.1 \sim 5.0$ mA. 另外,将加热电流 I_H 切换至 I_M 的时间应尽量短,避免 LED 出现较大的降温,建议在 $50\ \mu s$ 以下;加热电流 I_H 的大小一般为被测 LED 的额定电流.

小电流 K 系数法的局限性在于:测试时必须首先将该 LED 从原来的线路中断开,然后用专门的结温测试电源——脉冲恒流源供电.

7. 脉冲法测量 LED 结温.

脉冲法是一种测量结温的新方法,2008 年由美国 NIST 实验室的 Zong YuQin 先生提出,它与目前最常用的小电流 K 系数法一样,同属于电学参数法.

利用脉冲法测量 LED 结温也分两步进行:

(1) 研究电压与结温的关系. 通过给 LED 注入恒定的窄脉冲电流(使得通电时间内产生的热量对结温温升的影响有限),脉冲电流幅值与额定工作电流相等,同时通过减小占空比①使得脉冲电流断开后热量有足够的时间散出去. 确定脉冲源后,分别测量 LED 在不同温度下的正向电压(在热平衡条件下结温等于环境温度),获得额定电流下正向电压与结温的关系曲线.

(2) 在 LED 正常工作时,通过测量 LED 两端电压,根据已经求出的电压与结温的函数关系得到 LED 的结温.

与小电流 K 系数法相比,脉冲法最大的好处就是无须改变原来系统的连接关系,可直接测量. 由于可以选取 LED 的工作电流为测试电流,一旦结温与电压的关系确定,只需想办法读取待测 LED 两端的电压数据,而不需要专门的测试电源对 LED 供电,也就不用改变原来系统的连接关系,因而使得测试过程大大简化.

脉冲法测量 LED 结温的关键在于脉冲源必须保证工作电流下 LED 没有严重的自热行为,这就包括脉冲的宽度和占空比的选择.

LED 在宽脉宽、大占空比的脉冲电流下结温随时间的变化关系可近似如图 5-14-7 所示.

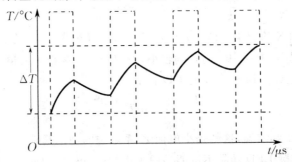

图 5-14-7 LED 在宽脉宽、大占空比的脉冲电流下结温随时间的变化关系

---

① 占空比(duty ratio)是指在一串理想的脉冲周期序列中(如方波),正脉冲的持续时间与脉冲总周期的比值. 例如,脉冲宽度 $1\ \mu s$、信号周期 $4\ \mu s$ 的脉冲序列占空比为 0.25.

从图 5-14-7 可以看出,当脉冲电流脉宽较大、占空比较大时,结温的增量 ΔT 将随着时间累积增加.如果选择合适的窄脉宽和小占空比的脉冲电流,那么结温随时间的变化情况近似如图 5-14-8 所示.

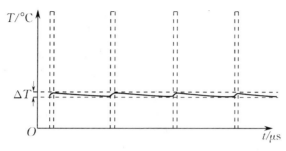

图 5-14-8 LED 在窄脉宽、小占空比的脉冲电流下结温随时间的变化关系

由图 5-14-8 可见,脉宽越小时,一个脉宽作用下引起的温升 ΔT 也越小.若第二个同样的窄脉冲到来之前,LED 有足够长的散热时间(即占空比足够小),那么前一个脉冲引起的温升将得到抵消.当第二个、第三个……脉冲来临时,将重复第一个脉冲周期内的结温变化情况.

由以上分析可知,脉冲宽度越小,占空比越小,通电电流引起的温升就越小,结温测量越准确.那么如何确定脉宽和占空比呢?

设芯片面积为 1.2 mm × 1.2 mm,厚度为 0.2 mm,InGaN 衬底.由于外延层很薄,忽略外延层材料与衬底之间的差异,不考虑电极的影响,那么芯片的体积为 2.88×10^{-4} cm³. InGaN 的密度约为 6.15 g/cm³,故芯片质量 m 约为 1.77×10^{-3} g,其比热 c 约为 0.5 J/(g·℃).工作电流为 0.35 A,室温时工作电压约 3.24 V,其中约 85% 的电功率转变为热,那么在不考虑芯片向周围环境散热的情况下,LED 接通电流后,短时间内 LED 芯片的温升 ΔT(单位:℃)与时间 t(单位:s)的关系可由下式表示:

$$\Delta T = \frac{\eta UI}{c \cdot m} \cdot t = \frac{0.85 \times 3.24 \text{ V} \times 0.35 \text{ A}}{0.5 \text{ J/(g·℃)} \times 1.77 \times 10^{-3} \text{ g}} \cdot t = 1.09 \times 10^3 \text{ ℃/s} \cdot t.$$

(5-14-10)

由上式可知,若在一个脉冲宽度为 10 μs 的窄脉冲作用下,LED 芯片的温升 ΔT 约为 0.01 ℃,和室温相比可忽略不计.以上分析结果为估计值.

确定脉宽后,再来考虑占空比,即散热时间的确定.若散热时间不够,降温的效果小于升温的效果,则温升会随着时间进行积累.若对每一个脉宽内某固定点进行电压采样,根据电压和结温的对应关系,若结温随时间累积变化,则采样的电压也会随时间变化.若电压不随时间变化,说明降温抵消掉了之前的升温,即此时选择的占空比能使 LED 有足够的散热时间.

8.结温对 LED 发光性能的影响.

LED 的光通量或照度受结温的影响较大,随着结温的升高,LED 光通量减小,同一截面上照度也随之减小;结温下降时,LED 的光通量或照度增加.一般情况下(正常工作时),这种情况是可逆的和可恢复的,当结温回到原来的值,光通量或照度也会回到原来的状态.LED 光通量或照度随结温(室温 ~ 120 ℃)的变化关系大致如图 5-14-9 所示.

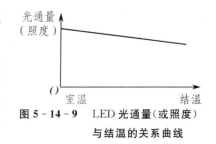

图 5-14-9 LED 光通量(或照度)与结温的关系曲线

9. LED 热阻.

热阻是导热介质两端的温度差与通过热源功率的比值(单位:℃/W 或 K/W),LED 的热阻定义为

$$R_{\theta(\mathrm{J-X})} = \frac{T_\mathrm{J} - T_\mathrm{X}}{P_\mathrm{H}}, \tag{5-14-11}$$

式中 $R_{\theta(\mathrm{J-X})}$ 为 LED 的 pn 结到指定参考点之间的热阻;T_J 为测试条件稳定时 LED 的结温(即上文中的 T,此处为区别于 T_X,特意添加了下标);T_X 为指定参考点的温度;P_H 为 LED 的热耗散功率. 目前,一般输入的电能中约 85% 因无效复合而产生热量,故上式又可近似写为

$$R_{\theta(\mathrm{J-X})} = \frac{T_\mathrm{J} - T_\mathrm{X}}{0.85P} = \frac{T_\mathrm{J} - T_\mathrm{X}}{0.85UI}, \tag{5-14-12}$$

其中,U 和 I 分别为 LED 两端的电压与流过 LED 的正向电流.

从热阻的定义公式可知,当输入功率一定时,热阻越小,则结温与参考点的温度差越小,即此段散热通道上的散热能力越强,所以通过减小 LED 散热通道热阻的方法能够降低 LED 的结温,从而可有效延长 LED 的寿命、改善发光效率等.

10. 混色理论.

实验证明,各种颜色可以相互混合. 两种或几种颜色相互混合,将形成不同于原来颜色的新颜色. 颜色混合有两种方式:色光混合和色料混合(见图 5-14-10).

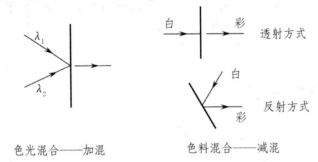

图 5-14-10 两种颜色混合方式示意图

色光混合是不同颜色光的直接混合. 混合色光为参加混合各色光之和,故又称之为加混色.

色料是指对光有强烈选择吸收的物质,它们在白光照明下呈现一定的颜色. 色料混合是从白光中去除某些色光,从而形成新的颜色,故又称之为减混色.

(1) 格拉斯曼颜色混合定律.

大量的混色实验揭示了颜色混合的许多现象. 据此,格拉斯曼(H. Grassman)于 1854 年总结出色光混合的几个基本规律(即格拉斯曼颜色混合定律),它是建立现代色度学的基础. 需要注意的是,格拉斯曼颜色混合定律适用于色光混合,不适用于色料混合.

① 颜色的属性.

人眼的视觉只能分辨颜色的三种变化:明度、色调、饱和度. 这三种特性可以统称为颜色的三属性.

明度是指人眼对物体的明暗感觉. 发光物体的亮度越高,则明度越高;非发光物体反射比越高,明度越高.

色调是指彩色图像彼此相互区分的特性.可见光谱中不同波长的辐射在视觉上表现为各种色调,如红、橙、黄、绿、青、蓝、紫等.

饱和度表示物体颜色的浓淡程度或颜色的纯洁性.可见光谱的各种单色光的饱和度最高,颜色最纯,白光的饱和度最低.单色光掺入白光后,饱和度将降低;掺入白光越多,饱和度就越低,但它们的色调不变.物体颜色的饱和度取决于物体表面反射光谱辐射的选择性程度.若物体对光谱某一较窄波段的反射率很高,而对其他波段的反射率很低,这一波段的颜色的饱和度就高.

② 补色律和中间色律.

在由两个成分组成的混合色中,如果一个成分连续变化,混合色的外貌也连续地变化,由此导出两个定律:补色律和中间色律.

补色律:每种颜色都有一个相应的补色;某一颜色与其补色以适当的比例混合,便产生白色或灰色;以其他比例混合,便产生接近占有比例大的颜色的非饱和色.

中间色律:任何两种非补色混合,便产生中间色,其色调决定于两种颜色的相对数量,其饱和度主要决定于两者在色调顺序上的远近.

③ 代替律.

代替律指出外貌相同(即明度、色调、饱和度相同)的颜色混合后仍相同.

如果颜色 $A=$ 颜色 B,颜色 $C=$ 颜色 D,那么颜色 $A+$ 颜色 $C=$ 颜色 $B+$ 颜色 D.由代替律知道,只要在视觉上相同的颜色,便可以互相代替.设 $A+B=C$,如果没有颜色 B,而 $x+y=B$,那么 $A+(x+y)=C$.这个由代替而产生的混合色与原来的混合色在视觉上是相同的.

④ 亮度相加律.

混合色的总亮度等于组成混合色的各颜色光亮度的总和.假定参加混色的各色光亮度分别为 $L_1,L_2,\cdots,L_n$,则混合色光的光亮度 L 为 $L=L_1+L_2+\cdots+L_n$.

(2) 颜色匹配.

通过改变参加混色各颜色的量,使混合色与指定颜色达到视觉上相同的过程,称为颜色匹配.从大量的颜色匹配实验中,可以得到如下的结论:

① 红、绿、蓝三种颜色以不同的量值(有的可能为负值)相混合,可以匹配任何颜色.

② 红、绿、蓝不是唯一的能匹配所有颜色的三种颜色.三种颜色,只要其中的每一种都不能用其他两种混合产生出来,就可以用它们匹配所有的颜色.

能够匹配所有颜色的三种颜色,称为三基色.人们通常选用红(R)、绿(G)、蓝(B)作为三基色,其原因可能是:用不同量的红、绿、蓝三种颜色直接混合,几乎可得到经常使用的所有颜色;红、绿、蓝三种颜色恰与人的视网膜上红视锥、绿视锥和蓝视锥细胞所敏感的颜色相一致.

(3) 白光的实现.

在能源日趋紧张和环保压力日益加大的情况下,使用白光 LED 照明是节能环保的重要途径.

白光是一种组合光,白光 LED 有单芯片、双芯片和三芯片等实现方式.

单芯片方式包括蓝光/黄荧光粉、蓝光/(红+绿)荧光粉、紫外光/(红+绿+蓝)荧光粉,其中蓝光/黄荧光粉是一种目前较为成熟的实现方式.

双芯片方式是指白光 LED 可由蓝光 LED+黄光 LED、蓝光 LED+黄绿 LED 以及蓝绿 LED+黄光 LED 制成,此种器件成本比较便宜,但由于是两种颜色 LED 形成的白光,显色性较差,只能在显色性要求不高的场合使用.

三芯片方式是指红光 LED+绿光 LED+蓝光 LED 组合方式.

另外,还有四芯片方式,即红光 LED+绿光 LED+蓝光 LED+黄光 LED 组合方式,可得到显色指数较高的白光.

实验仪器

实验仪器如图 5-14-11 所示,主要由激励电源、LED 特性测试仪、温控仪、温控测试台、照度①检测探头、LED 光发射器、直线导轨、LED 样件盒、混色器、混色控制盒、屏等组成.

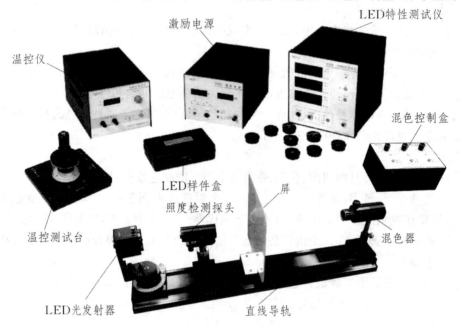

图 5-14-11 LED 综合特性实验仪示意图

1. 激励电源.

激励电源为 LED 提供驱动电源,有稳压与稳流两种输出模式.稳压模式分为 0~4 V 和 0~36 V 挡,稳流模式分为 0~40 mA 和 0~350 mA 挡,可通过激励电源面板上的按键进行相应挡位切换并可通过旋转编码开关实现电压和电流输出的大小调节,顺时针旋转增加电压、电流输出,逆时针旋转减小电压、电流的输出,且编码开关旋转越快,电压电流值改变幅度越大.由于编码开关调节时存在一定的最小调节间隔,且不同挡位最小间隔不同,因此电流或电压不能进行连续调节.当测试仪未处于"测试"状态时,若顺时针旋转编码开关,此时激励电源会出现报警,按红色"复位"键可停止报警.

稳压 0~4 V 挡用于 LED 正向测试.

稳压 0~36 V 挡用于 LED 反向测试.

稳流 0~40 mA 挡用于高亮型 LED 的空间分布特性和正向伏安特性测试.

---

① 照度表示被照射主体表面单位面积上所得到的光通量,用 E 表示,单位为 lx(勒克斯).当发光强度不变时,照度与光发射距离的平方成反比.

稳流 0 ～ 350 mA 挡用于功率型 LED 的空间分布特性和正向伏安特性测试.

2. LED 特性测试仪.

测试仪显示部分包含电压表、电流表、照度表.

电压表显示范围：－9.99 ～ 9.999 V，最小分辨力 1 mV.

电流表显示范围：正向 0 ～ 999.9 mA，最小分辨力 0.01 mA；反向 －19.99 ～ 0 μA，最小分辨力 0.01 μA.

照度表显示范围：0 ～ 19 990 lx，最小分辨力 1 lx.

测试仪处于未测试状态时，三只表均只在最低位上显示一个"0"，以区别于测试状态时的实际测量值.

测试仪具有电压/电流方向切换功能，用于测量 LED 的正向或反向特性.

测试仪在做"正向"实验时具有"直流/脉冲"驱动切换功能，在脉冲模式下（脉宽为固定值 10 μs）还可选择三种不同的占空比，分别为 1∶50，1∶100，1∶1 000（直流模式下占空比为 1∶1）.长按"直流/脉冲"切换按钮 2 s，可进行直流或脉冲之间的相互切换；短按"直流/脉冲"切换按钮，可在三种不同脉冲占空比下进行切换.

测试仪开机默认为直流驱动模式，且处于正向未测试状态.

3. LED 样件盒.

装有红、绿、蓝、白色 4 种高亮型 LED 和红、绿、蓝、白色 4 种功率型 LED，各 LED 的正向最大电压、最大电流值见其外壳表面，所有 LED 反向电压均应小于等于 4 V.

4. LED 光发射器.

用于方便地安装 LED 样件，并与 LED 样本结合构成 LED 光发射源.它可以正、反向 90°旋转并由刻度盘指示旋转角度，用于测量 LED 输出光空间分布特性.

5. 照度检测探头.

用于检测当前位置 LED 出射光的照度值，并与测试仪的照度表一起构成照度计.照度检测探头所采用的照度传感器的光谱响应接近人眼视觉的光谱灵敏度特性，峰值灵敏度波长为 560 nm.请勿将该照度检测探头用于本实验之外的场合，应特别注意勿对准强光.

6. 温控测试台.

包括加热腔、温度传感器、待测 LED、透明防风罩、照度检测探头.

7. 温控仪.

控温范围为室温 ～ 120.0 ℃（控温最小间隔 10 ℃），控温精度优于 0.5 ℃，温度显示分辨力 0.1 ℃.控温方式为单向加热、自然散热、无制冷功能.温度显示屏上短暂显示目标温度和长时间显示测量温度.当温控仪上的"工作/停止"按钮切换为"工作"时，温度显示屏旁边的"工作指示"灯亮，加热腔将根据目标温度进行控温；当切换为"停止"时，温度显示屏旁边的"工作指示"灯灭，加热腔停止控温，但温控仪会显示测量温度.每次更换目标温度时，必须先按下温控仪上的"工作/停止"按钮，使其处于"停止"状态，然后重新设置目标温度，设置好目标温度后再按一次"工作/停止"按钮，使其处于"工作"状态.两次按下"工作/停止"按钮的间隔时间须大于 3 s，否则加热腔可能无法正常工作.

8. 混色器.

内含三基色（红、绿、蓝）LED 各一个.混色器具有限流功能，避免各 LED 因电流过大而烧坏.出光孔与三基色 LED 所在平面的距离可调.出光孔处可外接荧光片.

9. 混色控制盒.

与激励电源和混色器相连,采用三个数字电位器分别连续控制混色器上各色 LED 电流的大小,采用三个按键开关分别对各色 LED 进行通断切换. 顺时针旋转数字电位器为增大电流.

10. 屏.

白屏用于接收来自混色器的图像,有助于理解相关混色理论.

注意:

(1) 激励电源面板上显示的电压和电流值是激励电源输出端的参量,并非加载到 LED 上的参数,LED 的电压、电流值应查看测试仪上电压表和电流表的显示值.

(2) 为保证 LED 正常工作,加载到 LED 上的电压、电流值勿超过 LED 封装外壳表面给出的最大电压或电流值,以免损坏 LED.

(3) 测试前需将激励电源输出调至小于 0.3 V 后才能开始测试,否则将报警.

(4) 当正向测试激励电源输出电压超过 3.9 V($\pm$0.1 V) 或 LED 反向电压超过 4.85 V、反向电流超过 7.00 μA 或正向电流超过 350.0 mA 时,测试仪开始预报警,报警红灯闪烁并发出"嘟、嘟……"的报警声. 出现预报警时,可将该电学参量值调至低于预报警值,即可消除预报警.

(5) 当正向测试激励电源输出电压超过 4.0 V($\pm$0.1 V) 或 LED 反向电压超过 4.95 V、反向电流超过 10.00 μA 或正向电流超过 360.0 mA 时,测试仪将停止测试,电流显示为零,同时测试仪上报警灯熄灭,而激励电源报警红灯常亮,报警声持续常响,按激励电源上的"复位"键可停止报警.

(6) 测试过程中,测试仪方向选择功能一旦锁定,就无法通过点击方向按钮进行换向操作.

(7) 测试过程中,若驱动信号消失(如测试仪上电源输出线或 LED 驱动输出线脱落),测试仪会立即停止测试,激励电源报警.

(8) 若照度检测探头连接线脱落,照度表显示为"0",但不会报警. 重新连接好后,照度表恢复正常,显示当前实际照度.

(9) 若温度传感器连线脱落,温度表显示会迅速溢出,只有最高位显示"1".

(10) 在温控仪上每次更换目标温度时,必须先按下温度仪上的"工作/停止"按钮,使其处于"停止"状态,然后重新设置目标温度. 设置好目标温度后再按一次"工作/停止"按钮,使其处于"工作"状态. 两次按下"工作/停止"按钮间隔时间须大于 3 s,否则加热腔可能无法正常工作.

实验内容

一、LED 基本特性实验

主要研究 LED 的电学、光学特性,包括 LED 的伏安特性、电光转换特性,以及输出光空间分布特性. 用到的实验装置包括激励电源、LED 特性测试仪、LED 样件盒、LED 光发射器、直线导轨和照度检测探头.

实验前打开激励电源和 LED 特性测试仪(以下简称测试仪),预热 10 min.

1. 测量伏安特性与电光转换特性.

将 LED 样品紧固在 LED 光发射器上,发射器方向指示线对齐 0°. 将照度检测探头移至距 LED 灯 10 cm 处,调节探头的高度和角度,使其正对 LED 发射器.

(1) 测量 LED 样品的反向特性

① 点击测试仪上的方向按钮,点亮"反向"指示灯.

② 激励电源输出模式选为"稳压",电源输出选择 0～36 V 挡,"稳压,36 V 挡"状态指示灯亮.点击测试仪上的"测试"按钮,点亮测试状态指示灯.

③ 将激励电源上"输出调节"旋钮顺时针旋转,记录 −1～−4 V(间隔 1 V 左右)各电压下的反向电流值于表 5-14-1 或表 5-14-2(电压值以距设定值最近的实际电压值为准).

④ 数据记录完毕后,点击"复位"按钮,电流归零,反向特性实验结束.

(2) 测量 LED 样品的正向特性

① 点击测试仪上的方向按钮,点亮"正向"指示灯.

② 激励电源输出模式选为"稳压",电源输出选择 0～4 V 挡,"稳压,4 V 挡"状态指示灯亮.

③ 顺时针旋转"输出调节"旋钮,调节电压至正向前三组设定值附近(见表 5-14-1 或表 5-14-2,包括 0 V),记录对应的电流和照度值(注:由于材料特性,同类型的红色 LED 与其他颜色 LED 的电学参数差异较大,绿、蓝、白色 LED 的电学参数相近,故表中红色 LED 的正向电压设定值与其他颜色 LED 不同.)

④ 点击"复位"按钮,电流归零.若样品为高亮型 LED,将激励电源输出模式切换为"稳流,40 mA 挡";若为功率型 LED,选择"稳流,350 mA 挡".顺时针旋转"输出调节"旋钮,按表 5-14-1 或表 5-14-2 设计的电流值改变电流(接近即可),记录电压、照度值于表 5-14-1 或表 5-14-2 中.

(3) 数据记录完毕后,点击"复位"按钮,电流归零.点击"测试"按钮,测试状态指示灯灭,否则更换样品时可能出现短暂报警.

(4) 更换样品,重复以上正、反向特性测试步骤.

注意:

(1) 严禁在反向测试时使用电流源即稳流模式作为 LED 的驱动电源!

(2) 严禁在正向电流较大时(高亮型 > 2 mA,功率型 > 20 mA)使用稳压源作为 LED 的驱动电源!

表 5-14-1 高亮型 LED 伏安特性与电光转换特性的测量

红色	电压/V	−4	−3	−2	−1	0	0.5	1.0							
	电流/mA						0.1	0.2	0.5	1	2	4	8	12	16	20
	照度/lx															
绿色	电压/V	−4	−3	−2	−1	0	1.0	2.0							
	电流/mA						0.1	0.2	0.5	1	2	4	8	12	16	20
	照度/lx															
蓝色	电压/V	−4	−3	−2	−1	0	1.0	2.0							
	电流/mA						0.1	0.2	0.5	1	2	4	8	12	16	20
	照度/lx															
白色	电压/V	−4	−3	−2	−1	0	1.0	2.0							
	电流/mA						0.1	0.2	0.5	1	2	4	8	12	16	20
	照度/lx															

表 5-14-2　功率型 LED 伏安特性与电光转换特性的测量

红色	电压 /V	−4	−3	−2	−1	0	0.5	1.0						
	电流 /mA						1	2	5	10	20	40	80	120	160	200
	照度 /lx														
绿色	电压 /V	−4	−3	−2	−1	0	1.0	2.0						
	电流 /mA						1	2	5	10	20	40	80	120	160	200
	照度 /lx														
蓝色	电压 /V	−4	−3	−2	−1	0	1.0	2.0						
	电流 /mA						1	2	5	10	20	40	80	120	160	200
	照度 /lx														
白色	电压 /V	−4	−3	−2	−1	0	1.0	2.0						
	电流 /mA						1	2	5	10	20	40	80	120	160	200
	照度 /lx														

注：表 5-14-1、表 5-14-2 中电流单位为 mA，在记录反向电流值时注意单位换算；表 5-14-2 中功率型 LED 在电流较大时，由于热效应，随着通电时间增加，其电压会逐渐降低，电流越大，热效应越明显，实验时，为减小热效应对伏安特性测量的影响，应尽量缩短做大电流驱动实验的时间．

2. LED 输出光空间分布特性测试．

仪器操作方法与"测量 LED 样品正向特性"实验相同，照度检测探头保持不动．

(1) 将 LED 样品紧固在 LED 光发射器上，在"稳流"模式下调节驱动电流至设定电流（高亮型 LED，驱动电流保持在 18 mA 左右；功率型 LED，驱动电流保持在 200 mA 左右）．

(2) 松开 LED 光发射器底部的锁紧螺钉，缓慢旋转发射器，观察照度的变化，以照度最大处对应的角度为基准 0°，并记录基准 0°与刻线 0°的差值——零差（规定俯视时以零刻度线为准，顺时针方向为负，逆时针方向为正），以后的角度读数减去零差，才是实际转动角度．

(3) 对高亮型 LED，每隔 2°测量一次照度的变化，实验数据记入表 5-14-3；对功率型 LED，每隔 10°测量一次照度的变化，实验数据记入表 5-14-4．

(4) 数据记录完毕后，点击"复位"按钮，电流归零．点击"测试"按钮，测试状态指示灯灭，否则更换样品时可能出现短暂报警．

(5) 更换样品，重复以上测试步骤．

表 5-14-3　高亮型 LED 输出光空间分布特性测量

实际转动角度 /(°)		−14	−12	−10	−8	−6	−4	−2	0	2	4	6	8	10	12	14
照度 /lx	红色															
	绿色															
	蓝色															
	白色															

表 5-14-4　功率型 LED 输出光空间分布特性测量

实际转动角度 /(°)		−70	−60	−50	−40	−30	−20	−10	0	10	20	30	40	50	60	70
照度 /lx	红色															
	绿色															
	蓝色															
	白色															

二、LED 热学特性研究及应用

主要研究如何测量 LED 的结温和热阻,以及结温对 LED 电学、光学特性的影响.用到的实验装置包括激励电源、LED 特性测试仪(以下简称测试仪)、温控仪、温控测试台等.

实验说明:

(1) 由于温控箱控温时间较长,为了节省实验时间,建议在同一个温度下把所有该温度下的实验做完,再做下一个温度下的实验.

(2) 设计实验表格是为了说明变量对实验的影响,方便最后的数据统计与分析.

以上两个因素由于无法同时兼顾(比如,在研究结温对伏安特性的影响时,进行了一系列的升温控制,而在测量稳态热阻时,又需要将 LED 置于室温下,于是又得降温,而加热腔散热时间很长,导致实验的大部分时间浪费在控温上面),因此以下实验的数据表格并未按照实验步骤的顺序进行设计,但在步骤中会说明将实验数据填入某表格相应位置.在不影响实验结果(一般为重复性较好的实验)的情况下,尽量在一个温度下完成该温度下的所有实验,然后再做下一个温度下的实验,这样将节省大量的实验时间,提高实验效率,避免重复控温.

实验步骤如下:

(1) 将待测 LED 置于加热腔内,保证温度探头和 LED 金属热沉表面良好接触.盖好加热腔的盖子,在盖子上方安放好照度检测探头.

(2) 正确连接线路.打开激励电源、测试仪的电源开关进行预热,确认温控仪的"工作/停止"切换按钮处于"停止"状态,然后打开温控仪的电源开关.

(3) 待 LED 表面温度稳定(注:室温下温控仪未控温),将激励电源调为"稳流,350 mA"状态.

(4) 测试仪上"方向选择"为"正向".长按测试仪上"直流/脉冲"切换按钮,将脉冲电流源调为占空比1∶1 000状态.按下"测试"按钮,旁边的指示灯亮,此时测试仪处于测试状态.

(5) 迅速顺时针旋转激励电源上的"输出调节"旋钮,调节电流使测试仪上电流表显示为额定电流300.0 mA(或附近),此时立即按下秒表开始计时,并每隔0.5 min记录一次电压值和LED表面温度于表5-14-5中相应位置.共记录5 min.

(6) 记录5 min后(记得最后将秒表清零,下同),逆时针旋转"输出调节"旋钮,测量脉冲电流幅值为300～5 mA(实际值与设定值接近即可)时,各电流下的电压值,将室温(即LED表面温度)和测得的电压值记录于表5-14-6中第一列.

(7) 迅速顺时针旋转激励电源上的编码开关,调节电流使测试仪上电流表显示为300.0 mA(或附近).

(8) 短按一次"直流/脉冲"切换按钮,将占空比改为1∶100,此时立即按下秒表开始计时,并每隔0.5 min记录一次电压值和LED表面温度于表5-14-5中相应位置.共记录5 min,此时测得的表面温度略有上升,然后点击"复位"按钮,电流归零,使LED自然降温.将占空比调为1∶1 000状态.

(9) 待LED表面温度稳定,重复步骤(7).快速短按两次"直流/脉冲"切换按钮,将占空比改为1∶50,此时立即按下秒表开始计时,并每隔0.5 min记录一次电压值和LED表面温度于表5-14-5中相应位置.共记录5 min,然后点击"复位"按钮,电流归零,使LED自然降温.将占空比调为1∶1 000状态.

(10) 仍然在室温下(不控温),重复步骤(7).长按测试仪上"直流/脉冲"切换按钮,将电流源调为直流模式(即占空比1∶1状态),在电流模式变为直流的同时按下秒表,在0～1 min内,每隔10 s迅速记录一次电压和照度值(电压和照度变化很快,需快速记录),之后的间隔时间见表5-14-7(表5-14-7中结温待最后对数据进行分析得出结温与电压的关系后再通过电压进行换算得到),记录电压和照度值,共记录10 min(LED一般在10 min后已基本稳定).

(11) 记录最后稳定时(即电压不再变化)的电压和表面温度(即参考点温度)于表5-14-8中,用于求LED的稳态热阻(表5-14-8中结温由电压换算得到).实验完后长按"直流/脉冲"切换按钮,将脉冲电流源调为占空比1∶1 000状态.

(12) 调节温控箱中的温度,以室温为最小值,以10 ℃左右的温度间隔递增(若时间较为紧凑可间隔20 ℃,不过这样得到的电压结温关系的准确性稍差).待温度恒定,在每个恒定温度下测量脉冲电流幅值为5～300 mA范围内LED的正向伏安特性,将温度(即结温)和测得的电压记录于表5-14-6中相应位置.

(13) 实验完毕,点击"复位"按钮,电流归零,取下照度检测探头,关闭各仪器开关电源,整理好连接导线.

1. 筛选合适的脉冲电流源.

本内容旨在说明当脉冲源脉宽为固定窄脉宽,且单个脉宽内引起的LED的温升可忽略不计的情况下,占空比对结温测量准确性的影响,通过本实验可以确定满足结温准确测量条件的脉冲源.

表 5-14-5　不同占空比下，LED 电压 U、表面温度 T_B 与时间 t 的关系

室温：_____℃　　电流幅值：_____mA　　脉宽：10 μs

占空比	1 : 1 000		1 : 100		1 : 50	
时间 t/min	电压 U/mV	表面温度 T_B/℃	电压 U/mV	表面温度 T_B/℃	电压 U/mV	表面温度 T_B/℃
0						
0.5						
1.0						
1.5						
2.0						
2.5						
3.0						
3.5						
4.0						
4.5						
5.0						
5 min 内各参数改变量						

2.测量各结温下 LED 的正向伏安特性曲线.

采用脉冲法测量 LED 的正向伏安特性，脉冲源采用上面内容中筛选出来的、通电引起的温升很小的脉冲源.由于通电引起的温升很小甚至可忽略，得到的伏安特性曲线是严格的一定温度下的伏安特性曲线，故可以研究不同结温对 LED 电学性能的影响.

表 5-14-6　各结温下 LED 的伏安特性

电流 /mA	各结温下 LED 两端的电压 /mV										
	℃	℃	℃	℃	℃	℃	℃	℃	℃	℃	℃
5											
10											
30											
60											
100											
150											
200											

续表

电流 /mA	各结温下 LED 两端的电压 /mV										
	℃	℃	℃	℃	℃	℃	℃	℃	℃	℃	℃
250											
300											

3. 研究各电流下 LED 的电压与结温关系曲线.

根据表 5-14-6 的数据,以电压为纵轴、结温为横轴、电流为参变量,绘出不同电流下 LED 的电压与结温的关系曲线族. 观察各电流下 LED 的电压与结温是否呈线性关系. 小电流 (5 mA) 与大电流 (300 mA) 时, 电压与结温的线性度有何差异?若有差异, 理论上如何解释? (提示:见原理部分 (5-14-7) 式和 (5-14-8) 式)

4. 研究额定电流时结温与电压的关系.

对上面内容中额定电流下的电压与结温数据进行线性拟合,根据线性拟合函数计算出最大结温测量偏差. 若该偏差较大(如大于 5 ℃), 则说明在额定电流下若要更加准确地测量结温与电压的关系应该采用非线性拟合方式, 为简便起见, 可采用更高一次的二次多项式拟合.

注:为简化计算过程, 可以使用 Origin 软件或更加常用的 Excel 对数据进行拟合, 软件将自动给出拟合参数及相关系数, 可以通过相关系数判断拟合结果是否合理.

若使用软件得到拟合参数, 通常会保留小数点后多位, 过多的保留位数, 不仅对测量的精度影响不大, 而且会造成计算量的增加, 造成资源浪费, 这是在应用中尤其是硬件条件有限的情况下需要考虑的问题; 而过少的保留位数, 可能会使计算结果的偏差很大. 如何保留较少的小数位数而又不会造成较大的误差呢?下面将对这种误差进行分析, 可以根据自己要求的测量精度来确定需要保留的小数位数.

设二次多项式为 $y = A + Bx + Cx^2$, 则 A, B, C 的取值误差 $\Delta A, \Delta B, \Delta C$(对应于所取数值的小数点最后一位) 对结果 y(精确的拟合值) 造成的误差为

$$\Delta y = \sqrt{\left(\frac{\partial y}{\partial A} \cdot \Delta A\right)^2 + \left(\frac{\partial y}{\partial B} \cdot \Delta B\right)^2 + \left(\frac{\partial y}{\partial C} \cdot \Delta C\right)^2}$$
$$= \sqrt{(\Delta A)^2 + (x \cdot \Delta B)^2 + (x^2 \cdot \Delta C)^2}. \tag{5-14-13}$$

若要使 y 的误差 $\Delta y < 0.2$, 则要求

$$\sqrt{(\Delta A)^2 + (x \cdot \Delta B)^2 + (x^2 \cdot \Delta C)^2} < 0.2. \tag{5-14-14}$$

满足 (5-14-14) 式的一个解为

$$\Delta A \leqslant 0.1, \quad x \cdot \Delta B \leqslant 0.1, \quad x^2 \cdot \Delta C \leqslant 0.1. \tag{5-14-15}$$

于是可以通过 x 的数量级来确定各参量需要保留的小数位数. 例如, x 取值为 10^3 数量级, 则 $\Delta B < 10^{-5}, \Delta C < 10^{-8}$, 即当 A 的取值精确到小数点后一位, B 的取值精确到小数点后五位, C 的取值精确到小数点后八位时, 算得的 y 与精确的拟合 y 值的误差小于 0.2. 考虑到拟合的 y 值与实际测量 y 值的误差, 综合误差会大于 0.2, 但若拟合结果较为理想, 则不会偏差太多.

得到更为准确的二次拟合函数后, 利用 $T(U)$ 方程得到结温计算值, 与结温测量值比较计算误差, 得到最大误差值, 即在实验温度范围内结温测量的精度.

5. 研究结温对 LED 发光性能的影响.

采用上面内容中确定的更加准确的结温与电压关系,通过测量电压计算结温,来研究结温对照度的影响.

表 5-14-7　结温对 LED 照度的影响

时间 /s	电压 /mV	结温 /℃	照度 /(10 lx)
10			
20			
30			
40			
50			
60			
80			
100			
150			
300			
600			

6. 测量 LED 的稳态热阻.

本内容旨在测量 LED 的另一重要的热性能参数——热阻(见(5-14-12)式),通过本实验内容及后面的思考,理解热阻对 LED 散热的重要性,以及对结温甚至 LED 寿命的重要影响.

表 5-14-8　计算平衡时 LED 的 pn 结到指定参考点之间的热阻

电流 I/mA	电压 U/mV	结温 T_J/℃	参考点温度 T_X/℃	热阻 $R_{\theta(J-X)}$/(℃/W)
300				

三、三基色 LED 混色实验

主要利用 LED 灯产生的红、绿、蓝三基色研究色光混合的基本规律,如验证代替律、补色律、中间色律、亮度相加律,并了解实现白光 LED 的方法.用到的仪器包括激励电源、LED 特性测试仪(以下简称测试仪)、直线导轨、照度检测探头、混色器、混色控制盒及屏.

实验前打开激励电源和测试仪预热 10 min.

1. 观察色光混合现象,验证代替律.

混色器置于直线导轨一端并固定,屏置于直线导轨中央位置附近.激励电源"电源输出"与混色控制盒"输入"相连,混色控制盒"输出"与混色器相连.激励电源设置为"稳压,36 V 挡".将混色控制盒上三个 LED 调为导通状态,并根据激励电源上显示的电流变化情况将三个 LED 电流调至最大(光源点亮后请勿直视光源).将屏幕移近光源至能观察到类似图 5-14-12 所示的图像(图中数字编号除外).

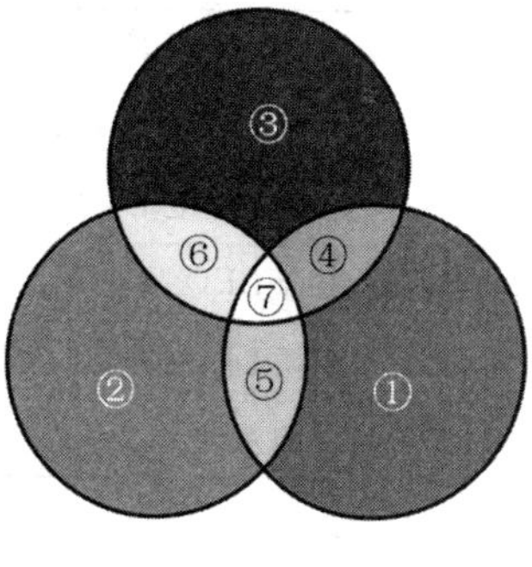

图 5-14-12　屏上成像示意图

图 5-14-12 中所示各种颜色用带圈数字表示.通过控制三色 LED 的电路通断,分别观察 ①+③,①+②,②+③,①+②+③ 共计 4 种颜色的光混合时交叠区域的颜色,验证以下说法:

(1) ④号色为①号色和③号色直接混合形成的颜色(即④↔①+③).

(2) ⑤号色为①号色和②号色直接混合形成的颜色(即⑤↔①+②).

(3) ⑥号色为②号色和③号色直接混合形成的颜色(即⑥↔②+③).

(4) ⑦号色为①,②,③号色同时混合形成的颜色(即⑦↔①+②+③).

若上述说法正确,可导出:⑦↔①+②+③↔①+⑥↔②+④↔③+⑤↔④+⑤+⑥,即验证了代替律.

2. 验证补色律.

实验步骤如下:

(1) 适当调节三个 LED 的各路电流大小,使红、绿、蓝三色的混合色为白色或灰色.

(2) 保持绿、蓝两色 LED 电流大小不变,调节红色 LED 的电流值(增大或减小),观察混合色的变化,验证红色比例越大,混合色越偏红,否则越偏绿蓝的混合色.

(3) 重复步骤(1),按照步骤(2)的方法分别改变绿色或蓝色 LED 的电流值,验证类似说法.

3. 验证中间色律.

打开任意两种颜色的 LED,调节两个 LED 的电流值,观察两个 LED 在不同电流比例下混合色的色调的变化与饱和度的变化,验证中间色律.

4. 通过蓝光/黄荧光粉实现白光.

关闭红光和绿光 LED,点亮蓝光 LED.在自然白光下观察荧光片的颜色,然后将荧光片安装在混色器的出光孔处,再次观察荧光片上的颜色是否发生变化.通过调节蓝光 LED 电流大小,观察透过荧光片的颜色如何变化.

5. 验证亮度相加律.

由于照度与亮度在实验条件下成近似正比关系,可通过测量照度间接验证亮度相加律.

移去屏,将照度探头进光孔与混色器出光孔正对放置.分别调节三个 LED 的电流至任意电流值,然后分别仅导通其中一路 LED,测量单路照度值,再打开三路 LED 测量组合照度值,将实验数据记入表 5-14-9.重复任意调节至少 3 次,验证亮度相加律.

表 5-14-9 测量各组合下的照度值

测量序号	1	2	3	…
红 LED 照度 E_R/lx				
绿 LED 照度 E_G/lx				
蓝 LED 照度 E_B/lx				
红绿蓝组合 LED 照度 $E_{组合}$/lx				
红绿蓝计算 LED 照度 $E_{计算}$/lx				
相对误差 ω				

第5章 设计性与应用性实验

数据处理

1. 根据表 5-14-1、表 5-14-2，画出 4 只高亮型 LED 和 4 只功率型 LED 的伏安特性及电光转换特性曲线，并与图 5-14-3、图 5-14-5 进行分析比较. 普通硅二极管的死区电压 $U_{th} \approx 0.7\text{ V}$，锗二极管的死区电压 $U_{th} \approx 0.2\text{ V}$，试比较 LED 样品与普通二极管的异同.

2. 根据表 5-14-3、表 5-14-4，分别画出 4 只高亮型 LED、4 只功率型 LED 的输出光的空间分布特性曲线，读出方向半值角.

3. 根据表 5-14-5，对比 5 min 内各占空比下电压的改变量，根据电压与结温的对应关系，总结当脉宽固定时占空比是如何影响 LED 结温的，表面温度的改变能否从侧面对其进行印证.

4. 根据表 5-14-6，以电压为横轴、电流为纵轴、结温为参变量，绘出不同结温下 LED 的正向伏安特性曲线族. 观察 LED 正向伏安特性曲线随结温变化的规律，总结结温对 LED 正向伏安特性的影响.

5. 研究各电流下 LED 的电压与结温关系曲线. 根据表 5-14-6 的数据，以电压为纵轴、结温为横轴、电流为参变量，绘出不同电流下 LED 的电压与结温的关系曲线族. 观察各电流下 LED 的电压与结温是否呈线性关系. 小电流（5 mA）与大电流（300 mA）时，电压与结温的线性度有何差异？若有差异，理论上如何解释？（提示：见原理部分 (5-14-7) 式和 (5-14-8) 式）

6. 研究额定电流时结温与电压的关系，见实验内容二中 4.

7. 根据表 5-14-7 中的数据，绘出 LED 照度与结温的关系曲线，与图 5-14-9 作比较. 思考结温是如何影响 LED 的发光性能的.

8. 完成表 5-14-8，计算平衡时 LED 的 pn 结到指定参考点之间的热阻.

9. 完成表 5-14-9 计算：将每种组合下的单路照度值相加，计算结果记入表 5-14-9 中"红绿蓝计算 $E_{计算}$"行，然后计算 $E_{组合}$ 与 $E_{计算}$ 的相对误差.

注意事项

1. 为保证使用安全，三芯电源线须可靠接地.
2. 请勿直视光源.
3. 严禁在反向测试时使用电流源作为 LED 的驱动电源.
4. 严禁在正向电流较大时（高亮型 >2 mA，功率型 >20 mA）使用稳压源作为 LED 的驱动电源.
5. 实验之前，请确认短时间内周围环境温度不会出现较大波动.
6. 注意文中标明"注意"的地方.

预习思考题

1. 为什么 LED 可以发出不同颜色的光？
2. 如何理解 LED 光通量与驱动电流之间的关系？
3. 解释发光强度、光通量和照度. 哪些方法可提高 LED 的发光强度？
4. 白光 LED 可采用什么方法形成？

讨论思考题

1. 以红色高亮型 LED 为例，实验中做其伏安特性正向测试时，为什么在电压加到 1 V 后激励电源输出要选择"稳流"模式？

2. 测量得到的 LED 样品的输出光空间分布特性曲线对称性如何？若对称性较差，可能的原因有哪些？

3. 热阻与电阻有何相似之处？电阻对电流起阻碍作用，那么热阻对热流的作用呢？热阻的大小如何影响 LED 的散热性能？

4. 红、绿、蓝色的补色分别是什么颜色？如何得到？

拓展阅读

[1] 王悦,李泽深,刘维. LED 发光二极管特性测试[J]. 物理实验,2013,33(2):21-24.
[2] 苏亮,尚国庆. LED 谱线宽度测试实验[J]. 物理实验,2014,34(7):24-26.
[3] 王媛,潘崴. 发光二极管峰值波长的偏移对色度的影响[J]. 物理实验,2015,35(2):8-11.
[4] 毕建峰. 交流 LED 和高压 LED 的特性实验研究[J]. 半导体光电,2013,34(6):975-978.
[5] 李松宇. 结温对高压 LED 光谱特性的影响[J]. 光谱学与光谱分析,2017,37(1):37-40.

5.15 用波尔振动仪研究振动

振动是自然界最普遍的现象之一。各种形式的物理现象,如声、光、热等都包含振动。在工程技术领域中,振动现象比比皆是。例如,桥梁和建筑物在阵风或地震激励下的振动,飞机和船舶在航行中的振动,控制系统中的自激振动,等等。

在许多情况下,振动被认为是消极因素。例如,振动会影响精密仪器设备的功能,降低加工精度和光洁度,加剧构件的疲劳和磨损,从而缩短机器和结构物的使用寿命,振动还可能引起结构的大变形破坏,有的桥梁曾因振动而坍毁。

然而,振动也有积极的一面。例如,振动是通信、广播、电视、雷达等工作的基础。工程上也利用振动研磨、振动抛光、振动沉桩、振动消除内应力等,极大地提高劳动生产率。

各个不同领域中的振动现象虽然各具特色,但往往有着相似的数学描述。正是在这种共性的基础上,有可能建立某种统一的理论来处理各种振动问题。人们正是在研究振动现象的机理及基本规律的基础上,克服振动的消极因素,利用其积极因素,为合理解决实践中遇到的各种振动问题提供理论依据的。

实验目的

1. 利用波尔振动仪观察阻尼振动,测量阻尼系数。
2. 研究受迫振动的幅频特性及共振现象。
3. 观测波尔振动的频谱特性。
4. 观测波尔振动仪的相图,认识摆动过程中机械能的转换。

实验原理

本实验拟采用波尔振动仪(扭摆)定量研究多种与振动有关的物理量和规律。

1. 扭摆的阻尼振动和自由振动。

在有阻力矩的情况下,将扭摆在某一摆角位置释放,使其开始摆动。此时扭摆受到两个力矩的作用:一是扭摆的弹性恢复力矩 M_E,它与扭摆的扭转角 θ 成正比,即 $M_E = -c\theta$(c 为扭转恢复力系数);二是阻力矩 M_R,在摆角不太大的情况下可近似认为它与摆动的角速度成正比,

即 $M_R = -r(d\theta/dt)$,其中 r 为阻力矩系数. 若扭摆的转动惯量为 I,则根据转动定律可列出扭摆的运动方程:

$$I\frac{d^2\theta}{dt^2} = M_E + M_R = -c\theta - r\frac{d\theta}{dt}, \tag{5-15-1}$$

即

$$\frac{d^2\theta}{dt^2} + \frac{r}{I}\frac{d\theta}{dt} + \frac{c}{I}\theta = 0. \tag{5-15-2}$$

令 $r/I = 2\beta$(β 称为阻尼系数),$c/I = \omega_0^2$(ω_0 称为固有圆频率),则(5-15-2)式变为

$$\frac{d^2\theta}{dt^2} + 2\beta\frac{d\theta}{dt} + \omega_0^2\theta = 0, \tag{5-15-3}$$

其解为

$$\theta = A_0 \exp(-\beta t)\cos\omega t = A_0 \exp(-\beta t)\cos(2\pi t/T), \tag{5-15-4}$$

其中 A_0 为扭摆的初始振幅,T 为扭摆做阻尼振动的周期,且 $\omega = 2\pi/T = \sqrt{\omega_0^2 - \beta^2}$.

由(5-15-4)式可见,扭摆的振幅随着时间按指数规律衰减. 若测得初始振幅 A_0 及第 n 个周期时的振幅 A_n,并测得摆动 n 个周期所用的时间 $t = nT$,则有

$$\frac{A_0}{A_n} = \frac{A_0}{A_0 \exp(-\beta nT)} = \exp(\beta nT), \tag{5-15-5}$$

所以

$$\beta = \frac{1}{nT}\ln\frac{A_0}{A_n}. \tag{5-15-6}$$

若扭摆在摆动过程中不受阻力矩的作用,即 $M_R = 0$,则(5-15-3)式左边第二项不存在,$\beta = 0$. 由(5-15-5)式可知,不论摆动的次数如何,均有 $A_n = A_0$,振幅始终保持不变,扭摆处于自由振动状态.

2. 扭摆的受迫振动.

当扭摆在有阻尼的情况下还受到简谐外力矩的作用,就会做受迫振动. 设外加简谐力矩的圆频率是 ω,外力矩角幅度为 θ_0,则 $M_0 = c\theta_0$ 为外力矩幅度,因此外力矩可表示为 $M_{ext} = M_0\cos\omega t$. 扭摆的运动方程变为

$$\frac{d^2\theta}{dt^2} + \frac{r}{I}\frac{d\theta}{dt} + \frac{c}{I}\theta = \frac{M_{ext}}{I} = h\cos\omega t, \tag{5-15-7}$$

其中 $h = M_0/I$. 在稳态情况下,(5-15-7)式的解是

$$\theta = A\cos(\omega t + \varphi), \tag{5-15-8}$$

其中 A 为角振幅,由下式表示:

$$A = \frac{h}{[(\omega_0^2 - \omega^2)^2 + 4\beta^2\omega^2]^{1/2}}, \tag{5-15-9}$$

而角位移 θ 与简谐外力矩之间的相位差 φ 则可表示为

$$\varphi = \arctan\frac{2\beta\omega}{\omega^2 - \omega_0^2}. \tag{5-15-10}$$

(5-15-8)式说明,不论扭摆一开始的振动状态如何,在简谐外力矩作用下,扭摆的振动都会逐渐趋于简谐振动,振幅为 A,圆频率与外力矩的圆频率相同,但两者之间存在相位差 φ.

(1) 幅频特性.

由(5-15-9)式可见,由于 $h=M_0/I=c\theta_0/I=\omega_0^2\theta_0$,当 $\omega\to 0$ 时,振幅 $A\to h/\omega_0^2$,接近外力矩角幅度 θ_0. 随着 ω 逐渐增大,振幅 A 随之增加,当 $\omega=\sqrt{\omega_0^2-2\beta^2}$ 时,振幅 A 有最大值,此时称为共振,此圆频率称为共振圆频率 ω_{res}. 当 $\omega>\omega_{res}$ 或 $\omega<\omega_{res}$ 时,振幅都将减小;当 ω 很大时,振幅趋于零. 共振圆频率与阻尼的大小有关系,当 $\beta=0$ 时,$\omega_{res}=\omega_0$,即扭摆的固有振动圆频率,但根据(5-15-9)式,此时的振幅将趋于无穷大而损坏设备. 故要建立稳定的受迫振动,必须存在阻尼. 图 5-15-1 为不同阻尼状态下的幅频特性曲线示意图.

(2) 相频特性.

由(5-15-10)式可见,当 $0\leqslant\omega\leqslant\omega_0$ 时,有 $0\geqslant\varphi\geqslant(-\pi/2)$,即受迫振动的相位落后于外加简谐力矩的相位;在共振情况下,相位落后接近于 $\pi/2$. 在 $\omega=\omega_0$ 时(有阻尼时不是共振状态),相位正好落后 $\pi/2$. 当 $\omega>\omega_0$ 时,有 $\tan\varphi>0$,此时应有 $\varphi<(-\pi/2)$,即相位落后得更多. 当 $\omega\gg\omega_0$ 时,$\varphi\to-\pi$,接近反相. 在已知 ω_0 及 β 的情况下,可由(5-15-10)式计算出各 ω 值所对应的 φ 值. 图 5-15-2 为不同阻尼状态下的相频特性曲线示意图.

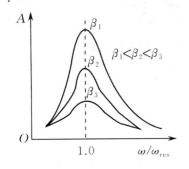

图 5-15-1　不同阻尼状态下的幅频特性曲线

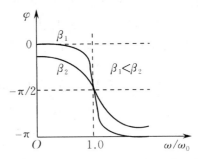

图 5-15-2　不同阻尼状态下的相频特性曲线

3. 振动的频谱.

任何周期性的运动均可分解为简谐振动的线性叠加. 用数据采集器和转动传感器采集一组如图 5-15-3 所示的扭摆摆动角度随时间变化的数据之后,对其进行傅里叶变换,可以得到一组相对振幅随频率的变化数据. 以频率为横坐标,相对振幅为纵坐标可作出一条如图 5-15-4 所示的曲线,即为波尔振动的频谱. 在自由振动状态下,峰值对应的频率就是波尔振动仪的固有振动频率.

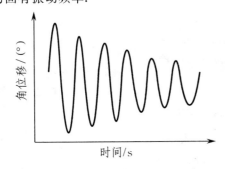

图 5-15-3　角度随时间变化关系

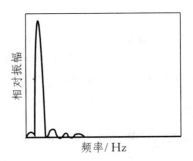

图 5-15-4　振动的频谱

4. 拍频.

当扭摆做受迫振动时,由于驱动力频率与扭摆固有振动频率不相等,在扭摆上施加简谐驱动力后,扭摆从初始运动状态逐渐过渡到受迫振动的稳定状态过程中,其运动为阻尼振动和受

迫振动两种振动过程的叠加.由于两种振动过程的频率接近,将会出现"拍"的现象.若阻尼振动的圆频率为 ω_1,驱动力的圆频率为 ω_2,则扭摆的摆动角度随时间变化的关系曲线的振幅将会起伏变化,其包络线的圆频率约为 $|\omega_1-\omega_2|$.在受迫振动状态下,频谱图会出现双峰,其中一个峰值对应的频率为波尔振动的固有振动频率,而另一个峰值对应的频率为驱动力矩的频率.在共振频率附近,双峰融合成单峰.

5.相图和机械能.

扭摆的摆动过程存在势能和动能的转换,其势能和动能为

$$\begin{cases} 势能: E_\mathrm{p} = \dfrac{1}{2} K\theta^2, \\ 动能: E_\mathrm{k} = \dfrac{1}{2} I\dot{\theta}^2, \end{cases} \quad (5-15-11)$$

其中 I 为扭摆的转动惯量,K 为扭摆的恢复力矩,θ 为扭摆偏离平衡位置的角度,$\dot{\theta}$ 为角速度.对特定的一台波尔振动仪来说,I 和 K 恒定,故势能与 θ 的平方成正比,动能与 $\dot{\theta}$ 的平方成正比.若以 θ 为横坐标,$\dot{\theta}$ 为纵坐标画出两者的关系曲线,称为系统的相图.通过相图可直观观测扭摆振动过程中势能与动能的变化关系.图 5-15-5 所示为阻尼振动的相图,机械能不断损耗,相图面积逐渐缩小至中心点.图 5-15-6 所示为理想的自由振动的相图,势能和动能相互转换,但总的机械能始终保持不变,相图为一个面积保持不变的椭圆.

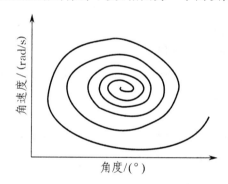
图 5-15-5　阻尼振动的相图

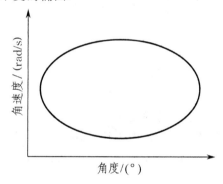
图 5-15-6　自由振动的相图

实验仪器

本实验的装置包括:波尔振动仪,直流稳压稳流电源,秒表,转动传感器和数据采集器,安装了用 LabVIEW 编写的测控程序的计算机.后两设备一起构成波尔振动仪摆轮摆动角度和角速度的自动测量系统,用于替代原设备的光电门,其角度测量精度可以达到 $0.1°$.

1.波尔振动仪.

波尔振动仪结构如图 5-15-7 所示,圆形摆轮(7)安装在支撑架(3)上,涡卷弹簧(5)的一端与摆轮的轴相连,另一端通过弹簧夹持螺钉(8)固定在摇杆(22)上.在弹簧弹性力的作用下,摆轮可绕轴往复摆动.在支撑架下方有一带有铁芯的阻尼线圈(2),摆轮边缘正好在铁芯的空隙中.当阻尼线圈中通过直流电流后,摆轮将受到一个电磁阻尼力的作用,改变电流的大小即可改变阻尼.为使摆轮做受迫振动,在驱动电机(16)的轴上装有偏心轮,通过连杆(20)和摇杆(22)带动摆轮.

棉线(10)同时环绕在摆轮的转轴和角位移传感器的转盘(14)上,在重约 10 g 的砝码(15)

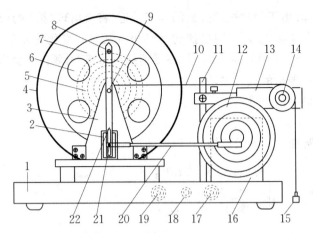

1—底座；　　　　　　2—阻尼线圈；　　　　　3—支撑架；
4—摆轮角度盘；　　　5—涡卷弹簧；　　　　　6—摆轮指拨孔；
7—圆形摆轮；　　　　8—弹簧夹持螺钉；　　　9—摆轮转轴；
10—棉线；　　　　　 11—传感器支撑柱；　　　12—有机玻璃转盘；
13—角位移传感器；　 14—传感器转盘；　　　　15—砝码；
16—驱动电机（在转盘后面）；　　　　　　　17—驱动电机电流输入（后部）；
18—驱动电机转速调节旋钮（后部）；　　　　19—阻尼线圈电流输入（后部）；
20—连杆；　　　　　 21—遥感松紧调节螺丝；　22—摇杆

图 5-15-7　波尔振动仪前视图

的带动下，使角位移传感器跟随摆轮轴转动，可按一定比例测得摆轮的转动角度，进而用数据采集器加以记录.

2.直流稳压稳流电源.

直流稳压稳流电源为波尔振动仪的阻尼线圈和驱动电机提供电源.电压调节精度达到 1 mV，可精确控制加于驱动电机上的电压，使电机的转速在 30～45 r/min 连续可调，即外加简谐驱动力的频率在 0.5～0.75 Hz 间连续可调.

3.秒表.

用于测量波尔振动仪的摆动周期和驱动力的驱动频率.

实验内容

首先连接实验仪器，用 USB 线将波尔振动仪与电脑相连接，两个稳压电源分别连接波尔振动仪上的"电磁铁"和"电机"插孔.波尔振动仪的连接孔都在底座背后.

1.测量扭摆在准自由状态下的固有振动圆频率.

(1) 阻尼线圈不加电流，摆轮与角度传感器脱开，尽量减小阻尼.用手将扭摆的摆轮转动到某一不太大的初始角度 θ_0(<120°) 使其偏离平衡位置.

(2) 释放摆轮，让其自由摆动，观察摆动现象，用秒表记录摆轮来回摆动若干次后的时间，填入表 5-15-1，计算摆轮的固有振动周期 T_0 和振动圆频率 ω_0.

表 5-15-1　准自由振动圆频率测量

次数 i	1	2	3	4	5	6	平均	T_0/s	ω_0/(rad/s)
$20T$/s									

问题:扭摆静止时,指针可能不指 0 位置,为什么?实验过程中应如何处理?

2. 观察阻尼振动现象,测量阻尼系数 β.

(1) 给电磁阻尼线圈加 6 V 电压.将细绳端头打结卡进摆轮轴径向切口(在背面),绕轴大半圈,再绕角位移传感器转盘一圈,下挂 10 g 砝码,使角位移传感器转盘可跟随摆轮轴转动.

(2) 打开电脑桌面上的"波尔振动"软件,点选"数据采集"选项卡,点击"开始采集"按钮,软件左上窗口中开始绘制阻尼振动曲线.点击"曲线刷新"按钮,绘制适合窗口的曲线.

(3) 当曲线振幅衰减到 0,点击软件的"停止采集".从软件窗口右侧数据记录中找出振动曲线第 i 个波峰、波谷的角位置 θ_{pi},θ_{ti} 和第 $i+n$ 个波峰、波谷的角位置 $\theta_{p(i+n)},\theta_{t(i+n)}$ 及其对应的时间,算出 n 个振动周期的时间 nT,将数据记入表 5-15-2.

(4) 给电磁阻尼线圈加 8 V 电压,重复步骤(2)～(3).

表 5-15-2　阻尼振动阻尼系数及振动圆频率测量数据

阻尼	θ_{pi}/(°)	θ_{ti}/(°)	$\theta_{p(i+n)}$/(°)	$\theta_{t(i+n)}$/(°)	n	nT/s 波峰对应时差	nT/s 波谷对应时差	$\overline{T}$/s	β/(rad/s)	ω/(rad/s)	ω_0/(rad/s)
6 V											
8 V											

3. 测量调速旋钮位置与简谐驱动力矩圆频率之间的对应关系.

(1) 调速旋钮(波尔振动仪底座正面)为十圈可调电位器.先将旋钮逆时针调到底,用秒表记录驱动电机转动若干周的时间,记入表 5-15-3.

(2) 顺时针转动调速旋钮,每隔 0.5 圈,重复步骤(1).

(3) 计算驱动圆频率 ω,并作 ω 与旋钮位置的关系曲线.圆频率应覆盖扭摆的固有振动圆频率,否则,调涡卷弹簧的长度,使固有圆频率在驱动圆频率范围内.

4. 观测受迫振动的幅频特性和共振现象.

(1) 设置驱动电机电压 8 V,阻尼电压 6 V,调速旋钮逆时针旋到底.

(2) 让软件开始采集数据并刷新曲线,耐心观察并等待,直至曲线的振幅不再发生变化,停止采集,将调速旋钮顺时针旋半圈,让新的驱动频率作用于扭摆,以减少等待时间.读取曲线振幅稳定后的峰、谷角位置 θ_p,θ_t 记入表 5-15-3.

(3) 设置驱动电机电压 8 V,阻尼电压 8 V,重复步骤(2),直至调速旋钮顺时针旋到底.重复过程中振幅应出现峰值.

(4) 根据表 5-15-3,以圆频率 ω 为横坐标,振幅($A=\theta_p-\theta_t$)为纵坐标,数据绘制幅频特性曲线,在曲线上找出共振圆频率与表 5-15-1 测的固有圆频率对比.

表 5-15-3　驱动源圆频率及受迫振动幅频特性测量

电机电压:8 V　　电磁阻尼线圈电压分别取 6 V 和 8 V

调速钮刻度与振动圆频率	α/圈	0.0	0.5	1.0	1.5	2.0	2.5	3.0	3.5	4.0	4.5	5.0
	$20T$/s											
	ω/(rad/s)											

续表

角振幅	6 V	$\theta_p/(°)$									
		$\theta_t/(°)$									
		$A/(°)$									
	8 V	$\theta_p/(°)$									
		$\theta_t/(°)$									
		$A/(°)$									
调速钮刻度与振动圆频率		$\alpha/$圈	5.5	6.0	6.5	7.0	7.5	8.0	8.5	9.0	9.5	10.0
		$20T/s$									
		$\omega/(rad/s)$									
角振幅	6 V	$\theta_p/(°)$									
		$\theta_t/(°)$									
		$A/(°)$									
	8 V	$\theta_p/(°)$									
		$\theta_t/(°)$									
		$A/(°)$									

5. 观察波尔振动的频谱.

(1) 分别在 8 V,0 V 阻尼的受迫振动稳定状态,再次开始采集数据并刷新曲线,观察并记录电脑软件窗口中振动曲线下方的频谱曲线.重点观察曲线形状和尖峰对应的频率.

(2) 将调速旋钮逆时针旋转 2 圈,记录频谱曲线的变化过程和最终稳定后峰值对应的频率.

6. 观测波尔振动的相图.

(1) 点击振动曲线窗口纵、横坐标旁的"角度""时间"按钮,使纵、横坐标分别变为"速度""角度",此时窗口动态地描绘相图.若相图紊乱,点击"曲线刷新"按钮.

(2) 观察并记录阻尼振动(阻尼电压 > 6 V,电机电源关闭)、受迫振动(电机电压 > 6 V)的相图.

数据处理

1. 由表 5-15-1 中的数据计算准自由振动的周期 T_0 和圆频率 $\omega_0 = 2\pi/T_0$.

2. 按下面三个公式由表 5-15-2 中的数据计算阻尼系数、振动圆频率和固有圆频率:

$$\beta = \frac{1}{nT}\ln\frac{A_0}{A_n} = \frac{1}{nT}\ln\left|\frac{\theta_{pi} - \theta_{ti}}{\theta_{p(i+n)} - \theta_{t(i+n)}}\right|, \quad \omega = \frac{2\pi}{T}, \quad \omega_0 = \sqrt{\omega^2 + \beta^2}.$$

3. 根据表 5-15-3 中的数据,以 ω 为横坐标,振幅 A 为纵坐标,画出不同阻尼电压下的受迫振动幅频特性曲线.从幅频特性曲线上找到共振圆频率,与表 5-15-2 所得圆频率比较.

注意事项

1. 摆轮运动时不要将手指伸入摆轮孔中,以免受伤.

2. 摆轮下方在电磁铁狭窄间隙中,启动摆轮时不要施轴向力,以免摆轮变形擦碰电磁铁.

3. 避免共振时出现过大振幅损坏仪器,须有足够的阻尼,建议用 7 V 以上电磁铁电压.

思考题

1. 设按动秒表的反应误差为 0.2 s,对振动周期约为 1.5 s 的驱动源,若要求周期测量精度 $\leqslant 1\%$,需测量多少周期?

2. 本实验中的哪种振动过程中会出现拍现象?为什么?

讨论思考题

1. 受迫振动到达稳定状态需要的时间与阻尼大小有何关系?为什么?

2. 阻尼振动的相图与受迫振动的相图有何相同之处和不同之处?如何利用相图理解振动过程中的机械能转换?

拓展阅读

[1] 李百宏,强蕊.用波尔共振仪研究混沌现象[J].大学物理实验,2016,29(2):17-20.

[2] 姜向前,骆素华,赵海发.波尔共振实验中基于旋转矢量的相位差分析[J].大学物理,2017,36(8):36-37.

[3] 郑瑞华,姜泽辉,吴安彩,等.波尔受迫振动下波尔摆稳定的实验判据[J].大学物理实验,2017,30(5):53-55.

[4] 全红娟,潘渊,朱婧,等.波尔共振仪实验的不确定度分析[J].大学物理实验,2014,27(5):100-102.

[5] 董霖,王涵,朱洪波.波尔共振实验"异常现象"的研究[J].大学物理,2010,29(2):57-60.

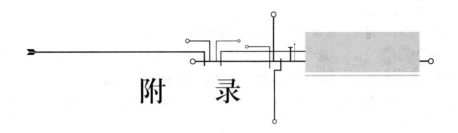

附　录

附录A　中华人民共和国法定计量单位

我国的法定计量单位(简称法定单位)包括：① 国际单位制的基本单位(见 A-1)；② 国际单位制中具有专门名称的导出单位(见 A-2)；③ 国家选定的非国际单位制单位(见 A-3)；④ 由以上单位构成的组合形式单位；⑤ 由词头和以上单位所构成的十进倍数和分数单位(见 A-4)。

A-1　国际单位制的基本单位

量的名称	单位名称	单位符号	量的名称	单位名称	单位符号
长度	米	m	热力学温度	开[尔文]	K
质量	千克	kg	物质的量	摩[尔]	mol
时间	秒	s	发光强度	坎[德拉]	cd
电流	安[培]	A			

A-2　国际单位制中具有专门名称的导出单位

量的名称	单位名称	单位符号	用 SI 基本单位表示	用 SI 导出单位表示
[平面]角	弧度	rad		
立体角	球面度	sr		
频率	赫[兹]	Hz	s^{-1}	
力	牛[顿]	N	$kg \cdot m/s^2$	
压力,压强,应力	帕[斯卡]	Pa	$kg/(m \cdot s^2)$	N/m^2
能[量],功,热量	焦[耳]	J	$kg \cdot m^2/s^2$	$N \cdot m$
功率,辐[射能]通量	瓦[特]	W	$kg \cdot m^2/s^3$	J/s
电荷[量]	库[仑]	C	$A \cdot s$	
电位(电势),电压,电动势	伏[特]	V	$kg \cdot m^2/(s^3 \cdot A)$	W/A
电容	法[拉]	F	$s^4 \cdot A^2/(kg \cdot m^2)$	C/V
电阻	欧[姆]	Ω	$kg \cdot m^2/(s^3 \cdot A^2)$	V/A
电导	西[门子]	S	$s^3 \cdot A^2/(kg \cdot m^2)$	A/V
磁通[量]	韦[伯]	Wb	$kg \cdot m^2/(s^2 \cdot A)$	$V \cdot s$
磁通[量]密度,磁感应强度	特[斯拉]	T	$kg/(s^2 \cdot A)$	Wb/m^2
电感	亨[利]	H	$kg \cdot m^2/(s^2 \cdot A^2)$	Wb/A

续表

量的名称	单位名称	单位符号	用 SI 基本单位表示	用 SI 导出单位表示
摄氏温度	摄氏度	℃		
光通量	流[明]	lm	cd·sr	
[光]照度	勒[克斯]	lx	cd·sr/m²	lm/m²
[放射性]活度	贝可[勒尔]	Bq	s⁻¹	
吸收剂量	戈[瑞]	Gy	m²/s²	J/kg
剂量当量	希[沃特]	Sv	m²/s²	J/kg

A-3 可与国际单位制单位并用的我国法定单位

量的名称	单位名称	单位符号	换算关系和说明
时间	分	min	1 min = 60 s
	[小]时	h	1 h = 60 min = 3 600 s
	日(天)	d	1 d = 24 h = 86 400 s
[平面]角	[角]秒	″	1″ = (π/648 000) rad (π 为圆周率)
	[角]分	′	1′ = 60″ = (π/10 800) rad
	度	°	1° = 60′ = (π/180) rad
体积,容积	升	L,(l)	1 L = 1 dm³ = 10⁻³ m³
质量	吨	t	1 t = 10³ kg
	原子质量单位	u	1 u ≈ 1.660 540 2 × 10⁻²⁷ kg
旋转速度	转每分	r/min	1 r/min = (1/60) s⁻¹
长度	海里	n mile	1 n mile = 1 852 m(只用于航程)
速度	节	kn	1 kn = 1 n mile/h = (1 852/3 600) m·s⁻¹(只用于航行)
能	电子伏特	eV	1 eV ≈ 1.602 177 33 × 10⁻¹⁹ J
级差	分贝	dB	用于对数量
线密度	特[克斯]	tex	1 tex = 10⁻⁶ kg/m
面积	公顷	hm²	1 hm² = 10⁴ m²

A-4 SI 词头

因数	词头名称 英文	词头名称 中文	符号	因数	词头名称 英文	词头名称 中文	符号
10²⁴	yotta	尧[它]	Y	10⁻¹	deci	分	d
10²¹	zetta	泽[它]	Z	10⁻²	centi	厘	c
10¹⁸	exa	艾[可萨]	E	10⁻³	milli	毫	m
10¹⁵	peta	拍[它]	P	10⁻⁶	micro	微	μ
10¹²	tera	太[拉]	T	10⁻⁹	nano	纳[诺]	n
10⁹	giga	吉[咖]	G	10⁻¹²	pico	皮[可]	p
10⁶	mega	兆	M	10⁻¹⁵	femto	飞[母托]	f
10³	kilo	千	k	10⁻¹⁸	atto	阿[托]	a
10²	hecto	百	h	10⁻²¹	zepto	仄[普托]	z
10¹	deca	十	da	10⁻²⁴	yocto	幺[科托]	y

注:1. 周、月、年(年的符号为 a),为一般常用时间单位.
2. 方括号内的字,是在不致混淆的情况下,可以省略的字.
3. 圆括号内的字为前者的同义词.
4. 平面角单位度、分、秒的符号,在组合单位中采用(°),('),(")的形式. 例如,不用 °/s 而用(°)/s.
5. 升的符号中,小写字母 l 为备用符号.
6. r 为"转"的符号.
7. 人民生活和贸易中,质量习惯称为重量.
8. 公里为千米的俗称,符号为 km.
9. 10^4 称为万、10^8 称为亿、10^{12} 称为万亿,这类词的使用不受词头名称的影响,但不应与词头混淆.

附录 B   基本物理常数

量	符号	数值	单位	相对不确定度 $/10^{-6}$
真空中的光速	c	299 792 458	m/s	—
真空磁导率	μ_0	$4\pi = 1.256\ 637\ 061\ 4\cdots$	10^{-6} H/m	—
真空电容率	ε_0	$1/(\mu_0 c^2) = 8.854\ 187\ 817\cdots$	10^{-12} F/m	—
万有引力常数	G	6.672 59(85)	10^{-11} m^3/(kg·s^2)	128
普朗克常量	h	6.626 075 5(40)	10^{-34} J·s	0.60
约化普朗克常量	$\hbar = h/2\pi$	1.054 572 66(63)	10^{-34} J·s	0.60
基本电荷	e	1.602 177 33(49)	10^{-19} C	0.30
电子质量	m_e	9.109 389 7(54)	10^{-31} kg	0.59
电子荷质比	$-e/m_e$	$-1.758\ 819\ 62(53)$	10^{11} C/kg	0.30
质子质量	m_p	1.672 623 1(10)	10^{-27} kg	0.59
质子荷质比	e/m_p	95 788 309(29)	10^{11} C/kg	0.30
质子 - 电子质量比	m_p/m_e	1 836.152 701(37)	—	0.020
中子质量	m_n	1.674 928 6(10)	10^{-27} kg	0.59
中子 - 电子质量比	m_n/m_e	1 836.683 662(40)	—	0.022
中子 - 质子质量比	m_n/m_p	1.001 378 404(9)	—	0.009
玻尔磁子	$\mu_B = \dfrac{e\hbar}{2m_e}$	9.274 015 4(31)	10^{-24} J/T	0.34
核磁子	$\mu_N = \dfrac{e\hbar}{2m_p}$	5.050 786 6(17)	10^{-27} J/T	0.34
玻尔半径	$a_0 = \dfrac{4\pi\varepsilon_0 \hbar^2}{m_e e^2}$	0.529 177 249(24)	10^{-10} m	0.045
精细结构常数	$a = \dfrac{e^2}{4\pi\varepsilon_0 \hbar c}$	1/137.035 989 5(61)	—	0.045
里德伯常量	$R_\infty = \dfrac{m_e e^4}{8\varepsilon_0^2 h^3 c}$	10 973 731.534(13)	m^{-1}	0.001 2

续表

量	符号	数值	单位	相对不确定度 $/10^{-6}$
阿伏伽德罗常量	N_A, L	6.022 136 7(36)	10^{23} mol^{-1}	0.59
摩尔气体常量	R	8.314 510(70)	J/(mol·K)	8.4
玻尔兹曼常量	$k = R/N_A$	1.380 658(12)	10^{-23} J/K	8.5
斯特藩常量	$\sigma = \dfrac{\pi^2 k^4}{60 h^3 c^2}$	5.670 51(19)	10^{-8} W/(m^2·K^4)	34
法拉第常量	F	96 485.309(29)	C/mol	0.30

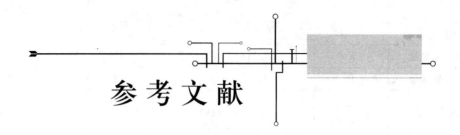

参考文献

陈群宇. 大学物理实验:基础和综合分册[M]. 北京:电子工业出版社,2003.
戴启润. 大学物理实验[M]. 郑州:郑州大学出版社,2008.
国家质量监督检验检疫总局. 中华人民共和国国家计量技术规范:测量不确定度评定与表示:
　　JJF1059.1—2012[S]. 北京:中国质检出版社,2012.
刘延君,褚润通. 大学物理实验[M]. 兰州:兰州大学出版社,2007.
刘智敏. 不确定度及其实践[M]. 北京:中国标准出版社,2000.
龙作友,戴亚文,杨应平,等. 大学物理实验[M]. 武汉:武汉理工大学出版社,2006.
沙定国. 误差分析与测量不确定度评定[M]. 北京:中国计量出版社,2006.
熊永红. 大学物理实验[M]. 北京:科学出版社,2007.